建筑工程消防百问

主　编：陈　硕
副主编：郭增辉　余广鹅　普　柬

U0302045

中国建筑工业出版社

图书在版编目(CIP)数据

建筑工程消防百问/陈硕主编. —北京：中国建筑工业出版社，
2016.11
ISBN 978-7-112-17416-4

Ⅰ.①建… Ⅱ.①陈… Ⅲ.①建筑工程-消防-问题解答
Ⅳ.①TU892-44

中国版本图书馆 CIP 数据核字(2016)第 244536 号

本书内容共 13 章，包括消防安全基本概念；民用建筑；工业建筑；木结构建筑；石
油化工场所；隧道工程；城市轨道交通；建筑装修、保温材料；建筑消防设施；施工消防
管理；消防产品；消防法律法规；建筑火灾案例。

本书适合于建筑防火设计、施工、相关产品生产销售人员及消防人员学习使用，也可
供相关专业大中专院校学生参考使用。

* * *

责任编辑：张 磊
责任设计：李志立
责任校对：焦 乐 赵 颖

建筑工程消防百问

主 编：陈 硕
副主编：郭增辉 余广鹕 普 东

*

中国建筑工业出版社出版、发行(北京海淀三里河路 9 号)
各地新华书店、建筑书店经销
北京红光制版公司制版
北京市安泰印刷厂印刷

*

开本：787×1092毫米 1/16 印张：19¼ 字数：480 千字
2017 年 10 月第一版 2017 年 10 月第一次印刷
定价：45.00 元
ISBN 978-7-112-17416-4
(29441)

本书编委会

主　编：陈　硕

副主编：郭增辉　余广鹩　普　柬

参　编：陈　硕　郭增辉　李　昂　贺强富　陈金鹤

　　　　杨仙梅　李伟辉　李殿臣　张　扬　戴　睿

　　　　卢　婷　黄　鑫　薛　玉　陈　鹏　靳　力

前　言

随着社会经济的发展，现代化建筑日新月异，建筑造型、建筑功能、建筑结构日益复杂，建筑安全性更是尤为重要，消防系统是建筑安全的重要保障，因此，消防系统设计是否合理，消防工程施工质量是否合格，消防工程管理是否到位也更加重要。

为全面提高设计、施工及管理人员消防专业水平和工作能力，我们组织了有关建设工程消防设计、审核、验收、管理方面的专家和人员编写了本书。本书采用问答形式表述内容，具有形式新颖、内容易懂、可操作性强的特点。全书内容主要包括消防安全基本概念、民用建筑防火、工业建筑防火、木结构防火、石油化工防火、城市交通隧道防火、城市轨道交通、建筑装修防火、建筑消防设施、施工消防管理、消防产品、建筑工程管理相关消防法律法规、建筑火灾案例，共十三章。

编写过程中，我们始终坚持基础性、实用性、可操作性，力求做到简明扼要的阐述理论知识，从实际需要出发，将规范条款按类别归纳整理，力争把本书编为一本实用的工具书。本书涉及的各类规范内容，均引用目前的最新版本，可供建筑设计、消防工程施工、建设工程审核、验收及建筑消防安全管理人员使用。

本书第一章由陈硕编写；第二章第一节至第十节由李昂编写，第十一节由贺强富编写；第三章由普柬、杨仙梅、陈金鹤编写；第四章由李伟辉编写；第五章由李殿臣编写；第六章由张扬编写；第七章由戴睿编写；第八章由卢婷编写；第九章由郭增辉、余广鹆、罗建方、席伟编写；第十章由黄鑫编写；第十一章由薛玉编写；第十二章由陈鹏编写；第十三章由靳力编写。

由于编写时间仓促，书中难免存在疏漏和不足之处，恳请读者提出宝贵意见。

目　录

第一章　消防安全基本概念

第二章　民　用　建　筑

第三章　工　业　建　筑

13

第四章　木 结 构 建 筑

第五章　石油化工场所

21

第六章 隧 道 工 程

第七章　城 市 轨 道 交 通

第八章　建筑装修、保温材料

第九章 建筑消防设施

第十章　施 工 消 防 管 理

第十一章 消 防 产 品

第十二章　消　防　法　律　法　规

第十三章 建 筑 火 灾 案 例

第一章 消防安全基本概念

第一节 物质燃烧基本概念

1.1.1 燃烧的定义？

答：燃烧一般性化学定义：燃烧是可燃物与氧化剂（助燃物）发生的一种剧烈的发光、发热的氧化反应。燃烧的广义定义：燃烧是指任何发光发热的剧烈的反应，不一定要有氧气参加。

1.1.2 燃烧的类型有哪几种？

答：燃烧按其形成的条件和瞬间发生的特点一般分为闪燃、着火、自燃和爆炸四种类型。

1.1.3 什么是可燃物？

答：凡是能与空气中的氧或其他氧化剂起化学反应的物质，均称为可燃物，如木材、氢气、汽油、煤炭、纸张、硫等。可燃物按其化学组成可分为无机可燃物和有机可燃物两大类。从数量上讲，绝大部分可燃物为有机物，少部分为无机物。按其所处的状态，又可分为可燃固体、可燃液体、可燃气体三大类。通常气体比较容易燃烧，其次是液体，最后是固体。

1.1.4 什么是氧化剂（助燃物）？

答：凡是能帮助和支持可燃物燃烧的物质，即能与可燃物发生氧化反应的物质称为氧化剂。氧化剂具有较强的氧化性能，通常我们所讲的氧化剂（助燃物）是指广泛存在于空气中的氧气。此外还指能够提供氧气的含氧化合物和氯气等。

1.1.5 什么是引火源（温度）？

答：引火源是指供给可燃物和助燃物燃烧反应的能量来源，一般分直接火源和间接火源两大类，直接火源有：明火、电弧、电火花、雷击等；间接火源有：高温、自燃起火（如黄磷、烷基铝在空气中自行起火；钾、钠、镁等金属遇湿着火；易燃可燃物与氧化剂、过氧化物接触着火等）。

1.1.6 无焰燃烧的必要条件是什么？

答：可燃物、氧化剂（助燃物）和引火源（温度）三个条件是燃烧的必要条件，称为"燃烧三角形"。三个条件同时具备可燃物才能发生燃烧，缺少任何一个条件燃烧都不能发生。

1.1.7 有焰燃烧的必要条件是什么？

答：对于有焰燃烧，因过程中存在未受抑制的游离基作中间体，因而有焰燃烧的必要条件为可燃物、氧化剂（助燃物）、引火源（温度）和未受抑制的链式反应。

1.1.8 燃烧的充分条件是什么？

答：燃烧的充分条件有以下四条：一定的可燃物浓度；一定的氧气含量；一定的点火

能量；未受抑制的链式反应。

1.1.9 什么是闪燃、闪点？

答：液体都能蒸发，且液体蒸发温度范围非常广，既能在高温蒸发，又能在常温蒸发，甚至在低温时也能蒸发，只是蒸发速度不同而已。在液体表面上能够产生足够的可燃蒸汽，遇火能产生一闪即灭的燃烧现象，叫作闪燃。

在规定的实验条件下使用某种点火源造成液体汽化而着火的最低温度（校准至标准大气压 101.3kPa），叫作闪点。

1.1.10 什么是着火、燃点？

答：可燃物质在空气中与火源接触，达到某一温度时，开始产生有火焰的燃烧，并在火源移去后仍能持续燃烧的现象叫着火。着火是燃烧的开始，并以火焰出现为特征。

一种物质燃烧时释放出的燃烧热使该物质能蒸发出足够的蒸汽来维持其燃烧所需要的最低温度叫燃点。物质的燃点越低越容易着火，火灾危险性也越大。

1.1.11 什么是自燃、自燃点？

答：可燃物质在没有外部火花、火焰等火源的作用下，因受热或自身发热积热不散引起的燃烧叫自燃。根据热的来源不同，物质的自燃分为受热自燃和自热自燃两类。

在规定的条件下，物质发生自燃的最低温度叫作该物质的自燃点。在这一温度时，物质与空气（氧气）接触不需要明火作用就能发生燃烧。物质的自燃点越低发生火灾的危险性就越大。

1.1.12 可燃气体燃烧的方式及特点是什么？

答：可燃气体燃烧不需像固体、液体那样需经熔化、蒸发过程，所需热量仅用于氧化、分解、将气体加热到燃点，因此总体讲气体容易燃烧，燃烧速度快。根据燃烧前可燃气体与氧混合状况不同，气体燃烧分为扩散燃烧、预混燃烧两种方式。

扩散燃烧即可燃气体从管口或容器泄露，与空气中的氧边扩散混合边燃烧的现象，其燃烧速度取决于可燃气体扩散速度，燃烧稳定，扩散火焰不运动。预混燃烧即可燃气体与氧气在燃烧前混合形成一定浓度的可燃混合气体，被火源点燃所引起的燃烧，往往造成爆炸，因此也称爆炸式燃烧，其燃烧反应快，温度高，火焰传播快。

1.1.13 液体燃烧的特点是什么？

答：易燃、可燃液体燃烧是液体受热蒸发出来的液体蒸气被分解、氧化达到燃点而燃烧。因此液体燃烧与否，燃烧速率等与液体的蒸气压、闪点、沸点和蒸发速率等性质密切相关。

易燃、可燃液体燃烧时通常会因为类别不同而表现出不同的火焰颜色及燃烧特点。液态烃类燃烧时通常产生橘色火焰并散发浓密的黑色烟云；醇类燃烧时通常具有透明的蓝色火焰、几乎不产生烟雾；某些醚类燃烧时液体表面伴有明显的沸腾状，这类物质的火灾难以扑灭；含有水分、沸点在 100℃ 以上、黏度较大的重油、原油、沥青油等燃烧时会产生沸溢、喷溅现象。

1.1.14 固体燃烧的分类及特点是什么？

答：固体可燃物必须经过受热、蒸发、热分解过程，使固体上方可燃气体浓度达到燃烧极限，才能持续不断地发生燃烧。固体燃烧分为蒸发燃烧、分解燃烧、表面燃烧、阴燃、爆炸 5 种，其燃烧各有特点。

蒸发燃烧：熔点较低的可燃固体，受热融熔，再像可燃液体一样蒸发而发生燃烧反应，如硫、磷、沥青、钾、钠、蜡烛等的燃烧。

分解燃烧：可燃固体受热后先发生热分解，随后分解出的可燃挥发分与氧发生燃烧反应，如木材、纸张、棉、麻、毛、合成橡胶等的燃烧。

表面燃烧：蒸气压非常小或难于热分解的可燃固体，不能发生蒸发燃烧或分解燃烧，在表面与氧直接作用发生的无焰燃烧，如木炭、焦炭、铁、铜等的燃烧。

阴燃：可燃固体在空气不流通、加热温度较低、分解出的可燃挥发分较少或逸散较快、含水分较多等条件下，发生的没有火焰的缓慢燃烧现象。随着阴燃的进行，热量集聚、温度升高，阴燃可转为明火燃烧。如成捆堆放的棉、麻、纸张，煤垛、草垛、烟叶堆垛等。

爆炸：可燃固体及其分解挥发分遇火源发生的爆炸式燃烧。

固体燃烧形式的划分不是绝对的，有些可燃固体的燃烧往往可包含多种形式，如木材、棉、麻、纸张等燃烧会存在分解燃烧、阴燃、表面燃烧等形式。

第二节 火灾及相关概念

1.2.1 什么是火灾？

答：在时间或空间上失去控制的燃烧所造成的灾害叫火灾。

1.2.2 依据《生产安全事故报告和调查处理条例》火灾事故分为哪几级？

答：依据《生产安全事故报告和调查处理条例》（国务院令第493号）规定的生产安全事故等级标准，公安部办公厅于2007年6月26日下发《关于调整火灾等级标准的通知》（公传发〔2007〕245号），将火灾等级由原来的特大火灾、重大火灾、一般火灾调整为特别重大火灾、重大火灾、较大火灾、一般火灾四类。

特别重大火灾，是指造成30人以上死亡，或者100人以上重伤（包括急性工业中毒，下同），或者1亿元以上直接经济损失的火灾。

重大火灾，是指造成10人以上30人以下死亡，或者50人以上100人以下重伤，或者5000万元以上1亿元以下直接经济损失的火灾。

较大火灾，是指造成3人以上10人以下死亡，或者10人以上50人以下重伤，或者1000万元以上5000万元以下直接经济损失的火灾。

一般火灾，是指造成3人以下死亡，或者10人以下重伤，或者1000万元以下直接经济损失的火灾。

1.2.3 按照《火灾分类》火灾分为哪几类？

答：根据燃烧物质特征，按照《火灾分类》GB 4968—2008的规定将火灾分为6类。

A类火灾：固体物质火灾。如：木材、棉、毛、麻、纸张及其制品等燃烧的火灾。

B类火灾：液体火灾或可熔化固体物质火灾。如：汽油、煤油、柴油、原油、甲醇、乙醇、沥青、石蜡等燃烧的火灾。

C类火灾：气体火灾。如：天然气、煤气、氢气、甲烷、乙烷、丙烷等燃烧的火灾。

D类火灾：金属火灾。如：钾、钠、镁、锂、钛、铝镁合金等燃烧的火灾。

E类火灾：物体带电燃烧的火灾。如：发电机房、变压器室、配电间、仪器仪表间和电子计算机房等在燃烧时不能及时或不宜断电的电器设备带电燃烧的火灾。

F类火灾：烹饪器具内的烹饪物火灾。如：动植物油脂火灾。

1.2.4 火灾分为哪几个阶段？各阶段特点是什么？

答： 火灾通常都有一个从小到大、逐步发展直至熄灭的过程，这个过程一般分为初起、发展、猛烈、下降、熄灭五个阶段。

初起阶段：燃烧面积不大、火焰不高、辐射热不强，烟和气体流动缓慢，燃烧速度不快，是扑救火灾的最佳阶段。

发展阶段：随着燃烧时间的延长，环境温度的升高，周围可燃物质或建筑构件被迅速加热，气体对流增强，燃烧速度加快，燃烧面积逐渐增大，进入燃烧发展阶段。

猛烈阶段：由于燃烧时间继续延长，燃烧速度不断加快，燃烧面积迅速扩大，燃烧温度急剧上升，气体对流达到最快速度，辐射热很强，建筑构件的承重能力急剧下降。

下降阶段：在火灾发展后期，随着可燃物数量的减少，火灾燃烧速度减缓，辐射热强度减弱，温度逐渐下降。

熄灭阶段：火灾温度显著下降，直到火灾完全熄灭。

1.2.5 热传播的方式有哪些？

答： 火灾发生、发展的整个过程始终伴随着热传播过程，热传播是影响火灾发展的决定性因素，热传播有三种方式：热传导、热对流和热辐射。

热传导是热量通过直接接触的物体从温度较高部位传递到温度较低部位的过程。影响热传导的因素有温差、物体的导热系数、导热物体的厚度和截面积、燃烧时间。

热对流是热量通过流动介质从空间中的一处传到另一处的现象，热对流是影响室内初期火灾发展的最主要因素。根据流动介质的不同分为气体对流、液体对流。影响热对流的因素有通风孔洞面积和高度、温差、风力和风向。

热辐射是热量以电磁波形式传递的现象，当火灾处于发展阶段时，热辐射是主要的热传播形式。热辐射不需要任何介质，不受气流、风速、风向的影响，真空也能进行热传播。任何物体都能把热量以电磁波形式辐射出去，也能吸收别的物体辐射出来的热量。影响热辐射的因素有温度、距离、相对位置（角度）、物体表面情况。

1.2.6 什么是火灾荷载？

答： 火灾荷载是衡量建筑物室内所容纳可燃物数量多少的一个参数，是研究火灾全面发展阶段性状的基本要素。简单讲就是建筑物容积所有可燃物由于燃烧而可能释放出的总能量。

在建筑物发生火灾时，火灾荷载直接决定着火灾持续时间的长短和室内温度的变化情况。因而，在进行建筑结构防火设计时，很有必要了解火灾荷载的概念，合理确定火灾荷载数值。

为便于研究，在实际中常根据燃烧热值把某种材料换算为等效发热量的木材，用等效木材的重量表示可燃物的数量，称为等效可燃物的量。一般地说，大空间所容纳的可燃物比小空间要多，因此等效可燃物的数量与建筑面积或容积的大小有关。

1.2.7 灭火的基本原理是什么？

答： 燃烧发生需具备一定条件，即同时存在可燃物质、助燃物质、点火源三个要素，三要素缺一不可。由燃烧所必须具备的几个基本要素可以得知，灭火就是破坏燃烧必须具备的条件使燃烧反应终止的过程。其基本原理归纳为以下四个方面：冷却、窒息、隔离和化学抑制。

1.2.8 什么是冷却灭火？

答：冷却灭火是将可燃物质冷却到其燃点或闪点以下，使燃烧反应中止。水的灭火机理主要是冷却作用，火场上还用水来冷却未燃烧的可燃物和生产装置，以防止被引燃或受热爆炸。二氧化碳灭火剂灭火时从储存容器中喷出时，液态的二氧化碳会立即汽化，由液体迅速汽化成气体，而从周围吸收部分热量，起到冷却的作用。

1.2.9 什么是窒息灭火？

答：窒息灭火是采取措施阻止空气进入燃烧区域或断绝氧气，降低燃烧物周围空间的氧气浓度，从而起到灭火的作用。

在火场上采用石棉被、浸湿的棉被、灭火毯等覆盖在燃烧物上或封堵孔洞，用低倍数泡沫覆盖燃烧液体表面，用水蒸气、惰性气体、高倍数泡沫注入燃烧区域内，封闭燃烧区达到窒息灭火目的。

采用窒息灭火时，其燃烧部位空间要较小，容易封堵；采用惰性气体窒息灭火时，要保证注入燃烧区内的惰性气体的数量，以保证迅速降低空气中氧气含量，实现灭火；在采用窒息灭火之后，必须在确认火已经熄灭、温度下降时方可打开封闭的门、窗、孔洞进行检查，防止因过早打开封闭空间，新鲜空气流入而导致火灾复燃或爆燃。

1.2.10 什么是隔离灭火？

答：隔离灭火就是将可燃物与引火源或氧气隔离开来，使燃烧反应自动中止。火灾中，关闭有关阀门，切断流向着火区的可燃气体和液体的通道，将火源附近的可燃、易燃、易爆、助燃物质转移到安全区域，拆除着火建筑相毗邻建筑，打开有关阀门，使已经发生燃烧的容器或受到火势威胁的容器中的液体可燃物通过管道导至安全区域，都是隔离灭火的措施。

1.2.11 什么是化学抑制灭火？

答：化学抑制灭火就是灭火剂参与燃烧的链式反应，使燃烧过程中产生的自由基消失，形成稳定分子或活性低的自由基，从而中断燃烧的链式反应。常用的干粉灭火剂、卤代烷灭火剂的主要灭火机理就是化学抑制灭火。采用干粉灭火剂、卤代烷灭火剂进行化学抑制灭火时，一定要将灭火剂准确喷射到燃烧区域，使灭火剂参与燃烧反应，否则将起不到抑制燃烧反应的作用，无法实现灭火。

1.2.12 常用灭火剂有哪些？各适用哪些类别火灾？

答：水：主要是起冷却作用，对氧有稀释作用，能产生大量的水蒸气，隔绝可燃物与氧气；对水溶性可燃物、易燃液体有稀释作用；适用于扑救一般固体物质火灾，也可扑救闪点在120℃以上常温下半凝固状态的重油火灾；不能用于扑救闪点低于37.8℃以下可燃液体火灾；不能扑救与水发生化学反应的物质火灾，如碱金属、电石等；不能扑救带电设备和可燃性粉尘的火灾；不能扑救浓硫酸、浓硝酸的火灾。

泡沫：泡沫的水溶液通过化学、物理作用，充填大量气体后形成的无数气泡，覆盖在易燃液体的表面，一方面吸收了液体的热量，使液体温度降低，另一方面泡沫有一定的黏性，使可燃液体不易与空气接触，达到窒息灭火的目的。有化学泡沫灭火剂、蛋白泡沫灭火剂、氟蛋白泡沫灭火剂、水成膜泡沫灭火剂、高倍速泡沫灭火剂、抗溶性泡沫灭火剂，其中抗溶性泡沫灭火剂主要用于扑救水溶性液体火灾，如：甲醇、乙醇、甲苯、醋酸乙酯等火灾，其余五种泡沫灭火剂主要用于扑救非水溶性液体火灾及一般固体火灾。

二氧化碳：灭火作用主要是增加空气中不燃烧、不助燃的成分，相对减少空气中的含氧量。二氧化碳性质稳定、对绝大多数物质没有破坏作用，灭火后不留痕迹、无毒害、不导电，因此适用于扑救各种易燃液体、贵重仪器设备和电气火灾。

干粉：分 BC 型和 ABC 型干粉灭火剂，是一种干燥、易流动的微细固体粉末，灭火时，干粉颗粒能使可燃物的大量活性基团变成不活性的物质，可以吸收火焰中的活性基团，使其数量急剧减少，并中断燃烧的连锁反应，从而使火焰熄灭。适用于扑救可燃液体、可燃气体及带电设备的火灾。

1.2.13　常见的灭火器有哪些种类？

答：灭火器按照充装灭火剂种类分有水型灭火器、干粉灭火器、泡沫灭火器、二氧化碳灭火器、卤代烷灭火器、扑救金属火灾的专用灭火器。按照操作使用分有手提式灭火器、推车式灭火器。

1.2.14　灭火器选择应考虑哪些因素？

答：正确、合理地选用灭火器，是有效地扑灭初起火灾，减少火灾损失的关键。在选择灭火器时应考虑以下因素：

灭火器配置场所的火灾种类。根据灭火器配置场所的火灾种类判断应选择哪一种类型的灭火器，如果选择不合适的灭火器不仅有可能灭不了火，而且还可能引起灭火剂对燃烧的逆化学反应，甚至发生爆炸伤人事故，如碱金属（钾、钠）火灾，不能选择水型灭火器；因为水与碱金属化合反应后，生成大量氢气，氢气与空气中的氧气混合后，容易形成爆炸性的气体混合物引起爆炸。

灭火器配置场所的危险等级。根据灭火器配置场所的危险等级和火灾种类等因素，可确定灭火器的保护距离和配置基准，这是着手建筑灭火器配置设计和计算的首要步骤。

灭火器的灭火效能和通用性。虽然有几种类型的灭火器均适用于扑救同一种类的火灾，但他们的灭火有效程度有明显差异，也就是说适用于扑救同一类火灾的不同类型灭火器，在灭火剂用量和灭火速度上有极大差异，因此选择灭火器时应考虑灭火器的灭火效能和通用性；在同一灭火器配置场所宜选用相同类型和操作方法的灭火器，当同一灭火器配置场所存在不同火灾种类时，应选用通用型灭火器。在同一灭火器配置场所，当选用两种或两种以上类型灭火器时，应采用灭火剂相容的灭火器。

灭火器对保护对象的污损程度。为了保护贵重物资与设备免受不必要的污渍损失，灭火器的选择应考虑其对保护物品的污损程度。如专用的电子计算机房选用干粉灭火器能灭火，但灭火后所残留的粉末状覆盖物对电子元件有一定的腐蚀作用和粉尘污染，且难以清洁；水型灭火器和泡沫灭火器也有类同的污损作用，而选用气体灭火器则既能灭火又没有任何痕迹，而且对贵重、精密仪器也没有污损、腐蚀作用。

灭火器设置点的环境温度。灭火器设置点的环境温度对灭火器的喷射性能和安全性能均有明显影响，若环境温度过低则灭火器的喷射性能显著降低，若环境温度过高则灭火器的内压剧增，灭火器有爆炸危险。

使用灭火器人员的体能。灭火器是靠人来操作的，如妇女占大多数的场所，宜选用又轻又小的灭火器，男同志多的场所可选用较大、较重的灭火器；此外，经过训练的人员所在场所，如加油站等，可选择推车式灭火器等。

1.2.15 工业建筑中灭火器配置场所的危险等级如何划分？

答：工业建筑中灭火器配置场所的危险等级，应根据其生产、使用、储存物品的火灾危险性，可燃物数量，火灾蔓延速度，扑救难易程度等因素，划分为以下三级：

严重危险级：火灾危险性大、可燃物多、起火后蔓延迅速或容易造成重大火灾损失的场所。

中危险级：火灾危险性较大、可燃物较多、起火后蔓延较迅速的场所。

轻危险级：火灾危险性较小、可燃物较少、起火后蔓延较缓慢的场所。

1.2.16 民用建筑中灭火器配置场所的危险等级如何划分？

答：民用建筑中灭火器配置场所的危险等级，应根据其使用性质，人员密集程度，用电用火情况，可燃物数量，火灾蔓延速度，扑救难易程度等因素，划分为以下三级：

严重危险级：使用性质重要，人员密集，用电用火多，可燃物多，起火后蔓延迅速，扑救困难，容易造成重大财产损失或人员群死群伤的场所。

中危险级：使用性质较重要，人员较密集，用电用火较多，可燃物较多，起火后蔓延较迅速，扑救较难的场所。

轻危险级：使用性质一般，人员不密集，用电用火较少，可燃物较少，起火后蔓延较缓慢，扑救较易的场所。

1.2.17 灭火器的类型选择要求是什么？

答：扑救 A 类火灾应选用水型、磷酸铵盐干粉、泡沫、卤代烷灭火器。

扑救 B 类火灾应选用碳酸氢钠干粉、磷酸铵盐干粉、泡沫、二氧化碳灭火器、灭 B 类火灾的水型或卤代烷灭火器，扑救极性溶剂 B 类火灾应选用灭 B 类火灾的抗溶性灭火器。

扑救 C 类火灾应选用磷酸铵盐干粉、碳酸氢钠干粉、二氧化碳或卤代烷灭火器。

扑救 D 类火灾应选择扑灭金属火灾的专用灭火器。

扑救带电火灾应选用卤代烷、二氧化碳、磷酸铵盐干粉、碳酸氢钠干粉灭火器，不可选用装有金属喇叭喷筒的二氧化碳灭火器。

1.2.18 灭火器设置的一般有哪些要求？

答：灭火器设置在位置明显的地点。所谓明显地点，一般来说，是指正常的通道，包括房间的出入口处，走廊、门厅及楼梯等地点，因这些位置的灭火器较明显，又很容易被沿着安全路线撤退的人群看到。

对有视线障碍的灭火器设置点应设置指示其位置的发光标志。对于那些必须设置灭火器而又确实难以做到明显易见的特殊情况，应设有明显的指示标志来指出灭火器的实际设置位置，使人们能迅速及时地取到灭火器。

灭火器应摆放稳固。灭火器要摆放稳固，防止发生跌落；推车式灭火器不要设置在斜坡和地基不结实的地点，以免造成灭火器不能正常使用或伤人事故。

设置的灭火器铭牌必须朝外。这是为让人们能直接明确灭火器的主要性能指标，适用扑救火灾的种类和用法，使人们在拿到符合配置要求的灭火器后，就能正确使用，充分发挥灭火器的作用，有效地扑灭初起火灾。

灭火器不应设置在潮湿或强腐蚀性的地点。灭火器是一种备用器材，一般来说存放时间较长，如果长期设置在有强腐蚀性或潮湿的地点或场所，会严重影响灭火器的使用性能和安全性能，因此这些地点或场所一般不能设置灭火器。

手提式灭火器宜设置在挂钩、托架上或灭火器箱内，其顶部离地面高度应小于1.50m，底部离地面高度不宜小于0.15m，灭火器箱不得上锁以便于人们对灭火器进行保管和维护，让扑救人员能安全方便取用；防止潮湿的地面对灭火器的影响。

设置在室外的灭火器应有保护措施。室外的环境条件比室内要差得多，其保管和维护等也较差，因此，为了使灭火器随时都能正常使用，就必须要有一定的保护措施，保护措施可以因地制宜，要从保护灭火器的使用性能和安全性能这两方面进行考虑。

灭火器不得设置在超出其使用温度范围的地点。在环境温度超出灭火器使用范围的场所设置灭火器，必然会影响灭火器的喷射性能和安全使用，甚至贻误灭火。

灭火器的设置不得影响安全疏散。灭火器的设置不得影响安全疏散，不仅指灭火器本身，而且还包括与灭火器设置相关的托架和灭火器箱等附件都不得影响安全疏散。

1.2.19 灭火器配置的一般要求是什么？

答：一个计算单元内配置的灭火器数量不得少于2具；每个配置点的灭火器数量不宜多于5具；当住宅楼每层的公共部位建筑面积超过100㎡时，应配置1具1A的手提式灭火器，每增加100㎡时增配1具1A的手提式灭火器。

1.2.20 灭火器配置场所的计算单元如何划分？

答：灭火器配置场所的计算单元应按下列规定划分：

当一个楼层或一个水平防火分区内各场所的危险等级和火灾种类相同时，可将其作为一个计算单元，如办公楼每层成排的办公室，宾馆每层成排的客房等。

当一个楼层或一个水平防火分区内各场所的危险等级和火灾种类不相同时，可将其分别作为不同的计算单元；如办公楼内某楼层中有一间专用的计算机房和若干间办公室，则应将计算机房单独作为一个计算单元来配置灭火器，可将其他若干间办公室合起来作为一个计算单元来配置灭火器。

同一个计算单元不得跨越防火分区和楼层。由于防火分区之间的防火墙、防火门或防火卷帘可能会直接阻碍灭火人员携带灭火器走动和通过，并影响灭火器的保护距离，而楼梯则会增加灭火人员携带灭火器上下楼层赶往着火点的反应时间，也有可能因而失去灭火器扑救初起火灾的最佳时机，故计算单元只能局限在一个楼层或一个水平分区之内。

1.2.21 灭火器配置场所的计算单元保护面积如何确定？

答：在计算单元确定后，为进行建筑灭火器配置的设计与计算，首先要确定计算单元内需用灭火器保护的场所面积。建筑物按其建筑面积确定计算单元保护面积，可燃物露天堆场，甲、乙、丙类液体储罐区，可燃气体储罐区按堆垛、储罐的占地面积确定计算单元保护面积。

1.2.22 灭火器配置计算单元最小需配灭火级别应如何计算？

答：灭火器配置计算单元最小需配灭火级别应按下式计算：

$$Q = K \frac{S}{U}$$

式中　Q——计算单元最小需配灭火级别，A 或 B；

　　　S——计算单元的保护面积，m^2；

　　　U——A 类火灾或 B 类火灾场所单位灭火级别最大保护面积，m^2/A 或 m^2/B；

K——修正系数，按表 1-1 取值。

修正系数 K 的取值　　　　　　　　　　　　　　　　　　　表 1-1

计算单元	K
未设室内消火栓系统和灭火系统	1.0
设有室内消火栓系统	0.9
设有灭火系统	0.7
设有室内消火栓系统和灭火系统	0.5
可燃物露天堆场	
甲、乙、丙类液体储罐区	0.3
可燃气体储罐区	

歌舞娱乐放映游艺场所、网吧、商场、寺庙以及地下场所最小需配灭火级别应按 $Q=1.3K\dfrac{S}{U}$ 计算。

1.2.23　灭火器配置设计计算步骤及要求是什么？

答：灭火器配置设计计算按照以下步骤进行：确定各灭火器配置场所的火灾种类和危险等级；划分计算单元，计算各计算单元的保护面积；计算各计算单元的最小需配灭火级别；确定各计算单元中的灭火器设置点的位置和数量；计算每个灭火器设置点的最小需配灭火级别，每个灭火器设置点实配灭火器的灭火级别和数量不得小于最小需配灭火级别和数量的计算值；确定每个设置点灭火器的类型、规格和数量；灭火器设置点的位置和数量应根据灭火器的最大保护距离确定，并应保证最不利点至少在 1 具灭火器的保护范围内；确定每具灭火器的设置方式和要求；在工程设计图上用灭火器图例和文字标明灭火器的型号、数量和设置位置。

第三节　爆炸及相关概念

1.3.1　爆炸的定义及其形式是什么？

答：爆炸是物质非常迅速的化学或物理变化过程，在变化过程中迅速地放出巨大的热量并生成大量的气体，此时的气体由于瞬间尚存在于有限的空间内，故有极大的压强，对爆炸点周围的物体产生了强烈的压力，当高压气体迅速膨胀时形成爆炸。爆炸可分为以下三种形式：

物理性爆炸：物质因状态、压力发生突变而形成的爆炸现象叫物理性爆炸，物理爆炸本身没有燃烧反应。如：压缩气体受热爆炸、高压锅内压力过大，超过其能承受的强度而发生的爆炸。

化学性爆炸：物质由于发生急速的放热化学反应，生成高温高压的反应产物而引起的爆炸叫化学性爆炸。化学性爆炸前后物质的成分和性质均发生了变化。化学爆炸能直接造成火灾，具有很大的火灾危险性，如：炸药爆炸、可燃气体爆炸、可燃粉尘爆炸。

核爆炸：由于某些物质的原子核发生"裂变"或"聚变"的连锁反应，在瞬间释放出巨大能量而产生的爆炸叫核爆炸。如：原子弹爆炸、氢弹爆炸。

1.3.2 爆炸极限、爆炸上限、爆炸下限定义是什么？

答：可燃物质（可燃气体、蒸气和粉尘）与空气（或氧气）必须在一定的浓度范围内均匀混合，形成预混气，遇着火源才会发生爆炸，这个浓度范围称为爆炸极限或爆炸浓度极限。混合系的组分不同，爆炸极限也不同；同一混合系，由于初始温度、系统压力、惰性介质含量、混合系存在空间及器壁材质以及点火能量的大小等都能使爆炸极限发生变化。一般规律是：混合系原始温度升高，则爆炸极限范围增大，即下限降低、上限升高。

易燃气体、蒸气或薄雾在空气中形成爆炸性气体混合物的最低浓度和最高浓度，分别称为爆炸下限和爆炸上限。在低于爆炸下限时不爆炸也不着火；在高于爆炸上限时不会爆炸，但能燃烧。这是由于前者的可燃物浓度不够，过量空气的冷却作用，阻止了火焰的蔓延；而后者则是空气不足，导致火焰不能蔓延的缘故。

1.3.3 泄压面积的定义是什么？

答：爆炸能在瞬间释放出大量气体和热量，使室内形成很高的压力，为了防止建筑物的承重构件因强大的爆炸力遭到破坏，导致建筑承载能力下降甚至坍塌，将一定围护结构面积的建筑构、配件做成薄弱泄压设施，该面积叫泄压面积。

1.3.4 泄压原理是什么？

答：当发生爆炸时，作为泄压设施的建筑构、配件首先遭到破坏，将爆炸气体及时泄出，使室内的爆炸压力骤然下降，可大大减轻爆炸时的破坏强度，避免因主体结构遭受破坏而造成人员重大伤亡和经济损失。

1.3.5 泄压设施设置要求是什么？

答：泄压设施宜采用轻质屋面板、轻质墙体和易于泄压的门、窗等，应采用安全玻璃等在爆炸时不产生尖锐碎片的材料。用门窗、轻质墙体作为泄压面积时，不应影响相邻建筑的安全，设置位置尽可能避开常年主导风向。

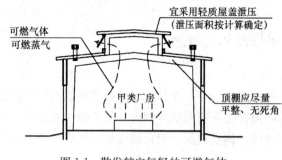

图 1-1 散发较空气轻的可燃气体，
可燃蒸气的甲类厂房

散发较空气轻的可燃气体、可燃蒸气的甲类厂房，宜采用轻质屋面板的全部或局部作为泄压设施。顶棚应尽量平整、避免死角，厂房上部空间应通风良好，见图 1-1。

散发较空气重的可燃气体、可燃蒸气的甲类厂房和有粉尘、纤维爆炸危险的乙类厂房，应采用不发火花的地面。采用绝缘材料作整体面层时，应采取防静电措施；散发可燃粉尘、纤维的厂房，其内表面应平整、光滑，并易于清扫；厂房内不宜设置地沟，确需设置时，其盖板应严密，地沟应采取防止可燃气体、可燃蒸气和粉尘、纤维在地沟积聚的有效措施，且应在与相邻厂房连通处采用防火材料密封，见图 1-2。

有爆炸危险的甲、乙类生产部位，宜布置在单层厂房靠外墙的泄压设施或多层厂房顶层靠外墙的泄压设施附近；有爆炸危险的设备宜避开厂房的梁、柱等主要承重构件布置，见图 1-3。

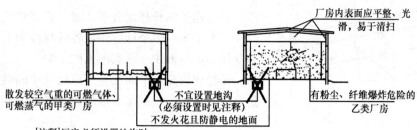

厂房内表面应平整、光滑，易于清扫

散发较空气重的可燃气体、可燃蒸气的甲类厂房

不宜设置地沟（必须设置时见注释）

不发火花且防静电的地面

有粉尘、纤维爆炸危险的乙类厂房

[注释]厂房必须设置地沟时：
1.沟盖板应密封
2.对可燃气体，可燃蒸气、粉尘、纤维在沟内积聚采用有效防止措施
3.两座厂房地沟连通时，应在连通处用防火材料密封。

图 1-2 散发较空气重的可燃气体、可燃蒸气的甲类厂房和有粉尘、
纤维爆炸危险的乙类厂房

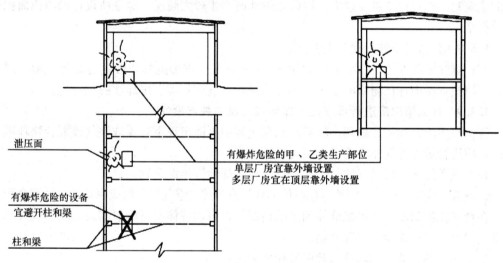

泄压面

有爆炸危险的甲、乙类生产部位
单层厂房宜靠外墙设置
多层厂房宜在顶层靠外墙设置

有爆炸危险的设备
宜避开柱和梁

柱和梁

图 1-3 有爆炸危险的甲、乙类厂房

1.3.6 什么是泄压比？

答：有爆炸危险生产厂房和仓库所设泄压设施面积与其体积之比称为泄压比。泄压比是确定泄压面积时的重要参数，它的大小主要取决于爆炸混合物的性质和浓度。

1.3.7 如何确定泄压面积？

答：泄压面积宜按公式：$A=10CV^{2/3}$ 计算，A—泄压面积（m^2）；V—厂房的容积（m^3）；C—泄压比，可按表 1-2 选取（m^2/m^3）。

爆炸性危险物质的类别与泄压比规定值 表 1-2

厂房内爆炸性危险物质的类别	C 值
氨、粮食、纸、皮革、铅、铬、铜等 $K_{尘}<10MPa·m·s^{-1}$ 的粉尘	≥0.030
木屑、炭屑、煤粉、锑、锡等 $10MPa·m·s^{-1}≤K_{尘}≤30MPa·m·s^{-1}$ 的粉尘	≥0.055
丙酮、汽油、甲醇、液化石油气、甲烷、喷漆间或干燥室、苯酚树脂、铝、镁、锆等 $K_{尘}>30MPa·m·s^{-1}$ 的粉尘	≥0.110
乙烯	≥0.160
乙炔	≥0.200
氢	≥0.250

注：$K_{尘}$ 是指粉尘爆炸指数。

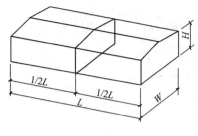

图1-4　长径比示意图

但当建筑的长径比大于3时，宜将建筑划分为长径比不大于3的多个计算段，各计算段中的公共截面不得作为泄压面积（示意图见图1-4）。

长径比为建筑平面几何外形尺寸中的最长尺寸与其横截面周长的积和4.0倍的建筑横截面积之比（示意图见图1-4）。

长径比过大的空间，会因爆炸压力在传递过程中不断叠加而产生较高的压力。以粉尘为例，如空间过长，则在爆炸后期，未燃烧的粉尘－空气混合物受到压缩，初始压力上升，燃气泄放流动会产生紊流，使燃速增大，产生较高的爆炸压力。因此，有可燃气体或可燃粉尘爆炸危险性的建筑物的长径比要避免过大，以防止爆炸时产生较大超压，保证所设计的泄压面积能有效作用。

1.3.8　什么是爆炸危险环境？

答：爆炸危险环境指有危险物质存在，并可能与空气形成爆炸性混合物的环境。爆炸危险环境按场所中存在物质的物态不同分为爆炸性气体环境、爆炸性粉尘环境。

1.3.9　什么情况应进行爆炸性气体环境的电力装置设计？

答：在生产、加工、处理、转运或储存过程中可能出现下列爆炸性气体混合物环境之一时，应进行爆炸性气体环境电力装置设计：

在大气条件下，可燃气体与空气混合形成爆炸性气体混合物。

闪点低于或等于环境温度的可燃液体的蒸气或薄雾与空气混合形成爆炸性气体混合物。

在物料操作温度高于可燃液体闪点的情况下，可燃液体有可能泄露时，其蒸气或薄雾与空气混合形成爆炸性气体混合物。

1.3.10　爆炸性气体环境危险区域如何分区？

答：爆炸性气体环境应根据爆炸性气体混合物出现的频繁程度和持续时间进行分区：

0区：连续出现或长期出现爆炸性气体混合物的环境。

1区：在正常运行时可能出现爆炸性气体混合物的环境。

2区：在正常运行时不太可能出现爆炸性气体混合物的环境，或即使出现也仅是短时存在的爆炸性气体混合物的环境。

1.3.11　爆炸性气体危险环境释放源如何分级？

答：释放源应按易燃物质的释放频繁程度和持续时间长短分级，可分为：

连续级释放源：应为连续释放或预计长期释放的释放源，如没有用惰性气体覆盖的固定顶盖贮罐中的可燃液体表面；油、水分离器等直接与空间接触的可燃液体的表面；经常或长期向空间释放可燃气体或可燃液体的蒸气的排气孔和其他孔口。

一级释放源：应为正常运行时，预计可能周期性或偶尔释放的释放源，如在正常运行时会释放可燃物质的泵、压缩机和阀门等的密封处；在正常运行时，会向空间释放可燃物质的泄压阀、排气口和其他孔口；正常运行时会向空间释放可燃物质的取样点。

二级释放源：应为在正常运行时，预计不可能释放，当出现释放时，仅是偶尔和短期释放的释放源，如正常运行时不能出现释放可燃物质的泵、压缩机和阀门的密封处；正常运行时不能向空间释放可燃物质的安全阀、排气孔和其他孔口处；正常运行时不能释放可燃物质的法兰、连接件和管道接头；正常运行时不能向空间释放可燃物质的取样点。

1.3.12　爆炸性气体环境爆炸危险区域如何确定分区？

答：爆炸危险区域划分首先应按释放源级别和通风条件确定，0区指存在连续级释放源的区域；1区指存在一级释放源的区域；2区指存在二级释放源的区域。

其次根据通风条件调整区域划分：当通风良好时可降低爆炸危险区域等级，当通风不良时应提高爆炸危险区域等级；局部机械通风在降低爆炸性气体混合物浓度方面比自然通风和一般机械通风更为有效时，可采用局部机械通风降低爆炸危险区域等级；在障碍物、凹坑和死角处，应局部提高爆炸危险区域等级；利用堤或墙等障碍物，限制比空气重的爆炸性气体混合物的扩散，可缩小爆炸危险区域范围。

1.3.13　爆炸性气体环境应采取哪些防止爆炸措施？

答：在爆炸性气体环境中应采取下列防止爆炸的措施：

应使产生爆炸的条件同时出现的可能性减小到最低程度。

工艺设计中应采取消除或减少可燃物质的释放及积聚的措施：工艺流程中宜采取较低的压力和温度，将可燃物质限制在密闭容器内；工艺布置应限制和缩小爆炸危险区域的范围，并宜将不同等级的燃烧危险区或爆炸危险区与非爆炸危险区分隔在各自的厂房或界区内；在设备内可采用以氮气或其他惰性气体覆盖的措施；宜采取安全连锁或事故时加入聚合反应阻聚剂等化学药品的措施。

防止爆炸性气体混合物的形成或缩短爆炸性气体混合物滞留时间：工艺装置宜采取露天或开敞式布置、设置机械通风装置、在爆炸危险环境内设置正压室、对区域内易形成和积聚爆炸性气体混合物的地点设置自动测量仪器装置，当气体或蒸气浓度接近爆炸下限值的50%时，应能可靠地发出信号或切断电源。

在区域内应采取消除或控制电气设备线路产生火花、电弧或高温的措施。

1.3.14　爆炸性环境的电力装置设计要求是什么？

答：爆炸性环境的电力装置设计应符合下列规定：

爆炸性环境的电力装置设计宜将设备和线路，特别是正常运行时可能发生火花的设备布置在爆炸性环境以外。当需设在爆炸性环境内时，应布置在爆炸危险比较小的地点。

在满足工艺生产及安全的前提下应减少防爆电气设备的数量。

爆炸性环境内的电气设备和线路应符合周围环境内化学、机械、热、霉菌以及风沙等不同环境条件对电气设备的要求。

在爆炸性粉尘环境中，不宜采用携带式电气设备。

爆炸性粉尘环境内的事故排风用电动机应在生产发生事故的情况下，在便于操作的地方设置事故启动按钮等控制设备。

在爆炸性粉尘环境内，应尽量减少插座和局部照明灯具的数量。如需采用时，插座宜布置在爆炸性粉尘不易积聚的地点，局部照明灯宜布置在事故时气流不易冲击的位置。

粉尘环境中安装的插座开口的一面应朝下，且与垂直面的角度不应大于60°。

爆炸性环境内设置的防爆电气设备应符合国家标准的有关规定。

1.3.15　在什么情况应进行爆炸性粉尘环境的电力装置设计？

答：在生产、加工、处理、转运或贮存过程中出现或可能出现可燃性粉尘与空气形成的爆炸性粉尘混合物环境时，应进行爆炸性粉尘环境电力装置设计。

1.3.16　爆炸性粉尘环境中粉尘分为哪三级？

答： 爆炸性粉尘环境中粉尘分为三级：

1　ⅢA级为可燃性飞絮；

2　ⅢB级为非导电性粉尘；

3　ⅢC级为导电性粉尘。

1.3.17　爆炸性粉尘环境危险区域如何分区？

答： 爆炸性粉尘环境应根据爆炸性粉尘环境出现的频繁程度和持续时间，分为：

20区：空气中的可燃性粉尘云持续地或长期地或频繁地出现于爆炸性环境中的区域；

21区：在正常运行时，空气中的可燃性粉尘云很可能偶尔出现于爆炸性环境中的区域；

22区：在正常运行时，空气中的可燃性粉尘云一般不可能出现于爆炸性环境中的区域，即使出现，持续时间也是短暂的。

1.3.18　爆炸性粉尘环境应采取哪些防止爆炸措施？

答： 在爆炸性粉尘环境中应采取下列防止爆炸的措施：

防止产生爆炸的基本措施，应是使产生爆炸的条件同时出现的可能性减小到最低程度。

防止爆炸危险，应按照爆炸性粉尘混合物的特征，采取相应的措施。

在工程设计中应采取消除或减少爆炸性粉尘混合物产生和积聚的措施。

1.3.19　工程设计中可采取哪些措施消除或减少爆炸性粉尘混合物的产生和积聚？

答： 工艺设备宜将危险物料密封在防止粉尘泄漏的容器内；宜采用露天或开敞式布置，或采用机械除尘措施；宜限制和缩小爆炸危险区域的范围，并将可能释放爆炸性粉尘的设备单独集中布置；提高自动化水平，可采用必要的安全联锁；爆炸危险区域应设有两个以上出入口，其中至少有一个通向非爆炸危险区域，其出入口的门应向爆炸危险性较小的区域侧开启；应对沉积的粉尘进行有效地清除；应限制产生危险温度及火花，特别是由电气设备或线路产生的过热及火花。应防止粉尘进入产生电火花或高温部件的外壳内。应选用粉尘防爆型的电气设备及线路。可增加物料的湿度，降低空气中粉尘的悬浮量。

1.3.20　爆炸性环境电气设备选择应考虑哪些因素？

答： 爆炸性环境电气设备应根据以下因素选择：

爆炸危险区域的分区；

可燃性物质和可燃性粉尘的分级；

可燃性物质的引燃温度；

可燃性粉尘云、可燃性粉尘层的最低引燃温度。

1.3.21　爆炸性环境的电力装置设计应符合哪些规定？

答： 爆炸性环境的电力装置设计应符合以下规定：

爆炸性环境的电力装置设计应将设备和线路，特别是正常运行时能发生火花的设备布置在爆炸性环境以外。当需要设置在爆炸性环境内时，应布置在爆炸危险性较小的地点。

在满足工艺生产及安全的前提下，应减少防爆电气设备的数量。

爆炸性环境内的电气设备和线路应符合周围环境内化学、机械、热、霉菌以及风沙等不同环境条件对电气设备的要求。

在爆炸性粉尘环境内,不宜采用携带式电气设备。

爆炸性粉尘环境的事故排风用电动机应在生产发生事故的情况下,在便于操作的地方设置事故启动按钮等控制设备。

在爆炸性粉尘环境内,应尽量减少插座和局部照明灯具的数量。如需采用时,插座宜布置在爆炸性粉尘不易积聚的地点,局部照明灯宜布置在事故时气流不易冲击的位置。

粉尘环境中安装的插座开口的一面应朝下,且与垂直面的角度不应大于60°。

爆炸性环境内设置的防爆电气设备应符合国家标准的有关规定。

1.3.22 爆炸性环境电气设备如何分类?

答:爆炸性环境电气设备分为三类:

Ⅰ类电气设备用于煤矿瓦斯气体环境;

Ⅱ类电气设备用于除煤矿甲烷气体之外的其他爆炸性气体环境;

Ⅲ类电气设备用于除煤矿以外的爆炸性粉尘环境。

Ⅱ类电气设备按照其拟使用的爆炸性气体环境的种类可再分级为:

ⅡA级,代表性气体是丙烷;

ⅡB级,代表性气体是乙烯;

ⅡC级,代表性气体是氢气。

Ⅲ类电气设备按照其拟使用的爆炸性粉尘环境的特性可再分级为:

ⅢA级,可燃性飞絮;

ⅢB级,非导电性粉尘;

ⅢC级,导电性粉尘。

1.3.23 什么是设备保护级别?

答:设备保护级别是根据设备成为引燃源的可能性和爆炸性气体环境及爆炸性粉尘环境所具有的不同特征而对设备规定的保护级别,简称EPL(Equipment Protection Levels)。

EPL是《爆炸性环境 第14部分:电气装置设计、选择和安装》IEC 60079-14-2007新引入的一个概念,同时现行国家标准《爆炸性环境》GB 3836也已经引入了EPL的概念。气体/蒸气环境中设备的保护级别为Ga、Gb、Gc,粉尘环境中设备的保护级别要达到Da、Db、Dc。

"EPL Ga"爆炸性气体环境用设备,具有"很高"的保护等级,在正常运行过程中、在预期的故障条件下或者在罕见的故障条件下不会成为点燃源。

"EPL Gb"爆炸性气体环境用设备,具有"高"的保护等级,在正常运行过程中、在预期的故障条件下不会成为点燃源。

"EPL Gc"爆炸性气体环境用设备,具有"加强"的保护等级,在正常运行过程中不会成为点燃源,也可采取附加保护,保证在点燃源有规律预期出现的情况下(如灯具的故障)不会点燃。

"EPL Da"爆炸性粉尘环境用设备,具有"很高"的保护等级,在正常运行过程中、在预期的故障条件下或者在罕见的故障条件下不会成为点燃源。

"EPL Db"爆炸性粉尘环境用设备,具有"高"的保护等级,在正常运行过程中、在预期的故障条件下不会成为点燃源。

"EPL Dc"爆炸性粉尘环境用设备，具有"加强"的保护等级，在正常运行过程中不会成为点燃源，也可采取附加保护，保证在点燃源有规律预期出现的情况下（如灯具的故障）不会点燃。

1.3.24 电气设备的基本防爆型式有哪些？

答： 隔爆型（d）：把设备可能点燃爆炸性气体混合物的部件全部封闭在一个外壳内，其外壳能够承受通过外壳任何接合面或结构间隙渗透到外壳内部的可燃性混合物在内部爆炸而不损坏，并且不会引起外部由一种、多种气体或蒸气形成的爆炸性环境的点燃。该类型设备适用于1区、2区危险环境。其对应设备保护级别为 EPL Gb。

增安型（e）：对在正常运行条件下不会产生电弧、火花的电气设备进一步采取一些附加措施，提高其安全程度，防止电气设备产生危险温度、电弧和火花的可能性。它不包括在正常运行情况下产生火花或电弧的设备。该类型设备主要用于2区危险环境，部分种类可以用于1区。其对应设备保护级别为 EPL Gb。

本质安全性（i）：在设备内部的所有电路都是由标准规定条件（包括正常工作或规定的故障条件）下产生的任何电火花或任何热效应均不能点燃规定的爆炸性气体环境的本质安全电路。该防爆型式分为 ia、ib 两个等级。该类型设备只能用于弱电设备中，ia 适用于0区、1区、2区危险环境，ib 适用于1区、2区危险环境。ia 对应设备保护级别为 EPL Ga，ib 对应设备保护级别为 EPL Gb，ic 对应设备保护级别为 EPL Gc。

正压型（p）：具有正压外壳，可以保持内部保护气体的压力高于周围爆炸性环境的压力，阻止外部混合物进入外壳。该类型设备按照保护方法可以用于1区、2区危险环境。px 对应设备保护级别为 EPL Gb，py 对应设备保护级别为 EPL Gb，pz 对应设备保护级别为 EPL Gc。

油浸性（o）：将整个设备或设备的部件浸在油内（保护液），使之不能点燃油面以上或外壳外面的爆炸性气体环境。该类型设备适用于1区、2区危险环境。其对应设备保护级别为 EPL Gb。

充砂型（q）：在外壳内充填砂料或其他规定特性的粉末材料，使之在规定的使用条件下，壳内产生的电弧或高温均不能点燃周围爆炸性气体环境。该类型设备适用于1区、2区危险环境。其对应设备保护级别为 EPL Gb。

无火花型（n）：正常运行条件下，不能够点燃周围的爆炸性气体环境，也不大可能发生引起点燃的故障。该类型设备仅适用于2区危险环境。nA（无火花）对应设备保护级别为 EPL Gc，nC（火花保护）对应设备保护级别为 EPL Gc，nR（限制呼吸）对应设备保护级别为 EPL Gc，nL（限能）对应设备保护级别为 Gc。

浇封型（m，）：可能产生引起爆炸性气体环境爆炸的火花、电弧或危险温度部分的电气部件，浇封在浇封剂（复合物）中，使它不能点燃周围爆炸性气体环境。该类型设备适用于1区、2区危险环境。ma 对应设备保护级别为 EPL Ga，mb 对应设备保护级别为 EPL Gb，mc 对应设备保护级别为 EPL Gc。

特殊型（s）：指国家标准未包括的防爆型式。采用该类型的电气设备，由主管部门制定暂行规定，并经指定的防爆检验单位检验认可，方可按防爆特殊型电气设备使用。该类型设备根据实际使用开发研制，可适用于相应的危险环境。

粉尘防爆型：采用限制外壳最高表面温度和采用"尘密"或"防尘"外壳来限制粉尘进入，以防止可燃性粉尘点燃。根据其防爆性能，可选用于 20 区、21 区或 22 区危险环境。

1.3.25 爆炸性环境电气设备保护级别的选择有哪些规定？

答：爆炸性环境电气设备保护级别选择应符合表 1-3 的规定。

爆炸性环境内电气设备保护级别的选择 　　　　　表 1-3

爆炸性环境类别	危险区域	设备保护级别（EPL）
爆炸性气体环境	0 区	Ga
	1 区	Ga 或 Gb
	2 区	Ga、Gb 或 Gc
爆炸性粉尘环境	20 区	Da
	21 区	Da 或 Db
	22 区	Da、Db 或 Dc

1.3.26 爆炸性环境电气设备保护级别与电气设备防爆结构的关系应符合什么规定？

答：爆炸性环境电气设备保护级别与电气设备防爆结构的关系应符合表 1-4 的规定。

电气设备保护级别（EPL）与电气设备防爆结构的关系 　　　　表 1-4

爆炸性环境类别	设备保护级别（EPL）	电气设备防爆结构	防爆形式
爆炸性气体环境	Ga	本质安全型	"ia"
		浇封型	"ma"
		由两种独立的防爆类型组成的设备，每一种类型达到保护级别"Gb"的要求	—
		光辐射式设备和传输系统的保护	"op is"
	Gb	隔爆型	"d"
		增安型	"e"①
		本质安全型	"ib"
		浇封型	"mb"
		油浸型	"o"
		正压型	"px"、"py"
		充砂型	"q"
		本质安全现场总线概念（FISCO）	—
		光辐射式设备和传输系统的保护	"op pr"
	Gc	本质安全型	"ic"
		浇封型	"mc"
		无火花	"n"、"nA"
		限制呼吸	"nR"

爆炸性环境类别	设备保护级别（EPL）	电气设备防爆结构	防爆形式
爆炸性气体环境	Cc	限能	"nL"
		火花保护	"nC"
		正压型	"pz"
		非可燃现场总线概念（FNICO）	—
		光辐射式设备和传输系统的保护	"op sh"
爆炸性粉尘环境	Da	本质安全型	"iD"
		浇封型	"mD"
		外壳保护型	"tD"
	Db	本质安全型	"iD"
		浇封型	"mD"
		外壳保护型	"tD"
		正压型	"pD"
	Dc	本质安全型	"iD"
		浇封型	"mD"
		外壳保护型	"tD"
		正压型	"pD"

1.3.27 气体、蒸气或粉尘分级与电气设备类别的关系应符合什么规定？

答：气体、蒸气或粉尘分级与电气设备类别的关系应符合表1-5的规定。

气体、蒸气或粉尘分级与电气设备类别的关系 表1-5

气体、蒸气或粉尘分级	设备类别
ⅡA	ⅡA、ⅡB或ⅡC
ⅡB	ⅡB或ⅡC
ⅡC	ⅡC
ⅢA	ⅢA、ⅢB或ⅢC
ⅢB	ⅢB或ⅢC
ⅢC	ⅢC

1.3.28 Ⅱ类爆炸性环境电气设备的温度组别、最高表面温度和气体、蒸气引燃温度之间的关系应符合什么规定？

答：Ⅱ类爆炸性环境电气设备按其最高表面温度分为6个组别，分别是T1、T2、T3、T4、T5、T6，电气设备组别应按照设备最高表面温度不超过可能出现的任何气体或蒸气的引燃温度选型。温度组别、最高表面温度和气体、蒸气引燃温度之间的关系应符合表1-6的规定。

Ⅱ类电气设备的温度组别、最高表面温度和气体、蒸气引燃温度之间的关系　表1-6

电气设备温度组别	电气设备允许最高表面温度 （℃）	气体或蒸气的引燃温度 （℃）	适用的设备温度级别
T1	450	＞450	T1～T6
T2	300	＞300	T2～T6
T3	200	＞200	T3～T6
T4	135	＞135	T4～T6
T5	100	＞100	T5～T6
T6	85	＞85	T6

1.3.29　防爆电气设备的防爆标志内容？

答：设备的防爆标志内容包括：防爆型式＋设备类别＋温度。

对只允许使用于一种爆炸性气体或蒸气环境中的电气设备，其标志可用该气体或蒸气化学分子式或名称表示，这时可不必注明级别与温度组别。如Ⅱ类用于氨气环境的隔爆型：Ex dⅡ（NH3）Gb 或 Ex dbⅡ（NH3）。

对Ⅱ类电气设备的标志，可标温度组别，也可标最高表面温度，或二者都标出。如最高表面温度为125℃的工厂增安型电气设备：Ex eⅡ T5 Gb 或 Ex eⅡ（125℃）Gb 或 Ex eⅡ（125℃）T4 Gb。

应用于爆炸性粉尘环境的电气设备，直接标出设备的最高表面温度，不再划分温度组别，如：用于具有导电性粉尘的爆炸性粉尘环ⅢC等级"ia"（EPL Da）电气设备，最高表面温度低于120℃的表示方法为 Ex ia ⅢC T120℃ Da 或 Ex ia ⅢC T120 IP 20。

1.3.30　复合型防爆电气设备定义及选择要求？

答：复合型防爆电气设备是指由几种相同的防爆形式或不同种类的防爆形式的防爆电气单元组合在一起的电气设备。复合型电气设备的每个单元的防爆形式应满足要求，其整体的表面温度和最小点燃电流应满足所在危险区中存在的可燃性气体或蒸气的温度组别和所在级别的要求。如，一个地区设备所在危险场所存在的可燃性气体是硫化氢，则组成复合型电气设备的每个单元只能选择 T3、T4、T5 以及 B 或 C 级的防爆电气设备。

第四节　危险化学品及相关概念

1.4.1　什么是危险化学品？

答：危险化学品是指具有毒害、腐蚀、爆炸、燃烧、助燃等性质，对人体、设施、环境具有危害的剧毒化学品和其他化学品。

1.4.2　危险化学品确定原则是什么？

答：危险化学品按照危险化学品的品种依据化学品分类和标签国家标准，从下列危险和危害特性类别中确定：

物理危险：爆炸物、易燃气体、不稳定性气体、气溶胶（又称气雾剂）、氧化性气体、加压气体、易燃液体、易燃固体、自反应物质和混合物、自燃液体、自燃固体、自热物质和混合物、遇水放出易燃气体的物质和混合物、氧化性液体、氧化性固体、有机过氧化物、金属腐蚀物。

健康危害：急性毒性、皮肤腐蚀/刺激、严重眼损伤/眼刺激、呼吸道或皮肤致敏、生殖细胞致突变性、致癌性、生殖毒性、特异性靶器官毒性。

环境危害：危害水生环境、危害臭氧层。

1.4.3　危险剧毒化学品的定义是什么？

答： 危险剧毒化学品指具有剧烈急性毒性危害的化学品，包括人工合成的化学品及其混合物和天然毒素，还包括具有急性毒性易造成公共安全危害的化学品。

1.4.4　危险货物定义是什么？

答： 危险货物指具有爆炸、易燃、毒性、感染、腐蚀、放射性等危险特性，在运输、储存、生产、经营、使用和处置中，容易造成人身伤亡、财产损毁或环境污染而需要特别防护的物质和物品。

1.4.5　什么是危险货物联合国编号？

答： 危险货物联合国编号指由联合国危险货物运输专家委员会编制的四位阿拉伯数编号，用以识别一种物质或物品或一类特定物质或物品，该编号采用联合国编号（以下简称UN号）。如 UN 1090 丙酮；UN 1194 亚硝酸乙酯溶液。

1.4.6　危险品如何分类？

答： 危险品分为九大类，即：爆炸品，气体，易燃液体，易燃固体、易于自燃的物质、遇水放出易燃气体的物质，氧化性物质和有机过氧化物，毒性物质和感染性物质，放射性物质，腐蚀性物质，杂项危险物质和物品（包括危害环境物质）。

1.4.7　爆炸品如何分类？

答： 爆炸品在国家标准中分为具有整体爆炸危险的物质和物品；有迸射危险但无整体爆炸危险的物质和物品；具有燃烧危险并有局部爆炸危险或局部迸射危险或这两种危险都有，但无整体爆炸危险的物质和物品；不呈现重大危险的物质和物品；有整体爆炸危险的非常不敏感物质；无整体爆炸危险的极端不敏感物品 6 类。

按爆炸品的性质和用途，从消防角度将其分为以下四类：

点火器材：用来引爆雷管、黑火药，如：导火索、火绳等。

起爆器材：用来引爆炸药，如：导爆索、雷管等。

炸药和爆炸性药品：分起爆药（如雷汞、叠氮铅）、爆破药（如 TNT、黑索金）、火药（如硝化纤维火药、硝化甘油火药、硝酸盐的烟花剂）。

其他爆炸物品：如烟花爆竹。

1.4.8　爆炸品的特性有哪些？

答： 爆炸品具有化学不稳定性，在外界作用下（如受热、摩擦、撞击等）能发生剧烈的化学反应，瞬间产生大量的气体和热量在短时间内无法逸散，使周围的压力急剧上升而发生爆炸，对周围环境、设备、人员造成破坏和伤害。爆炸品的爆炸除由于本身的化学组成和性质决定它有发生爆炸的可能性外，任何一种爆炸品的爆炸都需要外界提供起爆能，不同的炸药所需的起爆能不一样。某一爆炸物品所需的最小起爆能即为该物品的敏感度，爆炸能越小敏感度越高。

1.4.9　危险品中的气体如何分类？

答： 这里的气体指在 50℃时，蒸气压力大于 300kPa 的物质或 20℃时在 101.3kPa 标准压力下完全是气态的物质。包括压缩气体、液化气体、溶解气体和冷冻液化气体、一种或多种气体与一种或多种其他类别物质的蒸气的混合物、充有气体的物品和烟雾剂。气体分 3 类：易燃气体，如氢气、一氧化碳、甲烷等；非易燃无毒气体，如氮气、氧气、压缩空气等；毒性气体，如氯气、光气、氰化氢等。

1.4.10　气体的特性有哪些？

答：气体具有可压缩性和膨胀性，受温度的影响压力变化大；气体还具有易燃易爆的特性，而且还有混合接触的危险；气体具有可扩散性，多数气体比空气重，泄漏后会沉积于低洼处，不易散发，增加危险性；气体还有助燃性、毒害性、窒息性、静电性等性质，在受热、撞击、振动等外界作用下易引起爆炸、燃烧或中毒。

1.4.11　易燃液体如何分类？

答：易燃液体指在常温下极易着火燃烧的液态物质，这类物质大都是有机化合物，其中很多属于石油化工产品。按照国家标准的规定，在物品闪点温度（闭杯闪点不高于 60.5℃，或开杯闪点不高于 65.5℃）时放出易燃蒸气的液体或液体混合物，或是在溶液或悬浮液中含有固体的液体，也包括在温度等于或高于其闪点的条件下提交运输的液体，还有液态退敏爆炸品都属于易燃液体。

易燃液体按闪点、初沸点分为四类：闪点小于 23℃和初沸点不大于 35℃的液体；闪点小于 23℃和初沸点大于 35℃的液体；23℃＜闪点≤60℃的液体；60℃＜闪点≤93℃的液体。

1.4.12　易燃液体的特性有哪些？

答：易燃液体的主要特征：

高度易燃性，该类物品非常容易燃烧。

挥发性大，当盛放容器有某种破损或不密封时，挥发出来的易燃液体蒸气与空气混合遇火源能引起爆炸。

流动扩散性，易燃液体黏度一般较小，不仅本身极易流动，还因渗透、浸润及毛细现象等作用，即使容器只有极细微的裂纹，易燃液体也会渗透到容器壁外，蒸发而发生燃烧爆炸危险，大量易燃液体泄露极易形成流淌火灾。

受热膨胀性，易燃液体的膨胀系数比较大，受热后体积容易膨胀，同时其蒸气压升高，易导致容器爆裂，因此灌装时，不可灌满，容器内应留有 5％以上空间。

忌氧化剂和酸，易燃液体与氧化剂和酸接触能发生剧烈反应而引起燃烧爆炸。

毒性，大多数易燃液体及其蒸气都有不同程度毒性，接触处置时应注意个人防护。

1.4.13　易燃固体的定义及分类？

答：凡是燃点较低，在遇明火、受热、撞击、摩擦和与某些物品（如氧化剂）接触后，会引起强烈、迅速燃烧，并可能散发有毒烟雾或有毒气体的固体物质，称为易燃固体。

按照燃点的高低、易燃性的大小等情况，易燃固体分为一级易燃固体，其燃点和自燃点较低，容易燃烧爆炸，燃烧很快，燃烧产物毒性大，如红磷及含磷的化合物、硝基化合物、含氮量在 12.5％以下的硝化棉；二级易燃固体，此类物质的燃烧性比一级易燃固体差一些，燃烧速度慢些，如硝基化合物、易燃金属粉末、萘及其衍生物等。

1.4.14　易燃固体的特性有哪些？

答：易燃固体的主要特性是容易被氧化，受热易分解或升华，遇明火常会引起强烈、连续的燃烧。

1.4.15 易于自燃物质的定义及分类？

答：凡是不需要外界明火，而是由于物质本身的化学变化（通常由于缓慢的氧化作用），或受外界温度、湿度的影响，发热并积热不散达到其燃点而引起燃烧的物品，叫易于自燃的物质（简称自燃物品）。

按照自燃物品发生自燃的难易程度分为两类：一级自燃物品，化学性质比较活泼，在空气中易氧化或分解，从而产生热量达到自燃，如黄磷、三异丁基铝；二级自燃物品，大都含有油类（主要是植物油）的物质，化学性质比较稳定，但在空气中能氧化发热，引起自燃，如油布、油纸、含油金属屑等。

1.4.16 易于自燃物质的特性有哪些？

答：易于自燃的物质多具有氧化、分解的性质，且燃点较低，在未发生自燃前，一般都经过缓慢的氧化过程同时产生一定热量，从而加快物质的氧化速度，产生的热量越来越多，当积热使温度达到该物质的燃点时，便会自发地着火燃烧。

1.4.17 遇水放出易燃气体物质的定义及分类？

答：凡是能与水或潮湿空气中的水分发生剧烈化学反应，放出大量易燃气体和热量，使可燃气体温度猛烈升到该气体的自燃点或遇明火、火花而引起燃烧或爆炸的物质，称为遇水放出易燃气体的物质。

按照遇湿或受潮后发生反应的剧烈程度及危害大小，分为：

一级遇水放出易燃气体的物质，与水或酸反应时速度极快，放出大量的易燃气体，发热量大，极易引起爆炸，活泼金属，如钾、钠、钾钠合金；金属氢化物类，如氢化锂、四氢化锂铝；硼氢类，如硼氢化钠、硼氢化钾；碳磷的化合物，如磷化钙、碳化钙。

二级遇水放出易燃气体的物质，与水或酸反应时，相对来说速度较慢，放出易燃气体后也能引起燃烧，但极少自动燃烧爆炸，如锌灰。

1.4.18 遇水放出易燃气体的物质的特性有哪些？

答：遇水放出易燃气体的物质特性：

与水或潮湿空气中的水分能发生剧烈的化学反应，放出易燃气体和热量。即使当时不发生燃烧爆炸，但放出的易燃气体积聚在容器或室内，与空气亦能形成爆炸性混合物而导致危险。

与酸反应更加剧烈，极易引起燃烧爆炸。

对人的皮肤有腐蚀性，接触后能灼伤皮肤。

不少遇水放出易燃气体的物质还具有剧毒，如硼氢类化合物，搬运时应注意防止中毒。

有些遇水放出易燃气体的物质还具有易燃性或放置在易燃的液体中（如金属钾、钠等均需要浸没在煤油中保存以隔绝空气），它们遇火种、热源也有很大的危险，应引起注意。

1.4.19 氧化性物质和有机过氧化物如何分类？

答：按氧化性的强度和化学组成，一般分为以下三类：

一级氧化性物质：过氧化物类，如过氧化钠、过氧化钾；某些氯的含氧酸及其盐类，如高锰酸钾、氯酸钾；硝酸盐类，硝酸钾、硝酸锂等；高锰酸盐类，如高锰酸钾、高明酸钠等。

二级氧化性物质：某些硝酸盐及亚硝酸盐类，如硝酸铜、亚硝酸钠等；过氧酸类，如过氧酸钠、过硼酸钠等；高价态金属酸及其盐类，如重铬酸钠等；氯、溴、碘等卤素的含氧酸及其盐类，如溴酸钠、高碘酸等；其他氧化物，如二氧化铅、五氟化碘等。

有机过氧化物：这类物质是分子组成中含有过氧化基的有机物，为热不稳定物质，可能发生放热的自加速分解，其本身易燃易爆，如过氧化二苯甲酰，过乙酸等。

1.4.20　氧化性物质和有机过氧化物特性有哪些？

答：氧化性物质和有机过氧化物特性如下：

在氧化性物质和有机过氧化物中，过氧化物均含有过氧基，极不稳定，易分解放出氧，其余的则分别含有高价态的氯、溴、氮、硫、锰、铬等元素，这些高价态的元素都有较强的获得电子能力，因此氧化剂最突出的性质是遇易燃物品、可燃物品、有机物、还原剂等会发生剧烈的化学反应而引起爆炸燃烧。

氧化剂遇高温易分解放出氧和热量，极易引起燃烧爆炸，储存时应严禁受热、远离火种、热源，防止阳光直射，仓储温度不宜超过 30℃。特别是有机过氧化物分子组成中的过氧基很不稳定，易分解放出氧，而且本身就是可燃物易着火燃烧，受热分解的生成物又是气体，更易引起爆炸。

许多氧化剂对摩擦、撞击、震动极为敏感，如氯酸盐类、硝酸盐类、有机过氧化物等。

大多数氧化剂，遇酸反应剧烈，甚至发生爆炸，这些氧化剂不得与酸类接触。

有些氧化剂遇水分解，特别是活泼金属的过氧化物，遇水分解放出氧气和热量，有助燃作用，使可燃物燃烧，甚至爆炸。

有些氧化剂具有不同程度的毒性和腐蚀性，操作时要注意个人防护。

有些氧化剂与其他氧化剂接触后能发生复分解反应，放出大量的热而引起燃烧爆炸，如三氧化铬、重铬酸盐等，因此各种氧化剂不可任意混储混运。

有些氧化剂，如溴化银，对光敏感，在日照下会分解放出氧气，储运时应该避免阳光直射。

1.4.21　毒性物质定义及分类？

答：凡人、畜吞食、吸入或皮肤接触后，能与体液和机体组织发生作用，扰乱或破坏正常生理功能，引起机体产生暂时性或永久性的病理状态，甚至危及生命的物品，均属于毒性物质。该类物质除毒性外，往往具有易燃易爆特性。

毒性物质的种类很多，按化学组成，可分为无机毒性物质和有机毒性物质；按毒性大小一般可分为一级和二级，两者结合起来分为：

一级无机毒性物质，氰及其化合物，如氰化钾；砷及其化合物，如三氧化二砷；硒及其化合物，如二氧化硒等；汞、铍、铊、磷的化合物，如二氧化汞、二酸酐等。

一级有机毒性物质，如有机磷、硫的化合物、硫酸二甲酯等。

二级无机毒性物质，如汞、铅、钡、氟的化合物。

二级有机毒性物质，如二苯汞、乙二酸等。

1.4.22　毒性物质的特性有哪些？

答：毒性物质的主要特征是具有毒性，少量进入人畜体内即能引起中毒，不同的毒性物质的毒性大小不一样。毒性物质在水中的溶解度越大，其毒性也越大；固体毒性物质的颗粒越小越易引起中毒；液体毒性物质的沸点越低，挥发性越大，空气中浓度越高，越容易从呼吸道侵入人体，也越容易引起中毒，无色无味者比色浓味烈者难以发现，更易引起中毒；有些毒性物质不仅有毒性，还有易燃、易爆、腐蚀等危险。

1.4.23 放射性物质的定义及分类？

答：凡能自发、不断地发出人们感觉器官不能察觉到的射线的物品，称为放射性物质。

放射性物质的分类：

按物理形态分：固体放射性物质，如钴、独居石等；粉末状放射性物质，如夜光粉等；液体放射性物质，如发光剂等；晶体状放射性物质，如硝酸钍等；气体放射性物质，如氡、氩等。

按放出的射线类型分：放出 α、β、γ 射线的放射性物质，如镭；放出 α、β 射线的放射性物质，如天然铀；放出 β、γ 射线的放射性物质，如钴；放出中子流（同时也放出 α、β 或 γ 射线中的一种或两种）的放射性物质，如镭-铍中子流等。

按放射性物质活度或安全度分：低活度放射性物质，包括天然放射性核素的矿石及其铀、钍的浓缩物；未经辐照的固体天然铀、贫化铀和天然钍，以及它们的固体、液体的化合物与混合物；放射性物质均匀分布在密实的固体粘接剂内的固体等。表面污染物体，物体本身不属于放射性物质，但表面散布着放射性核素的固态物体。可裂变物质，指铀、钚或这些物质的任何组合。低弥散物质，指限定弥散程度及不允许粉状的固体放射性物质或装有放射性物质的小密封容器。

1.4.24 放射性物质特性有哪些？

答：放射性物质具有放射性，放射性物质放出的射线可分为四种：α、β、γ、中子流，但各种放射性物质放出的射线种类和强度不尽一致。

放射性物质毒性很大，钚 210、镭 226 都是剧毒的放射性物质；碘 131、铅 210 为高毒的放射性物质。

不能用化学方法中和使放射性物质不放出射线，只能设法把放射性物质清除或用适当的材料予以吸收屏蔽。

1.4.25 腐蚀性物质定义及分类？

答：腐蚀性物质是化学性质比较活泼，能和很多金属、有机化合物、动植物机体等发生化学反应的物质。这类物品能灼伤人体组织，对金属、动植物机体、纤维制品等具有强烈的腐蚀作用，能使其遭受损害，可分为以下九类：

一级无机酸性腐蚀性物质，这类物质包括具有氧化性的强酸和遇水能生成强酸的物质，均有强烈的腐蚀性，如硝酸、硫酸五氧化磷等。

一级有机酸性腐蚀性物质，这类物品具有强腐蚀性及酸性，如甲酸、二氯乙酰氯等。

二级无机酸性腐蚀性物质，如正磷酸、四溴化硒等。

二级有机酸性腐蚀性物质，如冰醋酸、醋酸酐等。

一级无机碱性腐蚀性物质，如氢氧化钠、硫化钠等。

一级有机碱性腐蚀性物质，如乙醇钠、二丁胺等。

二级碱性腐蚀性物质，如氧化钙、二环己胺等。

一级其他腐蚀性物质，如苯酚钠、氟化铬等。

二级其他腐蚀性物质，如次氯酸钠溶液等。

1.4.26　腐蚀性物质特性有哪些？

答： 腐蚀性物质有强烈的腐蚀性，对人体有腐蚀作用，造成化学灼伤；对金属有腐蚀作用，对有机物质有腐蚀作用，甚至能够腐蚀建筑物，如库房的水泥地板，氢氧酸能腐蚀玻璃等。

腐蚀性物质有毒性，多数腐蚀性物质具有不同程度的毒性，有的还是剧毒品，如氢氧酸、五溴化碘等。

腐蚀性物质有易燃性，部分有机腐蚀性物质遇明火易燃烧，如冰醋酸、苯酚。

腐蚀性物质有氧化性，部分有机酸性腐蚀性物质具有氧化性，遇有机化合物因易氧化发热而燃烧。

腐蚀性物质有与水反应性，部分腐蚀性物质遇水剧烈反应，放出大量热量，有爆炸危险。

1.4.27　杂项危险物质和物品包括哪些？

答： 国家标准将危害环境物质、高温物质和经过基因修改的微生物或组织的其他类别未包括的物质和物品列入杂项物质和物品类。

1.4.28　化学品的危害性有哪些？

答： 各类化学品危害性分为理化危险、健康危险、环境危险三类，其中理化危险与消防安全关联比较大。

1.4.29　危险化学品的安全防范的一般原则是什么？

答： 危险化学品的生产、储存、经营场所，应根据其自身及其相邻企业或设施的特点和危险化学品的特性与存储量，结合地形、风向等条件，合理选址和设置安全的防护距离。

危险化学品的生产、储存、经营和使用场所，应当根据物质和种类、特性设置相应的监测、通风、防晒、调温、防火、灭火、防爆、泄压、防毒、消毒、中和、防潮、防雷、防静电、防腐、防渗漏、防护围堤或者隔离操作等安全设施、设备，危险化学品的运输，应配备有与其性质相适应的安全防护、环境保护和消防设施设备。

危险化学品的生产储存场所的生产设备、储罐和管道的材质、压力等级、制造工艺、焊接质量和检验要求，必须符合国家有关技术标准，安装必须具有良好的密闭性能。

危险化学品包装的材质、型式、规格、方法和单件质量（重量），应当与所包装物品的性质和用途相适应，便于装卸、运输和储存。包装应当牢固、密封，能经受储运过程中正常的冲撞、振动、积压和摩擦，能经受一定范围内温度、湿度、压力变化的影响，严防跑、冒、滴、漏。

应当根据危险化学品的种类、特性，正确选择储运方式；危险化学品不得超期、超量储运；危险化学品和一般物品以及容易相互发生化学反应或者灭火方法不同的物品，严禁混存和混合装运，必须在专用仓库、专用场地或者专用储存室储存，专车运输。

危险化学品储存应由专人管理，定期检查。储存数量构成重大危险源的危险化学品，应实行双人收发、双人保管制度。危险化学品出入库，必须进行核查登记。

危险化学品在生产、使用、储运中应远离明火、热源，搬运装卸时应轻装轻卸，防止振动、撞击、重压、摩擦和倒置，选用不产生火花的防护工具和采取防静电放电措施。搬运装卸具有毒害性、腐蚀性的危险化学品，操作人员应穿戴防护用品。

危险化学品的生产、储存、经营和使用场所，应当根据其规模、火灾危险性、操作条件、物料性质等情况综合拟制事故预案，配置相应的灭火设施，选择正确的处置方法以及做好火灾扑救和抢险救援时的安全防护。

第五节　建筑防火基本概念

1.5.1　什么是高层建筑？

答：建筑高度大于 27m 的住宅建筑和建筑高度大于 24m 的非单层厂房、仓库和其他民用建筑。

1.5.2　什么是裙房？

答：裙房指在高层建筑主体投影范围外，与高层建筑相连的建筑高度不超过 24m 的附属建筑。与高层建筑相连的建筑高度超过 24m 的附属建筑，一律按高层建筑对待。裙房主要用于商业和公共服务，如设置商场、停车场、休息娱乐场所等，不是高层建筑所必需的，一般在经济繁华区，人口密集区设置，见图 1-5。

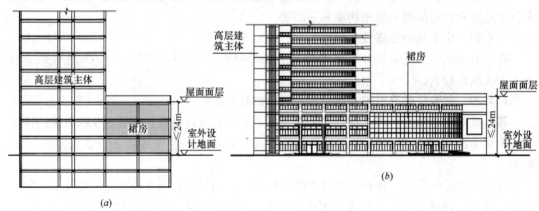

图 1-5　裙房示意图

(a) 剖面示意图；(b) 立面示意图

1.5.3　什么是重要公共建筑？

答：重要公共建筑指发生火灾可能造成重大人员伤亡、财产损失、严重社会影响的公共建筑。

1.5.4　什么是商业服务网点？

答：商业服务网点指设置在住宅建筑的首层或首层及二层，每个分隔单元建筑面积不大于 300m² 的商店、邮政所、储蓄所、理发店等小型营业性用房。

1.5.5　什么是高架仓库？

答：高架仓库指货架高度大于 7m 且采用机械化操作或自动化控制的货架仓库。

1.5.6　什么是半地下室？

答：半地下室指房间地面低于室外设计地面的平均高度大于该房间平均净高 1/3，且不大于 1/2 的空间。

1.5.7　什么是地下室？

答：地下室指房间地面低于室外设计地面的平均高度大于该房间平均净高 1/2 的

空间。

1.5.8　什么是明火地点？

答：明火地点指室内外有外露火焰或赤热表面的固定地点（民用建筑内的灶具、电磁炉等除外）。

1.5.9　什么是散发火花地点？

答：散发火花地点指有飞火的烟囱或进行室外砂轮、电焊、气焊、气割等作业的固定地点。

1.5.10　什么是耐火极限？

答：耐火极限指在标准耐火实验条件下，建筑构件、配件或结构从受到火的作用时起，至失去承载能力、完整性或隔热性时止所用的时间，用小时（h）表示。

1.5.11　建筑物的耐火等级如何划分？

答：民用建筑、厂房和仓库的耐火等级可分为一、二、三、四级。

1.5.12　什么是防火隔墙？

答：防火隔墙指建筑内防止火灾蔓延至相邻区域且耐火极限不低于规定要求的不燃性墙体。

1.5.13　什么是防火墙？

答：防火墙指防止火灾蔓延至相邻建筑或相邻水平防火分区且耐火极限不低于 3.00h 的不燃性墙体 。

1.5.14　防火墙的设置要求是什么？

答：防火墙应直接设置在建筑的基础或框架、梁等承重结构上，框架、梁等承重结构的耐火极限不应低于防火墙的耐火极限。防火墙应从楼地面基层隔断至梁、楼板或屋面板的底面基层。当高层厂房（仓库）屋顶承重结构和屋面板的耐火极限低于 1.00h 其他建筑屋顶承重结构和屋面板的耐火极限低于 0.50h 时，防火墙应高出屋面 0.5m 以上。

1.5.15　消防车道的设置要求是什么？

答：车道的净宽度和净空高度均不应小于 4.0m；转弯半径应满足消防车转弯的要求；消防车道与建筑之间不应设置妨碍消防车操作的树木、架空管线等障碍物；消防车道靠建筑外墙一侧的边缘距离建筑外墙不宜小于 5m；消防车道的坡度不宜大于 8%。

1.5.16　救援场地的消防设置要求是什么？

答：高层建筑应至少沿一个长边或周边长度的 1/4 且不小于一个长边长度的底边连续布置消防车登高操作场地，该范围内的裙房进深不应大于 4m。建筑高度不大于 50m 的建筑，连续布置消防车登高操作场地确有困难时，可间隔布置，但间隔距离不宜大于 30m。场地与厂房、仓库、民用建筑之间不应设置妨碍消防车操作的树木、架空管线等障碍物和车库出入口；场地的长度和宽度分别不应小于 15m 和 8m。对于建筑高度不小于 50m 的建筑，场地的长度和宽度均不应小于 15m；场地及其下面的建筑结构、管道和暗沟等，应能承受重型消防车的压力；场地应与消防车道连通，场地靠建筑外墙一侧的边缘距离建筑外墙不宜小于 5m，且不应大于 10m，场地的坡度不宜大于 3%。

1.5.17　什么是避难层（间）？

答：避难层（间）指建筑内用于人员暂时躲避火灾及其烟气危害的楼层（房间）。

1.5.18 避难层设置要求是什么?

答:第一个避难层(间)的楼地面至灭火救援场地地面的高度不应大于50m,两个避难层(间)之间的高度不宜大于50m;通向避难层的疏散楼梯应在避难层分隔、同层错位或上下层断开;避难层(间)的净面积应能满足设计避难人数避难的要求,并宜按5.0人/m² 计算;避难层可兼作设备层。设备管理宜集中布置,其中的易燃、可燃液体或气体管道应集中布置,设备管道区应采用耐火极限不低于3.00h的防火隔墙与避难区分隔。管道井和设备间应采用耐火极限不低于2.00h的防火隔墙与避难区分隔,管道井和设备间的门不应直接开向避难区;确需直接开向避难区时,与避难层区出入口的距离不应小于5m,且应采用甲级防火门。避难间内不应设置易燃、可燃液体或气体管道,不应开设除外窗、疏散门之外的其他开口;避难层应设置消防电梯出口;应设置消火栓和消防软管卷盘;应设置消防专线电话和应急广播;在避难层(间)进入楼梯间的入口处和疏散楼梯通向避难层(间)的出口处,应设置明显的指示标志;应设置直接对外的可开启窗口或独立的机械防烟设施,外窗应采用乙级防火窗。

1.5.19 什么是安全出口?

答:安全出口指供人员安全疏散用的楼梯间和室外楼梯的出入口或直通室内外安全区域的出口。

1.5.20 什么是封闭楼梯?

答:封闭楼梯指在楼梯间入口处设置门,以防止火灾的烟和热气进入的楼梯间。

1.5.21 什么是防烟楼梯?

答:防烟楼梯指在楼梯间入口处设置防烟的前室、开敞式阳台或凹廊(统称前室)等设施,且通向前室和楼梯间的门均为防火门,以防止火灾的烟和热气进入的楼梯间。

1.5.22 消防电梯的消防设置要求是什么?

答:应能每层停靠;电梯的载重量不应小于800kg;电梯从首层至顶层的运行时间不宜大于60s;电梯的动力与控制电缆、电线、控制面板应采取防水措施;在首层的消防电梯入口处应设置供消防队员专用的操作按钮;电梯轿厢的内部装修应采用不燃材料;电梯轿厢内部应设置专用消防对讲电话。

1.5.23 哪些建筑应设置消防电梯?

答:建筑高度大于33m的住宅建筑;一类高层公共建筑和建筑高度大于32m的二类高层公共建筑;设置消防电梯的建筑的地下或半地下室,埋深大于10m且总建筑面积大于3000m²的其他地下或半地下建筑(室)。

1.5.24 消防电梯的前室设置要求是什么?

答:前室宜靠外墙设置,并应在首层直通室外或经过长度不大于30m的通道通向室外;前室的使用面积不应小于6.0m²;与防烟楼梯间合用的前室;除前室的出入口、前室内设置的正压送风口和规定的户门外,前室内不应开设其他门、窗、洞口;前室或合用前室的门应采用乙级防火门,不应设置卷帘。

1.5.25 什么是避难走道?

答:避难走道指采取防烟措施且两侧设置耐火极限不低于3.00h的防火隔墙,用于人员安全通行至室外的走道。

1.5.26　各类建筑防火间距的计算方法是什么？

答： 建筑物之间的防火间距应按相邻建筑外墙的最近水平距离计算，当外墙有凸出的可燃或难燃构件时，应从其凸出部分外缘算起。

建筑物与储罐、堆场的防火间距，应为建筑外墙至储罐外壁或堆场中相邻堆垛外缘的最近水平距离。

罐之间的防火间距应为相邻两储罐外壁的最近水平距离。

储罐与堆场的防火间距应为储罐外壁至堆场中相邻堆垛外缘的最近水平距离。

堆场之间的防火间距应为两堆场中相邻堆垛外缘的最近水平距离。

变压器之间的防火间距应为相邻变压器外壁的最近水平距离。

变压器与建筑物、储罐、堆垛的防火间距应为变压器外壁至建筑外墙、储罐外壁或相邻堆垛外缘的最近水平距离。

建筑物、储罐或堆场与道路、铁路的防火间距，应为建筑外墙、储罐外壁或相邻堆垛外缘距道路最近一侧路边或铁路中心线的最小水平距离。

1.5.27　什么是防火分区？

答： 防火分区指在建筑内部采用防火墙、楼板及其他防火分隔设施分隔而成，能在一定时间内防止火灾向同一建筑的其余部分蔓延的局部空间。

1.5.28　什么是充实水柱？

答： 充实水柱指从水枪喷嘴起至射流 90％的水柱水量都穿过直径 380mm 圆孔处的一段射流长度。

1.5.29　建筑高度怎么计算？

答： 建筑屋面为坡屋面时，建筑高度应为建筑室外设计地面至其檐口与屋脊的平均高度。

建筑屋面为平屋面（包括有女儿墙的平屋面）时，建筑高度应为建筑室外设计地面至其屋面面层的高度。

同一座建筑有多种形式的屋面时，建筑高度应按上述方法分别计算后，取其中最大值。见图 1-6。

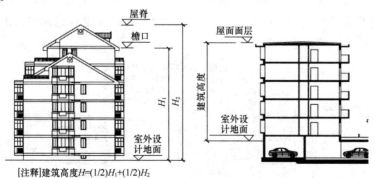

[注释]建筑高度 $H=(1/2)H_1+(1/2)H_2$

图 1-6　建筑高度计算示意图（一）

对于台阶式地坪，当位于不同高程地坪上的同一建筑之间有防火墙分隔，各自有符合规范规定的安全出口，且可沿建筑的两个长边设置贯通式或尽头式消防车道时，可分别计算各自的建筑高度。否则，应按其中建筑高度最大者确定该建筑的建筑高度。见图 1-7。

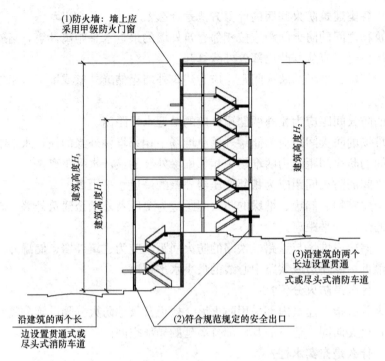

图 1-7　建筑高度计算示意图（二）

对于一些超大体量或超长建筑物，一般均有较大的间距和开阔地带。这些建筑只要在平面布局上能保证灭火救援需要，可在设置穿过建筑物的消防车道的确困难时，采用设置环行消防车道。但根据灭火救援实际，建筑物的进深最好控制在50m以内。少数建筑，受山地或河道等地理条件限制时，允许沿建筑的一个长边设置消防车道，但需结合消防车登高操作场地设置。

局部突出屋顶的瞭望塔、冷却塔、水箱间、微波天线间或设施、电梯机房、排风和排烟机房以及楼梯出口小间等辅助用房占屋面面积不大于1/4者，可不计入建筑高度；

对于住宅建筑，设置在底部且室内高度不大于2.2m的自行车库、储藏室、敞开空间，室内外高差或建筑的地下或半地下室的顶板面高出室外设计地面的高度不大于1.5m的部分，可不计入建筑高度。见图1-8。

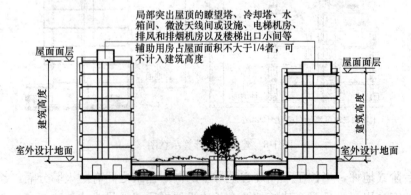

图 1-8　建筑高度计算示意图（三）

1.5.30　建筑层数怎么计算？

答：建筑层数应按建筑的自然层数计算，下列空间可不计入建筑层数：室内顶板面高出室外设计地面的高度不大于 1.5m 的地下或半地下室；设置在建筑底部且室内高度不大于 2.2m 的自行车库、储藏室、敞开空间；建筑屋顶上突出的局部设备用房、出屋面的楼梯间等。

1.5.31　直升机停机坪的消防设置要求是什么？

答：设置在屋顶平台上时，距离设备机房、电梯机房、水箱间、共用天线等突出物不应小于 5m；建筑通向停机坪的出口不应少于 2 个，每个出口的宽度不宜小于 0.90m；四周应设置航空障碍灯，并应设置应急照明；在停机坪的适当位置应设置消火栓；其他要求应符合国家现行航空管理有关标准的规定。

1.5.32　建筑外墙的设置有哪些防火要求？

答：建筑外墙上、下层开口之间应设置高度不小于 1.2m 的实体墙或挑出宽度不小于 1.0m、长度不小于开口宽度的防火挑檐；当室内设置自动喷水灭火系统时，上、下层开口之间的实体墙高度不应小于 0.8m。

当上、下层开口之间设置实体墙确有困难时，可设置防火玻璃墙，但高层建筑的防火玻璃墙的耐火完整性不应低于 1.00h，单、多层建筑的防火玻璃墙的耐火完整性不应低于 0.50h。外窗的耐火完整性不应低于防火玻璃墙的耐火完整性要求。

住宅建筑外墙上相邻户开口之间的墙体宽度不应小于 1.0m；小于 1.0m 时，应在开口之间设置突出外墙不小于 0.6m 的隔板。实体墙、防火挑檐和隔板的耐火极限和燃烧性能，均不应低于相应耐火等级建筑外墙的要求。

建筑幕墙与每层楼板、隔墙处的缝隙应采用防火封堵材料封堵。

1.5.33　天桥、栈桥的防火要求是什么？

答：天桥、跨越房屋的栈桥以及供输送可燃材料、可燃气体和甲、乙、丙类液体的栈桥，均应采用不燃材料；输送有火灾、爆炸危险物质的栈桥不应兼作疏散通道。

1.5.34　管沟设置的防火要求有哪些？

答：敷设甲、乙、丙类液体管道的封闭管沟（廊）均宜采取防止火灾蔓延的措施。

1.5.35　建筑变形缝的防火要求有哪些？

答：变形缝内的填充材料和变形缝的构造基层应采用不燃材料。电线、电缆、可燃气体和甲、乙、丙类液体的管道不宜穿过建筑内的变形缝，确需穿过时，应在穿过处加设不燃材料制作的套管或采取其他防变形措施，并应采用防火封堵材料封堵。

1.5.36　建筑防火设计的主要内容有哪些？

答：建筑防火设计的主要内容包含了总平面布置、建筑结构防火设计、建筑材料防火设计、防火分区分隔设计、安全疏散设计、防烟排烟设计、建筑防爆和电气设计等。

1.5.37　建筑防火设计的依据有哪些？

答：建筑防火设计的主要依据为现行的工程建设消防技术标准，目前我国现行的工程建设消防技术标准主要有：建筑防火类设计规范、与消防相关的专业设计规范、行业专业消防设计规范等。

第二章　民　用　建　筑

第一节　商　业　建　筑

2.1.1　什么是商业建筑？商业建筑如何分类？

答： 商业建筑指为商品直接进行买卖和提供服务供给的公共建筑。商业建筑类别可以按照其总建筑面积进行划分，总建筑面积小于 5000m² 的为小型商业，总建筑面积 5000～20000m² 的为中型商业，总建筑面积大于 20000m² 的为大型商业；商业建筑按照经营形式可分为购物中心、百货商场、超级市场、菜市场、专业店等。

2.1.2　商业建筑选址有哪些要求？

答： 商业建筑选址应远离易燃、易爆危险物品生产、储存场所，并应与周围建筑保持符合规范要求的防火间距；大型商业建筑的基地沿城市道路的长度不宜小于基地周长的 1/6，并宜有不少于两个方向的出入口与城市道路相连接。

2.1.3　商业建筑消防车道设置有哪些要求？

答： 高层商业建筑、占地面积大于 3000m² 的单、多层商业建筑应设置环形消防车道。当商业建筑沿街部分的长度超过 150m 或者建筑总长度超过 220m 时，应设置穿过建筑物的消防车道。

2.1.4　一类高层商业建筑有哪些？

答： 建筑高度大于 50m、建筑高度 24m 以上部分任一楼层建筑面积大于 1000m² 的商业建筑为一类高层建筑。

2.1.5　商业建筑防火分区划分有哪些要求？

答： 当建筑耐火等级为一、二级，并设置自动灭火系统和火灾自动报警系统且采用不燃或难燃装修材料时，商业设置在高层建筑内时，每个防火分区最大允许建筑面积不应大于 4000m²；商业设置在单层建筑或仅设置在多层建筑的首层时，每个防火分区最大允许建筑面积不应大于 10000m²；商业设置在地下或半地下时，每个防火分区最大允许建筑面积不应大于 2000m²。

2.1.6　总建筑面积大于 20000m² 的地下或半地下商业建筑平面布置有哪些要求？

答： 应按照每个区域建筑面积不大于 20000m²，且采用无门、窗、洞口的防火墙、耐火极限不低于 2.00h 的楼板进行彻底分隔。当相邻区域确需局部连通时，应采用下沉式广场、防火隔间、避难走道、防烟楼梯间等方式连通。

当采用下沉式广场进行防火分隔时，不同区域通向下沉广场的开口最近边缘之间的水平距离不应小于 13m，广场内除用于人员疏散外不得用于其他商业或可能导致火灾蔓延的用途，用于疏散的净面积不应小于 169m²；广场应设置不少于一个直通地坪的疏散楼梯，当连接下沉广场的防火分区需利用下沉广场进行疏散时，疏散楼梯的总净宽度不应小于任一防火分区通向下沉式广场计算疏散总净宽度；当敞开部分确需设置防风雨棚时，雨棚不得封闭，四周开口部位应均匀布置，开口的面积不应小于该空间投影面积的 25％，开口高度不得小于 1m，开口设置百叶时，百叶的有效通风排烟面积可按百叶洞口的面积的 60％计算。

当采用防火隔间进行防火分隔时，防火隔间的建筑面积不应小于 6.00m²，防火隔间的门应为甲级防火门，不同防火分区通向防火隔间的门不应计入安全出口，门的最小间距不应小于 4m；防火隔间内部装修材料的燃烧性能应为 A 级；防火隔间不应用于除人员通行外的其他用途。

当采用避难走道进行防火分隔时，避难走道防火隔墙的耐火极限不应低于 3.00h，楼板的耐火极限不应低于 1.50h；避难走道直通地面的出口不应少于 2 个，并应设置在不同方向；当避难走道仅与一个防火分区相通且该防火分区至少有 1 个直通室外的安全出口时，可设置 1 个直通地面的出口，任一防火分区通向避难走道的门至该避难走道最近直通地面的出口的距离不应大于 60m；避难走道的净宽度不应小于任一防火分区通向该避难走道的设计疏散总净宽度；避难走道内部装修材料的燃烧性能应为 A 级；防火分区至避难走道入口处应设置防烟前室，前室的使用面积不应小于 6m²，开向前室的门应采用甲级防火门，前室开向避难走道的门应采用乙级防火门；避难走道内应设置消火栓、消防应急照明、应急广播和消防专线电话。

当采用防烟楼梯间时，防烟楼梯间的门应采用甲级防火门。

2.1.7　什么是商业步行街？按照建筑形式可以分为哪几类？室外步行街利用现有街道改造时有哪些要求？

答：商业步行街是指供人们进行购物、饮食、娱乐、休闲等活动而设置的步行街道。

按照其建筑形式可分为：室外商业步行街、建筑内有顶棚的商业步行街。

当室外商业步行街是利用现有街道改造时，其街道最窄处不小于 6m；新建室外商业步行街应留有宽度不小于 4m 的消防车通道；车辆限行的商业步行街长度不应大于 500m。

2.1.8　当商业建筑设置有顶棚的步行街，且步行街两侧的建筑需利用步行街进行安全疏散时，平面布置应满足哪些要求？

答：步行街两侧建筑相对面的最近距离不应小于相对应建筑类别的防火间距且不应小于 9m。步行街的端部在各层均不应封闭，确需封闭时，应在外墙设置可开启窗，且开启门窗的面积不应小于该部位外墙面积的一半，步行街的长度不应大于 300m。

步行街两侧建筑的耐火等级不应低于二级，其商铺之间应采用耐火极限不低于 2.00h 的防火隔墙分隔，每间商铺的建筑面积不宜大于 300m²；其面向步行街一侧的围护构件的耐火极限不应低于 1.00h，并宜采用实体墙，其门、窗采用乙级防火门、窗；当采用防火玻璃时，其耐火隔热性和耐火完整性不应低于 1.00h；当采用耐火完整性不低于 1.00h 的非隔热性防火玻璃时，应设置闭式自动喷水灭火系统进行保护。相邻商铺间面向步行街一侧应设置宽度不小于 1.0m、耐火极限不低于 1.00h 的实体墙。

当步行街两侧建筑为多个楼层，设置回廊或挑檐时，其出挑宽度不应小于 1.2m。

步行街两侧商铺在上部各层需设置回廊和连接天桥时，步行街上部各层楼板的开口面积不应小于步行街地面面积的 37％，且需均匀布置。

2.1.9　当商业建筑设置有顶棚的步行街，且步行街两侧的建筑需利用步行街进行安全疏散时，安全疏散应满足哪些要求？

答：步行街两侧建筑内的疏散楼梯应靠外墙设置并直通室外，确有困难，可在首层直接通至步行街；首层商铺门可直接通向步行街，步行街内任意一点到达最近室外的步行距离不应大于60m。步行街两侧建筑二层及以上各层商铺的疏散门至该层最近疏散楼梯或其他安全出口的直线距离不应大于37.5m。

2.1.10 当商业建筑设置有顶棚的步行街，且步行街两侧的建筑需利用步行街进行安全疏散时，消防设施设置应满足哪些要求？

答：步行街的顶棚材料应采用不燃或难燃材料，其承重结构的耐火极限不应低于1.00h；其下檐距地面高度不应小于6.00m，顶棚应设置自然排烟设施并宜采用常开式的排烟口，且自然排烟口的有效面积不应小于步行街地面面积的25％。当采用常闭式自然排烟设施时，其应能在火灾时手动或自动开启。

步行街两侧建筑的商铺外应每隔30m设置DN65的消火栓，并配备消防软管卷盘或消防水龙，商铺内应设置自动喷水灭火系统和火灾自动报警系统；每层回廊均应设置自动喷水灭火系统。步行街宜设置定位射流灭火系统。

步行街两侧建筑的商铺内外均应设置疏散照明、灯光疏散指示标志和消防应急广播系统。

2.1.11 商业建筑疏散人数如何确定？

答：商业建筑的疏散人数应按照每层营业厅的建筑面积乘以每层的人员密度计算。

人员密度：地下第二层为0.56；地下第一层为0.60；地上第一层、第二层为0.43～0.60；地上第三层为0.39～0.54；地上第四层以上为0.30～0.42。对于建材商场、家具和灯饰展示建筑，其人员密度可按照上述人员密度的30％确定。

2.1.12 商业建筑疏散宽度如何计算？

答：商业建筑的疏散宽度应根据疏散人数乘以相应建筑层数、耐火等级对应的每100人最小疏散净宽度。其相关数值如表2-1所示。

每100人最小疏散净宽度（m/百人）　　　　　表2-1

建筑层数		建筑的耐火等级		
		一、二级	三级	四级
地上楼层	1～2层	0.65	0.75	1.00
	3层	0.75	1.00	—
	4层及4层以上	1.00	1.25	—
地下楼层	与地面出入口地面的高差小于等于10m	0.75	—	—
	与地面出入口地面的高差大于10m	1.00	—	—

2.1.13 商业建筑疏散楼梯的设置有哪些要求？

答：一类高层、建筑高度大于32m的二类高层商业建筑，应设置防烟楼梯间；裙房和建筑高度不大于32m的二类高层商业建筑、多层商业建筑应设置封闭楼梯间。

大型商业设置在五层及以上楼层时，应设置不少于2个直通屋顶平台的疏散楼梯间。屋顶平台上无障碍物的避难面积不小于最大营业层建筑面积的50％。

2.1.14 商业建筑中营业厅、自选营业厅、连续排列的商铺之间的通道最小净宽度的设计要求有哪些?

答:商业建筑中营业厅内通道设置在柜台或货架与墙面或陈列窗之间:营业厅内通道最小净宽为 2.20m;通道设置在两个平行柜台或货架之间:每个柜台或货架长度小于7.50m 时,营业厅内通道最小净宽为 2.20m;一个柜台或货架长度小于 7.50m,另一个柜台或货架长度 7.50~15.00m 时,营业厅内通道最小净宽为 3.00m;每个柜台或货架长度为 7.50~15.00m,营业厅内通道最小净宽 3.70m;每个柜台或货架长度大于 15.00m,营业厅内通道最小净宽 4.00m;通道一端设有楼梯时,营业厅内通道最小净宽为上下两个梯段宽度之和再加 1.00m;当通道内设有陈列物时,通道最小净宽度应增加该陈列物的宽度;无柜台营业厅的通道最小净宽可根据实际情况,在此基础上酌减,减小量不应大于20%;菜市场营业厅的通道最小净宽宜在此基础上再增加 20%。

自选营业厅内通道最小净宽度:通道在两个平行货架之间,当靠墙货架长度不限,离墙货架长度小于 15m,不采用购物车时,通道最小净宽 1.60m,采用购物车时,通道最小净宽 1.80m;每个货架长度小于 15m 时,不采用购物车时,通道最小净宽 2.20m,采用购物车时,通道最小净宽 2.40m;每个货架长度为 15~24m 时,不采用购物车时,通道最小净宽 2.80m,采用购物车时,通道最小净宽 3.00m;与各货架相垂直的通道,通道长度小于 15m 时,不采用购物车时,通道最小净宽 2.40m,采用购物车时,通道最小净宽3.00m;通道长度不小于 15m 时,不采用购物车时,通道最小净宽 3.00m,采用购物车时,通道最小净宽 3.60m;货架与出入闸位间的通道,不采用购物车时,通道最小净宽3.80m,采用购物车时,通道最小净宽 4.20m;当采用货台、货区时,其周围留出的通道宽度,可按商品的可选择性进行调整。

大型和中型商店建筑内连续排列的商铺之间的公共通道最小净宽:主要通道,通道两侧设置商铺时,公共通道的最小净宽为 4.00m,且不小于通道长度的 1/10;通道一侧设置商铺时,公共通道的最小净宽为 3.00m,且不小于通道长度的 1/15;次要通道,通道两侧设置商铺时,公共通道的最小净宽为 3.00m;通道一侧设置商铺时,公共通道的最小净宽为 2.00m;内部作业通道,通道两侧设置商铺时,公共通道的最小净宽为 1.80m。

2.1.15 商业建筑疏散距离如何确定?

答:一、二级耐火等级建筑内的商业营业厅,其室内任一点至最近安全出口或疏散门的直线距离不应大于 30m;如疏散门不能直通室外地面或者疏散楼梯时,应当采用长度不大于 10m 的疏散走道通至最近的安全出口。当设置自动喷水灭火系统时,室内任一点至最近安全出口的安全疏散距离可分别增加 25%。

2.1.16 商业建筑和办公建筑合建时疏散出入口设置要求有哪些?

答:当商业建筑和办公建筑合建时,商业、办公各自疏散出入口应独立设置,不应相互共用。

2.1.17 商业建筑中商品储存库房的设置要求有哪些?

答:商业建筑中易燃、易爆商品存储库房需独立设置;当存放少量易燃、易爆商品储存库房与其他储存库房合建时,应靠外墙布置,并应采用防火墙和耐火极限不低于 1.50h 的不燃烧体楼板隔开。

第二节 教 育 建 筑

2.2.1 中、小学校选址要求有哪些?

答:中、小学校应建在阳光充足、空气流动、场地干燥、排水通畅、地势较高的地段。校内应有布置运动场地和提供设置基础市政设施的条件。

中、小学校不应设置在地震、地质塌裂、暗河、洪涝等自然灾害及人为风险高的地段和污染超标的地段。

高压电线、长输天然气管道、输油管道不应穿越或跨越学校校园;当在学校周边敷设时,安全防护距离及防护措施应符合相关规定。

2.2.2 中、小学校建筑疏散宽度如何确定?

答:中、小学校建筑的疏散走道宽度最少应为 2 股人流,每股人流的宽度应按 0.60m 计算,并应按 0.60m 的整数倍增加疏散通道宽度。同时,教学用房的内走道净宽度不应小于 2.40m,单侧走道及外廊的净宽度不应小于 1.80m。房间疏散门开启后,每樘门净通行宽度不应小于 0.90m。

2.2.3 中、小学校疏散楼梯设置要求有哪些?

答:中、小学校教学用房的楼梯梯段宽度应为人流股数的整数倍。梯段宽度不应小于 1.20m,并应按 0.60m 的整数倍增加梯段宽度。每个梯段可增加不超过 0.15m 的摆幅宽度。楼梯每个梯段的踏步级数不应少于 3 级,且不应多于 18 级,小学楼梯踏步的宽度不得小于 0.26m,高度不得大于 0.15m;中学楼梯踏步的宽度不得小于 0.28m,高度不得大于 0.16m;中小学建筑内楼梯的坡度不得大于 30°且不得采用螺旋楼梯和扇形踏步。

2.2.4 幼儿园、托儿所按照建筑规模如何分类?

答:按照幼儿园的规模(包括托、幼合建的)分为:大型:10 个班至 12 个班;中型:5 个班至 9 个班;小型:1 个班至 4 个班。

2.2.5 幼儿园、托儿所平面布置要求有哪些?

答:幼儿园、托儿所的儿童用房、儿童活动场所,宜设置在独立的建筑内,不应设置在地下或半地下;建筑为一、二级耐火等级时,不应超过 3 层;建筑为三级耐火等级时,不应超过 2 层;建筑为四级耐火等级时,应为单层。

幼儿园、托儿所的儿童用房、儿童活动场所,设置在其他民用建筑内时,建筑为一、二级耐火等级时,此类场所应布置在首层、二层和三层;建筑为三级耐火等级时,此类场所应布置在首层、二层;建筑为四级耐火等级时,此类场所应布置在首层;设置在高层建筑内时,应设置独立的安全出口和疏散楼梯。

2.2.6 幼儿园、托儿所疏散楼梯要求有哪些?

答:幼儿园、托儿所每个防火分区或一个防火分区的每个楼层,应设置两个疏散楼梯,疏散楼梯扶手应设幼儿扶手,其高度不应大于 0.60m;疏散楼梯栏杆应采取不易攀登的构造,当采用垂直杆件做栏杆时,其杆件净距不应大于 0.08m,当楼梯井净宽度大于 0.20m 时,必须采取安全措施;供幼儿使用的楼梯踏步的高度不应大于 0.13m,宽度不应小于 0.22m,且不宜大于 0.26m;严寒、寒冷地区不宜设置室外楼梯,否则应采取防滑措施;幼儿经常出入和安全疏散的通道上,不应设有台阶,如有高差,应设置防滑坡道,其坡度不应大于 1:12。

2.2.7 幼儿园、托儿所疏散走廊宽度要求有哪些？

答：幼儿园、托儿所生活用房双面布置房间时，疏散走廊宽度不应小于 2.4m，房间单面布置或设置外廊时，疏散走廊宽度不应小于 1.8m；服务、供应用房双面布置房间时，疏散走廊宽度不应小于 1.5m，房间单面布置或设置外廊时，疏散走廊宽度不应小于 1.3m。

2.2.8 幼儿园、托儿所房间疏散门的设计要求有哪些？

答：幼儿园、托儿所内位于建筑走道尽端的房间疏散门不应少于 2 个，位于两个安全出口之间或袋形走道两侧建筑面积不大于 50m² 的房间疏散门可设置 1 个。

第三节 医 疗 建 筑

2.3.1 医疗建筑按照建筑高度如何分类？

答：建筑高度大于 24m 的医疗建筑为一类高层公共建筑，建筑高度小于或等于 24m 的医疗建筑为多层公共建筑。

2.3.2 医疗建筑平面布置要求有哪些？

答：医院的住院部分不应设置在地下或半地下；建筑为三级耐火等级时，不应超过 2 层；建筑为四级耐火等级时，应为单层；设置在三级耐火等级的建筑内时，应布置在首层或二层；设置在四级耐火等级的建筑时，应布置在首层。

病房楼内相邻护理单元之间应采用耐火极限不低于 2.00h 的防火墙分隔，隔墙上的门应采用乙级防火门，走道上的防火门应采用常开防火门。

2.3.3 医疗建筑电梯设置要求有哪些？

答：四层及四层以上的门诊楼或病房楼应设电梯，且不得少于两台；当病房楼高度超过 24m 时，应设污物梯。供病人使用的电梯和污物梯，应采用"病床梯"。电梯井道不得与主要用房贴邻。

高层医院建筑应设置消防电梯，且应分别设置在不同防火分区内，确保每个防火分区内不少于一台消防电梯。

2.3.4 医疗建筑疏散楼梯设置要求有哪些？

答：医疗建筑供病人使用的疏散楼梯至少应有一座为天然采光和自然通风的楼梯。病房楼的疏散楼梯间，不论层数多少，均应为封闭楼梯间；高层病房楼应为防烟楼梯间。疏散楼梯的位置，应同时符合防火疏散和功能分区的要求。疏散楼梯宽度不得小于 1.65m，踏步宽度不得小于 0.28m，高度不应大于 0.16m。疏散楼梯的平台深度，不宜小于 2m。

2.3.5 高层医疗建筑疏散走廊宽度要求是什么？

答：高层医疗建筑双面布置房间时，疏散走廊宽度不应小于 1.5m，单面布置房间时，疏散走廊宽度不应小于 1.4m。

2.3.6 医疗建筑直通疏散走道的房间门至最近安全出口的直线距离要求是什么？

答：医疗建筑为耐火等级一、二级的单层或多层建筑时，位于两个安全出口之间的疏散门至最近安全出口的直线距离不应大于 35m，位于袋形走道两侧或尽端的疏散门至最近安全出口的直线距离不应大于 20m；当建筑耐火等级为三级时，位于两个安全出口之间的疏散门至最近安全出口的直线距离不应大于 30m，位于袋形走道两侧或尽端的疏散门至最近安全出口的直线距离不应大于 15m；当建筑耐火等级四级时，位于两个安全出口之间的疏散门至最近安全出口的直线距离不应大于 25m，位于袋形走道两侧或尽端的疏散门至最近安全出口的直线距离不应大于 10m。

医疗建筑为耐火等级一、二级的高层建筑时：位于两个安全出口之间的疏散门至最近安全出口的直线距离不应大于 30m，位于袋形走道两侧或尽端的疏散门至最近安全出口的直线距离不应大于 15m。

2.3.7　医用供氧系统设置要求有哪些？

答： 采用氧气瓶组供氧的系统由高压氧气瓶、汇流排、减压装置、管道及报警装置等组成，气瓶间应通风良好，室内氧气浓度应小于 23%；气瓶间及控制间室温应控制在 10～38℃之间；气瓶总数不得超过 20 瓶，使用后的空瓶，必须留有 0.1MPa 以上的余压。

当采用液氧供氧方式时，容量不大于 500L 的液氧罐可设置在专用房间内，耐火等级不应低于二级。当必须在室内设置容积更大的液氧罐时，容积不应超过 3m³，与所属使用的单层、多层建筑的防火间距不应小于 10m，面向使用建筑物一侧采用无门窗洞口的防火墙隔开时，防火间距不限。

高层医院的液氧储罐容积不超过 3m³ 时，可贴邻所属高层建筑物建造，但应用防火墙隔开，并应设直通室外的出口。液氧储罐周围 5m 范围内不应有可燃物，不应设置沥青路面；室内必须通风良好，氧气浓度应小于 23%，加注、排气等管口应直通室外。室内禁止有可燃或易燃气、液管线和裸露供电导线穿过。容积大于 500L 的液氧罐一般应放在室外。室外液氧罐与办公室、病房、公共场所及道路的距离应大于 7.5m，液氧罐周围 5m 范围内不得有通往地下室、地沟等低洼处的开口，液氧罐周围 6m 内禁止堆放易燃、可燃物及有明火，必要时应采用高度不低于 2.4m 的不燃墙体隔离。

第四节　公共娱乐场所

2.4.1　歌舞娱乐放映游艺场所包括哪些？

答： 歌舞娱乐放映游艺场所包括：歌舞厅、录像厅、夜总会、卡拉 OK 厅（含具有卡拉 OK 功能的餐厅）、游艺厅（含电子游艺厅）、桑拿浴室（不包括洗浴部分）、网吧。

2.4.2　歌舞娱乐放映游艺场所的平面布置要求有哪些？

答： 歌舞娱乐放映游艺场所不应布置在地下二层及二层以下。当布置在地下一层时，地下一层地面与室外出入口地坪的高差不应小于 10m；宜设置在一、二级耐火等级建筑物内的首层、二层或三层的靠外墙部位，不宜布置在袋形走道的两侧或尽端；当必须布置在建筑物内首层、二层或三层以外的地上其他楼层时，一个厅、室的建筑面积不应大于 200m²，并应采用耐火极限不低于 2.00h 的不燃烧体隔墙和不低于 1.00h 的不燃烧体楼板与其他部位隔开，厅、室的疏散门应设置乙级防火门，并设置防烟与排烟设施。

2.4.3　歌舞娱乐放映游艺场所的疏散楼梯设置要求有哪些？

答： 设有歌舞娱乐放映游艺场所的多层建筑及建筑高度不大于 32m 的高层公共建筑，应采用室内封闭楼梯间（包括首层扩大封闭楼梯间）或室外疏散楼梯；一类高层建筑和建筑高度大于 32m 的二类高层建筑应设置防烟楼梯间。

2.4.4　歌舞娱乐放映游艺场所的安全出口设置要求有哪些？

答： 歌舞娱乐放映游艺场所的安全出口不应少于 2 个，其中每个厅室或房间的疏散门不应少于 2 个。当其建筑面积小于等于 50m² 且经常停留的人数不超过 15 人时，可设置 1 个疏散门。

2.4.5 歌舞娱乐放映游艺场所疏散人数如何确定？

答：录像厅、放映厅的疏散人数应按该场所的建筑面积 1 人/m² 计算确定；其他歌舞娱乐放映游艺场所的疏散人数应按该场所的建筑面积 0.5 人/m² 计算确定。

2.4.6 歌舞娱乐放映游艺场所疏散宽度如何计算？

答：歌舞娱乐放映游艺场所疏散出口的疏散宽度的确定与其他民用建筑一致，当每层疏散人数不等时，疏散楼梯的总净宽度可分层计算，地上建筑内下层楼梯的总净宽度应按该层及以上疏散人数最多一层的宽度计算；地下建筑内上层楼梯的总净宽度应按该层及以下疏散人数最多一层的宽度计算。

2.4.7 电影院如何分类？

答：电影院按照规模可分为：特大型 1800 座以上，观众厅不宜少于 11 个；大型 1201～1800 座，观众厅宜为 8～10 个；中型 701～1200 座，观众厅宜为 5～7 个；小型 700 座以下，观众厅不宜少于 4 个。

2.4.8 电影院选址要求有哪些？

答：电影院选址应根据当地城镇建设总体规划，合理布置；电影院的主要入口应邻接城镇道路、广场或空地；主要入口前道路通行宽度除不应小于安全出口宽度总和外，且小型电影院不应小于 8m，中型电影院不应小于 12m，大型不应小于 20m，特大型不应小于 25m；主要入口前的集散空地，其面积指标应按每座 0.2m² 计；

2.4.9 剧场、电影院疏散出口数量有哪些要求？

答：剧场、电影院疏散出口数量应经计算确定，且不应少于 2 个。每个疏散门的平均疏散人数不应超过 250 人；当容纳人数超过 2000 人时，其超过 2000 人的部分，每个疏散门的平均疏散人数不应超过 400 人。

2.4.10 剧场与其他建筑合建时应满足哪些要求？

答：当剧场与其他建筑合建时，观众厅应建在首层或第二、三层，出口标高宜同于所在层标高，应设专用疏散通道通向室外安全地带。

2.4.11 剧场、电影院疏散走道、座位设置要求有哪些？

答：剧场、电影院疏散横走道之间的座位排数不宜超过 20 排，疏散纵走道的座位数，每排不宜超过 22 个。

2.4.12 剧场、电影院疏散门、疏散楼梯、疏散走道宽度如何确定？

答：当剧场、电影院座位数小于等于 2500 座，建筑耐火等级为一、二级，平坡地面时，疏散门、疏散走道最小疏散净宽度为 0.65m/百人，阶梯地面时，疏散走道最小疏散净宽度为 0.75m/百人，疏散楼梯最小疏散净宽度为 0.75m/百人；当剧场、电影院座位数小于等于 1200 座，建筑耐火等级为三级，平坡地面时，疏散门、疏散走道最小疏散净宽度为 0.85m/百人，阶梯地面时，疏散走道最小疏散净宽度为 1.00m/百人，疏散楼梯最小疏散净宽度为 1.00m/百人。

2.4.13 剧场、电影院平面布置要求有哪些？

答：剧场、电影院宜设置在独立的建筑内；设置在一、二级耐火等级的建筑内时，宜布置在首层、二层或三层，确需布置在四层及以上楼层时，一个厅、室的疏散门不应少于

2个，且每个观众厅的建筑面积不宜大于400m²；采用三级耐火等级建筑时，不应超过2层；确需与其他民用建筑合建时，至少应设置1个独立安全出口和疏散楼梯，应采用耐火等级不低于2.00h的防火隔墙和甲级防火门与其他区域分隔；设置在地下或半地下时，宜设置在地下一层，不应设置在地上三层及以下楼层；设置在高层建筑时，应设置火灾自动报警系统及自动喷水灭火系统。

2.4.14 剧场建筑按照观众容量如何分类？

答：剧场建筑按照观众容量分为：特大型：1500座以上；大型：1201～1500座；中型：801～1200座；小型：小于800座。

2.4.15 剧场舞台设计有哪些要求？

答：舞台主台通向各处洞口均应设甲级防火门，甲等及乙等的大型、特大型剧场舞台台口应设防火幕；超过800个座位的特等、甲等剧场及高层民用建筑中超过800个座位的剧场舞台宜设防火幕。

舞台与后台部分的隔墙及舞台下部台仓的周围墙体均应采用耐火极限不低于2.50h的不燃烧体；舞台（包括主台、侧台、后舞台）内的天桥、渡桥码头、平台板、栅顶应采用不燃烧体，耐火极限不应小于0.50h；舞台所有布幕均应为B₁级材料；机械舞台台板采用的材料不得低于B₁级。

舞台内严禁设置燃气加热装置，如后台使用时，应用耐火极限不低于2.50h的隔墙和甲级防火门分隔，并不应靠近服装室、道具间。

2.4.16 剧场观众厅疏散通道设计有哪些要求？

答：观众厅疏散通道坡度室内部分不应大于1∶8，室外部分不应大于1∶10，并应加防滑措施，为残疾人设置的通道坡度不应大于1∶12。

疏散通道的隔墙耐火极限不应小于1.00h；通道内装修材料的燃烧等级，顶棚不低于A级，墙面和地面不低于B₁级，且不得采用在燃烧时产生有毒气体的材料。

观众厅疏散通道地面以上2m内不应有任何凸出物，不应设置落地镜子及装饰性假门；疏散通道穿行前厅及休息厅时，设置在前厅、休息厅的小卖部及存衣处不得影响疏散的畅通。

疏散通道宜有自然通风及采光；当没有自然通风及采光时应设人工照明；超过20m长时应采用机械通风排烟。

第五节 展 览 建 筑

2.5.1 展览建筑按照建筑规模如何分类？

答：展览建筑按照建筑规模可分为：总展览面积大于100000m²的为特大型，总展览面积30001～100000m²的为大型，总展览面积10001～30000m²的为中型，总展览面积小于10000m²的为小型。

2.5.2 展览建筑中展厅等级是如何划分的？

答：展厅的等级可按其展览面积划分：展厅的展览面积大于10000m²的为甲等，展厅的展览面积50001～10000m²的为乙等，展厅的展览面积小于等于50000m²的为丙等。

2.5.3 展览建筑的总平面布置要求有哪些？

答：总平面布置应功能分区明确、总体布局合理、各部分联系方便、互不干扰，交通应组织合理、流线清晰、道路布置应便于人员进出、展品运送、装卸；同时，应按不小于 0.20m²/人配置集散用地，室外场地的面积不宜少于展厅占地面积的 50%，展览建筑的建筑密度不宜大于 35%。

2.5.4 展览建筑的内部平面布置要求有哪些?

答：展览建筑内的燃油或燃气锅炉房、油浸电力变压器室、充有可燃油的高压电容器和多油开关室等不应布置于人员密集场所的上一层、下一层或贴邻，并应采用耐火极限不低于 2.00h 的隔墙和 1.50h 的楼板进行分隔，隔墙上的门应采用甲级防火门。

使用燃油、燃气的厨房应靠展厅的外墙布置，并应采用耐火极限不低于 2.00h 的隔墙和乙级防火门窗与展厅分隔，展厅内临时设置的敞开式的食品加工应采用电能加热设施。

2.5.5 展览建筑的防火分区划分要求有哪些?

答：多层建筑内的地上展厅未设置自动灭火系统时，防火分区的最大允许建筑面积不应大于 2500m²；当展厅内设置自动灭火系统时，防火分区的最大允许建筑面积可增加 1.0 倍；当展厅局部设置自动灭火系统时，防火分区增加的面积可按该局部面积的 1.0 倍，对于设置在单层建筑内或多层建筑首层的展厅，当设有自动灭火系统、排烟设施和火灾自动报警系统时，防火分区的最大允许建筑面积不应大于 10000m²。

高层建筑内的地上展厅，防火分区的最大允许建筑面积不应大于 4000m²。多层或高层建筑内的地下展厅，防火分区的最大允许建筑面积不应大于 2000m²，并应设置自动灭火系统、排烟设施和火灾自动报警系统。

2.5.6 高层展览建筑的安全出口、疏散楼梯间及其前室的门的各自总宽度如何确定?

答：展览建筑的疏散宽度应根据疏散人数、建筑面积确定。疏散人数可按照疏散密度乘以建筑面积确定，展览厅内人员密度不宜小于 0.75 人/m²；疏散楼梯间及其前室的门的净宽应按通过人数计算，每 100 人不应小 1.00m，且最小净宽不应小于 0.90m；首层外门的总宽度应按人数最多的一层人数计算，每 100 人不应小于 1.00m，且疏散外门的净宽不应小于 1.20m。

2.5.7 展览建筑展厅疏散距离要求有哪些?

答：展厅内任何一点至最近安全出口的直线距离不宜大于 30m，当单、多层建筑物内全部设置自动灭火系统时，其展厅的安全疏散距离可增大 25%；展厅内的疏散走道应直达安全出口，不应穿过办公、厨房、储存间、休息间等区域。

2.5.8 展览建筑仓储区设置要求有哪些?

答：展览建筑仓储空间可分为室内库房及室外堆场两部分。室内库房可根据使用性质的不同，分为展方库房和管理方库房，并可根据使用要求另设装卸区。室外堆场应设置集装箱、包装箱、展览搭建用品等堆放空间和临时垃圾堆放空间；展方库房和装卸区应采用大柱网设计，柱网尺寸不宜小于 9m×9m，净高不宜小于 4m。

展览建筑展位内可燃物品的存放量不应超过 1 天展览时间的供应量，展位后部不得作为可燃物品的储藏空间。

2.5.9 博物馆如何分类?

答：博物馆可按照建筑规模分类：总建筑面积大于 50000m² 的为特大型馆，总建筑面积 20001～50000m² 的为大型馆，总建筑面积 10001～20000m² 的为大中型馆，总建筑面积

5001～10000m² 的为中型馆，总建筑面积小于等于 5000m² 的为小型馆。

2.5.10 博物馆的耐火等级如何确定？

答： 当博物馆为地下或半地下建筑和高层建筑，或为总建筑面积大于 10000m² 的单层、多层建筑，或因主管部门确定的重要博物馆建筑时，建筑耐火等级应为一级，其余情况建筑耐火等级不应低于二级。

第六节 办 公 建 筑

2.6.1 办公建筑如何分类？

答： 办公建筑按照使用要求分类：一类为特别重要办公建筑，使用年限 100 年或 50 年，耐火等级一级；二类为重要办公建筑，使用年限 50 年，耐火等级不低于二级；三类为普通办公建筑，使用年限 25 年或 50 年，耐火等级不低于二级。

办公建筑按照建筑高度分类：建筑高度大于等于 50m 的办公建筑为一类高层建筑；建筑高度 24m 及 24m 以上 50m 以下的办公建筑为二类高层建筑；建筑高度 24m 以下的为多层办公建筑。

2.6.2 办公建筑内人员密集场所的平面布置要求有哪些？

答： 办公建筑内的会议厅、多功能厅等人员密集的场所，宜布置在首层、二层或三层；设置在三级耐火等级的建筑内时，不应布置在三层及以上楼层；确需布置在一、二级耐火等级建筑的其他楼层时，宜设置在地下一层，不应设置在地下三层及以下楼层；设置在高层建筑时，应设置火灾自动报警系统和自动喷水灭火系统等自动灭火系统。

2.6.3 办公建筑内专用办公室的平面设置要求有哪些？

答： 设计绘图室宜采用开放式或半开放式办公室空间，并用灵活隔断、家具等进行分隔；研究工作室（不含实验室）宜采用单式；自然科学研究工作室宜靠近相关的实验室。

绘图室，每人使用面积不应小于 6m²；研究工作室每人使用面积不应小于 5m²。

机要室、档案室和重要库房等隔墙的耐火极限不应小于 2.00h，楼板不应小于 1.50h，并应采用甲级防火门。

2.6.4 办公建筑的疏散走道宽度设计要求有哪些？

答： 办公建筑中疏散走道长度小于等于 40m 时，单面布房走道最小净宽为 1.3m，双面布房走道最小净宽为 1.5m；当疏散走道长度大于 40m 时，单面布房走道最小净宽为 1.5m，双面布房走道最小净宽为 1.8m。

2.6.5 办公建筑疏散楼梯及疏散距离设置要求有哪些？

答： 综合楼内的办公部分的疏散出入口不应与同一楼内对外的商场、营业厅、娱乐、餐饮等人员密集场所的疏散出入口共用。办公建筑的开放式、半开放式办公室，其室内任何一点至最近的安全出口的直线距离不应超过 30m。

第七节 体 育 建 筑

2.7.1 体育建筑按照使用要求如何分类？

答： 体育建筑按照使用要求分类，可分为：举办亚运会、奥运会及世界级比赛主场建筑为特级；举办全国性和单项国际比赛场馆建筑为甲级；举办地区性和全国单项比赛场馆建筑为乙级；举办地方性、群众性运动会场馆建筑为丙级。

2.7.2　体育建筑按照观众席容量如何分类？

答：体育建筑按照观众席容量分类：观众席容量 10000 座以上的为特大型；观众席容量 6000～10000 座的为大型；观众席容量 3000～6000 座的为中型；观众席容量 3000 座以下的为小型。

2.7.3　体育建筑疏散门、疏散楼梯、疏散走道宽度如何确定？

答：当体育建筑座位数为 3000 座至 5000 座，平坡地面时，疏散门、疏散走道最小疏散净宽度为 0.43m/百人，阶梯地面时，疏散走道最小疏散净宽度为 0.50m/百人，疏散楼梯最小疏散净宽度为 0.50m/百人；当体育建筑座位数为 5001 座至 10000 座，平坡地面时，疏散门、疏散走道最小疏散净宽度为 0.37m/百人，阶梯地面时，疏散走道最小疏散净宽度为 0.43m/百人，疏散楼梯最小疏散净宽度为 0.43m/百人；当体育建筑座位数为 10001 座至 20000 座，平坡地面时，疏散门、疏散走道最小疏散净宽度为 0.32m/百人，阶梯地面时，疏散走道最小疏散净宽度为 0.37m/百人，疏散楼梯最小疏散净宽度为 0.37m/百人。

2.7.4　体育建筑看台安全出口和走道设置要求有哪些？

答：看台安全出口应均匀布置，独立的看台至少应有两个安全出口，且体育建筑每个安全出口的平均疏散人数不宜超过 400 ～700 人，体育场每个安全出口的平均疏散人数不宜超过 1000～2000 人。规模较小的体育场宜采用接近下限值；规模较大的宜采用接近上限值。

观众席走道的布局应与观众席各分区容量相适应，与安全出口联系顺畅。通向安全出口的纵走道设计总宽度应与安全出口的设计总宽度相等。经过纵横走道通向安全出口的设计人流股数应与安全出口的设计通行人流股数相等；每一安全出口和走道的有效宽度除依据计算外，还应符合安全出口宽度不应小于 1.1m，同时出口宽度应为人流股数的倍数，4 股和 4 股以下人流时每股宽按 0.55m 计，大于 4 股人流时每股宽按 0.5m 计；主要纵横过道不应小于 1.1m（指走道两边有观众席）；次要纵横过道不应小于 0.9m（指走道一边有观众席）；活动看台的疏散设计应与固定看台同等对待。

2.7.5　体育馆的座位数如何确定？

答：体育馆每排座位数不宜超过 26 个；前后排座椅的排距不小于 0.9m 时可增加 1 倍，但不得超过 50 个；仅一侧有纵走道时，座位数应减少一半。

2.7.6　体育建筑装修材料有哪些要求？

答：用于比赛、训练部位的室内墙面装修和顶棚（包括吸声、隔热和保温处理），应采用不燃烧体材料。当此场所内设有火灾自动灭火系统和火灾自动报警系统时，室内墙面和顶棚装修可采用难燃烧体材料。

固定座位应采用烟密度指数 50 以下的难燃材料制作，地面可采用不低于难燃等级的材料制作。

第八节　人民防空工程

2.8.1　什么是人防工程？按照构筑形式如何分类？

答：人防工程指为保障人民防空指挥、通信、掩蔽等需要而建造的防护建筑。人防工程分为单建掘开式工程、坑道工程、地道工程和人民防空地下室。

单建掘开式工程：单独建设的采用明挖法施工，且大部分结构处于原地表以下的工程。

坑道工程：大部分主体地坪高于最低出入口的暗挖工程，多建于山地或丘陵地。

地道工程：大部分主体地坪低于最低出入口的暗挖工程，多建于平地。

人民防空地下室：指为保障人民防空指挥、通信、掩蔽等需要，具有预定防护功能的地下室。

2.8.2　人防工程按照使用功能如何分类？

答：人防工程按使用功能分为指挥工程、医疗救护工程、防空专业队工程、人员掩蔽工程和配套工程。

指挥工程：保障人民防空指挥机关战时工作的人防工程。

医疗救护工程：在战时对伤员进行早期治疗和紧急救治工作的人防工程。按等级分为中心医院、急救医院和救护站等。

防空专业队工程：指保障防空专业队掩蔽和执行某些勤务的人防工程，一般称为防空专业队掩蔽所。

人员掩蔽工程：指主要用于保障人员掩蔽的人防工程。按等级分为一等人员掩蔽所和二等人员掩蔽所。

配套工程：指除指挥工程、医疗救护工程、防空专业队和人员掩蔽工程以外的战时保障性人防工程，主要包括区域电站、区域供水站、人防物资站、食品站、生产车间、人防汽车库、人防交通干道、警报站以及核生化检测中心等工程。

2.8.3　人防工程平面布置要求有哪些？

答：人防工程内不得使用和储存液化石油气、相对密度（与空气密度比值）大于或等于 0.75 的可燃气体和闪点小于 60℃ 的液体燃料。人防工程内不得设置油浸电力变压器和其他油浸电气设备。

人防工程内不应设置哺乳室、托儿所、幼儿园、游乐厅等儿童活动场所和残疾人员活动场所。医院病房以及歌舞厅、卡拉 OK 厅（含具有卡拉 OK 功能的餐厅）、夜总会、录像厅、放映厅、桑拿浴室（除洗浴部分外）、游艺厅、网吧等歌舞娱乐放映游艺场所，不应设置在人防工程内地下二层及以下层，当设置在地下一层时，室内地面与室外出入口地坪高差不应大于 10m。

2.8.4　人防工程中设置地下商业有哪些要求？

答：地下商业不应经营和储存火灾危险性为甲、乙类储存物品属性的商品；营业厅不应设置在地下三层及三层以下；当地下商业总建筑面积大于 20000m² 时，应采用防火墙分隔，如相邻区域需要连通时，可采用下沉广场、避难走道、防火隔间、防烟楼梯间进行分隔。

2.8.5　人防工程中商业采用下沉广场分隔有哪些要求？

答：采用下沉式广场分隔时，不同防火分区通向下沉式广场安全出口最近边缘之间的水平距离不应小于 13m，广场内疏散区域的净面积不应小于 169m²，净面积的范围内不得用于除疏散外的其他用途，不得影响人员的疏散；广场应设置不少于一个直通地坪的疏散楼梯，疏散楼梯的总宽度不应小于相邻最大防火分区通向下沉式广场计算疏散总宽度。

当下沉广场敞开部分确需设置防风雨棚时，雨棚不得封闭，四周敞开的面积应大于下沉式广场投影面积的 25%，经计算大于 40m² 时，可取 40m²；敞开的高度不得小于 1m；当敞开部分采用防风雨百叶时，百叶的有效通风排烟面积可按百叶洞口的面积的 60% 计算。

2.8.6　人防工程的采光窗井与相邻地面建筑的最小防火间距要求是什么？

答：人防工程的采光窗井与相邻地面建筑的最小防火间距与建筑的耐火等级、危险性能、建筑高度密切相关，具体数据见表 2-2：

人防工程的采光窗井与相邻地面建筑的最小防火间距　　　　表 2-2

防火和耐火等级间距　　地面建筑类别 人防工程类别	民用建筑			丙、丁、戊类厂房、库房			高层民用建筑		甲、乙类厂房、库房
	一、二级	三级	四级	一、二级	三级	四级	主体	附属	—
丙、丁、戊类生产车间、物品库房	10	12	14	10	12	14	13	6	25
其他人防工程	6	7	9	10	12	14	13	6	25

注：1. 防火间距按人防工程有窗外墙与相邻地面建筑外墙的最近距离计算。

2. 当相邻的地面建筑物外墙为防火墙时，其防火间距不限。

2.8.7　人防工程安全出口的设置要求有哪些？

答：每个防火分区的安全出口数量不应少于 2 个；当有 2 个或 2 个以上的防火分区相邻，需将相邻防火分区之间防火墙上设置的防火门作为安全出口时，应满足：(1) 防火分区建筑面积大于 1000m² 的商业营业厅、展览厅等场所，设置通向室外、直通室外的疏散楼梯间或避难走道的安全出口个数不得少于 2 个；(2) 防火分区建筑面积不大于 1000m² 的商业营业厅、展览厅等场所，设置通向室外、直通室外的疏散楼梯间或避难走道的安全出口个数不得少于 1 个；(3) 在一个防火分区内，设置通向室外、直通室外的疏散楼梯间或避难走道的安全出口宽度之和，不宜少于安全出口总宽度的 70%。

建筑面积不大于 500m²，且室内地面与室外出入口地坪高差不大于 10m，容纳人数不大于 30 人的防火分区，当设置有仅用于采光或进风用的竖井，且竖井内有金属梯直通地面、防火分区通向竖井处设置有不低于乙级的常闭防火门时，可只设置一个通向室外，直通室外的疏散楼梯间或避难走道的安全出口；也可设置一个相邻防火分区相通的防火门；建筑面积不大于 200m²，且经常停留人数不超过 3 人的防火分区，可只设置一个通向相邻防火分区的防火门。

2.8.8　人防工程地下室疏散楼梯设置要求有哪些？

答：疏散楼梯间在主体建筑地面首层应采用耐火极限不低于 2h 的隔墙与其他部位隔开并应直通室外；当必须在隔墙上开门时，应采用不低于乙级的防火门。

人防工程地下室与地上层不应共用楼梯间，必须共用楼梯间时，应在地面首层与地下室的入口处，设置耐火极限不低于 2h 的隔墙和不低于乙级的防火门隔开，并应有明显标志。

2.8.9　设有公共活动场所的人防工程，疏散楼梯设置要求有哪些？

答：当人防工程中设置电影院、礼堂，建筑面积大于 500m² 的医院、旅馆及建筑面积大于 1000m² 的商场、餐厅、展览厅、公共娱乐场所、健身体育场所时，建筑底层室内地面与室外出入口地坪高差大于 10m 时，应设置防烟楼梯间；当地下为两层，且地下第二层的室内地面与室外出入口的地坪高差不大于 10m 时，应设置封闭楼梯间。

2.8.10　在人防工程中设置的商业营业厅、展览厅、电影院和礼堂的观众厅、溜冰馆、游泳馆、射击馆、保龄球馆等防火分区划分有哪些要求？

答：商业营业厅、展览厅等，当设置有火灾自动报警系统和自动灭火系统，且采用 A 级装修材料装修时，防火分区允许最大建筑面积不应大于 2000m²。

电影院、礼堂的观众厅，防火分区允许最大建筑面积不应大于 1000m²。当设置有火灾自动报警系统和自动灭火系统时，其允许最大建筑面积也不得增加。

溜冰馆的冰场、游泳馆的游泳池、射击馆的靶道区、保龄球馆的球道区等，其面积可不计入溜冰馆、游泳馆、射击馆、保龄球馆的防火分区面积内。溜冰馆的冰场、游泳馆的游泳池、射击馆的靶道区等，其装修材料应采用 A 级。

2.8.11　在人防工程中设置的丙、丁、戊类物品库房的防火分区划分有哪些要求？

答：当人防工程内设置丙类物品：物品属于闪点大于等于 60℃ 的可燃液体的，防火分区最大允许建筑面积为 150m²，物品属于可燃固体的，防火分区最大允许建筑面积为 300m²；当人防工程内设置丁类物品库房时，防火分区最大允许面积为 500m²；当人防工程内设置戊类物品库房时，防火分区最大允许面积为 1000m²。

2.8.12　人防工程中设备用房防火分隔有哪些要求？

答：消防控制室、消防水泵房、排烟机房、灭火剂储存室、变配电室、通信机房、通风和空调机房、可燃物存放量平均值超过 30kg/m² 火灾荷载密度的房间等，应采用耐火极限不低于 2.0h 的隔墙和 1.5h 的楼板与其他场所隔开，墙上如设置门应设置常闭的甲级防火门。

柴油发电机房的储油间，墙上应设置常闭的甲级防火门，并应设置高 150mm 的不燃烧、不渗漏的门槛，地面不得设置地漏。

2.8.13　人防工程中使用可燃气体和丙类液体管道设置的要求有哪些？

答：人防工程中允许使用的可燃气体和丙类液体管道，除可穿过柴油发电机房、燃油锅炉房的储油间与机房间的防火墙外，严禁穿过防火分区之间的防火墙。

2.8.14　人防工程中安全出口、疏散楼梯和疏散走道的最小净宽有哪些要求？

答：人防工程中设置的商场、公共娱乐场所、健身体育场所，其安全出口和疏散走道楼梯净宽不应小于 1.4m，单面布置房间时疏散走道净宽不应小于 1.5m，双面布置房间时疏散走道净宽不应小于 1.6m。

人防工程中设置的医院，其安全出口和疏散走道楼梯净宽不应小于 1.3m，单面布置房间时疏散走道净宽不应小于 1.4m，双面布置房间时疏散走道净宽不应小于 1.5m。

人防工程中设置的旅馆、餐厅，其安全出口和疏散走道楼梯净宽不应小于 1.1m，单面布置房间时疏散走道净宽不应小于 1.2m，双面布置房间时疏散走道净宽不应小于 1.3m。

人防工程中设置的车间，其安全出口和疏散走道楼梯净宽不应小于 1.1m，单面布置房间时疏散走道净宽不应小于 1.25m，双面布置房间时疏散走道净宽不应小于1.5m。

人防工程中设置的其他民用建筑，其安全出口和疏散走道楼梯净宽不应小于 1.1m，单面布置房间时疏散走道净宽不应小于 1.2m。

第九节 汽车库、修车库、停车场

2.9.1 汽车库、修车库、停车场按照停车数量和总建筑面积如何分类?

答：汽车库、修车库、停车场根据停车（车位）数量和总建筑面积可分为：

Ⅰ类汽车库：停车数量大于 300 辆，总建筑面积大于 10000m²；Ⅱ类汽车库：停车数量 151～300 辆，总建筑面积大于 5000m² 小于等于 10000m²；Ⅲ类汽车库：停车数量 51～150 辆，总建筑面大于 2000m² 小于等于 5000m²；Ⅳ类汽车库：停车数量小于等于 50 辆，总建筑面积小于等于 2000m²。

Ⅰ类修车库：修车位数量大于 15 个，总建筑面积大于 3000m²；Ⅱ类修车库：修车位数量 6～15 个，总建筑面积大于 1000m² 小于等于 3000m²；Ⅲ类修车库：修车位数量 3～5 个，总建筑面积大于 500m² 小于等于 1000m²；Ⅳ类修车库：修车位数量小于等于 2 个，总建筑面积小于等于 500m²。

Ⅰ类停车场：停车数量大于 400 辆；Ⅱ类停车场：停车数量 251～400 辆；Ⅲ类停车场：停车数量 101～250 辆；Ⅳ类停车场：停车数量小于等于 100 辆。

公交汽车库的建筑面积可按以上规定值增加 2.0 倍。

当屋面露天停车场与下部汽车库共用汽车坡道时，其停车数量应计算在汽车库的车辆总数内；室外坡道、屋面露天停车场的建筑面积可不计入汽车库的建筑面积之内。

2.9.2 汽车库按照建筑高度如何分类?

答：汽车库按照建筑高度可划分为：地下汽车库、半地下汽车库、单层汽车库、多层汽车库、高层汽车库。

地下汽车库：室内地坪面低于室外地坪面高度大于该层车库平均净高 1/2 的汽车库，汽车库与建筑物组合建造在地面以下的以及独立在地面以下建造的汽车库都称为地下汽车库。

半地下汽车库：室内地坪面低于室外地坪面的平均高度大于该层车库平均净高 1/3，且不大于 1/2 的汽车库。

单层汽车库：独立建造仅 1 层的汽车库。

多层汽车库：建筑高度小于等于 24m 的汽车库或设在高层建筑内地面层以上楼层的汽车库为多层汽车库。包括两个类型：一种是汽车库自身高度小于或等于 24m 的，另一种是汽车库与多层工业或民用建筑在地面以上组合建造的。

高层汽车库：建筑高度大于 24m 的汽车库或设在高层建筑内地面层以上楼层的汽车库为高层汽车库。包括两个类型：一种是汽车库自身高度已超过 24m 的，另一种是汽车库自身高度虽未到 24m，但与高层工业或民用建筑在地面以上组合建造的。

2.9.3 汽车库按照停车方式的机械化程度如何分类?

答：按照停车方式的机械化程度可分为：机械式立体汽车库、复式汽车库、普通车道式汽车库。

机械式立体汽车库：室内无车道且无人员停留的、采用机械设备进行垂直或水平移动等形式停放汽车的汽车库。根据机械设备运转方式可分为：垂直循环式（汽车上、下移动）、电梯提升式（汽车上、下、左、右移动）、高架仓储式（汽车上、下、左、右、前、后移动）。

复式汽车库：室内有车道、有人员停留的，同时采用机械设备传送，在一个建筑层里叠2～3层存放车辆的汽车库。

2.9.4 汽车库和修车库耐火等级有哪些要求？

答：地下、半地下和高层汽车库耐火等级应为一级；甲、乙类物品运输车的汽车库、修车库和Ⅰ类汽车库、修车库，耐火等级应为一级；Ⅱ、Ⅲ类汽车库、修车库的耐火等级不应低于二级；Ⅳ类汽车库、修车库的耐火等级不应低于三级。

2.9.5 汽车库和修车库防火间距有哪些要求？

答：汽车库、修车库、停车场之间及汽车库、修车库、停车场与除甲类物品仓库外的其他建筑物的防火间距，不应小于表2-3的规定。其中，高层汽车库与其他建筑物，汽车库、修车库与高层建筑的防火间距应按表2-3的规定值增加3m；汽车库、修车库与甲类厂房的防火间距应按表2-3的规定值增加2m。

汽车库、修车库、停车场之间及汽车库、修车库、停车场与除甲类物品
仓库外的其他建筑物的防火间距（m）　　　　　　　　　　　　表2-3

名称和耐火等级	汽车库、修车库		厂房、仓库、民用建筑		
	一、二级	三级	一、二级	三级	四级
一、二级汽车库、修车库	10	12	10	12	14
三级汽车库、修车库	12	14	12	14	16
停车场	6	8	6	8	10

注：1. 防火间距应按相邻建筑物外墙的最近距离算起，如外墙有凸出的可燃物构件时，则应从其凸出部分外缘算起，停车场从靠近建筑物的最近停车位置边缘算起。

2. 厂房、仓库的火灾危险性分类应符合现行国家标准《建筑设计防火规范》GB 50016 的有关规定。

2.9.6 汽车库和修车库疏散楼梯设置有哪些要求？

答：建筑高度大于32m的高层汽车库、室内地面与室外出入口地坪的高差大于10m的地下汽车库应采用防烟楼梯间，其他汽车库、修车库应采用封闭楼梯间；楼梯间和前室的门应采用乙级防火门，并应向疏散方向开启；疏散楼梯的宽度不应小于1.1m。

2.9.7 汽车库室内疏散距离设计有哪些要求？

答：汽车库室内任一点至最近人员安全出口的疏散距离不应大于45m，当设置自动灭火系统时，其距离不应大于60m。对于单层或设置在建筑首层的汽车库，室内任一点至室外最近出口的疏散距离不应大于60m。

2.9.8 汽车库、修车库汽车疏散出口的设置要求有哪些？

答：汽车库、修车库应设置2个汽车疏散出口，但Ⅳ类汽车库、设置双车道汽车疏散出口的Ⅲ类地上汽车库及设置双车道汽车疏散出口、停车数量小于或等于100辆且建筑面积小于4000m²的地下或半地下汽车库可设置1个汽车疏散出口；Ⅱ、Ⅲ、Ⅳ类修车库可设置1个汽车疏散出口。

2.9.9 汽车库、修车库与其他建筑合建时的防火分隔要求有哪些？

答：汽车库、修车库与其他建筑合建时，当贴邻建造时应采用防火墙隔开；设在建筑物内的汽车库（含屋顶停车场）、修车库与其他部分，应采用防火墙和耐火极限不低于2.00h的不燃烧性楼板分隔；汽车库、修车库的外墙门、洞口的上方，应设置耐火极限不低于1.00h、宽度不小于1.0m的不燃性防火挑檐；汽车库、修车库的外墙上、下窗之间墙的高度，不应小于1.2m或设置耐火极限不低于1.00h、宽度不小于1.0m的不燃性防火挑檐。

2.9.10 汽车库内设置修车位时，防火分隔要求有哪些？

答：汽车库内设置修车位时，停车部位与修车部位之间应采用防火墙和耐火极限不低与2.00h的不燃性楼板分隔。修车库内使用有机溶剂清洗和喷漆的工段，且超过3个车位时，均应采用防火隔墙等分隔措施。

第十节 其 他 公 共 建 筑

2.10.1 图书馆建筑总平面布置要求有哪些？

答：图书馆建筑的总平面布置应总体布局合理、功能分区明确、各区联系方便、互不干扰，并宜留有发展用地；交通组织应做到人、书、车分流，道路布置应便于读者、工作人员进出及安全疏散，便于图书运送和装卸；当图书馆设有少年儿童阅览区时，少年儿童阅览区宜设置单独的对外出入口和室外活动场地；除当地有统筹建设的停车场或停车库外，图书馆建筑基地内应设置供读者和工作人员使用的机动车停车库或停车场地以及非机动车停放场地。

2.10.2 图书馆建筑耐火等级要求有哪些？

答：藏书量超过100万册的高层图书馆、书库，建筑耐火等级应为一级；除藏书量超过100万册的高层图书馆、书库外的图书馆、书库，建筑耐火等级不应低于二级，特藏书库的建筑耐火等级应为一级。

2.10.3 图书馆内书库防火分区设置要求有哪些？

答：未设置自动灭火系统的一、二级耐火等级的基本书库、特藏书库、密集书库、开架书库的防火分区最大允许建筑面积，单层建筑不应大于1500m²；建筑高度不超过24m的多层建筑不应大于1200m²；高度超过24m的建筑不应大于1000m²；地下室或半地下室不应大于300m²。

当防火分区设有自动灭火系统时，其允许最大建筑面积可按上述规定增加1.0倍，当局部设置自动灭火系统时，增加面积可按该局部面积的1.0倍计算。

阅览室及藏阅合一的开架阅览室均应按阅览室功能划分其防火分区。

2.10.4 图书馆安全出口设置要求有哪些？

答：图书馆每层的安全出口不应少于两个，并应分散布置；书库的每个防火分区安全出口不应少于两个，当图书馆为占地面积不超过3000m²的多层书库、建筑面积不超过100m²的地下、半地下书库时，可设一个安全出口；建筑面积不超过100m²的特藏书库，可设一个疏散门，并应为甲级防火门。

当公共阅览室只设一个疏散门时，其净宽度不应小于1.2m。书库的疏散楼梯宜设置在书库门附近。图书馆需要控制人员随意出入的疏散门，可设置门禁系统，但在发生紧急情况时，应有易于从内部开启的装置，并应在显著位置设置标识和使用提示。

2.10.5　旅馆建筑疏散楼梯设置要求有哪些？

答：多层旅馆建筑应设置封闭楼梯间或室外楼梯；高层旅馆建筑楼梯间设置与其他民用建筑一致。

2.10.6　旅馆建筑疏散距离有哪些要求？

答：耐火等级一、二级的高层旅馆建筑，位于两个安全出口之间的疏散门至最近安全出口的直线距离不应大于30m；位于袋形走道两侧或尽端的疏散门至最近安全出口的直线距离不应大于15m。

2.10.7　养老院按照床位如何分类？

答：养老院按照床位可分为：床位大于500个的为特大型；床位为301～500个的为大型；床位为151～300个的为中型；床位小于等于150个的为小型。

2.10.8　养老院出入口设置要求有哪些？

答：养老院主要出入口上部应设雨篷，其深度宜超过台阶外缘1.00m以上；雨篷应做有组织排水；出入口处的平台与建筑室外地坪高差不宜大于500mm，并应采用缓步台阶和坡道过渡；缓步台阶踢面高度不宜大于120mm，踏面宽度不宜小于350mm；坡道坡度不宜大于1/12，连续坡长不宜大于6.00m，平台宽度不应小于2.00m；台阶的有效宽度不应小于1.50m；当台阶宽度大于3.00m时，中间宜加设安全扶手；当坡道与台阶结合时，坡道有效宽度不应小于1.20m，且坡道应作防滑处理。

2.10.9　养老院疏散楼梯的设置要求有哪些？

答：养老院建筑每个防火分区应设置两部疏散楼梯，疏散楼梯间应便于老年人通行，不应采用扇形踏步，不应在楼梯平台区内设置踏步；主楼梯梯段净宽不应小于1.50m，其他楼梯通行净宽不应小于1.20m；踏步前缘应相互平行等距，踏面下方不得透空；楼梯宜采用缓坡楼梯；缓坡楼梯踏面宽度宜为320～330mm，踢面高度宜为120～130mm；踏面前缘宜设置高度不大于3mm的异色防滑警示条；踏面前缘向前凸出不应大于10mm；楼梯踏步与走廊地面对接处应用不同颜色区分，并应设有提示照明；楼梯应设双侧扶手。

2.10.10　农村建筑的总平面布置要求有哪些？

答：农村建筑中甲、乙、丙类生产、储存场所应布置在相对独立的安全区域，并应布置在集中居住区全年最小频率风向的上风侧；可燃气体和可燃液体的充装站、供应站、调压站和汽车加油加气站等应根据当地的环境条件和风向等因素合理布置，与其他建（构）筑物等的防火间距应符合国家现行有关标准的要求；生产区内的厂房与仓库宜分开布置。

农村建筑中甲、乙、丙类生产、储存场所不应布置在学校、幼儿园、托儿所、影剧院、体育馆、医院、养老院，居住区等附近。居住区和生产区距林区边缘的距离不宜小于300m，或应采取防止火灾蔓延的其他措施。

2.10.11　村庄内消防车道设置有哪些要求？

答：村庄内的消防车道宜纵横相连，间距不宜大于160m；车道的净宽、净空高度不宜小于4m；应满足配置车型的转弯半径；能承受消防车的压力；尽头式车道满足配置车型回车要求。

2.10.12　农村建筑耐火等级要求有哪些？

答：农村建筑的耐火等级不宜低于一、二级，建筑耐火等级的划分应符合现行国家标准《建筑设计防火规范》GB 50016 的规定。

三、四级耐火等级建筑之间的相邻外墙宜采用不燃烧实体墙，相连建筑的分户墙应采用不燃烧实体墙。建筑的屋顶宜采用不燃材料，当采用可燃材料时，不燃烧体分户墙应高出屋顶不小于 0.5m。

2.10.13　农村建筑防火间距要求有哪些？

答： 农村建筑中一、二级耐火等级建筑之间或与其他耐火等级建筑之间的防火间距不宜小于 4m；当相邻的两座一、二级耐火等级的建筑，当较高一座建筑的相邻外墙为防火墙且屋顶不设置天窗、屋顶承重构件及屋面板的耐火极限不低于 1.00h，防火间距不限；相邻的两座一、二级耐火等级的建筑，当较低一座建筑的相邻外墙为防火墙且屋顶不设置天窗，屋顶承重构件及屋面板的耐火极限不低于 1.00h，防火间距不限；建筑相邻外墙上的门窗洞口面积之和小于等于该外墙面积的 10% 且不正对开设时，建筑之间的防火间距可减少为 2m。

农村建筑中三、四级耐火等级建筑之间的防火间距不宜小于 6m。当建筑相邻外墙为不燃烧体，墙上的门窗洞口面积之和小于等于该外墙面积的 10% 且不正对开设时，建筑之间的防火间距可为 4m。

第十一节　住　宅　建　筑

2.11.1　住宅建筑火灾特点有哪些？

答： 火灾荷载大，燃烧迅速。随着经济社会的发展人们对住宅舒适性追求越来越高，可燃、易燃装饰装修材料使用频繁，住户一旦发生火灾将会猛烈燃烧迅速蔓延。

火灾隐患大，诱发因素多。住宅建筑涉及人员复杂，按照舒适及美化需求私自改造阳台、窗户、厨房等现象明显；同时因家用电器使用不当，线路超负荷、短路、老化等因素以及生活用火不慎，厨房食油沸溢、烟道清洗不及时，儿童玩火，楼梯、走道等公共区域堆放大量可燃易燃物品、电动车停放及充电不规范等火灾隐患直接威胁人员生命财产安全。

住宅火灾易导致人员伤亡。居民住宅防盗要求较高，同时人员消防知识和逃生经验参差不齐，老人、小孩、妇女等逃生能力相对较差，极易受到火灾的伤害。从全国火灾资料显示大多数住宅火灾均是发生在夜间或白天留守的老人及儿童家庭。

2.11.2　住宅建筑按照建筑高度如何分类？

答： 住宅建筑按照建筑高度分为单、多层住宅建筑和高层住宅建筑。

建筑高度 $h \leqslant 27m$ 的住宅建筑为单、多层住宅建筑。

建筑高度 $h > 27m$ 的住宅建筑为高层住宅建筑。其中：建筑高度 $27 < h \leqslant 54m$ 的住宅建筑为二类高层住宅建筑；建筑高度 $h > 54m$ 的住宅建筑为一类高层住宅建筑。

2.11.3　通廊式、单元式和塔式住宅以及复式、跃层和错层式住宅如何划分？

答： 通廊式住宅指以共用楼梯、电梯并通过内、外廊进入各套住房的住宅，一般长度明显大于宽度。

单元式住宅指由两个住宅或多个住宅单元组合而成，每单元均设有楼梯、电梯的住宅。

塔式住宅是指以共用楼梯、电梯为核心布置多套住房的高层建筑。塔式住宅一般多于四五户共同围绕或者环绕一组公共竖向交通形成的楼房平面，平面的长度和宽度大致相同。

复式住宅指在概念上是一层，但层高稍比普通住宅较高，可在局部设置夹层，安排书房、小房间等，通过内部楼梯上下连通，以提高空间的利用率。

跃层式住宅指是一套住宅占用两个楼层，通过内部楼梯上下连通，一般下层为起居室、厨房、卫生间、卧室等，上层为卧室、书房等。

错层式住宅指一套房子各厅室布置处于不同的水平面，即起居室、卧室、卫生间、厨房、阳台等高度不在一个平面上。

2.11.4　住宅建筑的消防平面布置要求有哪些?

答：因住宅建筑的高度和面积直接影响到火灾时人员疏散的难易程度、外部救援难易程度以及火灾可能导致的财产损失大小，所以建筑的防火与疏散与建筑的高度及面积直接关联，在总平面布置中应注意以下几点：

防火间距。在工程建设标准中要求的防火间距主要是考虑了防止因热辐射、飞火及热对流而造成的火灾蔓延。住宅建筑在平面布置时应结合周围建（构）筑物使用性质、特点等充分把控防火间距。同时经营、存放和使用甲乙类火灾危险性物品的商店、作坊和储藏间严禁设在住宅建筑内。

消防车道。出入口及消防车道的设置应满足消防车通行的需求；对于建筑物沿街部分的长度大于150m或总长度大于220m时应设置穿过建筑物的消防车道或设置环形消防车道；对于高层住宅建筑可沿建筑的一个长边设置消防车道，但该长边所在建筑立面应为消防车登高操作面。

消防车道净宽净空高 $h \geq 4m$，距建筑外墙一侧边缘距离 $L \geq 5m$，距消防取水点 $L \leq 2m$，坡度 $i \leq 8\%$，消防车道转弯半径、荷载及回车场等应满足规范要求。

登高操作场地。高层建筑应至少沿一个长边或周边长度的1/4且不小于一个长边长度的底边连续布置消防车登高操作场地，该范围内的裙房进深不应大于4m；建筑高度 $h \leq 50m$ 的登高场地长度和宽度分别不小于15m和10m，当按照30m的间隔要求布置时，累加长度仍需满足一个长边长度；对于建筑高度 $h > 50m$ 的建筑，登高场地长度和宽度分别不应小于20m和10m。

消防车登高操作场地与建筑对应范围应设直通室外的楼梯或直通楼梯间的出入口，距建筑外墙 $5m \leq L \leq 10m$，坡度 $i \leq 3\%$，不应有妨碍消防车操作的障碍物和车库出入口。

室外消火栓。建筑室外消火栓其数量应根据室外消火栓设计流量和保护半径（$R \leq 150m$）等计算确定，且不宜集中布置在建筑一侧，靠建筑消防扑救面一侧的室外消火栓数量不宜少于2个，室外消火栓距建筑外墙不宜小于5m。

水泵接合器。采用临时高压消防给水系统供水时，应在每座建筑附近就近设置，其数量应按系统设计流量计算确定但不得大于3个，且距室外消火栓或消防水池距离 $15m \leq L < 40m$。

2.11.5　住宅类居住建筑与非住宅类居住建筑的定义及防火要求有哪些?

答：居住建筑是指供人们居住使用的建筑，其范围大于住宅建筑。住宅是供家庭居住使用的建筑（含与其他功能空间处于同一建筑中的住宅部分），防火要求应按照住宅类建筑规定执行。

非住宅类居住建筑一般是指除纯住宅以外其他可以居住的建筑，它的人员流动性和不稳定性远远大于住宅建筑，主要包括宿舍、公寓、修养疗养院、福利院等，其防火要求应按照公共类建筑规定执行。

2.11.6 住宅建筑耐火等级及其构件燃烧性能如何分类？

答：住宅建筑的耐火等级划分为一、二、三、四级。一、二、三级耐火等级建筑的楼板、梁和柱应为不燃构件；一、二级耐火等级建筑的防火墙、非承重外墙、承重墙、楼梯和电梯间墙、疏散走道隔墙、住宅单元之间墙或分户墙、房间隔墙均应为不燃构件；三级耐火等级建筑中除房间隔墙和屋顶承重构件可为难燃构件外其他均应为不燃构件；四级耐火等级建筑中除防火墙外其他构件均可为难燃构件。

2.11.7 不同耐火等级的住宅建筑最多允许层数如何确定？

答：四级耐火等级的住宅建筑最多允许建造层数为3层，三级耐火等级的住宅建筑最多允许建造层数为9层，二级耐火等级的住宅建筑最多允许建造层数为18层。

2.11.8 高层住宅与其他民用建筑的防火间距有哪些要求？

答：高层住宅建筑的耐火等级应根据其建筑高度、使用功能、重要性和火灾扑救难度等确定。其一类高层住宅建筑的耐火等级不应低于一级，二类高层住宅建筑的耐火等级不应低于二级。对其防火间距应满足：

一般规定：高层住宅与一、二级的高层民用建筑之间防火间距不应小于13m；高层住宅与一、二级的裙房和其他民用建筑不应小于9m；与三级的裙房和其他民用建筑不应小于11m；与四级的裙房和其他民用建筑不应小于14m。

特殊情况：当相邻一侧外墙为防火墙或相邻较高一面外墙高出较低一座建筑的屋面15m及以下范围开口采取防火措施等条件时可按照《建筑设计防火规范》GB 50016的要求予以减少。当相邻建筑通过连廊、天桥或底部的建筑物连接时，其间距仍然应满足上述规定。当建筑高度大于100m且符合规范允许减小的条件时仍不应减少。

2.11.9 住宅建筑与其他使用功能建筑合建时防火分隔要求有哪些？

答：需在水平与竖向方向采取防火分隔措施。应采用耐火极限不低于2.00h且无门、窗、洞口的防火隔墙和1.50h的不燃性楼板完全分隔；当为高层建筑时，应采用无门、窗、洞口的防火墙和耐火极限不低于2.00h的不燃性楼板完全分隔；其建筑立面上下层开口之间还应考虑防火挑檐、窗间墙等措施防止火势蔓延。

需在安全出口和疏散楼梯上考虑独立设置。多种使用功能的建筑共用楼梯一旦发生火灾就会直接影响住宅人员疏散，所以住宅与非住宅部分的疏散设施要相互独立，互不连通。

需考虑的其他防火设计要求。住宅部分与非住宅部分的防火分区、室内消火栓系统、火灾自动报警系统等的设置可根据各自的建筑高度分别按照有关住宅建筑或非住宅建筑的规定执行（但住宅部分疏散楼梯间内防排烟系统设置应按照建筑总高度确定）；其他防火设计（防火间距、消防车道和救援场地、室外消防给水系统、室外消防用水量计算、消防电源的负荷等级确定等）应根据建筑的总高度和建筑规模按有关公共建筑的规定执行。

2.11.10 设置商业服务网点的住宅建筑防火设置要求有哪些？

答：设置商业服务网点的住宅建筑，其居住部分与商业服务网点之间应采用耐火极限不低于2.00h且无门、窗、洞口的防火隔墙和1.50h的不燃性楼板完全分隔，住宅部分和商业服务网点部分的安全出口和疏散楼梯应分别独立设置。

商业服务网点中每个分隔单元之间应采用耐火极限不低于 2.00h 且无门、窗、洞口的防火隔墙相互分隔，每个分隔单元内的安全疏散距离不应大于 22m，当设置自动喷水灭火系统时不应大于 27.5m。

2.11.11 地上或地下车库与住宅合建时，楼梯间防火设置要求有哪些?

答：为住宅服务的地上车库应设置独立的疏散楼梯或安全出口，并采用防火墙与其他部位进行分隔。

为住宅服务的地下车库楼梯间直通室外时，应在首层采用耐火极限不低于 2.00h 的防火隔墙与其他部位分隔。

为住宅服务的地下车库与地上部分楼梯间合用时，考虑到烟气和火焰蔓延到建筑的上部楼层，同时避免建筑上部的疏散人员误入地下层，应在首层采用耐火极限不低于 2.00h 的防火隔墙和乙级防火门将地下与地上连通部位完全分隔，并设置明显的标志。

当住宅建筑中的楼梯、电梯直通住宅楼层下部汽车库时，楼梯、电梯在汽车库出入口部位应设置乙级防火门进行分隔，同时严禁利用楼、电梯间为地下车库进行自然通风。

2.11.12 为住宅建筑服务的地下（半地下）汽车库人员疏散楼梯及距离有哪些要求?

答：与住宅地下室相连通的地下（半地下）汽车库，人员疏散可借用住宅部分的疏散楼梯；当不能直接进入住宅部分的疏散楼梯间时，应在地下汽车库与住宅部分的疏散楼梯之间设置连通走道，开向该走道的门均应采用甲级防火门。

汽车库室内任一点至最近安全出口的疏散距离不应超过 45m，当设置自动灭火系统时，其距离不应超过 60m。

2.11.13 哪些住宅建筑安全出口设置不少于 2 个?

答：建筑高度 $h \leqslant 27m$ 的建筑，且每个单元任一层的建筑面积 $S > 650m^2$。

建筑高度 $h \leqslant 27m$ 的建筑，且任一户门至最近安全出口的距离 $L > 15m$。

建筑高度 $27m < h \leqslant 54m$ 的建筑，且每个单元任一层的建筑面积 $S > 650m^2$。

建筑高度 $27m < h \leqslant 54m$ 的建筑，且任一户门至最近安全出口的距离 $L > 10m$。

建筑高度 $h > 54m$ 的建筑。

2.11.14 二类高层住宅建筑安全出口设置要求有哪些?

答：对于建筑高度大于 27m 但小于等于 54m 的住宅建筑，当任一户门至最近安全出口的距离不大于 10m 或任一层的建筑面积不大于 650 m² 时，每个单元可以设置 1 个安全出口但需通至屋面，并在屋面将各个单元连通起来满足 2 个不同疏散方向的要求，户门应采用乙级防火门。当不能通至屋面或不能通过屋面连通时应设置 2 个安全出口。对于只有 1 个单元的住宅建筑可将疏散楼梯仅通至屋面，户门仍应采用乙级防火门以提高疏散楼梯的安全性。

2.11.15 住宅建筑首层楼梯间设置要求有哪些?

答：住宅楼梯间应在首层直通室外，或在首层采用扩大的封闭楼梯间或防烟楼梯间前室（可将走道和门厅等包括在楼梯间内形成扩大的封闭楼梯间，但应采用乙级防火门等与其他走道和房间分隔）。层数不超过 4 层时，可将直通室外的门设置在离楼梯间不大于 15m 处。同时，首层疏散外门的净宽不应小于 1.1m。楼梯间及前室的门应向疏散方向开启，安装有门禁系统的住宅，应保证住宅直通室外的门在任何时候能从内部徒手开启。

2. 11. 16　住宅建筑设置封闭楼梯间或防烟楼梯间的设置要求有哪些?

答：设置封闭楼梯间：建筑高度大于 21m、不大于 33m 的住宅；建筑高度不大于 21m 的住宅建筑中与电梯井相邻布置的疏散楼梯。(但建筑高度不大于 33m,且户门采用乙级防火门的住宅楼梯间可以不封闭)

设置防烟楼梯间：建筑高度大于 33m 的住宅建筑；室内地面与室外出入口地坪高差大于 10m 或 3 层及以上的地下、半地下建筑(室)。

前室面积要求：住宅建筑防烟楼梯间前室使用面积不应小于 4.5m²,当与消防电梯间前室合用时不应少于 6.0m²。

其他要求：对于住宅建筑,由于平面布置难以将电缆井和管道井的检查门开设在其他位置时,可将其设置在前室或合用前室内,但检查门应采用丙级防火门。

2. 11. 17　剪刀楼梯在住宅建筑中设置要求有哪些?

答：分散设置疏散楼梯确有困难且任一户门至最近疏散楼梯间入口的距离不大于 10m 时的住宅单元。

梯段之间应设置耐火极限不低于 1.00h 的防火隔墙。楼梯间的前室共用时前室的使用面积不应小于 6.0m²。楼梯间的前室或共用前室与消防电梯的前室合用时,合用前室的使用面积不应小于 12.0m²,且短边不应小于 2.4m。两个楼梯间的加压送风系统不宜合用,当合用一个风道时其风量应按两个楼梯间风量计算,但送风口应分别设置。

2. 11. 18　住宅建筑疏散楼梯设置要求有哪些?

答：楼梯宽度要求：住宅建筑的户门、安全出口、疏散走道和疏散楼梯的各自总净宽度应经计算确定,且户门和安全出口的净宽度不应小于 0.90m,疏散走道、疏散楼梯和首层疏散外门的净宽度不应小于 1.10m。建筑高度不大于 18m 的住宅中一边设置栏杆的疏散楼梯,其净宽度不应小于 1.0m。

楼梯踏步要求：楼梯踏步宽度不应小于 0.26m,踏步高度不应大于 0.175m。

楼梯扶手要求：扶手高度不应小于 0.90m。楼梯水平段栏杆长度大于 0.50m 时,其扶手高度不应小于 1.05m。楼梯栏杆垂直杆件间净空不应大于 0.11m。

楼梯平台要求：楼梯平台净宽不应小于楼梯梯段净宽,且不得小于 1.20m。楼梯平台的结构下缘至人行通道的垂直高度不应低于 2.00m。入口处地坪与室外地面应有高差,并不应小于 0.10m。楼梯为剪刀楼梯时,楼梯平台的净宽不得小于 1.30m。

2. 11. 19　住宅建筑户内最远点至直通疏散走道户门的直线距离有哪些要求?

答：高层住宅建筑：高层住宅建筑其户内最远点至直通疏散走道户门的距离不应大于 20m。

单、多层住宅建筑：耐火等级为一级和二级的单、多层住宅建筑其户内最远点至直通疏散走道户门的距离不应大于 22m,耐火等级为三级和四级的单、多层住宅建筑户内最远点至直通疏散走道户门的距离不应大于 20m 和 15m。

2. 11. 20　建筑高度大于 54m 的住宅建筑,户内防火要求有哪些?

答：为增强建筑户内的安全性能,其户内应有一个房间靠外墙设置,并应设置可开启外窗(外窗宜采用乙级防火窗或耐火完整性不低于 1.00h 的 C 类防火窗)。内、外墙体的耐火极限不应低于 1.00h,房间的门可采用乙级防火门。

2.11.21　住宅建筑的防火构造设计要求有哪些？

答：住宅建筑与其他功能合建时，住宅部分与非住宅部分之间应采用耐火极限不低于2.00h且无门、窗、洞口的防火隔墙和1.50h的不燃性楼板完全分隔；当为高层建筑时，应采用无门、窗、洞口的防火墙和耐火极限不低于2.00h的不燃性楼板完全分隔。

住宅建筑外墙上下层开口之间应设置高度不小于1.2m的实体墙或挑出宽度不小于1.0m、长度不小于开口宽度的防火挑檐，当设有自动喷水灭火系统时上下层开口之间的实体墙高度不应小于0.8m。

住宅建筑外墙相邻户开口之间的墙体宽度不应小于1.0m；小于1.0m时，应在开口之间设置突出外墙不小于0.6m的隔板。

住宅建筑疏散楼梯靠外墙设置时，楼梯间、前室及合用前室外墙上的窗口与两侧门、窗、洞口最近边缘的水平距离不应小于1.0m。

高层住宅建筑直通室外的安全出口上方应设置挑出宽度不小于1.0m的防护挑檐。

2.11.22　住宅建筑中竖井的设置有哪些要求？

答：电梯井应独立设置，井内严禁敷设可燃气体和甲、乙、丙类液体管道，不应敷设与电梯无关的电缆、电线等。电梯井的井壁除设置电梯门、安全逃生门和通气孔洞外，不应设置其他开口。

电缆井、管道井、排烟道、排气道等竖向井道，应分别独立设置。电缆井、管道井应在每层楼板处采用不低于楼板耐火极限的不燃材料或防火封堵材料封堵，井壁的耐火极限不应低于1.00h，井壁上的检查门应采用丙级防火门。建筑内的垃圾道宜靠外墙设置，垃圾道的排气口应直接开向室外，垃圾斗应采用不燃材料制作，并应能自行关闭。

2.11.23　住宅建筑内需设置哪些消防设施？

答：设置室内消火栓系统：建筑高度大于21m的住宅建筑应设置室内消火栓系统。对于建筑高度不大于27m的住宅建筑，确有困难时可只设置干式消防竖管和不带消火栓箱的DN65的室内消火栓。

设置自动喷水灭火系统：建筑高度大于100m的住宅建筑需设置自动灭火系统并宜采用自动喷水灭火系统。

设置火灾自动报警系统：建筑高度大于（不大于）54m的高层住宅建筑，其公共部位应（宜）设置火灾自动报警系统。当需联动控制消防设施时，其公共部位应设置火灾自动报警系统。

设置消防电梯：建筑高度大于33m的住宅建筑。

设置疏散照明：建筑高度大于27m的住宅建筑封闭楼梯间、防烟楼梯间及其前室或合用前室、疏散走道等为人员安全疏散必须经过的重要部位或场所。同时，建筑高度大于54m的住宅建筑还应在疏散走道、安全出口等区域设置灯光疏散指示标志。

2.11.24　住宅建筑公共区域及室内装修材料燃烧性能等级要求有哪些？

答：对住宅建筑的无自然采光楼梯间、封闭楼梯间、防烟楼梯间的顶棚、墙面和地面均应采用A级材料。水平疏散通道和安全出口门厅其顶棚装饰材料应采用A级，其他部位应用不低于B_1级的装修材料。

住宅建筑内的烟道和风道因上下贯通不应随意改动，同时厨房的明火操作空间，卫生间顶棚的浴霸等取暖设施，是建筑内需重点防火的部位。厨房顶棚、墙面、地面均应采用

A 级装修材料；照明灯具当靠近非 A 级装修材料时应采取隔热、散热等防火保护措施，灯饰所用材料的燃烧性能等级不应低于 B₁ 级。

2.11.25　住宅建筑外墙外保温材料燃烧性能等级设置要求有哪些？

答：建筑高度 $h \leqslant 27\text{m}$ 时，保温材料的燃烧性能不应低于 B₂ 级。

建筑高度 $27 < h \leqslant 100\text{m}$ 时，保温材料的燃烧性能不应低于 B₁ 级。建筑高度 $h > 100\text{m}$ 时，保温材料的燃烧性能应为 A 级。

2.11.26　住宅内燃气管道防火设计要点有哪些？

答：室内燃气管道宜选用钢管、铜管、不锈钢管、铝塑复合管和连接用软管。

楼栋调压装置设置在地上单独调压箱（悬挂式）内时，燃气进口压力不应大于 0.4MPa，设置在地上单独调压柜（落地式）内时，燃气进口压力不宜大于 1.6MPa。

燃气立管不得敷设在卧室或卫生间内，立管穿过通风不良的吊顶时应设在套管内。燃气引入管不得敷设在卧室、卫生间、易燃易爆品的仓库、有腐蚀性介质的房间、发电间、配电间、垃圾道等地方，宜设在厨房、外走廊、与厨房相连的阳台等便于检修的非居住房间内。

室内燃气管道应在燃气引入管、调压器前和燃气表前、燃气用具前、测压计前、放散管起点等部位设置阀门，且宜采用球阀。

2.11.27　住宅厨房燃气灶防火要点有哪些？

答：灶前的燃气压力应在 $0.75 \sim 1.5 P_n$（P_n 为燃具的额定压力）。燃气灶应安装在有自然通风和自然采光的厨房内，利用卧室的套间或利用与卧室连接的走廊作厨房时，厨房应设门并与卧室隔开。

安装燃气灶的房间净高不宜低于 2.2m，燃气灶与墙面的净距不得小于 10cm，当墙面为可燃或难燃材料时，应加防火隔热板。

放置燃气灶的灶台应采用不燃烧材料，当采用难燃烧材料时，应加防火隔热板。

厨房为地上暗厨房（无直通室外的门或窗）时应选用带有自动熄火保护装置的燃气灶，并应设置燃气浓度检测报警器、自动切断阀和机械通风设施，燃气浓度检测报警器应与自动切断阀和机械通风设施连锁。

2.11.28　高层住宅楼居民应掌握哪些防火事项？

答：遵守电器安全使用规定，不得超负荷用电，严禁安装不合规格的保险丝、片；遵守燃气安全使用规定，经常检查灶具，严禁擅自拆、改、装燃气设施和用具；不得在阳台上堆放易燃物品和燃放烟花爆竹；不得将带有火种的杂物倒入垃圾道，严禁在垃圾道口烧垃圾；进行室内装修时，必须严格执行有关防火安全规定；室内不得存放超过 0.5kg 的汽油、酒精、香蕉水等易燃物品；不得卧床吸烟；楼梯、走道和安全出口等部位应当保护畅通无阻，不得擅自封闭，不得堆放物品、存放自行车；消防设施、器材不得挪作他用，严防损坏、丢失；教育儿童不要玩火；学习消防常识，掌握简易的灭火方法，发生火灾及时报警，积极扑救；发现他人违章用火用电或有损坏消防设施、器材的行为，要及时劝阻、制止，并向街道办事处或居民委员会报告。

2.11.29　物业服务企业对住宅物业管理区域管理要点有哪些？

答：防火巡查内容：安全出口、疏散通道、消防车道是否畅通，消防车作业场地是否被占用，安全疏散指示标志、应急照明是否完好；常闭式防火门是否处于关闭状态，防火卷帘下是否堆放物品；消防设施、器材是否在位、完整有效，消防安全标志是否完好清晰；用火、用电、用油、用气有无故障，有无违章情况；消防安全重点部位的人员在岗情况；装饰装修等施工现场消防安全情况；其他消防安全情况。

防火检查内容：消防安全制度、操作规程及临时管理规约、管理规约的执行和落实情况；物业使用性质有无违法改变情况；用火、用电、用油、用气有无故障，有无违章情况；消防安全重点部位管理情况；安全出口、疏散通道和消防车道是否畅通；消防设施、器材和消防水源是否完好；消防控制室值班人员值班情况和持证上岗情况；灭火和应急疏散预案的制定与演练情况；员工消防知识掌握情况；防火巡查、火灾隐患整改及防范措施落实情况；其他消防安全情况。

第三章 工 业 建 筑

第一节 工业建筑综合类

3.1.1 工业建筑火灾的危险性如何分类?

答: 工业建筑火灾的危险性分类根据生产和储存物质的不同, 分为甲、乙、丙、丁、戊共 5 类。

3.1.2 常见的各类火灾危险性物质有哪些?

答: 见表 3-1。

各类火灾危险性物质 表 3-1

序号	火灾危险性类别		常见物质
1	甲	液体	汽油、酒精
		气体	乙炔、氢气、石油气、甲烷
		固体	硝化棉、金属钠、钾、锂、黄磷、电石等
2	乙	液体	煤油、松节油、樟脑油
		气体	氧气、煤气、一氧化碳、氨气
		固体	镁粉、铝粉、面粉、煤粉、樟脑、松香
3	丙	液体	焦油、植物油
		固体 (最常见)	煤块、竹木、纸张、烟草、棉麻、谷物、泡沫塑料
4	丁	金属和不燃烧物质热加工,酚醛泡沫塑料、难燃物质常温加工	
5	戊	不燃物质常温加工	

3.1.3 厂房内部有不同火灾危险性生产时, 火灾危险性类别如何确定?

答: 同一座厂房或厂房的任一防火分区内有不同火灾危险性生产时, 厂房或防火分区内的生产火灾危险性类别应按火灾危险性较大的部分确定; 当生产过程中使用或产生易燃、可燃物的量较少, 不足以构成爆炸或火灾危险时, 可按实际情况确定; 当符合下述条件之一时, 可按火灾危险性较小的部分确定:

火灾危险性较大的生产部分占本层或本防火分区建筑面积的比例小于 5% 或丁、戊类厂房内的油漆工段小于 10%, 且发生火灾事故时不足以蔓延至其他部位或火灾危险性较大的生产部分采取了有效的防火措施;

丁、戊类厂房内的油漆工段, 当采用封闭喷漆工艺, 封闭喷漆空间内保持负压、油漆工段设置可燃气体探测报警系统或自动抑爆系统, 且油漆工段占所在防火分区建筑面积的比例不大于 20%。

3.1.4 仓库或仓库的任一防火分区内储存不同火灾危险性类别的物品时, 火灾危险性类别如何确定?

答: 同一座仓库或仓库的任一防火分区内储存不同火灾危险性物品时, 仓库或防火分区的火灾危险性应按火灾危险性最大的物品确定。

丁、戊类储存物品仓库当可燃包装重量大于物品本身重量1/4或可燃包装体积大于物品本身体积的1/2时，应按丙类确定。

3.1.5　工业建筑中防火墙的耐火极限如何确定？

答：通常工业建筑中防火墙的耐火极限均为3.00h，但由于甲、乙类厂房和甲、乙、丙类仓库一旦着火，其燃烧时间较长和（或）燃烧过程中释放的热量巨大，因此，对此类建筑提高防火墙的耐火极限，其耐火极限不应低于4.00h。

3.1.6　金属板在工业建筑中的设置有哪些要求？

答：单层金属板耐火极限较低，只能达到15min，即0.25h，但是由于投资较省、施工期限短的特点，工程应用较多。因此除了甲、乙类仓库和高层仓库等火灾危险性类别较高和扑救较难的建筑外，金属板可用于一、二级耐火极限的建筑的非承重外墙。

3.1.7　纺织厂、造纸厂、卷烟联合厂房等特殊的工业建筑防火分区如何确定？

答：纺织厂、造纸厂、卷烟联合厂房的火灾危险性类别为丙类，但是由于生产的需要，沿用原有的防火分区划分将造成使用的不便。特此，规范对此类建筑做出了相应的特殊规定。见表3-2。

纺织厂、造纸厂、卷烟联合厂房防火分区面积　　　　　　　　　表3-2

厂房类型	耐火等级、建筑层数及类型		防火分区的建筑面积（m²）	建筑防火构造	备　注
纺织厂房	一级	多层纺织厂房	9000（18000）	原棉开包、清花车间与厂房内其他部位之间均应采用耐火极限不低于2.50h的防火隔墙分隔，门、窗、洞口设置甲级防火门、窗	括号内数字为设置自动灭火系统时，允许建筑面积可以增加1.0倍
	二级	单层纺织厂房	12000（24000）		
		多层纺织厂房	6000（12000）		
造纸生产联合厂房	一级	单层造纸生产联合厂房	不限		括号内数字为设置自动灭火系统时，允许建筑面积可以增加1.0倍
		多层造纸生产联合厂房	15000（30000）		
	二级	单层造纸生产联合厂房	20000（40000）		括号内数字为设置自动灭火系统时，允许建筑面积可以增加1.0倍
		多层造纸生产联合厂房	10000（20000）	纸机烘缸罩内设置自动灭火系统，完成工段设置有效灭火设施保护	
	一、二级	湿式造纸联合厂房	按工艺要求确定		

续表

厂房类型	耐火等级、建筑层数及类型	防火分区的建筑面积（m²）	建筑防火构造	备　　注
烟草建筑	一、二级	卷烟生产联合厂房	其中制丝、储丝和卷接包车间可划分为一个防火分区，且每个防火分区的最大允许建筑面积可按工艺要求确定	原料、备料及成组配方、制丝、储丝和卷接包、辅料周转、成品暂存、二氧化碳膨胀烟丝等生产用房应划分独立的防火分隔单元，当工艺条件许可时，应采用防火墙进行分隔。制丝、储丝及卷接包车间之间应采用耐火极限不低于 2.00h 的防火隔墙和 1.00h 的楼板进行分隔。厂房内各水平和竖向防火分区之间的开口应采取防止火灾蔓延的措施	

3.1.8　厂房内设置中间仓库时，应符合哪些要求？

答：甲、乙类中间仓库应靠外墙布置，其储量不宜超过 1 昼夜的需要量。

甲、乙、丙类中间仓库应采用防火墙和耐火极限不低于 1.50h 的不燃性楼板与其他部位分隔。

设置丁、戊类中间仓库时，应采用耐火极限不低于 2.00h 的防火隔墙和耐火极限不低于 1.00h 的楼板与其他部位分隔。

3.1.9　物流建筑的防火设计有哪些要求？

答：当建筑功能以分拣、加工等作业为主时，应按有关厂房的规定确定，其中仓储部分应按中间仓库确定。

当建筑功能以仓储为主或建筑难以区分主要功能时，应按有关仓库的规定确定，但当分拣等作业区采用防火墙与储存区完全分隔时，作业区和储存区的防火要求可分别按有关厂房和仓库的规定确定。

3.1.10　厂房的防爆泄压基本要求有哪些？

答：有爆炸危险的甲、乙类厂房宜独立设置，并宜采用敞开或半敞开式。其承重结构宜采用钢筋混凝土或钢框架、排架结构。

有爆炸危险的厂房或厂房内有爆炸危险的部位应设置泄压设施。

泄压设施宜采用轻质屋面板、轻质墙体和易于泄压的门、窗等，应采用安全玻璃等在爆炸时不产生尖锐碎片的材料。

泄压设施的设置应避开人员密集场所和主要交通道路，并宜靠近有爆炸危险的部位。

作为泄压设施的轻质屋面板和墙体的质量不宜大于 60kg/m²。

屋顶上的泄压设施应采取防冰雪积聚措施。

3.1.11　厂房设置一个安全出口时，有哪些限制条件？

答：厂房内每个防火分区或一个防火分区内的每个楼层，其安全出口的数量应经计算确定，且不应少于 2 个；当符合表 3-3 时，可设置 1 个安全出口。

厂房设置 1 个安全出口的条件 表 3-3

火灾危险性类别 或楼层	每层最大建筑面积 （m²）	同一时间的最多作业人数 （人）	备　　注
甲	100	5	每层建筑面积和同一时间的作业人数需同时满足
乙	150	10	
丙	250	20	
丁、戊	400	30	
地下或半地下厂房	50	15	

地下或半地下厂房（包括地下或半地下室），当有多个防火分区相邻布置，并采用防火墙分隔时，每个防火分区可利用防火墙上通向相邻防火分区的甲级防火门作为第二安全出口，但每个防火分区必须至少有 1 个直通室外的独立安全出口。

3.1.12　厂房的疏散距离设置有哪些要求？

答：厂房内任一点至最近安全出口的直线距离应符合表 3-4 的规定。

厂房内任一点至最近安全出口的直线距离（m） 表 3-4

生产的火灾危 险性类别	耐火等级	单层厂房	多层厂房	高层厂房	地下或半地下厂房（包括 地下或半地下室）
甲	一、二级	30	25	—	—
乙	一、二级	75	50	30	—
丙	一、二级	80	60	40	30
	三级	60	40	—	
丁	一、二级	不限	不限	50	45
	三级	60	50	—	
	四级	50	—	—	
戊	一、二级	不限	不限	75	60
	三级	100	75	—	
	四级	60	—	—	

3.1.13　厂房内的疏散楼梯、走道、门的各自净宽度如何确定？

答：厂房内疏散楼梯、走道、门的各自总净宽度，应根据疏散人数按每 100 人的最小疏散净宽度不小于表 3-5 的规定计算确定。并同时满足下列条件：

疏散楼梯的最小净宽度不宜小于 1.10m，当每层疏散人数不相等时，疏散楼梯的总净宽度应分层计算，下层楼梯总净宽度应按该层及以上疏散人数最多一层的疏散人数计算。

疏散走道的最小净宽度不宜小于 1.40m；门的最小净宽度不宜小于 0.90m；首层外门的总净宽度应按该层及以上疏散人数最多一层的疏散人数计算，且该门的最小净宽度不应小于 1.20m。

厂房内疏散楼梯、走道和门的每 100 人最小疏散净宽度（m/百人） 表 3-5

厂房层数（层）	1～2	3	≥4
最小疏散净宽度（m/百人）	0.60	0.80	1.00

3.1.14 厂房的疏散楼梯形式如何确定？

答：高层厂房和甲、乙、丙类多层厂房的疏散楼梯应采用封闭楼梯间或室外楼梯。

建筑高度大于 32m 且任一层人数超过 10 人的厂房，应采用防烟楼梯间或室外楼梯。

3.1.15 厂房、库房防火设计的要点有哪些？

答：厂房、库房的火灾危险性和规模不同，其防火设计的要求也不同，但在设计中应主要考虑下列问题：

根据建筑用途、性质，生产中使用或产生的物质性质及其数量等因素，储存物品的性质和储存物品中可燃物数量等因素，确定生产、储存的火灾危险性。

合理选址，设置保证消防安全的防火间距，设置保证灭火救援的消防车道、救援场地、救援入口等。

确定耐火等级、层数和面积。

确保人员的安全疏散。

爆炸危险厂（库）房的防爆设计。

电气防火及火灾自动报警设计。

设置消火栓系统、自动灭火系统、建筑灭火器等。

3.1.16 工业建筑的消防救援窗设置有哪些要求？

答：厂房、仓库的外墙应在每层的适当位置设置可供消防救援人员进入的窗口。

供消防救援人员进入的窗口的净高度和净宽度均不应小于 1.0m，下沿距室内地面不宜大于 1.2m，间距不宜大于 20m 且每个防火分区不应少于 2 个，设置位置应与消防车登高操作场地相对应。窗口的玻璃应易于破碎，并应设置可在室外易于识别的明显标志。

洁净厂房的洁净室（区）外墙应设可供消防人员通往厂房洁净室（区）的门窗，其门窗洞口间距大于 80m 时，应在该段外墙的适当部位设置专用消防口。专用消防口的宽度应不小于 750mm，高度应不小于 1800mm，并应有明显标志。楼层的专用消防口应设置阳台，并从二层开始向上层架设钢梯。

洁净厂房外墙上的吊门、电控自动门以及装有栅栏的窗，均不应作为火灾发生时提供消防人员进入厂房的入口。

3.1.17 工业建筑中管线敷设应符合哪些防火要求？

答：地下埋入铺设：埋入地下的可燃气体管道，一旦外界或自身的作用而破坏时，可燃气体就会通过上层向外扩散，十分危险。为防止埋入地下的管线破裂，除选用优质材料外，还应切实注意管线的防冻与防压。

管沟铺设：为防止易燃、可燃液体管道或可燃气体管道渗漏后遇高温热力管线或电缆事故可能出现的电火花或电弧，引起燃烧爆炸事故，以下几种管线不得铺设在同一管沟内：第一，热力管道与易燃液体、可燃液体或冷冻管道；第二，易燃、可燃液体管道与强、弱电电缆；第三，氧气管道与易燃、可燃液体管道或有毒液体管道；第四，乙炔管道与氧气管道或电缆；第五，煤气管道与电力电缆。同时，可在易燃液体管道内，管底上每隔一定距离设一高坎；地下沟道穿过防火墙处应设置阻火分隔设施。

架空铺设：可燃、易燃液体或可燃气体管道架空铺设时，应尽量避免管道与道路交叉；跨越铁路和道路时，应保持一定的净高；任何工艺管线都不要穿过与它没有生产联系的设备或建、构筑物；需在建、构筑物一侧铺设时，宜与建、构筑物保持适当距离。

第二节 发 电 厂

3.2.1 燃煤发电厂厂区的重点防火区域及各区域内的主要建（构）筑物有哪些?

答：重点防火区：主厂房区、配电装置区、点火油罐区、贮煤场区、供氢站区、供氧罐区、消防水泵房、材料库区。

主厂房区的主要建（构）筑物：主厂房、除尘器、吸风机室、烟囱、靠近汽机房的各类油浸变压器及脱硫建筑物（干法）。

配电装置区的主要建（构）筑物：配电装置的带油电气设备、网络控制楼或继电器室。

点火油罐区的主要建（构）筑物：卸油铁路、栈台或卸油码头、供卸油泵房、贮油罐、含油污水处理站。

贮煤场区的主要建（构）筑物：贮煤场、转运站、卸煤装置、运煤隧道、运煤栈桥、筒仓。

供氢站区的主要建（构）筑物：供氢站、贮氢罐。

供氧罐区的主要建（构）筑物：贮氧罐。

消防水泵房区的主要建（构）筑物：消防水泵房、蓄水池。

材料库区的主要建（构）筑物：一般材料库、特殊材料库、材料棚库。

3.2.2 燃煤发电厂厂区消防车道及消防车库设计有哪些要求?

答：主厂房区、点火油罐区及贮煤场区周围应设置环形消防车道，其他重点防火区域周围宜设置消防车道。消防车道可利用交通道路。当山区燃煤电厂的主厂房区、点火油罐区及贮煤场区周围设置环形消防车道有困难时，可沿长边设置尽端式消防车道，并应设回车道或回车场。回车场的面积不应小于 12m×12m；供大型消防车使用时，不应小于 15m×15m。

消防车道的宽度不应小于 4.0m。道路上空遇有管架、栈桥等障碍物时，其净高不应小于 4.0m。

厂区的出入口不应少于 2 个，其位置应便于消防车出入。

消防车库宜单独布置；当与汽车库毗邻布置时，消防车库的出入口与汽车库的出入口应分设。消防车库的出入口的布置应使消防车驶出时不与主要车流、人流交叉，并便于进入厂区主要干道；消防车库的出入口距道路边沿线不宜小于 10m。

3.2.3 燃煤发电厂点火油罐区围墙设计有哪些防火要求?

答：点火油罐应单独布置；点火油罐区四周，应设置 1.8m 高的围栅；当利用厂区围墙作为点火油罐区的围墙时，该段厂区围墙应为 2.5m 高的实体围墙。

3.2.4 燃煤发电厂主厂房的安全疏散有哪些要求?

答：主厂房各车间（汽机房、除氧间、煤仓间、锅炉房、集中控制楼）的安全出口均不应少于 2 个，上述安全出口可利用通向相邻车间的门作为第二安全出口，但每个车间地面层至少必须有 1 个直通室外的出口。主厂房内最远工作地点到外部出口或楼梯的距离不应超过 50m。

主厂房的疏散楼梯可为敞开式楼梯间；至少应有 1 个楼梯通至各层和屋面且能直接通向室外。集中控制楼至少应设置 1 个通至各层的封闭楼梯间。

主厂房室外疏散楼梯的净宽不应小于 0.8m，楼梯坡度不应大于 45°，楼梯栏杆高度不应低于 1.1m。主厂房室内疏散楼梯净宽不宜小于 1.1m，疏散走道的净宽不宜小于 1.4m，疏散门的净宽不宜小于 0.9m。

集中控制楼内控制室的疏散出口不应少于 2 个，当建筑面积小于 60m² 时可设 1 个。

主厂房的带式输送机层应设置通向汽机房、除氧间屋面或锅炉平台的疏散出口。

第三节 洁 净 厂 房

3.3.1 什么是洁净厂房？

答：洁净厂房是以具有洁净室和洁净区作为重要标志的生产厂房。洁净室是指空气悬浮粒子浓度受控的房间；洁净区是指空气悬浮粒子浓度受控的限定空间。

3.3.2 洁净室按使用性质如何分类？

答：洁净室按使用性质划分有三大类：工业洁净室，如电子工业、机械工业、化工工业等；生物洁净室，如生物制药、医药工业、食品、实验动物房、洁净手术室等；生物安全实验室，如研究高危害性、传染性、病菌病毒等微生物的洁净室等。

3.3.3 洁净厂房火灾危险性有哪些特点？

答：洁净厂房火灾危险性有以下特点：

火灾危险源多，火灾发生概率高。洁净厂房生产流程使用的原材料品种多、性质复杂，无法单纯依靠建筑构造或建筑布局加以防范。

洁净区域大，防火分隔困难。

室内迂回曲折，人员疏散路线复杂。

洁净区密闭，排烟扑救困难。

火灾发生隐蔽，早期发现困难。

特殊生产工艺火灾危险性高。主要指使用有机溶剂、易燃助燃生产介质的洁净区。

3.3.4 洁净厂房建筑材料的使用有哪些特殊要求？

答：洁净厂房建筑耐火极限不应低于二级。

洁净室隔墙和顶棚应为不燃烧体，且不得采用有机复合材料，顶棚的耐火极限不应低于 0.4h，疏散走道的顶棚耐火极限不应低于 1.00h，房间隔墙的耐火极限不应低于 1.00h。

洁净厂房地面材料除满足洁净要求外，甲乙类厂房还要达到 A 级材料，满足不发火、防静电的要求；丙、丁类厂房应采用不低于 B₂ 级材料。

3.3.5 洁净厂房安全疏散有哪些特殊要求？

答：由于洁净厂房的洁净度要求，安全疏散路线复杂，疏散通道尽量利用工艺、人、物流通道，内外部通道尽量环通，达到多向疏散的目的，避免袋形走道，同时利于消防扑救。

3.3.6 洁净厂房总平面布置有哪些要求？

答：洁净厂房与交通干道之间的距离宜大于 50m，周围宜设置环形消防车道（可利用交通道路），如有困难，可沿厂房的两个长边设置消防车道，洁净厂房周围应进行绿化。可铺植草坪，不应种植对生产有害的植物，并不得妨碍消防作业。

3.3.7 洁净厂房防火分区设置有哪些要求？

答：甲、乙类生产的洁净厂房宜为单层，其防火分区最大允许建筑面积，单层厂房宜为 3000m²，多层厂房宜为 2000m²。

3.3.8　洁净厂房各部位耐火极限有哪些要求？

答：洁净厂房的耐火等级不应低于二级。洁净室的顶棚和壁板（包括夹芯材料）应为不燃烧体，且不得采用有机复合材料。顶棚的耐火极限不应低于 0.4h；疏散走道顶棚的耐火极限不应低于 1.00h。

在一个防火分区内的综合性厂房，其洁净生产与一般生产区域之间应设置不燃烧体隔断措施。隔墙及其相应顶棚的耐火极限不应低于 1.00h，隔墙上的门窗耐火极限不应低于 0.6h。穿隔墙或顶棚的管线周围空隙应采用防火或耐火材料紧密填堵。

技术竖井井壁应为不燃烧体，其耐火极限不应低于 1.00h。井壁上检查门的耐火极限不应低于 0.6h；竖井内在各层或间隔一层楼板处，应采用相当于楼板耐火极限的不燃烧体作水平防火分隔；穿过水平防火分隔的管线周围空隙，应采用防火或耐火材料紧密填堵。

3.3.9　洁净厂房设置 1 个安全出口的条件有哪些要求？

答：安全出口应当分散布置，从生产地点至安全出口不应经过曲折的人员净化路线，并应设有明显的疏散标志，洁净厂房每一生产层、每一防火分区或每一洁净区的安全出口数量不应少于 2 个，但符合下列要求的可设 1 个：

甲、乙类生产厂房每层的洁净区总建筑面积不超过 50m²，且同一时间内的生产人数不超过 5 人。

第四节　烟草厂房和仓库

3.4.1　什么是烟草建筑？

答：烟草建筑是烟草行业用于生产、储存的厂房、仓库、打叶复烤联合工房、卷烟生产联合工房、卷烟物流配送联合工房及烟叶露天堆场等建筑。其中卷烟生产联合工房主要由制丝车间，卷接包车间，原料、辅料及成品周转库等辅助工段构成，此外还包括有空调机房、变配电所、除尘房等公用设备配套用房。

3.4.2　如何确定烟草生产厂房火灾危险性？

答：烟草生产厂房主要使用和生产物质属于丙类。由于生产工艺的需要，局部需要使用到酒精、化学品等甲、乙类物质，对于此类火灾危险性较大的生产部分应满足《建筑设计防火规范》相关规定，并且应采取有效的防火防爆分隔措施。

3.4.3　烟草建筑耐火等级有哪些规定？

答：烟草建筑的耐火等级不应低于二级，烟草仓库防火墙的耐火极限应按厂房和仓库建筑构件的耐火极限提高 1.00h，单层厂房（仓库）的柱，其耐火极限可降低 0.50h。

二级耐火等级的多层烟草生产厂房和多层烟草仓库中的楼板，当采用预应力和预制钢筋混凝土楼板时，其耐火极限不应低于 0.75h；烟草生产厂房（仓库）的上人平屋顶，其屋面板的耐火极限不应低于 1.50h 和 1.00h。

一级耐火等级的单层、多层烟草生产厂房（仓库）中采用自动喷水灭火系统进行全保护时，其屋顶承重构件的耐火极限不应低于 1.00h。

二级耐火等级的烟草生产厂房屋顶承重构件可采用无保护层的金属构件，其中能受到甲、乙、丙类液体火焰影响的部位应采取防火隔热保护措施。

3.4.4　烟草生产联合厂房防火分区如何划分？

答： 烟草生产联合厂房内的原料、备料及成组配方、贮叶、制丝、储丝和卷接包、辅料周转、成品暂存、二氧化碳膨胀烟丝等生产用房应划分独立的防火分隔单元，当工艺条件许可时，应采用防火墙进行分隔。

一个防火分区内各工段（车间）之间需要设置隔墙分隔时，应采用耐火极限不低于0.75h的不燃烧体隔墙和不低于1.00h楼板与其他房间隔开；如隔墙上需开设相互连通的门、窗时，应采用乙级防火门、窗。其中制丝、储丝和卷接包车间可划分为一个防火分区，且每个防火分区的最大允许建筑面积可按工艺要求确定。但制丝、贮叶、储丝及卷接包车间之间应采用耐火极限不低于2.00h的墙体和1.00h的楼板进行分隔。打叶复烤生产工房内的烟叶分选、备料及配方贮叶、打叶复烤、预压打包等生产用房可划分为一个防火分区，防火分区的最大允许建筑面积可按工艺设计要求确定。

3.4.5　烟草生产厂房内设置辅助用房时，应采取哪些防火分隔措施？

答： 烟草生产厂房内设置丙类辅助仓库时，必须采用防火墙和耐火极限不低于1.50h的楼板与厂房隔开；设置丁、戊类辅助仓库时，必须采用耐火极限不低于2.50h的不燃烧体隔墙和不低于1.00h的楼板与厂房隔开。

除尘间应采用防火墙和耐火极限不低于1.50h的楼板形成独立防火单元与其他房间隔开。如墙上需开设相互连通的门时，应采用甲级防火门。除尘间应设置机械排风装置，出、入口处宜设置室内消火栓。

烟草生产厂房内设置车间管理、办公休息等生产辅助用房时，应采用耐火极限不低于2.50h的不燃烧体隔墙和不低于1.00h的楼板与厂房隔开，并应至少设置1个独立的安全出口。如隔墙上需开设相互连通的门、窗时，应采用乙级防火门、窗。

3.4.6　烟草生产厂房层数及建筑高度是如何确定的？

答： 单层烟草生产厂房内设置多层辅助用房时，如辅助用房面积不超过厂房总建筑面积的20%时，其消防设计可按单层设计；超过20%时，按单层厂房与多层辅助用房分别设计。

符合下列条件的烟草建筑可按多层设计：

对长方形烟草建筑，当建筑物周边长度的1/3范围内的建筑高度不超过24m，且该范围内满足消防扑救操作要求的。

对正方形及其他形状的烟草建筑，当建筑物周边长度的1/2范围内的建筑高度不超过24m，并满足消防扑救操作要求的。

3.4.7　烟草生产厂房安全疏散距离有哪些要求？

答： 单层烟草生产厂房内任一点到最近安全出口的距离为80m，多层厂房为60m。当烟草生产厂房的多层部分不超过厂房总建筑面的20%时，其一层可以直接对外部分的疏散距离可以为80m，需要通过楼梯疏散的部分疏散距离应为60m。

3.4.8　烟草生产厂房内设置避难通道时，应符合哪些要求？

答： 避难疏散通道的净宽不应小于3.0m，并可计入厂房疏散总宽度，净高不应低于3.0m。

开向避难疏散通道的门应设置为甲级防火门，且应设置防烟前室，前室面积不应小于6m²，并设置安全出口标志，防火门开启后不应影响避难疏散通道内的人员疏散。

避难疏散通道两侧的防火门不应对开。

避难疏散通道两侧应为防火墙，顶板应为不燃烧体，其耐火极限不应低于 1.50h。

避难疏散通道的装修应全部采用 A 级装修材料。

甲、乙、丙类液体和可燃气体管道不应敷设在避难疏散通道内或穿越避难疏散通道。

前室应设置机械加压送风防烟设施。

避难疏散通道内应设置消防广播、消防疏散指示标志和消防应急照明。

3.4.9 什么是烟草立体自动化仓库？

答：烟草立体自动化仓库主要由高层货架、堆垛起重机、输送系统、自动化控制系统、计算机仓库管理系统组成，对货物的出入、存储实现全面自动化保管。

3.4.10 烟草高架仓库有哪些火灾特点？

答：烟草高架仓库储存卷烟、纸箱，属仓库丙类火灾危险等级，其火灾类型主要有：固体火灾与照明、作业机械的电气火灾；烟草中的挥发性芳香油、烟草树脂、盐类元素等，这些物质增加了烟草阴燃的危险性。

烟草高架仓库储存方式为多层货架堆放，建筑高度通常超过 20m，建筑面积也常常超 10000m²，火灾载荷大；一旦发生火灾，火势发展快，上下左右蔓延，在短时间内形成立体的大面积火灾；烟草高架仓库的火灾，使消防队员进入火场勘测和组织灭火救援较困难，同时钢结构厂房长时间经受火灾高温烘烤，会坍塌倾覆，人员深入火场扑救具有危险性，常规室内消火栓系统消防水枪喷射不到 20m 的高度，需采用登高消防车、云梯消防车等装备，且由于高架仓库火场内顶棚、侧墙的阻碍，寻找、喷射覆盖着火点也较困难。

3.4.11 露天烟叶堆场与道路、建筑的合理间距是多少？

答：场区总平面布置遵守安全、卫生及相关规范的规定，满足卫生及防火间距要求。

场区内周围均有消防车道，人流物流分开，保证消防车道畅通无阻，消防车道宽度为 8m，转弯半径控制在 12m 内；

堆场与场外道路路边间距大于 15m，与场内主要道路路边间距大于 10m，与场内次要道路路边间距大于 5m；

与多层建筑物防火间距控制在 20m，与高层工业建筑的防火间距不小于 25m，露天堆烟场按总储量 20000t 内设置防火分区，每个防火分区间隔不小于 40m。

3.4.12 烟草仓库的防火分区和占地面积如何确定？

答：见表 3-6。

仓库的防火分区和占地面积 表 3-6

储存物品的火灾危险性类别		仓库的耐火等级	最多允许层数	每座仓库的最大允许占地面积和每个防火分区的最大允许建筑面积（m²）						
				单层仓库		多层仓库		高层仓库		地下或半地下仓库（包括地下或半地下室）
				每座仓库	防火分区	每座仓库	防火分区	每座仓库	防火分区	防火分区
丙	1 项	一、二级 三级	5 1	4000 1200	1000 400	2800 —	700 —	—	—	150 —
	2 项	一、二级 三级	不限 3	6000 2100	1500 700	4800 1200	1200 400	4000 —	1000 —	300 —

注：仓库内设置自动灭火系统时，除冷库的防火分区外，每座仓库的最大允许占地面积和每个防火分区的最大允许建筑面积可按本规定增加 1.0 倍。

3.4.13 烟草仓库消防安全构造措施有哪些？

答：防火门的设置应具有自闭功能，双扇防火门应具有按顺序关闭的功能；常开防火门应能在火灾时自行关闭，并应有信号反馈的功能；防火门内外两侧应能手动开启。

钢结构柱须涂刷防火涂料，以达到耐火极限大于 2.5h 的要求；钢结构梁须涂刷防火涂料，以达到耐火极限大于 1.5h 的要求；外墙 1.2m 以上压型钢板外墙涂防火涂料，以达到耐火极限大于 1.0h 的要求；屋顶压型钢板外墙涂刷防火涂料，以达到整体性耐火极限大于 1.0h 的要求。

报警阀间的门为甲级防火门。

3.4.14 烟草仓库防火墙、防火门及防火卷帘的设置有哪些要求？

答：防火墙：防火墙的墙体采用不低于 3.00h 的非燃烧体。开在防火墙上的所有洞口除设备自带防火处理装置外，还需按照防火规范有关条文进行处理，洞口周围与管道缝隙用石棉绳或岩棉紧密填实后粉刷。当管线通长沿墙敷设时应用细石混凝土或 M5 水泥砂浆封堵密实。防火墙内预埋消火栓、配电箱、接线盒等，当箱体穿透墙体时，箱体背面与墙体平，并加一道钢板网水泥砂浆 20 厚抹灰，与墙体粉刷相平。正面箱体与墙面交界处设压条。

防火门：防火墙和疏散通道上疏散用的平开防火门设闭门器，双扇平开防火门安装闭门器和顺序器，常开防火门须安装信号控制关闭和反馈装置。防火墙上必须开设的门洞口，要求设置能自行关闭的甲级防火门。

防火卷帘：安装在建筑的承重构件上，卷帘上部如不到顶，上部空间应用耐火极限与墙体相同的防火材料封闭。

第五节 冷 库

3.5.1 什么是冷库？

答：冷库是指利用降温设施创造适宜的湿度和低温条件的仓库，又称冷藏库，是加工、贮存产品的场所，能摆脱气候的影响，延长各种产品的贮存期限，以调节市场供应。

3.5.2 冷库中氨制冷机房防火设计注意事项有哪些？

答：氨制冷机房屋面应设通风间层及隔热层，机房控制室和操作人员值班室应与机器间隔开，并应设固定密闭观察窗，机器间内的墙裙、地面和设备基座应采用易于清洗的面层、变配电所和氨压缩机房贴邻共用隔墙必须采用防火墙，该墙应只穿过与配电室有关的管道、沟道，穿过部位周围应采用不燃材料严密封堵。机房门应采用平开并向外部开启。氨制冷机房、配电室和控制室之间连通的门均应为乙级防火门。

3.5.3 冷库的火灾危险性有哪些？

答：冷库内聚苯乙烯泡沫保温材料，塑料包装材料，木制栈板等可燃物多；冷库内温度较低，长期造成电缆线塑料外皮变脆而破损，进一步造成线路短路，从而导致空调制冷设备、货物传输设备、照明设备等电气机械故障，极易引起电气火灾。

冷库内空气异常干燥，起火后燃烧迅速。冷库内一旦发生火灾，其内部空间大，货架多，燃烧蔓延迅速，火灾扑救困难。

第六节 粮 食 仓 库

3.6.1 粮食仓库的火灾危险性如何确定?

答:粮食仓库火灾危险性为乙类二项可燃固体。(储存物品的火灾危险性应根据储存物品的性质和储存物品中的可燃物数量等因素决定)

3.6.2 粮食仓库耐火等级如何划分?

答:粮食仓库可按耐火等级分为一、二、三级,粮食仓库的建筑物的耐火等级与构件的耐火极限,是按照建筑构件的燃烧性能和耐火极限小时(h)来划分。

3.6.3 粮食仓库的耐火等级及防火分区的要求有哪些?

答:粮食筒仓的耐火等级不应低于二级;二级耐火等级的粮食筒仓可采用钢板仓;粮食平房仓的耐火等级不应低于三级;二级耐火等级的散装粮食平房仓可采用无防火保护的金属承重构件。

二级耐火等级粮食平房仓的最大允许占地面积不应大于12000m²,每个防火分区的最大允许建筑面积不应大于3000m²;三级耐火等级粮食平房仓的最大允许占地面积不应大于3000m²,每个防火分区的最大允许建筑面积不应大于1000m²。

3.6.4 粮食仓库如何确定防火间距?

答:粮食仓库间防火间距应符合表3-7要求。

粮食筒仓与其他建筑之间及粮食筒仓组与组之间的防火间距(m)　　表3-7

名称	粮食总储量 W(t)	粮食立筒仓			粮食浅圆仓		建筑的耐火等级		
		W≤40000	40000<W ≤50000	W>50000	W≤50000	W>50000	一、二级	三级	四级
粮食立筒仓	500<W ≤10000	15	20	25	20	25	10	15	20
	10000<W ≤40000						15	20	25
	40000<W ≤50000	20							
							20	25	30
	W>50000	25					25	30	—
粮食浅圆仓	W≤50000	20	20	25	20	25	20	25	30
	W>50000	25					25	30	—

注:1. 当粮食立筒仓、粮食浅圆仓与工作塔、接收塔、发放站为一个完整工艺单元的组群时,组内各建筑之间的防火间距不受本表限制。

2. 粮食浅圆仓组内每个独立仓的储量不应大于10000t。

3.6.5 粮食仓库应采取哪些安全措施?

答:库区围墙与库区内建筑之间的间距不宜小于5m,且围墙两侧的建筑之间还应满足相应的防火间距要求。

有粉尘爆炸危险的筒仓,其顶部盖板应设置必要的泄压设施。

粮食筒仓的工作塔、上通廊的泄压面积应按厂房内爆炸性危险物质的类别与泄压比值的规定执行。有粉尘爆炸危险的其他粮食储存设施应采取防爆措施。

3.6.6 粮食筒仓的安全疏散设计有哪些要求?

答：粮食筒仓上层面积小于 1000m²，且该层作业人数不超过 2 人时，可设置 1 个安全出口；仓库、筒仓的室外金属梯，栏杆扶手的高度不应小于 1.1m，楼梯的净宽度不应小于 0.9m；倾斜角度不应大于 45°；楼梯段和平台均应采取不燃材料制作。平台的耐火极限不应低于 1.00h，楼梯段的耐火极限不应低于 0.25h；通向室外楼梯的门宜采用乙级防火门，并应向室外开启；除疏散门外，楼梯周围 2m 内的墙面上不应设置门窗洞口。疏散门不应正对楼梯段；筒仓室外楼梯平台的耐火极限不应低于 0.25h。

3.6.7 粮食仓库有哪些火灾危险性?

答：粮食由于含有大量的糖类、脂肪、纤维素，极易燃烧。

粮食自身和粮食微生物不断进行的呼吸作用导致热量积聚，温度升高，发生自燃。

储存粮食时，由于大量使用垫木、席茨、麻袋等可燃材料，从而增加了粮仓的火灾危险。

粮食仓库布局不合理导致火灾。

用化学方法储存粮食的粮库，由于使用大量易燃易爆的化学危险品进行实验、杀虫，增加了粮仓的火灾危险。

用机械化、半机械化设备装卸粮食时，电气装置使用不慎可能引起火灾。

火种被带入粮仓引发火灾。

3.6.8 粮食仓库有哪些防火措施?

答：正确选择库址，合理布置库区。粮库宜选在靠近城镇的边缘，且位于该地常年主导风向的上风或侧风向。不宜靠近易燃、易爆仓库和工厂的附近。粮库应用围墙同其他区域隔开，围墙上设有一个以上出口。

粮库应根据使用性质的不同而划分为储粮区、烘干区、加工区、器材区、化学药品储存区和办公生活区等，以防火灾时造成"火烧连营"的局面。各区之间必须设置防火间距、消防车道。

库区内不可到处乱放易燃、可燃材料，库房外堆场内不留杂草、垃圾。

库房上空不得架设电线，不得在库区内设置变压器。库区内应设置良好的防雷击设施。

粮食仓库应单独建造，麻袋、木材、油布等应分类，分堆储存。库房与库房之间宜保持 10~14m 的间距，土圆仓之间保持 4m 的间距，席茨囤之间和堆垛之间保持 6m 的间距，库房、堆垛。席茨囤与围墙之间保持 6m 的间距。

露天、半露天堆场与建筑物之间应保持一定的防火间距。

防粮食自燃，随时监测粮仓的温度、湿度，一旦发现升温，立即采用通风散热或翻仓等措施。

库区内不得动用明火和采用碘钨灯、日光灯，严禁一切火种。下班或作业结束后，必须切断仓库内的电源。

烘干粮食时，操作人员要严格按照烘干机的操作规程操作，发现异常现象要及时检修。粮食进入烘干机前，要彻底清除草、纸、木块等易燃物。烘烤温度、烘烤时间应严格控制。使用火炉烘干机烘干粮食时，因燃料主要是煤，要防止过热，停机后需留专人照料，熄灭残火。进入冷却塔的烘干粮食，要严格控制温度，以防积热引起火灾。

库内应设消防水池，有足够的消防用水，并配备合适的消防器材。

第七节　烟花爆竹厂房和库房

3.7.1　烟花爆竹生产厂房和库房的危险等级如何确定？

答：厂房的危险等级应由其中最危险的生产工序确定。库房的危险等级应由其中所储存最危险的物品确定。

3.7.2　烟花爆竹生产厂房和经营批发库房等建筑的危险等级如何分类？

答：危险性建筑物的危险等级，应按规定划分为 1.1、1.3 级：

1.1 级建筑物为建筑物内的危险品在制造、储存、运输中具有整体爆炸危险或有迸射危险，其破坏效应将波及周围。根据破坏能力划分为 1.1^{-1}、1.1^{-2} 级。

1.1^{-1} 级建筑物为建筑物内的危险品发生爆炸事故时，其破坏能力相当于 TNT 的厂房和库房；

1.1^{-2} 级建筑物为建筑物内的危险品发生爆炸事故时，其破坏能力相当于黑火药的厂房和库房。

1.3 级建筑物为建筑物内的危险品在制造、储存、运输中具有燃烧危险，偶尔有较小爆炸或较小迸射危险，或两者兼有，但无整体爆炸危险，其破坏效应局限于本建筑物内，对周围建筑物影响较小。

3.7.3　烟花爆竹生产厂房危险性建筑物计算药量应该怎样确定？

答：危险性建筑物的计算药量应为该建筑物内（含生产设备、运输设备和器具里）所存放的黑火药、烟火药、在制品、半成品、成品等能形成同时爆炸或燃烧的危险品最大药量。

防护屏障内的危险品药量应计入该屏障内的危险性建筑物的计算药量。

危险性建筑物中抗爆间、室的危险品药量可不计入危险性建筑物的计算药量。

危险性建筑物内采取了分隔防护措施，危险品相互间不会引起同时爆炸或燃烧的药量可分别计算，取其最大值为危险性建筑物的计算药量。

3.7.4　烟花爆竹生产厂区和经营批发库房的选址有哪些要求？

答：烟花爆竹生产项目和经营批发库房的选址应符合城乡规划的要求，并避开居民点、学校、工业区、旅游区、铁路和公路运输线、高压输电线等。

3.7.5　烟花爆竹厂房规划应符合哪些要求？

答：根据生产、生活、运输、管理和气象等因素确定各区相互位置。危险品生产区、危险品总库房区宜设在有自然屏障或有利于安全的地带，燃放试验场和销毁场宜单独设在偏僻地带。

非危险品生产区可靠近住宅区布置。

无关人流和货流不应通过危险品生产区和危险品总库房区，危险品货物运输不宜通过住宅区。

当烟花爆竹生产项目建在山区时，应合理利用地形，将危险品生产区、危险品总库房区、燃放试验场或销毁场区布置在有自然屏障的偏僻地带。不应将危险品生产区布置在山坡陡峭的狭窄沟谷中。

3.7.6 燃放试验场和销毁场外部最小允许距离如何确定？

答：燃放试验场和销毁场外部最小允许距离从燃放试验场边缘算起应符合表 3-8规定。

燃放试验场的外部最小允许距离（m）　　　　　　　　　　表 3-8

项　　目	燃放试验场类别				
	地面烟花	升空烟花	≤4 号礼花弹	≥5 号礼花弹 <10 号礼花弹	≥10 号礼花弹
危险品生产区及危险品库房易燃易爆液体库	50	200	300	600	800
居民住宅	30	100	150	300	400

3.7.7 烟花爆竹企业的危险品销毁场边缘距场外建筑物的距离及销毁量如何确定？

答：烟花爆竹企业的危险品销毁场边缘距场外建筑物的外部最小允许距离不应小于65m，一次烧毁药量不应超过 20kg。

3.7.8 烟花爆竹生产区的总平面布置应符合哪些规定？

答：同时生产多个产品类别烟花爆竹的企业，应根据生产工艺特性、产品种类分别建立生产线，并应做到分小区布置。

生产线的厂（库）房的总平面布置应符合工艺流程及生产能力的要求，宜避免危险品的往返和交叉运输。

危险性建筑物之间、危险性建筑物与其他建筑物之间的距离应符合内部最小允许距离的要求。

同一危险等级的厂房和库房宜集中布置；计算药量大或危险性大的厂房和库房，宜布置在危险品生产区的边缘或其他有利于安全的地形处；粉尘污染比较大的厂房应布置在厂区的边缘。

危险品生产厂房宜小型、分散。

危险品生产厂房靠山布置时，距山脚不宜太近。当危险品生产厂房布置在山凹中时，应考虑人员的安全疏散和有害气体的扩散。

3.7.9 烟花爆竹总库房区的总平面布置有哪些要求？

答：应根据库房的危险等级和计算药量结合地形布置。

比较危险或计算药量较大的危险品库房，不宜布置在库区出入口的附近。

危险品运输道路不应在其他防护屏障内穿行通过。

不同类别库房应考虑分区布置，同一危险等级的库房宜集中布置，计算药量大或危险性大的库房宜布置在总库区的边缘或其他有利于安全的地形处。

3.7.10 烟花爆竹生产防护屏障的设置要求有哪些？

答：防护屏障的形式应根据总平面布置、运输方式、地形条件、建筑物内计算药量等因素确定。防护屏障可采用防护土堤、钢筋混凝土防护屏障或夯土防护墙等形式。防护屏障的设置，应能对本建筑物及邻近建筑物起到防护作用。

危险品生产区和危险品总库区防护屏障的设置应符合下列规定：

1. 1 级建筑物应设置防护屏障。

1.1 级建筑物内计算药量小于 100kg 时，可采用夯土防护墙。

1.3 级建筑物可不设置防护屏障。

3.7.11　烟花爆竹生产区内允许最大存药量如何确定？

答：在危险品生产区内，危险品中转库最大存药量不应超过两天生产需要量；临时存药间或临时存药洞的最大存药量不应超过单人半天的生产需要量，且不应超过 10kg。

3.7.12　烟花爆竹库房存药量和建设规模应符合哪些规定？

答：危险品生产区内，1.1 级中转库单库存药量不应超过 500kg，1.3 级中转库单库存药量不应超过 1000kg。

危险品总库房区内，1.1 级成品库房单库存药量不宜超过 10000kg，1.3 级成品库房单库存药量不宜超过 20000kg，烟火药、黑火药、引火线库房单库存药量不宜超过 5000kg。

危险品总库房区内，1.1 级成品库房单栋建筑面积不宜超过 500m²，1.3 级成品库房单栋建筑面积不宜超过 1000m²，每个防火分区面积不超过 500m²，烟火药、黑火药、引火线库房单栋建筑面积不宜超过 100m²。

3.7.13　烟花爆竹库房内危险品的堆放应符合哪些规定？

答：危险品堆垛间应留有检查、清点、装运的通道。堆垛之间的距离不宜小于 0.7m，堆垛距内墙壁距离不宜少于 0.45m；搬运通道的宽度不宜小于 1.5m。

烟火药、黑火药堆垛的高度不应超过 1.0m，半成品与未成箱成品堆垛的高度不应超过 1.5m，成箱成品堆垛的高度不应超过 2.5m。

3.7.14　烟花爆竹企业的危险品运输车辆应符合哪些规定？

答：危险品的运输宜采用符合安全要求并带有防火罩的汽车运输；厂内运输可采用符合安全要求的手推车运输，厂房之间的运输也可采用人工提送的方式。不宜采用三轮车运输，严禁采用畜力车、翻斗车和各种挂车运输。

3.7.15　危险品生产区运输危险品的主干道中心线与各级危险性建筑物的距离应符合哪些规定？

答：距 1.1 级建筑物不宜小于 20m，有防护屏障时可不小于 12m。

距 1.3 级建筑物不宜小于 12m，距实墙面可不小于 6m。

运输裸露危险品的道路中心线距有明火或散发火星的建筑物不应小于 35m。

3.7.16　危险品生产区的办公用室和生活辅助用室的设置有哪些规定？

答：危险品生产区的办公用室和生活辅助用室宜独立设置或布置在非危险性建筑物内。当危险品生产厂房附设办公用室和生活辅助用室时，应符合下列规定：

1.1 级厂房可附设更衣室。

1.3 级厂房除可附设更衣室外，还可附设其他生活辅助用室和车间办公用室，但应布置在厂房较安全的一端，并应采用防火墙与生产工作间隔开。

车间办公用室和生活辅助用室应为单层建筑，其门窗不宜面向相邻厂房危险性工作间的泄爆面。

3.7.17　在烟花爆竹生产区内，当在两个危险性建筑物之间设置临时存药洞时，应符合哪些规定？

答：临时存药洞应镶嵌在天然山体内。存药洞门应离山体前坡脚不小于 800mm。

临时存药洞的净空尺寸宽不大于 800mm，高不大于 1000mm，存药洞净深不大于 600mm，存药洞底宜高出存药洞外人行地面 600mm。

临时存药洞前面宜设置平开木门。

临时存药洞墙体可采用不小于 240mm 的密实砌体或钢筋混凝土墙体。

临时存药洞上部覆土厚度不应小于 500mm，两侧墙顶覆土宽度不应小于 1500mm。

临时存药洞内应用水泥砂浆抹面，四周有土处应采取防水及隔潮措施。存药洞上部应有良好的排水措施。

3.7.18　烟花爆竹生产厂房应采用哪种屋盖？

答：1.1 级、1.3 级厂房屋盖宜采用现浇钢筋混凝土屋盖，并与框架连成整体，也可采用轻质泄压屋盖。当采用钢筋混凝土柱、梁或砌体承重结构时，宜采用轻质泄压屋盖，当采用轻质泄压屋盖（如彩色复合压型钢板等）时，宜采取防止成片或整块屋盖飞出伤人的措施。1.1^{-2} 级黑火药生产厂房宜采用轻质易碎屋盖或轻质泄压屋盖。当 1.3 级厂房屋盖采用现浇钢筋混凝土屋盖时，宜设置能较好泄压的门窗等。

3.7.19　烟花爆竹生产厂房安全出口的设置应符合哪些规定？

答：1.1 级、1.3 级厂房每一危险性工作间的建筑面积大于 18m^2 时，安全出口的数目不应少于 2 个。

1.1 级、1.3 级厂房每一危险性工作间的建筑面积小于 18m^2，且同一时间内的作业人员不超过 3 人时，可设 1 个安全出口，但必须设置安全窗。当建筑面积为 9m^2，且同一时间内的作业人员不超过 2 人时，可设 1 个安全出口。

安全出口应布置在建筑物室外有安全通道的一侧。

须穿过另一危险性工作间才能到达室外的出口，不应作为本工作间的安全出口。

防护屏障内的危险性厂房的安全出口，应布置在防护屏障的开口方向或安全疏散隧道的附近。

3.7.20　1.1 级、1.3 级厂房每一危险工作间内由最远工作点至外部出口的距离及通道宽度如何确定？

答：1.1 级厂房不应超过 5m；1.3 级厂房不应超过 8m；厂房内的主通道宽度不应小于 1.2m，每排操作岗位之间的通道宽度和工作间内的通道宽度不应小于 1.0m。

3.7.21　烟花爆竹生产厂房疏散门的设置应符合哪些规定？

答：应为向外开启的平开门，室内不得装插销；当设置门斗时，应采用外门斗，门的开启方向应与疏散方向一致；危险性工作间的外门口不应设置台阶，应做成防滑坡道。

3.7.22　烟花爆竹生产厂房安全窗应符合哪些规定？

答：窗洞口的宽度不应小于 1.0m；窗扇的高度不应小于 1.5m；窗台的高度不应高出室内地面 0.5m；窗扇应向外平开不得设置中挺；窗扇不宜设插销；应利于快速开启；双层安全窗的窗扇，应能同时向外开启。

3.7.23　烟花爆竹运输通廊设计应符合哪些规定？

答：通廊的承重及围护结构宜采用不燃烧体；通廊宜采用钢筋混凝土柱或符合防火要求的钢柱承重；运输中有可能撒落药粉的通廊，其地面面层应与连接的危险性建筑物地面面层一致。

3.7.24 烟花爆竹厂房中危险场所 F0、F1、F2 三类是如何划分的?

答:F0 类:经常或长期存在能形成爆炸危险的黑火药、烟火药及其粉尘的危险场所。

F1 类:在正常运行时可能形成爆炸危险的黑火药、烟火药及其粉尘的危险场所。

F2 类:在正常运行时能形成火灾危险,而爆炸危险性极小的危险品及粉尘的危险场所。

3.7.25 烟花爆竹厂房配电室、电机间、控制室附建于各类危险性建筑物内时,应符合哪些规定?

答:与危险场所相毗邻的隔墙应为不燃烧体密实墙,且不应设门、窗与危险场所相通。

门、窗应设在建筑物的外墙上,且门应向外开启。

与配电室、电机间、控制室无关的管线不应通过配电室、电机间、控制室。

设在黑火药生产厂房内的配电室、电机间、控制室除应满足上述要求外,配电室、电机间、控制室的门、窗与黑火药生产工作间的门、窗之间的距离不宜小于 3m。

第八节 飞 机 库

3.8.1 什么是飞机库?

答:飞机库是用于停放和维修飞机的大跨度单层建筑物包括飞机停放和维修区及其贴邻建造的生产辅助用房。与飞机库配套建设的独立建筑物或与飞机停放和维修区贴邻建造的建筑物,凡不具有飞机维修功能的,如公司办公楼、发动机维修车间、附件维修车间、特设维修车间、航材中心库等均不属于飞机库的范围。

3.8.2 飞机库防火分区如何划分?

答:Ⅰ类飞机库防火分区允许最大面积为 50000m²;Ⅱ类飞机库防火分区允许最大面积为 5000m²;Ⅲ类飞机库防火分区允许最大面积为 3000m²。

3.8.3 飞机库与其他建筑物之间的防火间距有哪些要求?

答:与喷漆机库之间的防火间距不应小于 15.0m;与高层航材库之间的防火间距不应小于 13.0m;与丙、丁、戊类厂房之间的防火间距不应小于 10.0m;与甲类物品库房之间的防火间距不应小于 20.0m;与乙类物品库房之间的防火间距不应小于 14.0m;与机场油库之间的防火间距不应小于 100.0m;与其他民用建筑之间的防火间距不应小于 25.0m;与重要公共建筑之间的防火间距不应小于 50.0m。

第四章 木 结 构 建 筑

4.1.1 什么是木结构建筑？

答：木结构建筑是指以木材或主要以木材为承重结构体系，通过榫卯方式或各种金属连接件进行固定和连接建造的建筑。

4.1.2 木结构按照结构形式如何分类？

答：木结构根据结构形式可分为普通木结构、胶合木结构、轻型木结构三种。普通木结构指承重构件采用方木或原木制作的单层或多层木结构；胶合木结构指用胶粘方法将木材与胶合板拼接成尺寸与形状符合要求而又具有整体木材效能的构件和结构；轻型木结构指用规格木材及木基结构板材或石膏板制作的木构架墙体、楼板和屋盖系统构成的单层或多层建筑结构。

4.1.3 木材有什么燃烧特性？

答：木材为可燃材料。在加热不超过 100℃ 时，木材中的水分蒸发，加热超过 100℃以后，木材开始热解，释放可燃气体，当温度超过 200℃ 以后，热解加速，木材可燃气体释放以后，剩余产物为木炭。木材在热解过程中，若生成的可燃气体或木炭遇到氧气或氧化剂，会发生氧化反应，放出光和热，即燃烧。

4.1.4 木结构建筑构件的燃烧性能和耐火极限有哪些要求？

答：木结构建筑构件的燃烧性能和耐火极限应符合表 4-1 的规定。

木结构建筑构件的燃烧性能和耐火极限   表 4-1

构件名称	燃烧性能和耐火极限（h）	
防火墙	不燃烧	3.00
承重墙，住宅建筑单元之间的墙和分户墙，楼梯间墙	难燃烧	1.00
电梯井的墙	不燃烧	1.00
非承重墙，疏散走道两侧的隔墙	难燃烧	0.75
房间隔墙	难燃烧	0.50
承重柱	可燃烧	1.00
梁	可燃烧	1.00
楼板	难燃烧	0.75
屋顶承重构件	可燃烧	0.50
疏散楼梯	难燃烧	0.50
吊顶	难燃烧	0.15

特殊情况：除《建筑设计防火规范》另有规定外，当同一座木结构建筑存在不同高度的屋顶时，较低部分的屋顶承重构件和屋面不应采用可燃构件，采用难燃性屋顶承重构件时，其耐火极限不应低于 0.75h。

　　轻型木结构建筑的屋顶，除防水层、保温层及屋面板外，其他部分均应视为屋顶承重构件，且不应采用可燃烧性构件，耐火极限不应低于 0.50h。

　　当建筑层数不超过 2 层，防火墙间的建筑面积小于 600m² 且防火墙间的建筑长度小于 60m 时，建筑构件的燃烧性能和耐火极限可按《建筑设计防火规范》有关四级耐火等级建筑的要求确定。

　　4.1.5　新建、扩建和改建的木结构建筑采用木骨架组合墙体时，应符合哪些要求？

　　答：新建、扩建和改建的木结构建筑采用木骨架组合墙体时，应符合：建筑高度不大于 18m 的住宅建筑、建筑高度不大于 24m 的办公建筑和丁、戊类厂房（库房）的房间隔墙和非承重外墙可采用木骨架组合墙体，其他建筑的非承重外墙不得采用木骨架组合墙体；墙体填充材料的燃烧性能应为 A 级；木骨架组合墙体的燃烧性能和耐火极限应符合表 4-2 规定，其他要求应满足现行国家标准《木骨架组合墙体技术规范》的规定。

木骨架组合墙体的燃烧性能和耐火极限（h）　　　　　　　　　　表 4-2

构件名称	建筑物的耐火等级或类型				
	一级	二级	三级	木结构建筑	四级
非承重外墙	不允许	难燃性 1.25	难燃性 0.75	难燃性 0.75	无要求
房间隔墙	难燃性 1.00	难燃性 0.75	难燃性 0.50	难燃性 0.50	难燃性 0.25

　　4.1.6　什么类型的建筑不可以采用木结构形式？

　　答：甲、乙、丙类厂房（库房）不应采用木结构建筑或木结构组合建筑。该规定为国家强制性要求，必须严格执行。

　　4.1.7　新建、扩建和改建的木结构建筑允许层数和允许高度有哪些要求？

　　答：新建、扩建和改建的民用建筑及丁、戊类厂房（库房），当采用木结构建筑和木结构组合建筑时，其允许层数和允许高度应符合表 4-3 的规定。老年人建筑的住宿部分，托儿所、幼儿园的儿童用房和活动场所设置在木结构建筑内时，应布置在高层或二层。该规定为国家强制性要求，必须严格执行。

木结构建筑和木结构组合建筑的允许层数和允许高度　　　　　表 4-3

木结构建筑形式	普通木结构建筑	轻型木结构建筑	胶和木结构建筑		木结构组合建筑
允许层数（层）	2	3	1	3	7
允许建筑高度（m）	10	10	不限	15	24

　　4.1.8　新建、扩建和改建的木结构建筑中防火墙间的允许建筑长度和每层最大允许建筑面积是多少？

　　答：新建、扩建和改建的木结构建筑中防火墙间的允许建筑长度和每层最大允许建筑面积应符合表 4-4 的规定。该规定为国家强制性要求，必须严格执行。

木结构建筑中防火墙间的允许建筑长度和每层最大允许建筑面积　　　表 4-4

层数（层）	防火墙间的允许建筑长度（m）	防火墙间的每层最大允许建筑面积（m²）
1	100	1800
2	80	900
3	60	600

特殊情况：当设置自动喷水灭火系统时，防火墙间的允许建筑长度和每层最大允许建筑面积可按表4-4的规定增加1.0倍，对于丁、戊类地上厂房，防火墙间的每层最大允许建筑面积不限；体育场馆等高大空间建筑，其建筑高度和建筑面积可适当增加。

4.1.9 新建、扩建和改建的民用木结构建筑的安全疏散要求有哪些？

答：新建、扩建和改建的民用木结构建筑的安全疏散要求除满足《建筑设计防火规范》的相关规定外，还应满足以下规定：

当木结构建筑的每层建筑面积小于200m²且第二层和第三层的人数之和不超过25人时，可设置1部疏散楼梯；房间直通疏散走道的疏散门至最近安全出口的直线距离和房间内任一点至该房间直通疏散走道的疏散门的直线距离不应大于表4-5的规定。

房间直通疏散走道的疏散门至最近安全出口的直线距离和房间内

任一点至该房间直通疏散走道的疏散门的直线距离（m） 表 4-5

名　　称	位于两个安全出口之间的疏散门	位于袋形走道两侧或尽端的疏散门	房间内任一点至该房间直通疏散走道的疏散门
托儿所、幼儿园、老年人建筑	15	10	10
歌舞娱乐放映游艺场所	15	6	6
医院和疗养院建筑、教学建筑	25	12	12
其他民用建筑	30	15	15

建筑内疏散走道、安全出口、疏散楼梯和房间疏散门的净宽度，应根据疏散人数按每100人的最小疏散净宽度不小于表4-6的计算确定。

疏散走道、安全出口、疏散楼梯和房间疏散门100人的

最小疏散净宽度（m/百人） 表 4-6

层　　数	地上1~2层	地上3层
每100人的疏散净宽	0.75	1.00

4.1.10 新建、扩建和改建的丁、戊类木结构厂房的安全疏散要求有哪些？

答：新建、扩建和改建的丁、戊类木结构厂房内任意一点至最近安全出口的疏散距离分别不应大于50m和60m，其他安全疏散要求应符合《建筑设计防火规范》的规定。

4.1.11 新建、扩建和改建的木结构建筑中管道、电气线路敷设应注意哪些问题？

答：管道、电气线路敷设在墙体内或穿过楼板、墙体时，应采取防火保护措施，与墙体、楼板之间的缝隙应采用防火封堵材料填塞密实。住宅建筑内厨房的明火或高温部位及排油烟管道等，应采用防火隔热措施。

4.1.12 新建、扩建和改建的民用木结构建筑之间及其与其他民用建筑之间的防火间距是多少？

答：新建、扩建和改建的木结构建筑与其他民用建筑的防火间距基本规定为：与一、二级耐火等级建筑防火间距应大于8m；与三级耐火等级建筑防火间距应大于9m；与木结构建筑的防火间距应大于10m；与四级耐火等级建筑的防火间距应大于11m。

特殊情况：两座木结构建筑之间或木结构建筑与其他民用建筑之间，外墙均无任何门、窗、洞口时，防火间距可为4m；外墙上的门、窗、洞口不正对且开口面积之和不大于外墙面积的10%时，防火间距可在基本规定基础上减少20%；当相邻建筑外墙有一面为防火墙，或建筑物之间设置防火墙且墙体截断不燃性屋面或高出难燃性、可燃性屋面不低于 0.5m 时，防火间距不限。

4.1.13　新建、扩建和改建的木结构墙体、楼板及封闭吊顶或屋顶下密闭空间内应采取哪些防火分隔措施？

答：新建、扩建和改建的木结构墙体、楼板及封闭吊顶或屋顶下密闭空间内应采取防火分隔措施，且水平分隔长度均不应大于 20m，建筑面积不应大于 300m²，墙体的竖向分隔高度不应大于 3m。轻型木结构建筑的每层楼梯梁处应采取防火分隔措施。

4.1.14　新建、扩建和改建的木结构建筑与钢结构、钢筋混凝土结构或砌体结构等其他结构类型组合建造时，防火分隔应满足哪些要求？

答：新建、扩建和改建的木结构建筑与钢结构、钢筋混凝土结构或砌体结构等其他结构类型组合建造时，应符合：竖向组合建造时，木结构部分的层数不应超过 3 层并应设置在建筑的上部，木结构部分与其他结构部分宜采用耐火极限不低于 1.00h 的不燃性楼板分隔。水平组合建造时，木结构部分与其他结构部分宜采用防火墙分隔；当木结构部分与其他结构部分之间按上述规定进行了防火分隔时，木结构部分和其他部分的防火设计，可分别执行《建筑防火规范》中对木结构建筑和其他结构建筑的规定。

4.1.15　新建、扩建和改建的民用木结构建筑应采取哪些防火系统和装置？

答：新建、扩建和改建的民用木结构建的总建筑面积大于 1500m² 的木结构公共建筑应设置火灾自动报警系统，木结构住宅建筑内应设置火灾探测与报警装置。

4.1.16　如何提高木结构建筑构件的耐火极限？

答：提高木结构耐火极限的常见方法有以下三种：在木材表面涂刷防火涂料，这是目前处理木构件中应用最广泛的一种方法；外包保护层，用耐火材料包覆于木材的表面，避免木材直接受火或高温作用；对木构件采用阻燃液浸泡处理。

4.1.17　传统古城镇、古村落既有木结构建筑有哪些特点？

答：传统古城镇、古村落既有木结构建筑主要有以下特点：耐火等级低，除砖墙或土墙外，主要木构件耐火极限一般达不到耐火极限要求，部分构件的耐火极限甚至低于四级耐火等级建筑相应构件耐火极限要求；固定火灾荷载密度大且古建筑风格不同差异也较大；连片建筑防火间距普遍不足，没有防火分区；楼梯净宽、踏步高宽比等一般不满足现行规范规定；灭火救援、消防设施条件较差。

4.1.18　木结构建筑的保护应完善和加强哪些防火措施？

答：尽可能提高建筑构件的耐火极限；完善消防设施、设备；早发现、早扑救；利用建筑朝向、立面特征，进行适当改造，切断火灾蔓延途径。

4.1.19　目前，我国及美国、加拿大等国家木结构建筑防火设计有什么特点？

答：我国按四级耐火等级划分建筑，同时强调耐火极限和燃烧性能，而上述国家则强调耐火极限，其木结构建筑总体是按 1h 耐火极限设计的；在结构形式上，欧美国家一般有轻型木结构和重型木结构，我国则主要是轻型木结构；在防火间距的确定上，美国和加拿大详细考虑了建筑耐火等级、规模、开洞的大小、建筑物使用的消防设施（例如喷淋系统）对防火间距的影响，一般采用 NFPA80 进行防火间距的计算，而我国《建筑设计防火规范》在 NFPA80 基础上，做了较为保守的处理，采用了 NFPA80 中最严的限值要求，同时忽略了喷淋系统对防火间距的减少作用。

第五章 石 油 化 工 场 所

第一节 石 油 库

5.1.1 什么是石油库？

答：石油库是指收发、储存原油、成品油及其他易燃和可燃液体化学品的独立设施。

5.1.2 埋地卧式储罐和覆土卧式储罐的主要区别？

答：埋地卧式储罐是指采用直接覆土或罐池充沙（细土）方式埋设在地下，且罐内最高液面低于罐外 4m 范围内地面的最低标高 0.2m 的卧式储罐。覆土卧式储罐是指采用直接覆土或埋地方式设置的卧式储罐，包括埋地卧式储罐。

5.1.3 防火堤与隔堤有什么区别？

答：防火堤是用于储罐发生泄漏时，防止易燃、可燃液体漫流和火灾蔓延的构筑物。隔堤是用于防火堤内储罐发生少量泄漏事故时，为了减少易燃、可燃液体漫流的影响范围，而将一个储罐组分隔成多个区域的构筑物。

5.1.4 防火堤几何尺寸应符合哪些要求？

答：防火堤内的有效容量，不应小于罐组内一个最大储罐的容量。罐壁至防火堤内堤脚线的距离：储罐为地上立式储罐时，不应小于罐壁高度的一半；储罐为卧式储罐时，不应小于 3m；依山建设的储罐，可利用山体兼作防火堤，储罐的罐壁至山体的距离最小可为 1.5m。

地上储罐组的防火堤实高应高于计算高度 0.2m，防火堤高于堤内设计地坪不应小于 1.0m，高于堤外设计地坪或消防车道路面（按较低者计）不应大于 3.2m，但地上卧式储罐的防火堤应高于堤内设计地坪不小于 0.5m。防火堤宜采用土筑防火堤，其堤顶宽度不应小于 0.5m。

5.1.5 什么是沸溢性液体？什么是热波特性？

答：沸溢性液体是指因具有热波特性，在燃烧时会发生沸溢现象的含水黏性油品，如原油、重油、渣油等。

热波特性是指沸程较宽的混合液体，由于没有固定的沸点，在燃烧过程中，火焰向液面传递的热量首先使低沸点组分蒸发并进入燃烧区燃烧，而沸点较高的重质部分，则携带其在表面接受的热量向液体深层沉降，形成一个热的锋面向液体深层传播，逐渐渗入并加热冷的液层。

5.1.6 石油库按储存方式如何分类？

答：石油库按储存方式可分为地面（地上）油库、隐蔽油库、山洞油库、水封石洞库和海上油库等。

5.1.7 石油库按总储量如何分级？在容量计算时，应注意哪些问题？

答：石油库按总储量分为特级、一级、二级、三级、四级、五级共六个等级，见表 5-1。

石油库等级划分 表 5-1

等　　级	石油库易燃和可燃液体储罐总容量 TV（m³）
特级	1200000≤TV＜3600000
一级	100000≤TV＜1200000
二级	30000≤TV＜100000
三级	10000≤TV＜30000
四级	1000≤TV＜10000
五级	TV＜1000

在进行计算时应注意：储罐容量是经计算并圆整后的储罐公称容量，容量计算不包括零位罐、中继罐和放空罐的容量。按照储存液体火灾危险性的不同，将储罐容量乘以一定系数折算后的储罐总容量：甲A类液体储罐容量、Ⅰ级和Ⅱ级毒性液体储罐容量应乘以系数 2 计入储罐计算总容量，丙A类液体储罐容量可乘以系数 0.5 计入储罐计算总容量，丙B类液体储罐容量可乘以系数 0.25 计入储罐计算总容量。

5.1.8　石油库的储罐按安装位置如何分类？

答：按储罐安装位置，可分为地上储罐、地下储罐、半地下储罐和山洞储罐。

5.1.9　石油库的储罐按结构形状如何分类？

答：按储罐结构形状，可分为立式圆筒形、卧式圆筒形和特殊形状。

立式圆筒形储罐按罐顶结构可分为固定顶储罐和活动顶储罐两类，固定顶储罐是指罐顶周边与罐壁顶部固定连接的储罐，通常有自支撑式锥顶储罐、支撑式锥顶储罐、自支撑式拱顶储罐三种类型；活动顶储罐或浮顶储罐，是指顶盖漂浮在液面上的储罐，可分为外浮顶、内浮顶储罐两种，外浮顶储罐即在油罐内安装一个浮顶，浮顶附在油面上随油面升降，浮顶与罐壁用密封装置密封；内浮顶储罐是指在固定顶储罐内装有浮盘的储罐，它兼有外浮顶储罐和固定顶储罐的优点。

卧式圆筒形储罐有圆筒形和椭圆形两种，有一定承压能力，易于整体运输和工厂化制造，多用于小型油库或加油站。

特殊形状储罐有圆形罐、扁球形罐和球形罐等，多用于长期储存高蒸气压的石油产品，如液化石油气、丙烷、丙烯、丁烷等。

5.1.10　什么是浅盘式内浮顶储罐？什么是敞口隔舱式内浮顶、单盘式浮顶、双盘式浮顶？

答：浅盘式内浮顶储罐是指浮顶无隔舱、浮筒或其他浮子，仅靠盆形浮顶直接与液体接触的内浮顶储罐。

敞口隔舱式内浮顶是指浮顶周圈设置环形敞口隔舱，中间仅为单层盘板的内浮顶。

单盘式浮顶是指浮顶周圈设环形密封舱，中间仅为单层盘板的浮顶。

双盘式浮顶是指整个浮顶均由隔舱构成的浮顶。

5.1.11　石油库的储罐按设计内压如何分类？

答：按储罐的设计内压高低，可分为常压储罐、低压储罐和压力储罐。

常压储罐为设计压力小于或等于 6.0kPa 的储罐；低压储罐为设计压力大于 6.0kPa 且小于 0.1MPa（罐顶表压）的储罐；压力储罐为设计压力大于或等于 0.1MPa（罐顶表

压）的储罐。

5.1.12　特级石油库应如何进行消防设计？依据主要有哪些？

答： 非原油类易燃和可燃液体的储罐计算总容量应小于 1200000m³，其设施的设计应符合一级石油库的有关规定；原油设施的设计应符合现行国家标准《石油储备库设计规范》的有关规定。原油与非原油类易燃和可燃液体共用设施或其他共用部分的设计，应按现行国家标准《石油库设计规范》、《石油储备库设计规范》要求较高者执行。

特级石油库的储罐计算总容量大于或等于 2400000m³ 时，应按消防设置要求最高的一个原油储罐和消防设置要求最高的一个非原油储罐同时发生火灾的情况进行消防设计。

5.1.13　石油库内生产性建（构）筑物最低耐火等级如何规定？

答： 石油库内生产性建筑物和构筑物的耐火等级不得低于表 5-2。

石油库内生产性建筑物和构筑物的耐火等级　　　　　　　　　表 5-2

建筑物和构筑物	液体类别	耐火等级
易燃和可燃液体泵房、阀门室、灌油间（亭）、铁路液体装卸暖库、消防泵房	—	二级
桶装液体库房及敞棚	甲、乙	二级
	丙	三级
化验室、计量室、控制室、机柜间、锅炉房、变配电间、修洗桶间、润滑油再生间、柴油发电机间、空气压缩机间、储罐支座（架）	—	二级
机修间、器材库、水泵房、铁路罐车装卸栈桥及罩棚、汽车罐车装卸站台及罩棚、液体码头栈桥、泵棚、阀门棚	—	三级

5.1.14　石油库储存液化烃、易燃和可燃液体的火灾危险性如何划分？

答： 石油库储存液化烃、易燃和可燃液体的火灾危险性划分见表 5-3。

石油库储存液化烃、易燃和可燃液体的火灾危险性划分　　　　　表 5-3

类　　别		液体闪点 F_t（℃）
甲	A	15℃时的蒸气压力＞0.1MPa 的烃类液体及其他类似的液体
	B	甲 A 类以外，F_t＜28
乙	A	28≤F_t＜45
	B	45≤F_t＜60
丙	A	60≤F_t≤120
	B	F_t＞120

5.1.15　石油库选址应符合哪些要求？

答： 石油库的库址选择应根据建设规模、地域环境、油库各区的功能及作业性质、重要程度，以及可能与邻近建（构）筑物、设施之间的相互影响等，综合考虑库址的具体位置，并应符合城镇规划、环境保护、防火安全和职业卫生的要求，且交通运输应方便。企业附属石油库的库址，应结合该企业主体建（构）筑物及设备、设施统一考虑，并应符合城镇或工业区规划、环境保护和防火安全的要求。石油库的库址应具备良好的地质条件，不得选择在有土崩、断层、滑坡、沼泽、流沙及泥石流的地区和地下矿藏开采后有可能塌陷的地区。一、二、三级石油库的库址，不得选在抗震设防烈度为9度及以上的地区。石油库与库外居住区公共建筑物、工矿企业、交通线的安全距离应符合规定要求。

5.1.16 石油库库区布置应符合哪些要求？

答： 石油库的总平面布置，宜按储罐区、易燃和可燃液体装卸区、辅助作业区和行政管理区分区布置。储罐应集中布置，当储罐区地面高于邻近居民点、工业企业或铁路线时，应加强防止事故状态下库区易燃和可燃液体外流的安全防护措施。石油库的储罐应地上露天设置。山区和丘陵地区或有特殊要求的可采用覆土等非露天方式设置，但储存甲B类和乙类液体的卧式储罐不得采用罐室方式设置。地上储罐、覆土储罐应分别设置储罐区。同一储罐区内，火灾危险性类别相同或相近的储罐宜相对集中布置。储存Ⅰ、Ⅱ级毒性液体的储罐罐组宜远离人员集中的场所布置。

5.1.17 石油库储罐区易燃和可燃液体泵站的布置应符合哪些要求？

答： 石油库储罐区易燃和可燃液体泵站的布置，应符合：甲、乙、丙A类液体泵站应布置在地上立式储罐的防火堤外；丙B类液体泵、抽底油泵、卧式储罐输送泵和储罐油品检测用泵，可与储罐露天布置在同一防火堤内；当易燃和可燃液体泵站采用棚式或露天式时，其与储罐的间距可不受限制。

5.1.18 石油库库区内的主要建（构）筑物或设施有哪些？如何分区？

答： 石油库库区内的主要建（构）筑物或设施的划分，见表5-4。

石油库各区内的主要建（构）筑物或设施　　表5-4

分　　区		区内主要建（构）筑物或设施
储罐区		储罐组、易燃和可燃液体泵站、变配电间、现场机柜间等
易燃和可燃液体装卸区	铁路装卸区	铁路罐车装卸栈桥、易燃和可燃液体泵站、桶装易燃和可燃液体库房、零位罐、变配电间、油气回收处理装置等
	水运装卸区	易燃和可燃液体装卸码头、易燃和可燃液体泵站、灌桶间、桶装液体库房、变配电间、油气回收处理装置等
	公路装卸区	灌桶间、易燃和可燃液体泵站、变配电间、汽车罐车装卸设施、桶装液体库房、控制室、油气回收处理装置等
辅助作业区		修洗桶间、消防泵房、消防车库、变配电间、机修间、器材库、锅炉房、化验室、污水处理设施、计量室、柴油发电机间、空气压缩机间、车库等
行政管理区		办公用房、控制室、传达室、汽车库、警卫及消防人员宿舍、倒班宿舍、浴室、食堂等

5.1.19 石油库内相邻储罐区储罐之间的防火间距应符合哪些要求？

答： 相邻储罐区储罐之间的防火间距，应符合：地上储罐区与覆土立式油罐相邻储罐之间的防火距离不应小于60m；储存Ⅰ、Ⅱ级毒性液体的储罐与其他储罐区相邻储罐之间的防火距离，不应小于相邻储罐中较大罐直径的1.5倍，且不应小于50m；其他易燃、可燃液体储罐区相邻储罐之间的防火距离，不应小于相邻储罐中较大罐直径的1.0倍，且不应小于30m。

5.1.20　石油库同一个地上储罐区内，相邻罐组储罐之间的防火间距，应符合哪些要求？

答：石油库同一个地上储罐区内，相邻罐组储罐之间的防火间距，应符合：储存甲B、乙类液体的固定顶储罐和浮顶采用易熔材料制作的内浮顶储罐与其他罐组相邻储罐之间的防火距离，不应小于相邻储罐中较大罐直径的 1.0 倍；外浮顶储罐、采用钢制浮顶的内浮顶储罐、储存丙类液体的固定顶储罐与其他罐组储罐之间的防火距离，不应小于相邻储罐中较大罐直径的 0.8 倍；储存不同液体的储罐、不同型式的储罐之间的防火间距，应采用上述计算值的较大值。

5.1.21　石油库地上储罐类型选择应遵循哪些原则？

答：地上储罐应采用钢制储罐，类型选择应符合：储存沸点低于 45℃ 或 37.8℃ 的饱和蒸气压大于 88kPa 的甲B类液体，应采用压力储罐、低压储罐或低温常压储罐，当选用压力储罐或低压储罐时，应采取防止空气进入罐内的措施，并应密闭回收处理罐内排出的气体；当选用低温常压储罐时，应选用内浮顶储罐，设置氮气密封保护系统，并应控制储存温度使液体蒸气压不大于 88kPa；选用固定顶储罐，应设置氮气密封保护系统，并应控制储存温度低于液体闪点 5℃ 及以下。

储存沸点不低于 45℃ 或在 37.8℃ 时的饱和蒸气压不大于 88kPa 的甲B、乙A类液体化工品和轻石脑油，应采用外浮顶储罐或内浮顶储罐，有特殊储存需要时，可采用容量小于或等于 10000m³ 的固定顶储罐、低压储罐或容量不大于 100m³ 的卧式储罐，且应设置氮气密封保护系统，并应密闭回收处理罐内排出的气体或控制储存温度低于液体闪点 5℃ 及以下。

储存乙B类和丙类液体，可采用固定顶储罐和卧式储罐。

5.1.22　外浮顶储罐、内浮顶储罐浮顶选用应符合哪些要求？

答：外浮顶储罐应采用钢制单盘式或钢制双盘式浮顶。内浮顶储罐的内浮顶选用，应符合：内浮顶应采用金属内浮顶，且不得采用浅盘式或敞口隔舱式内浮顶；储存Ⅰ、Ⅱ级毒性液体的内浮顶储罐和直径大于 40m 的储存甲B、乙A类液体的内浮顶储罐，不得采用易熔材料制作的内浮顶；直径大于 48m 的内浮顶储罐，应选用钢制单盘式或双盘式内浮顶。

5.1.23　石油库同一个罐组内储罐的总容量应符合哪些要求？

答：石油库同一个罐组内储罐的总容量应符合：固定顶储罐组及固定顶储罐和外浮顶、内浮顶储罐的混合罐组的容量不应大于 120000m³，其中浮顶用钢质材料制作的外浮顶储罐、内浮顶储罐的容量可按 50% 计入混合罐组的总容量；浮顶用钢质材料制作的内浮顶储罐组的容量不应大于 360000m³，浮顶用易熔材料制作的内浮顶储罐组的容量不应大于 240000m³；外浮顶储罐组的容量不应大于 600000m³。

5.1.24　石油库同一个罐组内的储罐数量应符合哪些要求？

答：石油库同一个罐组内的储罐数量应符合：当最大单罐容量大于或等于 10000m³ 时，储罐数量不应多于 12 座；当最大单罐容量大于或等于 1000m³ 时，储罐数量不应多于 16 座；单罐容量小于 1000m³ 或仅储存丙B类液体的罐组，可不限储罐数量。

5.1.25　石油库地上储罐组内，单罐容量等于 2000m³ 的储存丙B类液体的储罐是否可以布置成 4 排？为什么？

答：不可以。地上储罐组内，单罐容量小于 1000m³ 的储存丙B类液体的储罐不应超过 4 排；其他储罐不应超过 2 排。

5.1.26 石油库覆土立式油罐的罐室设计应符合哪些要求?

答:覆土立式油罐的罐室设计应符合:覆土立式油罐应采用独立的罐室及出入通道;与管沟连接处必须设置防火、防渗密闭隔离墙;罐室及出入通道的墙体,应采用密实性材料构筑,并应保证在油罐出现泄漏事故时不泄漏;罐室出入通道宽度不宜小于 1.5m,高度不宜小于 2.2m;储存甲 B、乙、丙 A 类油品的覆土立式油罐,其罐室通道出入口高于罐室地坪不应小于 2.0m;罐室的出入通道口,应设向外开启的并满足口部紧急时刻封堵强度要求的防火密闭门,其耐火极限不得低于 1.5h;通道口部的设计,应有利于在紧急时刻采取封堵措施。

罐室应采用圆筒形直墙与钢筋混凝土球壳顶的结构形式。罐室球壳顶内表面与金属油罐顶的距离不应小于 1.2m,罐室壁与金属罐壁之间的环形走道宽度不应小于 0.8m。罐室顶部周边应均布设置采光通风孔。直径小于或等于 12m 的罐室,采光通风孔不应少于 2 个;直径大于 12m 的罐室,至少应设 4 个采光通风孔。采光通风孔的直径或任意边长不应小于 0.6m,其口部高出覆土面层不宜小于 0.3m,并应装设带锁的孔盖。罐室及出入通道应有防水措施,阀门操作间应设积水坑。

5.1.27 石油库覆土立式油罐设置事故外输管道应符合哪些要求?

答:石油库覆土立式油罐设置事故外输管道应符合:事故外输管道的公称直径,宜与油罐进出油管道一致,且不得小于 100mm;事故外输管道应由罐室阀门操作间处的积水坑处引出罐室外,并宜满足在事故时能与输油干管相连通;事故外输管道应设控制阀门和隔离装置。控制阀门和隔离装置不应设在罐室内和事故时容易危及的部位。

5.1.28 储存甲 B 类、乙类和丙 A 类液体的覆土立式油罐区的事故存油坑(池)设置有什么要求?

答:储存甲 B 类、乙类和丙 A 类液体的覆土立式油罐区,区域导流沟及事故存油坑(池)应按不小于油罐区内储罐可能发生油品泄漏事故时,油品漫出罐室部分最多一个油罐的泄漏油品设置。

5.1.29 储存对水和土壤有污染的液体的覆土卧式油罐,通常采取哪几种防渗漏方式?

答:有防渗漏要求的覆土卧式油罐,油罐应采用双层油罐或单层钢油罐设置防渗罐池的方式;单罐容量大于 100m³ 的覆土卧式油罐和既有单层覆土卧式油罐的防渗,可采用油罐内衬防渗层的方式。

5.1.30 石油库储罐通气管呼吸阀设置应符合哪些要求?哪些储罐通向大气的通气管管口应装设呼吸阀?

答:呼吸阀的排气压力应小于储罐的设计正压力,呼吸阀的进气压力应大于储罐的设计负压力。当呼吸阀所处的环境温度可能小于或等于 0℃ 时,应选用全天候式呼吸阀。

下列储罐通向大气的通气管管口应装设呼吸阀:储存甲 B、乙类液体的固定顶储罐和地上卧式储罐;储存甲 B 类液体的覆土卧式油罐;采用氮气密封保护系统的储罐。

5.1.31 石油库储罐进液是否可以采用喷溅方式?

答:储罐进液不得采用喷溅方式,甲 B、乙、丙 A 类液体储罐的进液管从储罐上部接入时,进液管应延伸到储罐的底部。

5.1.32 石油库常压卧式储罐的基本附件设置应符合哪些要求？

答： 常压卧式储罐的基本附件设置应符合：卧式储罐的人孔公称直径不应小于600mm，且筒体长度大于6m的卧式储罐，至少应设2个人孔；卧式储罐的接合管及人孔盖应采用钢质材料；液位测量装置和测量孔的检尺槽，应位于储罐正顶部的纵向轴线上，并宜设在人孔盖上；储罐排水管的公称直径不应小于40mm，排水管上的阀门应采用钢制闸阀或球阀。

5.1.33 石油库常压卧式储罐的通气管设置应符合哪些要求？通气管管口的最小设置高度如何确定？

答： 卧式储罐通气管的公称直径应按储罐的最大进出流量确定，但不应小于50mm；当同种液体的多个储罐共用一根通气干管时，其通气干管的公称直径不应小于80mm。

通气管横管应坡向储罐，坡度应大于或等于5‰。通气管管口的最小设置高度，见表5-5。

卧式储罐通气管管口的最小设置高度 表5-5

储罐设置形式	通气管管口最小设置高度	
	甲、乙类液体	丙类液体
地上露天式	高于储罐周围地面4m，且高于罐顶1.5m	高于罐顶0.5m
覆土式	高于储罐周围地面4m，且高于覆土面层1.5m	高于覆土面层1.5m

5.1.34 石油库立式储罐罐组内应如何设置防火隔堤？

答： 石油库立式储罐罐组内设置的防火隔堤除满足一般规定外，尚应满足：多品种的罐组内储罐之间应设置防火隔堤，非沸溢性的丙B类液体储罐之间，可不设置隔堤；当为沸溢性液体储罐时，防火隔堤内的储罐数量不应多于2座，当为非沸溢性甲B、乙、丙A类储罐组时，防火隔堤内的储罐数量应符合规定数量要求；隔堤应采用不燃烧材料建造的实体墙，隔堤高度宜为0.5~0.8m。

5.1.35 石油库储罐区多品种的罐组内哪些储罐之间应设置防火隔堤？

答： 多品种的罐组内下列储罐之间应设置防火隔堤：甲B、乙A类液体储罐与其他类可燃液体储罐之间；水溶性可燃液体储罐与非水溶性可燃液体储罐之间；相互接触能引起化学反应的可燃液体储罐之间；助燃剂、强氧化剂及具有腐蚀性液体储罐与可燃液体储罐之间。

5.1.36 非沸溢性甲B、乙、丙A类储罐组隔堤内的储罐数量，应符合哪些规定？

答： 非沸溢性甲B、乙、丙A类储罐组隔堤内的储罐数量，不应超过表5-6。

非沸溢性甲B、乙、丙A类储罐组隔堤内的储罐数量 表5-6

单罐公称容量 V（m³）	一个隔堤内的储罐数量（座）
$V<5000$	6
$5000 \leqslant V<20000$	4
$20000 \leqslant V<50000$	2
$V \geqslant 50000$	1

5.1.37 哪些储罐通气管上必须装设阻火器？

答：储罐通气管上必须装设阻火器的储罐有：储存甲 B 类、乙类、丙 A 类液体的固定顶储罐和地上卧式储罐；储存甲 B 类和乙类液体的覆土卧式油罐；储存甲 B 类、乙类、丙 A 类液体并采用氮气密封保护系统的内浮顶储罐。

5.1.38 易燃和可燃液体灌桶设施的平面布置应符合哪些要求？

答：灌桶设施可由灌装储罐、灌装泵房、灌桶间、计量室、空桶堆放场、重桶库房（棚）、装卸车站台以及必要的辅助生产设施和行政、生活设施组成，设计可根据需要设置。灌桶设施的平面布置应符合空桶堆放场、重桶库房（棚）的布置，应避免运桶作业交叉进行和往返运输；灌装储罐、灌桶场地、收发桶场地等应分区布置，且应方便操作、互不干扰。灌装泵房、灌桶间、重桶库房可合并设在同一建筑物内，但甲 B、乙类液体的灌桶泵与灌桶栓之间应设防火墙。甲 B、乙类液体的灌桶间与重桶库房合建时，两者之间应设无门、窗、孔洞的防火墙。

5.1.39 石油库内工艺及热力管道敷设有哪些要求？

答：石油库内工艺及热力管道宜地上敷设或采用敞口管沟敷设，且根据需要局部地段可埋地敷设或采用充沙封闭管沟敷设。

5.1.40 当石油库工艺管道及热力管道采用管沟方式敷设时，应符合哪些要求？

答：当石油库工艺管道及热力管道采用管沟方式敷设时，管沟与泵房、灌桶间、罐组防火堤、覆土油罐室的结合处，应设置密闭隔离墙。当管道采用充沙封闭管沟或非充沙封闭管沟方式敷设时，应符合：热力管道、加温输送的工艺管道，不得与输送甲、乙类液体的工艺管道敷设在同一条管沟内。管沟内的管道布置应方便检修及更换管道组成件。非充沙封闭管沟的净空高度不宜小于 1.8m。沟内检修通道净宽不宜小于 0.7m。非充沙封闭管沟应设安全出入口，每隔 100m 宜设满足人员进出的人孔或通风口。

5.1.41 当石油库工艺管道及热力管道采用埋地方式敷设时，应符合哪些要求？

答：当石油库工艺管道及热力管道采用埋地方式敷设时，应符合：管道的埋设深度宜位于最大冻土深度以下。埋设在冻土层时，应有防冻胀措施。管顶距地面不应小于 0.5m，在室内或室外有混凝土地面的区域，管顶埋深应低于混凝土结构层不小于 0.3m。输送易燃和可燃介质的埋地管道不宜穿越电缆沟，如不可避免时应设防护套管。当管道液体温度超过 60℃时，在套管内应填充隔热材料，使套管外壁温度不超过 60℃。埋地管道不得平行重叠敷设。埋地管道不应布置在邻近建（构）筑物的基础压力影响范围内，并应避免其施工和检修开挖影响邻近设备及建（构）筑物基础的稳固性。

5.1.42 石油库设置在企业厂房内的车间供油站，应符合哪些要求？

答：石油库设置在企业厂房内的车间供油站，应符合：甲 B、乙类油品的储存量，不应大于车间两昼夜的需用量，且不应大于 2m³；丙类油品的储存量不宜大于 10m³。车间供油站应靠厂房外墙布置，并应设耐火极限不低于 3h 的非燃烧体墙和耐火极限不低于 1.5h 的非燃烧体屋顶。储存甲 B、乙类油品的车间供油站，应为单层建筑，并应设有直接向外的出入口和防止液体流散的设施。存油量不大于 5m³ 的丙类油品储罐（箱），可直接设置在丁、戊类生产厂房内。储罐（箱）的通气管管口应设在室外，甲 B、乙类油品储罐（箱）的通气管管口，应高出屋面 1.5m，与厂房门、窗之间的距离不应小于 4m。

5.1.43　石油库生产作业区用电负荷、应急照明有哪些规定？

答：石油库生产作业的供电负荷等级宜为三级，不能中断生产作业的石油库供电负荷等级应为二级。一、二、三级石油库应设置供信息系统使用的应急电源。设置有电动阀门（易燃和可燃液体定量装车控制阀除外）的一、二级石油库宜配置可移动式应急动力电源装置。应急动力电源装置的专用切换电源装置宜设置在配电间处或罐组防火堤外。石油库的供电宜采用外接电源。当采用外接电源有困难或不经济时，可采用自备电源。一、二、三级石油库的消防泵站和泡沫站应设应急照明，应急照明可采用蓄电池作为备用电源，其连续供电时间不应少于 6h。

5.1.44　石油库变配电装置、变配电间建筑设计有哪些要求？

答：10kV 以上的变配电装置应独立设置。10kV 及以下的变配电装置的变配电间与易燃液体泵房（棚）相毗邻时，应符合：隔墙应为不燃材料建造的实体墙。与变配电间无关的管道，不得穿过隔墙。所有穿墙的孔洞，应用不燃材料严密填实。变配电间的门窗应向外开，其门应设在泵房的爆炸危险区域以外。变配电间的窗宜设在泵房的爆炸危险区域以外；如窗设在爆炸危险区以内，应设密闭固定窗和警示标志。变配电间的地坪应高于油泵房室外地坪至少 0.6m。

5.1.45　甲、乙和丙 A 类液体作业场所哪些位置应设消除人体静电装置？

答：甲、乙和丙 A 类液体作业场所下列位置应设消除人体静电装置：泵房的门外；储罐的上罐扶梯入口处；装卸作业区内操作平台的扶梯入口处；码头上下船的出入口处。

5.1.46　石油库易燃和有毒液体泵房、灌桶间及其他有易燃和有毒液体设备的房间是否需要设置机械通风系统和事故排风装置？换气次数如何规定？

答：易燃和有毒液体泵房、灌桶间及其他有易燃和有毒液体设备的房间，应设置机械通风系统和事故排风装置。机械通风系统换气次数宜为 5～6 次/h，事故排风换气次数不应小于 12 次/h。

5.1.47　在爆炸危险区域内，设置机械通风系统和事故排风装置应采取哪些防爆、防静电措施？

答：在爆炸危险区域内，风机、电机等所有活动部件应选择防爆型，其构造应能防止产生电火花。机械通风系统应采用不燃烧材料制作。风机应采用直接传动或联轴器传动。风管、风机及其安装方式均应采取防静电措施。在布置有甲、乙 A 类易燃液体设备的房间内，所设置的机械通风设备应与可燃气体浓度自动检测报警系统联动，并应设有就地和远程手动开启装置。

5.1.48　石油库地上储罐成组布置时，应符合哪些要求？

答：石油库地上储罐成组布置时，应符合：甲 B、乙和丙 A 类液体储罐可布置在同一罐组内，丙 B 类液体储罐宜独立设置罐组；沸溢性液体储罐不应与非沸溢性液体储罐同组布置；立式储罐不宜与卧式储罐布置在同一个储罐组内；储存Ⅰ、Ⅱ级毒性液体的储罐不应与其他易燃和可燃液体储罐布置在同一个罐组内。

第二节　城镇燃气输配系统

5.2.1　压缩天然气有哪些基本性质？

答：CNG 即压缩天然气（Compressed Natural Gas，简称 CNG）是天然气加压并以气态储存在容器中，为气态碳氢化合物，具有可燃性，多在油田开采原油时伴随而出。压缩天然气除了可以用油田及天然气田里的天然气外，还可以用人工制造生物的沼气，主要成分为甲烷（CH_4）。

5.2.2 液化石油气有哪些基本性质？

答：液化石油气（Liquefied Petroleum Gas，简称 LPG）是石油产品之一，是从油气田开采、炼油厂和乙烯工厂中生产的一种无色、挥发性气体。LPG 的主要组分是丙烷（超过 95％），还有少量的丁烷。LPG 在适当的压力下以液态储存在储罐容器中，常被用作炊事燃料。

5.2.3 液化天然气有哪些基本性质？

答：液化天然气（Liquefied Natural Gas，简称 LNG），主要成分是甲烷，无色、无味、无毒且无腐蚀性，其体积约为同量气态天然气体积的 1/625，液化天然气的重量仅为同体积水的 45％左右。天然气经净化处理（脱除 CO_2、硫化物、重烃、水等杂质）后，在常压下深冷至－162℃，由气态变成液态。

5.2.4 人工煤气有哪些基本性质？

答：由煤、焦炭等固体燃料或重油等液体燃料经干馏、汽化或裂解等过程所制得的气体，统称为人工煤气。按照生产方法，一般可分为干馏煤气和汽化煤气（发生炉煤气、水煤气、半水煤气等）。人工煤气的主要成分为烷烃、烯烃、芳烃、一氧化碳和氢气等可燃气体，并含有少量的二氧化碳、氮等不燃气体。

5.2.5 什么是液化石油气全压力式储罐、半冷冻式储罐、全冷冻式储罐？

答：全压力式储罐是在常温和较高压力下盛装液化石油气的储罐；半冷冻式储罐是在较低温度和较低压力下盛装液化石油气的储罐；全冷冻式储罐是在低温和常压下盛装液化石油气的储罐。

5.2.6 什么是低压储气罐、高压储气罐？

答：低压储气罐是工作压力（表压）在 10kPa 以下，依靠容积变化储存燃气的储气罐，分为湿式储式储气罐和干式储气罐；高压储气罐是工作压力（表压）大于 0.4MPa，依靠压力变化储存燃气的储气罐，又称为固定容积储气罐。

5.2.7 什么是湿式储气罐、干式储气罐？

答：湿式储气罐是在水槽内放置钟罩和塔节，钟罩和塔节随着气体的进出而升降，并利用水封隔断内外气体来储存燃气的容器。

干式储气罐是在圆柱形外筒中设立一个沿外筒上下的活塞，气体储存在活塞和圆柱筒体的底板之间。

湿式储气罐主要采用水密封，钟罩和塔节随气体的压力升降，干式储气罐主要采用活塞和圆筒之间的密封油进行密封，活塞随燃气的压力沿筒壁升降。

干、湿式储气罐一般是用来储存低压煤气，天然气由于压力较高，一般不使用上述两种罐体进行储存，在城市燃气中一般采用球形高压储罐进行储存。

5.2.8 城镇燃气输配系统由哪几部分组成？系统设施的布置应考虑哪些因素？

答：一般由门站、燃气管网、储气设施、调压设施、管理设施、监控系统等组成。

城镇燃气输配系统压力级制的选择以及门站、储配站、调压站、燃气干管的布置，应根据燃气供应来源、用户的用气量及其分布、地形地貌、管材设备供应条件、施工和运行等因素择优选取。

5.2.9　城镇燃气管道按设计压力（P）如何分级？

答： 分为七级，见表5-7。

城镇燃气管道压力分级　　　　　　　　　　　表5-7

名　　称		压力（MPa）
高压燃气管道	A	$2.5 < P \leqslant 4.0$
	B	$1.6 < P \leqslant 2.5$
次高压燃气管道	A	$0.8 < P \leqslant 1.6$
	B	$0.4 < P \leqslant 0.8$
中压燃气管道	A	$0.2 < P \leqslant 0.4$
	B	$0.01 \leqslant P \leqslant 0.2$
低压燃气管道		$P < 0.01$

5.2.10　城镇燃气的门站、储配站的储气罐或罐区之间的防火间距应满足哪些要求？

答： 湿式储气罐之间、干式储气罐之间、湿式储气罐与干式储气罐之间的防火间距不应小于相邻较大罐的半径；固定容积储气罐之间的防火间距不应小于相邻较大罐直径的2/3；固定容积储气罐与低压湿式或干式储气罐之间的防火间距不应小于相邻较大罐的半径；数个固定容积储气罐的总容积大于200000m³ 时，应分组布置，组与组之间的防火间距：卧式储罐不应小于相邻较大罐长度的一半；球形储罐不应小于相邻大罐的直径，且不应小于20.0m。

5.2.11　城镇燃气的门站和储配站总平面布置有哪些基本要求？

答： 总平面应分区布置，即分为生产区（包括储罐区、调压计量区、加压区等）和辅助区；站内建筑物的耐火等级不应低于二级；站内露天工艺装置区边缘距明火或散发火花地点不应小于20m，距办公、生活建筑不应小于18m，距围墙不应小于10m；储配站生产区应设置环形消防车通道；消防车通道宽度不应小于3.5m。

5.2.12　城镇燃气的地上调压站建筑设计应符合哪些基本要求？

答： 建筑物耐火等级不应低于二级；调压室与毗连房间之间应用实体隔墙隔开；调压室及其他有漏气危险的房间，应采取自然通风措施，换气次数每小时不应小于2 次；调压室内的地面应采用撞击时不会产生火花的材料。调压室应有泄压措施，调压室的门、窗应向外开启，窗应设防护栏和防护网，重要调压站宜设保护围墙。设于空旷地带的调压站或采用高架遥测天线的调压站应单独设置避雷装置，其接地电阻值应小于10Ω。

5.2.13　《城镇燃气设计规范》适用于哪些压缩天然气供应工程设计？

答：《城镇燃气设计规范》适用于工作压力不大于25.0MPa（表压）的城镇压缩天然气供应工程，包括天然气压缩加气站、压缩天然气储配站、压缩天然气瓶组供气站。

5.2.14　压缩天然气应根据工艺要求分级调压，调压系统哪些部位应设置紧急切断阀等安全装置？安全放散阀的开启压力如何规定？

答： 调压系统应根据工艺要求设自动切断和安全放散装置，在一级调压器进口管道上应设置快速切断阀。

在各级调压器出口管道上应设置安全放散阀：安全放散阀的开启压力应大于该级调压器出口压力超过规定值的设定值的设定切断压力，且不应小于下级调压器允许最大进口压力的 0.9 倍；末级调压器后的安全放散阀开启压力不应大于城市输配管网的起点设计压力；在压缩天然气调压过程中加热介质管道或设备设超压泄放装置；各级调压器的进、出口管道间宜设旁通管和旁通阀或具有相同作用的装置。

5.2.15　压缩天然气加气站、储配站的用电负荷等级如何规定？

答：压缩天然气加气站的用电负荷应按三级负荷设计，站内消防水泵用电应为二级负荷设计。压缩天然气储配站的用电负荷为二级负荷，当采用两回线路供电有困难时，可另设燃气或燃油发电机等自备电源。

5.2.16　《城镇燃气设计规范》适用于哪些液化石油气供应工程设计？什么是液化石油气气化站、混气站、瓶组气化站和液化石油气瓶装供应站？

答：《城镇燃气设计规范》适用于液化石油气运输工程、液化石油气供应基地（储存站、储配站和灌装站）、液化石油气气化站、混气站、瓶组气化站和瓶装液化石油气供应站。

液化石油气气化站是指配置储存和气化装置，将液态液化石油气转换为气态，并向用户供气的生产设施。

液化石油气混气站是指配置储存、气化和混气装置，将液化石油气转换为气态石油气后，与空气或其他可燃气体按一定比例混合配制成混合气，并向用户供气的生产设施。

瓶组气化站是指配置 2 个以上 15kg、2 个或 2 个以上 50kg 气瓶，采用自然或强制气化方式将液态液化石油气转换为气态液化石油气后，向用户供气的生产设施。

液化石油气瓶装供应站是指经营和储存液化石油气气瓶的场所。

5.2.17　液态液化石油气输送管道按设计压力（P）如何分级？

答：液态液化石油气输送管道应按设计压力（P）分为三级，见表 5-8。

液态液化石油气输送管道压力等级　　　　表 5-8

管道级别	设计压力（MPa）
Ⅰ 级	$P>4.0$
Ⅱ 级	$1.6<P\leqslant4.0$
Ⅲ 级	$P\leqslant1.6$

5.2.18　液化石油气供应基地选址应符合哪些要求？

答：液化石油气供应基地的站址宜选择在所在地区全年最小频率风向的上风侧，且应是地势平坦、开阔、不易积存液化石油气的地段，应避开地震带、地基沉陷和废弃矿井等地段。同时布局应符合城市总体规划的要求，且应远离城市居住区、村镇、学校、影剧院、体育馆等人员集聚的场所。

5.2.19　瓶装液化石油气供应站按其气瓶总容积（V）如何分级？

答：瓶装液化石油气供应站按其气瓶总容积 V 分为三级，见表 5-9。

液化石油气瓶装液化石油气供应站分级　　　　表 5-9

名　称	气瓶总容积（m³）
Ⅰ 级站	$6<V\leqslant20$
Ⅱ 级站	$1<V\leqslant6$
Ⅲ 级站	$V\leqslant1$

5.2.20 液化石油气瓶组气化站当采用自然气化方式供气，且瓶组气化站配置气瓶的总容积小于 1m³ 时，其布置要求是什么？

答：瓶组间可设置在与建筑物（住宅、重要公共建筑和高层民用建筑除外）外墙毗连的单层专用房间内，建筑物耐火等级不应低于二级；应是通风良好并设有直通室外的门；与其他房间相邻的墙应为无门、窗洞口的防火墙；应配置燃气浓度检测报警器；室温不应高于 45℃且不应低于 0℃。

5.2.21 液化天然气气化站总平面布置除满足防火间距外，还应符合哪些要求？

答：液化天然气气化站内总平面应分区布置，即分为生产区（包括储罐区、气化及调压等装置区）和辅助区。生产区宜布置在站区全年最小频率风向的上风侧或上侧风侧。液化天然气气化站应设置高度不低于 2m 的不燃烧体实体围墙。生产区应设置消防车道，车道宽度不应小于 3.5m。当储罐总容积小于 500m³ 时，可设置尽头式消防车道和面积不应小于 12m×12m 的回车场。生产区和辅助区至少应各设 1 个对外出入口。当液化天然气储罐总容积超过 1000m³ 时，生产区应设置 2 个对外出入口，其间距不应小于 30m。

5.2.22 液化天然气气化站储罐和储罐区的布置应符合哪些要求？

答：储罐之间的净距不应小于相邻储罐直径之和的 1/4，且不应小于 1.5m；储罐组内的储罐不应超过两排；储罐组四周必须设置周边封闭的不燃烧体实体防护墙，防护墙的设计应保证在接触液化天然气时不应被破坏；防护墙内的有效容积（V）应符合：对因低温或因防护墙内一储罐泄漏着火而可能引起防护墙内其他储罐泄漏，当储罐采取了防止措施时，V 不应小于防护墙内最大储罐的容积；当储罐未采取防止措施时，V 不应小于防护墙内所有储罐的总容积。防护墙内不应设置其他可燃液体储罐。严禁在储罐区防护墙内设置液化天然气钢瓶灌装口；容积大于 0.15m³ 的液化天然气储罐（或容器）不应设置在建筑物内。任何容积的液化天然气容器均不应永久地安装在建筑物内。

5.2.23 液化天然气瓶组气化站采用气瓶组作为储存及供气设施时，容量设计应符合哪些要求？

答：气瓶组总容积不应大于 4m³，单个气瓶容积宜采用 175L 钢瓶，最大容积不应大于 410L，灌装量不应大于其容积的 90%。气瓶组储气容积宜按 1.5 倍计算月最大日供气量确定。

5.2.24 液化天然气储罐安全阀的设置应符合哪些要求？液化天然气汽化器或其出口管道上必须设置安全阀，安全阀的泄放能力应满足哪些要求？

答：必须选用奥氏体不锈钢弹簧封闭全启式；单罐容积为 100 m³ 或 100 m³ 以上的储罐应设置 2 个或 2 个以上安全阀；安全阀应设置放散管，其管径不应小于安全阀出口的管径；放散管宜集中放散，安全阀与储罐之间应设置切断阀。

液化天然气气化器或其出口管道上必须设置安全阀，安全阀的泄放能力应满足：环境气化器的安全阀泄放能力必须满足在 1.1 倍的设计压力下，泄放量不小于气化器设计额定流量的 1.5 倍；加热气化器的安全阀泄放能力必须满足在 1.1 倍的设计压力下，泄放量不小于气化器设计额定流量的 1.1 倍。

5.2.25 液化石油气供应基地、液化天然气气化站具有爆炸危险的建（构）筑物的防火、防爆设计应符合哪些要求？

答：建筑物耐火等级不应低于二级；门、窗应向外开；封闭式建筑应采取泄压措施；

地面面层应采用撞击时不产生火花的材料。具有爆炸危险的封闭式建筑应采取良好的通风措施。液化石油气供应基地事故通风量每小时换气不应少于 12 次；当采用自然通风时，其通风口总面积按每平方米房屋地面面积不应少于 300cm² 计算确定，通风口不应少于 2 个，并应靠近地面设置。液化天然气气化站通风量按房屋全部容积每小时换气次数不应小于 6 次。在蒸发气体比空气重的地方，应在蒸发气体聚集最低部位设置通风口。具有爆炸危险的建筑，其承重结构应采用钢筋混凝土或钢框架、排架结构。钢框架和钢排架应采用防火保护层。

第三节 加 油 加 气 站

5.3.1 目前，常见的汽车加油加气站都有哪些？哪些加油加气站不应合建？

答：常见的汽车加油加气站有：加油站、液化石油气加气站（LPG 加气站）、压缩天然气加气站（CNG 加气站）、加油加气合建站。

加油加气合建站包括：加油站与 LPG、LNG、CNG 合建站及规范规定部分加气站合建站。加油加气站不应联合建站的有：CNG 加气母站与加油站；CNG 加气母站与 LNG 加气站；LPG 加气站与 CNG 加气站；LPG 加气站与 LNG 加气站。

5.3.2 CNG 加气站根据站址及功能如何分类？

答：CNG 加气站根据站址及功能分为 CNG 常规加气站、CNG 加气母站、CNG 加气子站 3 种类型。

CNG 常规加气站是从站外天然气管道取气，经过工艺处理并增压后，通过加气机给汽车 CNG 储气瓶充装车用 CNG，并可提供其他便利性服务的场所。

CNG 加气母站是从站外天然气管道取气，经过工艺处理并增压后，通过加气柱给服务于 CNG 加气子站的 CNG 车载储气瓶组充装 CNG，并可提供其他便利性服务的场所。

CNG 加气子站是用车载储气瓶组拖车运进 CNG，通过加气机为汽车 CNG 储气瓶充装 CNG，并可提供其他便利性服务的场所。

5.3.3 什么是 LPG 加气站？

答：LPG 加气站是为 LPG 汽车储气瓶充装车用 LPG，并可提供其他便利性服务的场所。

5.3.4 LNG 加气站如何分类？什么是 L-CNG 加气站？

答：LNG 加气站是具有 LNG 储存设施，使用 LNG 加气机为 LNG 汽车储气瓶充装车用 LNG，并可提供其他便利性服务的场所，一般分四种类型：撬装式加气站、标准式加气站、L-CNG 加气站、移动式撬装加气站。

L-CNG 加气站是能将 LNG 转化为 CNG，并为 CNG 汽车储气瓶充装车用 CNG，并可提供其他便利性服务的场所。

5.3.5 汽车加油加气站埋地油罐有哪些要求？埋地 LPG 罐有哪些要求？埋地 LNG 罐有哪些要求？地下 LNG 罐与半地下 LNG 罐有什么区别？

答：埋地油罐是指罐顶低于周围 4m 范围内的地面，并采用直接覆土或罐池充沙方式埋设在地下的卧式油品储罐。

埋地 LPG 罐是指罐顶低于周围 4m 范围内的地面，并采用直接覆土或罐池充沙方式埋设在地下的卧式 LPG 储罐。

埋地 LNG 罐是指罐顶低于周围 4m 范围内的地面，并采用直接覆土或罐池充沙方式埋设在地下的卧式 LNG 储罐。

地下 LNG 储罐是罐顶低于周围 4m 范围内地面标高 0.2m，并设置在罐池中的 LNG 储罐；半地下 LNG 储罐是罐体一半以上安装在周围 4m 范围内地面以下，并设置在罐池中的 LNG 储罐。

5.3.6　什么是汽车加油加气站内卸油油气回收系统、加油油气回收系统？

答：卸油油气回收系统：将油罐车向汽油油罐卸油时产生的油气密闭回收至油罐车内的系统；加油油气回收系统：将给汽油车辆加油时产生的油气密闭回收至埋地汽油罐的系统。

5.3.7　CNG 加气站储气设施的总容量应根据哪些因素确定？在城市建成区建设时，总容量应满足哪些要求？

答：CNG 加气站储气设施的总容积，应根据设计加气汽车数量、每辆汽车加气时间、母站服务的子站的个数、规模和服务半径等因素综合确定。

在城市建成区内，CNG 加气站储气设施的总容积应符合：CNG 加气母站储气设施的总容积不应超过 120m³；CNG 常规加气站储气设施的总容积不应超过 30m³；CNG 加气子站内设置有固定储气设施时，站内停放的车载储气瓶组拖车不应多于 1 辆，固定储气设施采用储气瓶时，其总容积不应超过 18m³，固定储气设施采用储气井时，其总容积不应超过 24m³；CNG 加气子站内无固定储气设施时，站内停放的车载储气瓶组拖车不应多于 2 辆。

5.3.8　加油站的等级如何划分？容量计算应注意哪些问题？

答：加油站按储油量分三个等级，见表 5-10。

加油站等级划分　　　　　　　　　　　　　　　　　　　表 5-10

级别	油罐容积（m³）	
	总容积	单罐容积
一级	$150 < V \leqslant 210$	$V \leqslant 50$
二级	$90 < V \leqslant 150$	$V \leqslant 50$
三级	$V \leqslant 90$	汽油罐 $V \leqslant 30$，柴油罐 $V \leqslant 50$

在进行计算时应注意：柴油罐容积可折半计入油罐总容积。

5.3.9　LPG 加气站的等级如何划分？

答：LPG 加气站分为三个等级，见表 5-11。

LPG 加气站等级划分　　　　　　　　　　　　　　　　　表 5-11

级别	LPG 罐容积（m³）	
	总容积	单罐容积
一级	$45 < V \leqslant 60$	$V \leqslant 30$
二级	$30 < V \leqslant 45$	$V \leqslant 30$
三级	$V \leqslant 30$	$V \leqslant 30$

5.3.10　加油站与 CNG 加气合建站的等级如何划分？容量计算应注意哪些问题？

答：加油与 CNG 加气合建站的等级划分为三级，见表 5-12。

加油与 CNG 加气合建站的等级划分　　　　　　　表 5-12

级别	油品储罐总容积（m³）	常规 CNG 加气站储气设施总容积（m³）	加气子站储气设施（m³）
一级	90<V≤120	V≤24	固定储气设施总容积≤12（18），可停放 1 辆车载储气瓶组拖车；当无固定储气设施时，可停放 2 辆车载储气瓶组拖车
二级	V≤90		
三级	V≤60	V≤12	固定储气设施总容积≤9（18），可停放 1 辆车载储气瓶组拖车

注：表中括号内数字为 CNG 储气设施采用储气井的总容积。

在进行计算时应注意：柴油罐容积可折半计入油罐总容积。当油罐总容积大于 90m³ 时，油罐单罐容积不应大于 50 m³；当油罐总容积小于或等于 90m³ 时，汽油罐单罐容积不应大于 30m³，柴油罐单罐容积不应大于 50m³。表中括号内数字为 CNG 储气设施采用储气井的总容积。

5.3.11　LNG 加气站与 CNG 常规加气站或 CNG 加气子站的合建站的等级如何划分？

答：LNG 加气站与 CNG 常规加气站或 CNG 加气子站的合建站的等级划分为三级，见表 5-13。

LNG 加气站与 CNG 常规加气站或 CNG 加气子站的合建站的等级划分　　　表 5-13

级别	LNG 储罐总容积 V（m³）	LNG 储罐单罐容积（m³）	CNG 储气设施总容积（m³）
一级	60<V≤120	≤60	≤24
二级	V≤60	≤60	≤18（24）
三级	V≤30	≤30	≤18（24）

注：表中括号内数字为 CNG 储气设施采用储气井的总容积。

5.3.12　加油与 LNG 加气、L-CNG 加气、LNG/L-CNG 加气以及加油与 LNG 加气和 CNG 加气联合建站的等级如何划分？容量计算应注意哪些问题？

答：加油与 LNG 加气、L-CNG 加气、LNG/L-CNG 加气以及加油与 LNG 加气和 CNG 加气联合建站的等级划分为三级，见表 5-14。

加油与 LNG 加气、L-CNG 加气、LNG/L-CNG 加气以及加油
与 LNG 加气和 CNG 加气合建站的等级划分　　　表 5-14

合建站等级	LNG 储罐总容积（m³）	LNG 储罐总容积与油品储罐总容积合计（m³）	CNG 储气设施总容积（m³）
一级	V≤120	150<V≤210	≤12
	V≤90	150<V≤180	≤24
二级	V≤60	90<V≤150	≤9
	V≤30	90<V≤120	≤24
三级	V≤60	≤90	≤9
	V≤30	≤90	≤24

在进行计算时应注意：柴油罐容积可折半计入油罐总容积。当油罐总容积大于 90m³ 时，油罐单罐容积不应大于 50 m³；当油罐总容积小于或等于 90 m³ 时，汽油罐单罐容积

不应大于 30 m³，柴油罐单罐容积不应大于 50 m³。LNG 储罐的单罐容积不应大于 60 m³。

5.3.13 哪类加油加气站不应设置在城市建成区、城市中心区? 城市建成区、城市中心区有何区别?

答：一级加油站、一级加气站、一级加油加气合建站、CNG 加气母站不宜在城市建成区。一级加油站、一级加气站、一级加油加气合建站、CNG 加气母站不应建在城市中心区。

城市建成区是指城市行政区内实际已经成片开发建设、市政公用设施和公共设施基本具备的地区。城市中心区包括市中心和副中心：市中心是指城市中重要市级公共设施比较集中，人群流动频繁的公共活动区域；副中心是指城市中为分散市中心活动强度的、辅助性的次于市中心的市级公共服务中心。

5.3.14 自助加油站内设置的监控系统，应具备哪些监控功能?

答：自助加油站的营业室内应设监控系统，该系统应具备下列监控功能：营业员可通过监控系统确认每台自助加油机的使用情况；可分别控制每台自助加油机的加油和停止状态；发生紧急情况可启动紧急切断开关停止所有加油机运行；可与顾客进行单独对话，指导其操作；对整个加油场地进行广播。

5.3.15 什么是橇装式加油装置? 橇装式加油装置应满足哪些要求?

答：橇装式加油装置是指将地面防火防爆储油罐、加油机、自动灭火装置等设备整体装配于一个橇体的地面加油装置。

橇装式加油装置应符合：橇装式加油装置的油罐内应安装防爆装置；橇装式加油装置应采用双层钢制油罐；橇装式加油装置的汽油设备应采用卸油和加油油气回收系统；双壁油罐应采用检测仪器或其他设施对内罐与外罐之间的空间进行渗漏监测，并应保证内罐与外罐任何部位出现渗漏时均能被发现；橇装式加油装置的汽油罐应设防晒罩棚或采取隔热措施；橇装式加油装置四周应设防护围堰或漏油收集池，防护围堰内或漏油收集池的有效容量不应小于储罐总容量的 50%。防护围堰或漏油收集池应采用不燃烧实体材料建造，且不应渗漏。

5.3.16 加油加气站建（构）筑物耐火等级有何要求?

答：加油加气站内不应建地下和半地下室。加油加气作业区内的站房及其他附属建筑物的耐火等级不应低于二级。罩棚应采用不燃烧材料建造，罩棚顶棚承重构件为钢结构时，其耐火极限可为 0.25h。加气站的 CNG 储气瓶（组）间宜采用开敞式或半开敞式钢筋混凝土结构或钢结构，屋面应采用不燃烧轻质材料建造，储气瓶（组）管道接口端朝向的墙应为厚度不小于 200mm 的钢筋混凝土实体墙。当压缩机间与值班室、仪表间相邻时，值班室、仪表间的门窗应位于爆炸危险区范围之外，且与压缩机间的中间隔墙应为无门窗洞口的防火墙。站房可与设置在辅助服务区内的餐厅、汽车服务、锅炉房、厨房、员工宿舍、司机休息室等设施合建，但站房与餐厅、汽车服务、锅炉房、厨房、员工宿舍、司机休息室等设施之间，应设置无门窗洞口且耐火极限不低于 3h 的实体墙。布置有 LPG 或 LNG 设备的房间的地坪应采用不发生火花地面。

5.3.17 汽车加油站油罐安装方式、工艺管道敷设有哪些要求?

答：汽车加油站的储油罐，应采用卧式油罐。除橇装式加油装置所配置的防火防爆油罐外，加油站的汽油罐和柴油罐应埋地设置，严禁设在室内或地下室内。

油罐车卸油必须采用密闭卸油方式，每个油罐应各自设置卸油管道和卸油接口，各卸油接口及油气回收接口，应有明显的标识。卸油接口应装设快速接头及密封盖。油罐车卸油时用的卸油连通软管、油气回收连通软管，应采用导静电耐油软管，或采用内附金属丝（网）的橡胶软管。

汽油罐与柴油罐的通气管应分开设置，通气管管口高出地面的高度不应小于 4m，沿建（构）筑物的墙（柱）向上敷设的通气管，其管口应高出建筑物的顶面 1.5m 及以上。通气管管口应设置阻火器。

通气管的公称直径不应小于 50mm，当加油站采用油气回收系统时，汽油罐的通气管管口除应装设阻火器外，尚应装设呼吸阀。呼吸阀的工作正压宜为 2～3kPa，工作负压宜为 1.5～2kPa。

加油站内的工艺管道除必须露出地面的以外，均应埋地敷设；当采用管沟敷设时，管沟必须用中性沙子或细土填满、填实。工艺管道不应穿过或跨越站房等与其无直接关系的建（构）筑物；与管沟、电缆沟和排水沟相交叉时，应采取相应的防护措施。

5.3.18 LPG 加气站储气罐安装方式、工艺管道敷设有哪些基本要求？

答：LPG 储罐严禁设置在室内或地下室内。在加油加气合建站和城市建成区内的加气站，LPG 储罐应埋地设置，且不应布置在车行道下。地上 LPG 储罐和埋地 LPG 储罐的设置应符合《加油加气站设计与施工规范》。

LPG 管适宜埋地敷设。当需要管沟敷设时，管沟应采用中性沙子填实。埋地管道覆土厚度（管顶至路面）不得小于 0.8m。穿越行车道处，宜加设套管。

5.3.19 LNG 和 L-CNG 加气站储气罐安装方式、工艺管道敷设有哪些要求？

答：在城市中心区内，各类 LNG 加气站及加油加气合建站，应采用埋地 LNG 储罐、地下 LNG 储罐或半地下 LNG 储罐，地下或半地下 LNG 储罐宜采用卧式储罐。加气机不得设置在室内。

LNG 储罐应设置全启封闭式安全阀；安全阀与储罐之间应设切断阀；与 LNG 储罐连接的 LNG 管道应设置可远程操作的紧急切断阀；LNG 管道的两个切断阀之间应设置安全阀或其他泄压装置。LNG 储罐应设置液位计和高液位报警器，高液位报警器应与进液管道紧急切断阀连锁。连接槽车的卸液管道上应设置切断阀和止回阀，气相管道上应设置切断阀。

当 LNG 管道需要采用封闭管沟敷设时，管沟应采用中性沙子填实。管道和管件材质应采用低温不锈钢，LNG 卸车软管应采用奥氏体不锈钢波纹软管。

5.3.20 CNG 常规加气站和加气母站储气设施安装方式、工艺管道敷设有哪些要求？

答：天然气进站管道宜采取调压或限压措施，天然气进站管道设置调压器时，调压器应设置在天然气进站管道上的紧急关断阀之后。压缩机组进口前应设分离缓冲罐，机组出口后宜设排气缓冲罐。

CNG 加气站内所设置的固定储气设施应选用储气瓶或储气井，储气瓶（组）应固定在独立支架上，地上储气瓶（组）宜卧式放置。加（卸）气设施不得设置在室内。加气（卸气）枪软管上应设安全拉断阀。

天然气管道应选用无缝钢管，站内高压天然气管道宜采用焊接连接，管道与设备、阀门可采用法兰、卡套、锥管螺纹连接。天然气管道宜埋地或管沟充沙敷设，埋地敷设时其管顶距地面不应小于 0.5m。冰冻地区宜敷设在冰冻线以下，室内管道宜采用管沟敷设，管沟应用中性沙填充。

天然气进站管道上应设置紧急切断阀，可手动操作的紧急切断阀的位置应便于发生事故时能及时切断气源。站内天然气调压计量、增压、储存、加气各工段，应分段设置切断气源的切断阀。储气瓶（组）、储气井与加气机或加气柱之间的总管上应设主切断阀，每个储气瓶（井）出口应设切断阀。储气瓶（组）、储气井进气总管上应设安全阀及紧急放散管、压力表及超压报警器。CNG 加气机、加气柱的进气管道上，宜设置防撞事故自动切断阀。

5.3.21　加油加气站用电负荷、供电电源应符合哪些要求？哪些部位应设事故照明？

答：加油加气站的供电负荷等级可为三级，信息系统应设不间断供电电源。加油站、LPG 加气站、加油和 LPG 加气合建站的供电电源，宜采用电压为 380/220V 的外接电源；CNG 加气站、LNG 加气站、L-CNG 加气站、加油和 CNG（或 LNG 加气站、L-CNG 加气站）加气合建站的供电电源，宜采用电压为 6/10kV 的外接电源。加油加气站的供电系统应设独立的计量装置。

加油站、加气站及加油加气合建站的消防泵房、罩棚、营业室、LPG 泵房、压缩机间等处，均应设事故照明。

5.3.22　加油加气站的电力线路敷设应符合哪些要求？

答：加油加气站的电力线路宜采用电缆并直埋敷设。电缆穿越行车道部分，应穿钢管保护。采用电缆沟敷设电缆时，加油加气作业区内的电缆沟内必须充沙填实。电缆不得与油品、LPG、LNG 和 CNG 管道以及热力管道敷设在同一沟内。

5.3.23　加油加气站站房由哪些功能用房组成？是否可设置厨房？

答：站房可由办公室、值班室、营业室、控制室、变配电间、卫生间和便利店等全部或几项组成，站房内可设非明火餐厨设备。

5.3.24　加油加气站设备、电气选型有哪些要求？

答：爆炸危险区域内的电气设备选型、安装、电力线路敷设等，应符合现行国家标准《爆炸和火灾危险环境电力装置设计规范》GB 50058 的有关规定。加油加气站内爆炸危险区域以外的照明灯具，可选用非防爆型。罩棚下处于非爆炸危险区域的灯具，应选用防护等级不低于 IP 44 级的照明灯具。

5.3.25　加油加气站防雷、防静电有哪些要求？

答：当加油加气站内的站房和罩棚等建筑物需要防直击雷时，应采用避雷带（网）保护。钢制油罐、LPG 储罐、LNG 储罐和 CNG 储气瓶（组）必须进行防雷接地，接地点不应少于两处。CNG 加气母站和 CNG 加气子站的车载 CNG 储气瓶组拖车停放场地，应设两处临时用固定防雷接地装置。加油加气站的汽油罐车、LPG 罐车和 LNG 罐车卸车场地，应设卸车或卸气时用的防静电接地装置，并应设置能检测跨接线及监视接地装置状态的静电接地仪。油罐车卸油用的卸油软管、油气回收软管与两端接头，应保证可靠的电气连接。油品罐车、LPG 罐车、LNG 罐车卸车场地内用于防静电跨接的固定接地装置，不应设置在爆炸危险 1 区。

埋地钢制油罐、埋地 LPG 储罐和埋地 LNG 储罐，以及非金属油罐顶部的金属部件和罐内的各金属部件，应与非埋地部分的工艺金属管道相互做电气连接并接地。

第四节 氧 气 站

5.4.1 氧气站的选址应符合哪些要求?

答:制氧工艺是以空气为原料生产,空气的洁净度关系到制氧装置的安全和产品质量,因此氧气站应选择在环境空气清洁的地区,并布置在有害气体和固体尘粒散发源的全年最小频率风向的下风侧。应考虑周围企业扩建时可能带来的影响。宜远离易产生空气污染的生产车间。

5.4.2 氧气站房是否可以采用多层厂房?主要生产车间围护结构有哪些要求?灌瓶间的充灌台设置应符合哪些要求?

答:氧气站的生产性站房宜为单层建筑物。氧气站的主要生产间,其围护结构上的门窗应向外开启,并不得采用木质等可燃材料制作。

灌瓶间的充灌台应设置高度不小于2m、厚度大于或等于200mm的钢筋混凝土防护墙。

气瓶装卸平台应设置大于平台宽度的雨篷,雨篷和支撑应采用不燃烧体。

5.4.3 氧气站、供氧站内各房间的火灾危险类别及最低耐火等级如何规定?

答:氧气站内各类房间的火灾危险性类别及最低耐火等级,应符合表5-15的规定。

氧气站内各类房间的火灾危险性类别及最低耐火等级　　　　表5-15

站房/房间名称	火灾危险性类别	最低耐火等级
制氧站房、制氧间、气化站房	乙类	二级
液氧系统设施	乙类	二级
液氮、液氩系统设施	戊类	四级
氧气调节阀组的调压阀室	乙类	二级
氧气灌瓶站房	乙类	二级
氧气压缩机间	乙类	二级
氮气、氩气灌瓶间	戊类	四级
氮气、氩气压缩机间	戊类	四级
氩气净化间等（加氢催化）	甲类	二级
氧气汇流排间、氧气储罐间	乙类	二级
氮气、氩气汇流排间、氮气储罐间	戊类	三、四级
水泵间、水处理间、维修间	戊类	三、四级
润滑油间	丙类	二级
氧气站专用变配电站	丙类	二级
油浸变压器室	丙类	二级

5.4.4 独立氧气瓶库的气瓶储量,应根据哪些因素确定?独立的氧气实瓶库的气体钢瓶的最大储存量如何规定?

答:独立氧气瓶库的气瓶储量应根据氧气灌装量、气瓶周转量和运输条件等因素确定。独立氧气实瓶库的最大储量(个)不应超过表5-16规定。

独立氧气实瓶库的最大储量（个）　　　　　　　　　　　　表 5-16

建筑物的耐火等级	每座库房	每个防火分区
一、二级	13600	3400
三级	4500	1500

5.4.5　当液氧储罐容器布置在建筑物内时，液氧储罐容积如何规定？当布置在一、二级耐火等级建筑物内或储罐间内时，防火分隔设施、防火间距应满足哪些要求？

答：当液氧储罐、低温液体贮槽确需室内布置时，宜设置在单独的房间内，且液氧储罐的总容积不得超过 10m³。

当设置在独立的一、二级耐火等级的专用建筑物内，且与使用建筑一侧为无门、窗、洞的防火墙时，其防火间距不应小于 6m；当设置在一、二级耐火等级的储罐间内，且一面贴邻使用建筑物外墙时，应采用无门、窗、洞的耐火极限不低于 2.0h 的不燃烧体墙分隔，并应设直通室外的出口。

5.4.6　氧气储罐之间及其与可燃气体储罐之间的防火间距如何确定？

答：氧气储罐之间的防火间距不应小于相邻较大罐的半径。氧气储罐与可燃气体储罐之间的防火间距不应小于相邻较大罐的直径。

5.4.7　制氧站房、灌氧站房、氧气压缩机间等站房布置要求有哪些？

答：氧气站的乙类生产场所不得设置在地下室或半地下室。制氧站房、灌氧站房、氧气压缩机间宜独立布置，但可与不低于其耐火等级的除火灾危险性属甲、乙类的生产车间，以及无明火或散发火花作业的其他生产车间毗连建造，其毗连的墙应为无门、窗、洞的防火墙，并应设至少一个直通室外的安全出口。

5.4.8　氧气站的氧气汇流排间、氧气压力调节阀组的阀门室耐火等级应符合哪些要求？

答：输氧量不超过 60m³/h 的氧气汇流排间、氧气压力调节阀组的阀门室可设在不低于三级耐火等级的用户厂房内靠外墙处，并应采用耐火极限不低于 2.0h 的不燃烧体隔墙和丙级防火门，与厂房的其他部分隔开。输氧量超过 60m³/h 的氧气汇流排间、氧气压力调节阀组的阀门室宜布置成独立建筑物，当与用户厂房毗连时，其毗连的厂房的耐火等级不应低于二级，并应采用耐火极限不低于 2.0h 的不燃烧体无门、窗、洞的隔墙与该厂房隔开。氧气汇流排间可与同一使用目的的可燃气体供气装置或供气站毗连建造在耐火等级不低于二级的同一建筑物中，但应以无门、窗、洞的防火墙相互隔开。

5.4.9　催化反应炉部分、氢气瓶间等部位通风换气次数如何规定？

答：催化反应炉部分、氢气瓶间、氮气压缩机间、氮气压力调节阀间、惰性气体贮气罐间和液体储罐间等的自然通风换气次数，不应少于 3 次/h；事故换气应采用机械通风，其换气次数不应少于 12 次/h。

5.4.10　当制氧站房或液氧系统设施和灌氧站房布置在同一建筑物内时，防火分隔设施应满足哪些要求？氧气压缩机间、氧气灌瓶间、液氧储罐间等房间之间，与其他房间之间的防火隔墙、防火门应满足哪些要求？

答：当制氧站房或液氧系统设施和灌氧站房布置在同一建筑物内时，应采用耐火极限不低于 2.0h 的不燃烧体隔墙和乙级防火门进行分隔，并应通过走廊相通。

氧气贮气囊间、氧气压缩机间、氧气灌瓶间、氧气实瓶间、氧气储罐间、液氧储罐间、氧气汇流排间、氧气调压阀间等房间相互之间应采用耐火极限不低于 2.0h 的不燃烧体隔墙和乙级防火门窗进行分隔。氧气压缩机间、氧气灌瓶间、氧气贮气囊间、氧气实瓶间、氧气储罐间、液氧储罐间、氧气汇流排间、氧气调压阀间等与其他毗连房间之间应采用耐火极限不低于 2.0h 的不燃烧体隔墙和乙级防火门窗进行分隔。

5.4.11　氧气站厂区氧气管道直接埋地敷设或采用不通行地沟敷设时，有哪些技术要求？

答：氧气站厂区管道直接埋地敷设或采用不通行地沟敷设时，除满足氧气管道与建筑物、构筑物及其他埋地管线之间的最小净距外，应符合：氧气管道严禁埋设在不使用氧气的建筑物、构筑物或露天堆场下面或穿过烟道；氧气管道采用不通行地沟敷设时，沟上应设防止可燃物料、火花和雨水侵入的不燃烧体盖板；严禁氧气管道与油品管道、腐蚀性介质管道和各种导电线路敷设在同一地沟内，并不得与该类管线地沟相通；直接埋地或不通行地沟敷设的氧气管道上不应装设阀门或法兰连接点，当必须设阀门时，应设独立阀门井；氧气管道不应与燃气管道同沟敷设，当氧气管道与同一使用目的燃气管道同沟敷设时，沟内应填满沙子，并严禁与其他地沟直接相通；埋地深度应根据地面上的荷载决定，管顶距地面不宜小于 0.7m；含湿气体管道应敷设在冻土层以下，并应在最低点设排水装置。管道穿过铁路和道路时应设套管，其交叉角不宜小于 45°。

直接埋地管道与建筑物、筑构物应根据埋设地带土壤的腐蚀等级采取相应的防腐措施。当氧气管道与其他不燃气体或水管同沟敷设时氧气管应布置在上面，地沟应能排除积水。

5.4.12　氧气站的氢气瓶间与其他房间相邻布置时，还应符合哪些要求？

答：氧气站内的氢气瓶间应设置在靠外墙，且有直接通向室外的安全出口的专用房间内，氢气瓶间与相邻的房间应采用不低于 2.0h 耐火极限的无门、窗、洞的不燃烧体墙体分隔。

5.4.13　氧气站哪些部位应设置导除静电接地装置？氧气管道设置的导除静电接地装置，应符合哪些要求？

答：氧气站积聚液氧、液体空气的各类设备、氧气压缩机、氧气灌充台和氧气管道应设导除静电的接地装置，接地电阻不应大于 10Ω。

氧气管道应设置导除静电的接地装置，并应符合：厂区架空或地沟敷设管道，在分岔处或无分支管道每隔 80～100m 处，以及与架空电力电缆交叉处应设接地装置；进、出车间或用户建筑物处应设接地装置；直接埋地敷设管道应在埋地之前及出地后各接地一次；车间或用户建筑物内部管道应与建筑物的静电接地干线相连接；每对法兰或螺纹接头间应设跨接导线，电阻值应小于 0.03Ω。

第五节　乙炔站

5.5.1　乙炔站内主要站房、设施的火灾危险性如何确定？

答：乙炔站的制气站房、灌瓶站房、电石渣处理站房、电石库和电石破碎、电石渣坑，以及乙炔瓶库、丙酮库、乙炔汇流排间的生产火灾危险性类别应为甲类。

5.5.2　乙炔站选址应符合哪些要求？

答：乙炔站不应布置在人员密集区和主要交通要道处，且气态乙炔站、乙炔汇流排间宜靠近乙炔主要用户处，应有良好的自然通风，乙炔站严禁布置在易被水淹没的地点，并考虑近期扩建的可能性。

5.5.3　乙炔站内总容积不超过 5m³ 的固定容积式储罐，或总容积不超过 20m³ 的湿式储罐的外壁，与制气站房或灌瓶站房之间的防火间距，如何确定？总安装容量或总输气量不超过 10m³/h 的气态乙炔站或乙炔汇流排间，与耐火等级不低于二级的其他生产厂房毗连建造时，应满足哪些要求？

答：不宜小于 5m。总安装容量或总输气量不超过 10m³/h 的气态乙炔站或乙炔汇流排间，与耐火等级不低于二级的其他生产厂房毗连建造时，应满足：毗连的墙应为无门、窗、洞的防火墙；在靠近气态乙炔站或乙炔汇流排间的生产厂房外墙的门、窗、洞边缘，与气态乙炔站或乙炔汇流排间外墙上的门、窗、洞边缘、电石渣坑边缘和室外乙炔设备外壁之间的距离，不应小于 4m；气态乙炔站或乙炔汇流排间与生产厂房相毗连的防火墙上，严禁穿过任何管线。

5.5.4　乙炔发生器、乙炔压缩机等设备，其电气设备或仪表选型有哪些要求？

答：乙炔发生器、乙炔压缩机等设备，必须采用适用于乙炔 dⅡCt2(B4b)(B4b)级的防爆型电气设备或仪表。当受条件限制，需采用不适用于乙炔的或非防爆型电气设备或仪表时，应将其布置在单独的电气设备间内或室外。

5.5.5　乙炔灌瓶站房实瓶储量、总面积有哪些要求？独立的乙炔瓶库的气瓶储量，应如何确定？

答：灌瓶站房中乙炔实瓶的最大储量，不应超过 1000 个，并且空瓶间和实瓶间的总面积不应超过 400m²；当乙炔实瓶储量不超过 500 个时，灌瓶站房和制气站房可设在同一座建筑物内，灌瓶站房的空瓶间和实瓶间的总面积不应超过 200m²；实瓶储量超过 500 个时，灌瓶站房和制气站房应为两座独立的建筑物。

独立的乙炔瓶库的气瓶储量，应根据生产需要量、气瓶周转和运输等条件确定，但实瓶库或空瓶、实瓶库的气瓶储量不应超过 300 个，且其中应以防火墙分隔；每个隔间的气瓶储量不应超过 1000 个。

5.5.6　乙炔站主要生产间建筑层数布置有哪些要求？无爆炸危险的生产间或房间办公室休息室如何布置？

答：乙炔站有爆炸危险的生产间应为单层建筑物，当工艺需要时，其发生器间可设计成多层建筑物。固定式乙炔发生器及其辅助设备或灌瓶乙炔压缩机及其辅助设备应布置在单独的房间内。

无爆炸危险的生产间或房间、办公室、休息室等宜独立设置，当贴邻站房布置时，应采用一、二级耐火等级建筑，且与有爆炸危险生产间之间应采用耐火极限不低于 3h 的无门、窗、洞的非燃烧体墙隔开，并设有独立的出入口。当需连通时，应设乙级防火门的双门斗，通过走道相通。

5.5.7　乙炔站生产间建筑结构防爆设计有哪些要求？

答：有爆炸危险的生产间宜采用钢筋混凝土柱、有防火保护层的钢柱承重的框架或排架结构，并宜采用敞开式的建筑。除电石等库房外有爆炸危险的生产间应设置泄压面积，泄压面积与厂房容积的比值宜为 0.22。泄压设施宜采用轻质屋盖或屋盖上开口作为泄压面积。

5.5.8 乙炔站有爆炸危险生产间的通风换气次数如何规定？

答：自然通风不应小于 3 次/h；事故通风换气次数不应小于 7 次/h。

5.5.9 乙炔站哪些部位应设置导除静电接地装置？乙炔管道设置的导除静电接地装置，应符合哪些要求？

答：乙炔压缩机、电石破碎机、爆炸危险场所通风机等设备，当采用皮带传动时，皮带应有导除静电的措施。

乙炔设备、乙炔管、乙炔汇流排应有导除静电的接地装置，接地电阻不应大于 10Ω。乙炔管道应有导除静电的接地装置；厂区管道可在管道分岔处、无分支管道每 80～100mm 处以及进出车间建筑物处应设接地装置；直接埋地管道可在埋地之前及出地后各接地一次，车间内部管道可与本车间的静电干线相连接。当每对法兰或螺纹接头间电阻值超过 0.03Ω 时，应有跨接导线。

第六节 石油化工厂

5.6.1 什么是石油化工厂？

答：石油化工厂是指以石油、天然气及其产品为原料，生产、储存、运输各种石油化工产品的炼油厂、石油化工厂、石油化纤厂，或其联合组成的工厂。

5.6.2 什么是厂址选择？什么是石油化工厂总体布置、工厂布置？

答：厂址选择是指选择符合建厂条件的地区和场所。

总体布置是指根据厂址所在地区的自然条件和社会环境以及城市规划、环境保护和安全生产等方面的要求，对工程的多个组成项目和协作项目统一进行区域性总体布局和土地利用的全面规划，合理确定其位置关系和运输路径。

工厂布置是指在总体布置的基础上，确定工厂生产装置、各类设施之间的相对关系及空间位置。

5.6.3 石油化工厂厂址选择、总体布置应考虑哪些因素？

答：厂址选择与总体布置应贯彻"十分珍惜和合理利用土地，切实保护耕地"的基本国策，应符合当地的土地利用总体规划、当地城镇和工业园区规划，因地制宜，提高土地利用率，并应符合环境保护、安全卫生、矿产资源及文物保护、交通运输等方面的要求和规定。因此，厂址选择应考虑以下因素：进行区域规划时，应根据石油化工企业及其相邻工厂或设施的特点和火灾危险性，结合地形、风向等条件，合理布置；石油化工企业的生产区宜位于邻近城镇或居民区全年最小频率风向的上风侧；在山区或丘陵地区，石油化工企业的生产区应避免布置在窝风地带；石油化工企业的生产区沿江河岸布置时，宜位于邻近江河的城镇、重要桥梁、大型锚地、船厂等重要建筑物或构筑物的下游。

5.6.4 石油化工厂总平面布置除满足防火间距外，还应遵循什么原则？

答：石油化工工厂总平面布置应根据工厂的生产流程及各组成部分的生产特点和火灾危险性，结合地形、风向等条件，按功能分区集中布置。应遵循以下原则：可能散发可燃气体的工艺装置、罐组、装卸区或全厂性污水处理场等设施宜布置在人员集中场所及明火或散发火花地点的全年最小频率风向的上风侧；液化烃罐组或可燃液体罐组不应毗邻布置在高于工艺装置、全厂性重要设施或人员集中场所的阶梯上。但受条件限制或有工艺要求时，可燃液体原料储罐可毗邻布置在高于工艺装置的阶梯上，但应采取防止泄漏的可燃液体流入工艺装置、全厂性重要设施或人员集中场所的措施；空分站应布置在空气清洁地段，并宜位于散发乙炔及其他可燃气体、粉尘等场所的全年最小频率风向的下风侧；全厂性的高架火炬宜位于生产区全年最小频率风向的上风侧；汽车装卸设施、液化烃灌装站及各类物品仓库等机动车辆频繁进出的设施应布置在厂区边缘或厂区外，并宜设围墙独立成区。

罐区泡沫站应布置在罐区防火堤外的非防爆区，与可燃液体罐的防火间距不宜小于 20m。

消防站的位置应符合：消防站的服务范围应按行车路程计、行车路程不宜大于 2.5km，并接警后消防车到达火场时间不宜超过 5min；应便于消防车迅速通往工艺装置区和罐区；宜避开工厂主要人流道路；宜远离噪声场所；宜位于生产区全年最小频率风向的下风侧。

5.6.5 石油化工厂液化烃、可燃液体的火灾危险性如何分类？应符合哪些要求？

答： 石油化工厂液化烃、可燃液体的火灾危险性分类应符合表 5-17，并应符合：操作温度超过其闪点的乙类液体应视为甲 B 类液体；操作温度超过其闪点的丙 A 类液体应视为乙 A 类液体；操作温度超过其闪点的丙 B 类液体应视为乙 B 类液体；操作温度超过其沸点的丙 B 类液体应视为乙 A 类液体。

液化烃、可燃液体的火灾危险性分类 表 5-17

名称	类别		特征
液化烃	甲	A	15℃时的蒸气压力>0.1MPa 的烃类液体及其他类似的液体
		B	甲 A 类以外，闪点<28℃
可燃液体	乙	A	28℃≤闪点≤45℃
		B	45℃<闪点<60℃
		A	60℃≤闪点≤120℃
		B	闪点>120℃

5.6.6 石油化工厂内房间的火灾危险性类别应按房间内设备的火灾危险性类别确定，当同一房间内布置有不同火灾危险性类别设备时，房间的火灾危险性类别如何确定？

答： 石油化工厂房间的火灾危险性类别应按房间内设备的火灾危险性类别确定。当同一房间内，布置有不同火灾危险性类别设备时，房间的火灾危险性类别应按其中火灾危险性类别最高的设备确定。但当火灾危险类别最高的设备所占面积比例小于 5％，且发生事故时，不足以蔓延到其他部位或采取防火措施能防止火灾蔓延时，可按火灾危险性类别较低的设备确定。

5.6.7 什么是石油化工厂装置区、联合装置、装置、装置内单元？

答： 装置区是指由一个或一个以上的独立石油化工装置或联合装置组成的区域。

联合装置是指由两个或两个以上独立装置集中紧凑布置，且装置间直接进料，无供大修设置的中间原料储罐，其开工或停工检修等均同步进行，视为一套装置。

装置是指一个或一个以上相互关联的工艺单元的组合。

装置内单元是指按生产完成一个工艺操作过程的设备、管道及仪表等的组合体。

5.6.8 石油化工厂装置的控制室、机柜间、变配电所、化验室、办公室等房间的布置有哪些要求？

答：装置的控制室、机柜间、变配电所、化验室、办公室等不得与设有甲、乙 A 类设备的房间布置在同一建筑物内。装置的控制室与其他建筑物合建时，应设置独立的防火分区。

装置的控制室、化验室、办公室等宜布置在装置外，并宜全厂性或区域性统一设置。当装置的控制室、机柜间、变配电所、化验室、办公室等布置在装置内时，应布置在装置的一侧，位于爆炸危险区范围以外，并宜位于可燃气体、液化烃和甲 B、乙 A 类设备全年最小频率风向的下风侧。

布置在装置内的控制室、机柜间、变配电所、化验室、办公室等的布置应符合：控制室宜设在建筑物的底层；平面布置位于附加 2 区的办公室、化验室室内地面及控制室、机柜间、变配电所的设备层地面应高于室外地面，且高差不应小于 0.6m；控制室、机柜间面向有火灾危险性设备侧的外墙应为无门窗洞口、耐火极限不低于 3h 的不燃烧材料实体墙；化验室、办公室等面向有火灾危险性设备侧的外墙宜为无门窗洞口不燃烧材料实体墙，当确需设置门窗时，应采用防火门窗；控制室或化验室的室内不得安装可燃气体、液化烃和可燃液体的在线分析仪器。

5.6.9 石油化工厂装置储罐（组）的布置除满足防火间距外，应符合哪些要求？

答：当装置储罐总容积：液化烃罐小于或等于 100m³、可燃气体或可燃液体罐小于或等于 1000m³ 时，可布置在装置内；当装置储罐组总容积：液化烃罐大于 100m³ 小于或等于 500m³、可燃液体罐或可燃气体罐大于 1000m³ 小于或等于 5000m³ 时，应成组集中布置在装置边缘，但液化烃单罐容积不应大于 300m³，可燃液体单罐容积不应大于 3000m³。与储罐相关的机泵应布置在防火堤外。

5.6.10 石油化工厂内建筑物、设备的构架或平台的安全疏散应符合哪些要求？

答：建筑物的安全疏散门应向外开启，甲、乙、丙类房间的安全疏散门不应少于两个，面积小于等于 100m² 的房间可只设 1 个。设备的构架或平台的安全疏散通道应符合：可燃气体、液化烃和可燃液体的塔区平台或其他设备的构架平台应设置不少于两个通往地面的梯子，作为安全疏散通道，但长度不大于 8m 的甲类气体和甲、乙 A 类液体设备的平台或长度不大于 15m 的乙 B、丙类液体设备的平台，可只设一个梯子；相邻的构架、平台宜用走桥连通，与相邻平台连通的走桥可作为一个安全疏散通道；相邻安全疏散通道之间的距离不应大于 50m。

5.6.11 石油化工厂内液化烃泵、可燃液体泵在泵房内布置时，其设计应符合哪些要求？

答：液化烃泵、操作温度等于或高于自燃点的可燃液体泵、操作温度低于自燃点的可燃液体泵应分别布置在不同房间内，各房间之间的隔墙应为防火墙。

操作温度等于或高于自燃点的可燃液体泵房的门窗与操作温度低于自燃点的甲 B、乙 A 类液体泵房的门窗或液化烃泵房的门窗的距离不应小于 4.5m。

甲、乙 A 类液体泵房的地面不宜设地坑或地沟，泵房内应有防止可燃气体积聚的措施。

在液化烃、操作温度等于或高于自燃点的可燃液体泵房的上方，不宜布置甲、乙、丙类工艺设备。

液化烃泵不超过两台时，可与操作温度低于自燃点的可燃液体泵同房间布置。

5.6.12　石油化工厂内可燃气体压缩机的布置及其厂房的设计应符合哪些要求？

答：可燃气体压缩机宜布置在敞开或半敞开式厂房内；单机驱动功率等于或大于150kW 的甲类气体压缩机厂房不宜与其他甲、乙和丙类房间共用一座建筑物；压缩机的上方不得布置甲、乙和丙类工艺设备，但自用的高位润滑油箱不受此限；比空气轻的可燃气体压缩机半敞开式或封闭式厂房的顶部应采取通风措施；比空气轻的可燃气体压缩机厂房的楼板宜部分采用钢格板；比空气重的可燃气体压缩机厂房的地面不宜设地坑或地沟；厂房内应有防止可燃气体积聚的措施。

5.6.13　储罐（组）的专用泵区应布置在防火堤外，与储罐的防火间距应符合哪些要求？

答：距甲 A 类储罐不应小于 15m；距甲 B、乙类固定顶储罐不应小于 12m，距小于或等于 500m³ 的甲 B、乙类固定顶储罐不应小于 10m；距浮顶及内浮顶储罐、丙 A 类固定顶储罐不应小于 10m，距小于或等于 500m³ 的内浮顶储罐、丙 A 类固定顶储罐不应小于 8m。

除 A 类以外的可燃液体储罐的专用泵单独布置时，应布置在防火堤外，与可燃液体的防火间距不限。

5.6.14　工艺装置内高架火炬的设置应符合哪些要求？

答：严禁排入火炬的可燃气体携带可燃液体；火炬的辐射热不应影响人身及设备的安全；距火炬筒 30m 范围内，不应设置可燃气体放空。

5.6.15　石油化工厂的工艺设备、管道和构件的材料应符合哪些规定？

答：石油化工厂的工艺设备本体（不含衬里）及其基础，管道（不含衬里）及其支、吊架和基础应采用不燃烧材料，但储罐底板垫层可采用沥青砂；工艺设备和管道的保温层应采用不燃烧材料，当设备和管道的保冷层采用阻燃型泡沫塑料制品时，其氧指数不应小于 30。液化烃、可燃液体储罐的保温层应采用不燃烧材料，当保冷层采用阻燃型泡沫塑料制品时，其氧指数不应小于 30。

5.6.16　在非正常条件下，可能超压的哪些装置单元内设备应设安全阀？

答：在非正常条件下，可能超压的下列装置单元内设备应设安全阀：顶部最高操作压力大于等于 0.1MPa 的压力容器；除汽提塔顶蒸汽通入另一蒸馏塔外，顶部最高操作压力大于 0.03MPa 的蒸馏塔、蒸发塔和汽提塔；除设备本身已有安全阀外，往复式压缩机各段出口或电动往复泵、齿轮泵、螺杆泵等容积式泵的出口；凡与鼓风机、离心式压缩机、离心泵或蒸汽往复泵出口连接的设备不能承受其最高压力时，鼓风机、离心式压缩机、离心泵或蒸汽往复泵的出口；可燃气体或液体受热膨胀，可能超过设计压力的设备；顶部最高操作压力为 0.03～0.1MPa 的设备应根据工艺要求设置。

5.6.17　装置单元内设备上设置的安全阀开启压力如何规定？

答：单个安全阀的开启压力（定压），不应大于设备的设计压力。当一台设备安装多个安全阀时，其中一个安全阀的开启压力（定压）不应大于设备的设计压力；其他安全阀的开启压力可以提高，但不应大于设备设计压力的 1.05 倍。

5.6.18 装置单元内有突然超压或发生瞬时分解爆炸危险物料的反应设备，如设安全阀不能满足要求时，设计上应采取哪些措施？

答：工艺装置单元内有突然超压或发生瞬时分解爆炸危险物料的反应设备，如设安全阀不能满足要求时，应装爆破片或爆破片和导爆管，导爆管口必须朝向无火源的安全方向；必要时应采取防止二次爆炸、火灾的措施。因物料爆聚、分解造成超温、超压，可能引起火灾、爆炸的反应设备应设报警信号和泄压排放设施，以及自动或手动遥控的紧急切断进料设施。严禁将混合后可能发生化学反应并形成爆炸性混合气体的几种气体混合排放。

5.6.19 石油化工厂的工艺设备哪些承重钢结构应采取耐火保护措施？

答：应采取耐火保护措施的承重钢结构有：单个容积等于或大于 $5m^3$ 的甲、乙A类液体设备的承重钢构架、支架、裙座；在爆炸危险区范围内，且毒性为极度和高度危害的物料设备的承重钢构架、支架、裙座；操作温度等于或高于自燃点的单个容积等于或大于 $5m^3$ 的乙B、丙类液体设备承重钢构架、支架、裙座；加热炉炉底钢支架；在爆炸危险区范围内的主管廊的钢管架；在爆炸危险区范围内的高径比等于或大于8，且总重量等于或大于25t的非可燃介质设备的承重钢构架、支架和裙座。

5.6.20 储运设施的可燃液体地上储罐成组布置除满足防火间距外，还应符合哪些规定？

答：应符合：在同一罐组内，宜布置火灾危险性类别相同或相近的储罐；当单罐容积小于或等于 $1000m^3$ 时，火灾危险性类别不同的储罐也可同组布置；沸溢性液体的储罐不应与非沸溢性液体储罐同组布置；可燃液体的压力储罐可与液化烃的全压力储罐同组布置；可燃液体的低压储罐可与常压储罐同组布置。

5.6.21 储运设施的可燃液体地上储罐组的总容积应符合哪些规定？

答：罐组内单罐容积大于或等于 $10000m^3$ 的储罐个数不应多于12个；单罐容积小于 $10000m^3$ 的储罐个数不应多于16个；但单罐容积均小于 $1000m^3$ 储罐以及丙B类液体储罐的个数不受此限。罐组的总容积应符合：固定顶罐组的总容积不应大于 $120000m^3$ ；浮顶、内浮顶罐组的总容积不应大于 $600000m^3$ ；固定顶罐和浮顶、内浮顶罐的混合罐组的总容积不应大于 $120000m^3$ ；其中浮顶、内浮顶罐的容积可折半计算。

5.6.22 储运设施可燃液体地上储罐组应设防火堤，防火堤及隔堤内的有效容积如何计算？

答：防火堤内的有效容积不应小于罐组内1个最大储罐的容积，当浮顶、内浮顶罐组不能满足此要求时，应设置事故存液池储存剩余部分，但罐组防火堤内的有效容积不应小于罐组内1个最大储罐容积的一半；隔堤内有效容积不应小于隔堤内1个最大储罐容积的10%。

5.6.23 储运设施区内设有防火堤的可燃液体地上罐组内设置隔堤应符合哪些要求？

答：单罐容积小于或等于 $5000m^3$ 时，隔堤所分隔的储罐容积之和不应大于 $20000m^3$ ；单罐容积大于 $5000m^3$ 至 $20000m^3$ 时，隔堤内的储罐不应超过4个；单罐容积大于 $20000m^3$ 至 $50000m^3$ 时，隔堤内的储罐不应超过2个；单罐容积大于 $50000m^3$ 时，应每1个一隔；隔堤所分隔的沸溢性液体储罐不应超过2个。

5.6.24 储运设施可燃液体地上储罐组防火堤及隔堤应符合哪些要求？

答：防火堤及隔堤应能承受所容纳液体的静压，且不应渗漏；立式储罐防火堤的高度应为计算高度加 0.2m，但不应低于 1.0m（以堤内设计地坪标高为准），且不宜高于 2.2m（以堤外 3m 范围内设计地坪标高为准）；卧式储罐防火堤的高度不应低于 0.5m（以堤内设计地坪标高为准）；立式储罐组内隔堤的高度不应低于 0.5m；卧式储罐组内隔堤的高度不应低于 0.3m；管道穿堤处应采用不燃烧材料严密封闭；在防火堤内雨水沟穿堤处应采取防止可燃液体流出堤外的措施；在防火堤的不同方位上应设置人行台阶或坡道，同一方位上两相邻人行台阶或坡道之间距离不宜大于 60m；隔堤应设置人行台阶。

5.6.25 储运设施的液化烃、可燃气体、助燃气体的地上储罐成组布置除满足防火间距外，还应符合哪些规定？

答：液化烃储罐成组布置时应符合：液化烃罐组内的储罐不应超过两排；每组全压力式或半冷冻式储罐的个数不应多于 12 个；全冷冻式储罐的个数不宜多于 2 个；全冷冻式储罐应单独成组布置；储罐材质不能适应该罐组介质最低温度时不应布置在同一罐组内。

5.6.26 储运设施的液化烃全冷冻式单防罐罐组设防火堤应符合哪些要求？

答：防火堤内的有效容积不应小于一个最大储罐的容积；单防罐至防火堤内顶角线的距离不应小于最高液位与防火堤堤顶的高度之差加上液面上气相当量压头的和；当防火堤的高度等于或大于最高液位时，单防罐至防火堤内顶角线的距离不限；应在防火堤的不同方位上设置不少于两个人行台阶或梯子；防火堤及隔堤应为不燃烧实体防护结构，能承受所容纳液体的静压及温度变化的影响，且不渗漏。

5.6.27 储运设施液化烃、可燃气体、助燃气体的地上储罐防火堤及隔堤的设置应符合哪些规定？

答：应符合：液化烃全压力式或半冷冻式储罐组宜设不高于 0.6m 的防火堤，防火堤内堤脚线距储罐不应小于 3m，堤内应采用现浇混凝土地面，并应坡向外侧，防火堤内的隔堤不宜高于 0.3m；全压力式储罐组的总容积大于 8000m³ 时，罐组内应设隔堤，隔堤内各储罐容积之和不宜大于 8000m³，单罐容积等于或大于 5000m³ 时应每一个一隔；全冷冻式储罐组的总容积不应大于 200000m³，单防罐应每一个一隔，隔堤应低于防火堤 0.2m；沸点低于 45℃甲 B 类液体压力储罐组的总容积不宜大于 60000m³，隔堤内各储罐容积之和不宜大于 8000 m³，单罐容积等于或大于 5000 m³ 时应每一个一隔；沸点低于 45℃的甲 B 类液体的压力储罐，防火堤内有效容积不应小于一个最大储罐的容积，当其与液化烃压力储罐同组布置时，防火堤及隔堤的高度尚应满足液化烃压力储罐组的要求，且二者之间应设隔堤；当其独立成组时，防火堤距储罐不应小于 3m，防火堤及隔堤的高度设置应经计算确定。

5.6.28 液化石油气的灌装站除满足消防车道要求外，应符合哪些要求？

答：液化石油气的灌瓶间和储瓶库宜为敞开式或半敞开式建筑物；液化石油气的残液应密闭回收，严禁就地排放；灌装站应设不燃烧材料隔离墙，如采用实体围墙，其下部应设通风口；灌瓶间和储瓶库的室内应采用不发生火花的地面，室内地面应高于室外地坪，其高差不应小于 0.6m；液化石油气缓冲罐与灌瓶间的距离不应小于 10m。

5.6.29 石油化工厂甲、乙、丙类物品仓库除满足防火间距外，应符合哪些要求？

答：石油化工企业应设置独立的化学品和危险品库区，甲、乙、丙类物品仓库除满足防火间距外,应符合:甲类物品仓库宜单独设置,当其储量小于 5t 时,可与乙、丙类物品仓库共用一座建筑物,但应设独立的防火分区;乙、丙类产品的储量宜按装置 2~15d 的产量计算确定;化学品应按其化学物理特性分类储存,当物料性质不允许相互抵触时,应用实体墙隔开,并各设出入口;仓库应通风良好;可能产生爆炸性混合气体或在空气中能形成粉尘、纤维等爆炸性混合物的仓库,应采用不发生火花的地面,需要时应设防水层。

5.6.30 石油化工厂仓库占地面积、防火分区面积如何规定?

答:单层仓库跨度不应大于 150m。每座合成纤维、合成橡胶、合成树脂及塑料单层仓库的占地面积不应大于 24000m²,每个防火分区的建筑面积不应大于 6000m²;当企业设有消防站和专职消防队且仓库设有工业电视监视系统时,每座合成树脂及塑料单层仓库的占地面积可扩大至 48000m²。

5.6.31 石油化工厂合成纤维、合成树脂及塑料等产品的高架仓库耐火等级可否采用三级?

答:合成纤维、合成树脂及塑料等产品的高架仓库的耐火等级不应低于二级,货架应采用不燃烧材料。

5.6.32 石油化工厂内穿越、跨越管线有哪些要求?

答:全厂性工艺及热力管道宜地上敷设,沿地面或低支架敷设的管道不应环绕工艺装置或罐组布置,并不应妨碍消防车通行。管道及其桁架跨越厂内铁路线的净空高度不应小于 5.5m;跨越厂内道路的净空高度不应小于 5m。在跨越铁路或道路的可燃气体、液化烃和可燃液体管道上不应设置阀门及易发生泄漏的管道附件。可燃气体、液化烃、可燃液体的管道横穿铁路线或道路时应敷设在管涵或套管内。永久性的地上、地下管道不得穿越或跨越与其无关的工艺装置、系统单元或储罐组;在跨越罐区泵房的可燃气体、液化烃和可燃液体的管道上不应设置阀门及易发生泄漏的管道附件。

5.6.33 石油化工厂的公用工程管道与可燃气体、液化烃和可燃液体的管道或设备连接时应符合哪些规定?

答:公用工程管道与可燃气体、液化烃和可燃液体的管道或设备连接时应符合:连续使用的公用工程管道上应设止回阀,并在其根部设切断阀;在间歇使用的公用工程管道上应设止回阀和一道切断阀或设两道切断阀,并在两切断阀间设检查阀;仅在设备停用时使用的公用工程管道应设盲板或断开。

5.6.34 可燃气体、液化烃、可燃液体的钢罐设置防雷接地应符合哪些规定?

答:可燃气体、液化烃、可燃液体的钢罐必须设防雷接地,并应符合:甲 B、乙类可燃液体地上固定顶罐,当顶板厚度小于 4mm 时,应装设避雷针、线,其保护范围应包括整个储罐;丙类液体储罐可不设避雷针、线,但应设防感应雷接地;浮顶罐及内浮顶罐可不设避雷针、线,但应将浮顶与罐体用两根截面不小于 25mm² 的软铜线作电气连接;压力储罐不设避雷针、线,但应作接地。

5.6.35 可燃气体、液化烃、可燃液体、可燃固体的管道在哪些部位应设静电接地设施?

答:可燃气体、液化烃、可燃液体、可燃固体的管道在进出装置或设施处,爆炸危险场所的边界,管道泵及泵入口永久过滤器、缓冲器等部位应设静电接地设施。

第六章 隧 道 工 程

第一节 城市交通隧道

6.1.1 城市交通隧道火灾危险性？

答：现代隧道的长度日益增加，导致排烟和逃生、救援困难；车载量更大，而且需通行运输危险材料的车辆，受条件限制还需采用单孔双向行车道，导致火灾规模增大，对隧道结构的破坏作用大；车流量日益增长，导致发生火灾的可能性增加。

6.1.2 城市交通隧道火灾有哪些主要原因？

答：城市交通隧道发生火灾原因多种多样，主要原因有：机动车故障、交通事故、车载货物起火、人为过失或违规操作、意外事故、人为纵火。

6.1.3 城市交通隧道如何分类？

答：城市交通隧道一般分为单孔和双孔，按其封闭段长度和交通情况分为一、二、三、四类，见表6-1。

单孔和双孔隧道分类　　　　　　　　　　　表6-1

用　途	一类	二类	三类	四类
	隧道封闭段长度 L（m）			
可通行危险化学品等机动车	$L>1500$	$500<L\leqslant1500$	$L\leqslant500$	—
仅限通行非危险化学品等机动车	$L>3000$	$1500<L\leqslant3000$	$500<L\leqslant1500$	$L\leqslant500$
仅限人行或通行非机动车	—	—	$L>1500$	$L\leqslant1500$

6.1.4 城市交通隧道承重体耐火极限有哪些要求？

答：对于一、二类隧道，耐火极限分别不应低于2.00h和1.50h；对于通行机动车的三类隧道，耐火极限不应低于2.00h；其他类别隧道对于三类隧道、耐火极限不应低于2.0h对于四类，耐火极限不限。

6.1.5 城市交通隧道相关附属设施耐火等级有哪些要求？

答：隧道内的地下设备用房、风井和消防救援出入口的耐火等级应为一级，地面的重要设备用房、运营管理中心及其他地面附属用房的耐火等级不应低于二级。

6.1.6 城市交通隧道内部装修材料有哪些防火要求？

答：要严格控制装修材料的燃烧性能及其发烟量，特别是可能产生大量毒性气体的材料。除嵌缝材料外，隧道的内部装修应采用不燃材料。

6.1.7 城市交通隧道安全疏散形式？

答：双洞单向交通隧道，利用横洞作为疏散联络道，两座隧道互为安全疏散通道以及利用平行导坑作为疏散通道或者沿隧道长度方向在双孔隧道中间、单孔隧道附近设置的人员专用疏散避难通道。

6.1.8 城市交通双孔隧道车行横道或车行疏散通道设置有哪些要求？

答：水底隧道宜设置车行横通道或车行疏散通道。车行横通道的间隔和隧道通向车行疏散通道入口的间隔宜为 1000～1500m；非水底隧道应设置车行横通道或车行疏散通道。车行横通道的间隔和隧道通向车行疏散通道入口的间隔不宜大于 1000m；车行横通道应沿垂直隧道长度方向布置，并应通向相邻隧道；车行疏散通道应沿隧道长度方向布置在双孔中间，并应直通隧道外；车行横通道和车行疏散通道的净宽度不应小于 4.0m，净高度不应小于 4.5m；隧道与车行横通道或车行疏散通道的连通处，应采取防火分隔措施。

6.1.9　城市交通双孔隧道人行横道或人行疏散通道设置有哪些要求？

答：人行横通道的间隔和隧道通向人行疏散通道入口的间隔，宜为 250～300m；人行疏散横通道应沿垂直双孔隧道长度方向布置，并应通向相邻隧道；人行疏散通道应沿隧道长度方向布置在双孔中间，并应直通隧道外；人行横通道可利用车行横通道；人行横通道或人行疏散通道的净宽度不应小于 1.2m，净高度不应小于 2.1m；隧道与人行横通道或人行疏散通道的连通处，应采取防火分隔措施，门应采用乙级防火门。

6.1.10　城市交通双孔隧道地下设备用房有哪些防火要求？

答：隧道内地下设备用房的每个防火分区的最大允许建筑面积不应大于 1500m²，每个防火分区的安全出口数量不应少于 2 个，与车道或其他防火分区相通的出口可作为第二安全出口，但必须至少设置 1 个直通室外的安全出口；建筑面积不大于 500m² 且无人值守的设备用房可设置 1 个直通室外的安全出口。

6.1.11　哪类城市交通隧道可以不设置消防给水？

答：四类隧道和行人或通行非机动车辆的三类隧道，可不设置消防给水系统。

6.1.12　城市交通隧道消防给水设置有哪些要求？

答：消防用水量应按隧道的火灾延续时间和隧道全线同一时间发生一次火灾计算确定。

一、二类隧道的火灾延续时间不应小于 3.0h；三类隧道，不应小于 2.0h；隧道内的消防用水量应按需要同时开启所有灭火设施的用水量之和计算；

隧道内宜设置独立的消防给水系统。严寒和寒冷地区的消防给水管道及室外消火栓应采取防冻措施；当采用干式给水系统时，应在管网的最高部位设置自动排气阀，管道的充水时间不宜大于 90s；

隧道内的消火栓用水量不应小于 20L/s，隧道外的消火栓用水量不应小于 30L/s。

对于长度小于 1000m 的三类隧道，隧道内、外的消火栓用水量可分别为 10L/s 和 20L/s。

管道内的消防供水压力应保证用水量达到最大时，最不利点处的水枪充实水柱不小于 10.0m。

消火栓栓口处的出水压力大于 0.5MPa 时，应设置减压设施；

在隧道出入口处应设置消防水泵接合器和室外消火栓；设置消防水泵供水设施的隧道，应在消火栓箱内设置消防水泵启动按钮；应在隧道单侧设置室内消火栓箱，消火栓箱内应配置 1 支喷嘴口径 19mm 的水枪、1 盘长 25m、直径 65mm 的水带，并宜配置消防软管卷盘。

6.1.13　城市交通隧道消火栓设置间距有哪些要求？

答：隧道内消火栓的间距不应大于 50m，消火栓的栓口距地面高度宜为 1.1m。

6.1.14　城市交通隧道排水有哪些要求？

答：隧道内应设置排水设施。排水设施应考虑排除渗水、雨水、隧道清洗等水量和灭火时的消防用水量，并应采取防止事故时可燃液体或有害液体沿隧道漫流的措施。

6.1.15 城市交通隧道灭火器设置有哪些要求?

答：隧道内应设置 ABC 类灭火器，通行机动车的一、二类隧道和通行机动车并设置 3 条及以上车道的三类隧道，在隧道两侧均应设置灭火器，每个设置点不应少于 4 具；其他隧道，可在隧道一侧设置灭火器，每个设置点不应少于 2 具；灭火器设置点的间距不应大于 100m。

6.1.16 哪类城市交通隧道需要设置排烟设施?

答：通行机动车的一、二、三类隧道应设置排烟设施。

6.1.17 城市交通隧道内机械排烟系统排烟方式有何规定?

答：长度大于 3000m 的隧道，宜采用纵向分段排烟方式或重点排烟方式；长度不大于 3000m 的单洞单向交通隧道，宜采用纵向排烟方式；单洞双向交通隧道，宜采用重点排烟方式。

6.1.18 城市交通隧道机械排烟系统设置有哪些具体规定?

答：采用全横向和半横向通风方式时，可通过排风管道排烟；采用纵向排烟方式时，应能迅速组织气流、有效排烟，其排烟风速应根据隧道内的最不利火灾规模确定，且纵向气流的速度不应小于 2m/s，并应大于临界风速；排烟风机和烟气流经的风阀、消声器、软接等辅助设备，应能承受设计的隧道火灾烟气排放温度，并应能在 250℃ 下连续正常运行不小于 1.0h。排烟管道的耐火极限不应低于 1.00h。

6.1.19 城市交通隧道火灾自动报警系统设置有哪些要求?

答：一、二类隧道应设置火灾自动报警系统，通行机动车的三类隧道宜设置火灾自动报警系统。设置的火灾自行报警系统还应当满足以下要求：应设置火灾自动探测装置；隧道出入口和隧道内每隔 100～150m 处，应设置报警电话和报警按钮；应设置火灾应急广播或应每隔 100～150m 处设置发光警报装置。

6.1.20 城市交通隧道供电有哪些要求?

答：一、二类隧道的消防用电应按一级负荷要求供电；三类隧道的消防用电应按二级负荷要求供电。

6.1.21 城市交通隧道应急疏散指示标识设置有哪些要求?

答：隧道两侧、人行横通道和人行疏散通道上应设置疏散照明和疏散指示标志，其设置高度不宜大于 1.5m。一、二类隧道内疏散照明和疏散指示标志的连续供电时间不应小于 1.5h；其他隧道，不应小于 1.0h。

第二节 铁 路 隧 道

6.2.1 铁路隧道如何分类?

答：铁路隧道分为特长、长、中长、短四个等级，如表 6-2 所示。

铁路隧道等级划分 表 6-2

特长	全长 10000m 以上
长	全长 3000m 以上至 10000m
中长	全长 500m 以上至 3000m
短	全长 500m 及以下

6.2.2 铁路运营隧道综合防治有毒气体危害有哪些方法？

答：提高列车通行隧道的行驶速度；隧道内设置无渣道床；设置机械通风；特长隧道及瓦斯隧道运营通风的设置应与消防通风综合考虑。

6.2.3 铁路瓦斯隧道运营期间有哪些安全要求？

答：瓦斯隧道运营期间应定时通风，并在列车进入隧道前或者列车出隧道后进行，列车在隧道时不应通风，瓦斯隧道运营通风的最小风速不得少于 1.0m/s，当隧道内瓦斯浓度达到 0.4％时必须启动风机进行通风，保证隧道内瓦斯浓度不大于 0.5％；当降到 0.3％以下时，可以停止通风。

6.2.4 铁路隧道机械通风有哪些设置要求？

答：运营隧道设置机械通风应根据牵引种类、隧道长度、隧道平面与纵断面、道床类型、行车速度和密度、气象条件及两端洞口地形等因素综合确定，并满足下列要求：单线内燃机车牵引的隧道，长度在 2km 以上的，宜设置机械通风；单线电力机车牵引的隧道，长度在 8km 以上的，宜设置机械通风进行换气；双线隧道应根据行车密度，自然条件等具体情况，选定设置机械通风的隧道长度和通风方式。对于内燃机车牵引的双线隧道，当隧道长度与行车密度乘积小于或等于 100 时，可不设置机械通风。

6.2.5 铁路隧道的照明设置有哪些要求？

答：全长 1000m 以上的直线隧道和全长 500m 以上的曲线隧道应设置照明设备。隧道内指示照明采用固定照明，其灯具安装高度宜为 4m。隧道内作业照明应采用移动照明，其插座宜设置在避车洞处，安装高度不宜低于 1.5m；照明灯具应选用防潮、减震、防腐蚀和不妨碍信号瞭望的灯具，瓦斯隧道的灯具应具有防爆性能。

6.2.6 铁路隧道什么情况下应设置消防水池？

答：长度 5.0km 及以上的客货共线铁路隧道两端的洞口处宜设置高位水池。

6.2.7 铁路隧道消防设计中，火灾延续时间按多久计算？

答：铁路隧道火灾的延续时间按 4h 计算。

6.2.8 长度 5km 以上的客货共线铁路隧道消防用水量及充实水柱有哪些要求？

答：消防用水量按 20L/s 计算，充实水柱按 13m 计算。

6.2.9 长度 5km 以上的客货共线铁路隧道消火栓设置有哪些要求？

答：隧道两侧洞口设置高位水池时，应各设置两座消火栓。消火栓距洞口距离不宜小于 50m。

6.2.10 铁路隧道横通道设置有哪些要求？

答：双线特长隧道平面设计中，宜采用双洞单线方案；采用双洞单线的长及特长隧道应设置横通道，中长隧道宜设置横通道。横通道间距不应大于 500m，其净宽不应小于 2.3m，净高不应小于 2.5m，坡度不宜大于 10％。

6.2.11 时速 200～350km/h 铁路隧道救援通道及紧急出口设计应符合哪些规定？

答：隧道内应设置贯通整个隧道的救援通道，单线隧道应单侧设置，多线隧道应双侧设置；救援通道应设在安全空间一侧，距离该侧线路中线不应小于 2.3m；救援通道走行面不应低于内轨顶面，地表必须平整；救援通道的宽度不宜小于 1.5m，在装设施处，宽度可适当减少；净高不应小于 2.2m；双洞单线特长及长隧道应利用横通道等设施设置紧急出口，单洞双线特长及长隧道有条件时应设置紧急出口；紧急出口的通道断面最小尺寸宽度不应小于 2.3m，高度不应小于 2.5m；纵向仰角不应大于 30°。

第三节 高速铁路隧道

6.3.1 高速铁路隧道设计使用年限是多少？

答：隧道结构应满足耐久性要求，主体结构设计使用年限应为 100 年。

6.3.2 高速铁路隧道内救援通道和安全空间设置有哪些要求？

答：救援通道：隧道内应设置贯通的救援通道，单线隧道单侧设置，双线隧道双侧设置，救援通道距线路中线不应小于 2.3m。救援通道的宽度不宜小于 1.5m（在装设专业设施处可适当减少），高度不应小于 2.2m。救援通道走行面不应低于轨面，走行面应平整、铺设稳固。

安全空间：安全空间应设在距线路中线 3.0m 以外，单线隧道在救援通道一侧设置，多线隧道在双侧设置；安全空间的宽度不应小于 0.8m，高度不应小于 2.2m。

6.3.3 高速铁路隧道紧急救援站设置有哪些要求？

答：长度为 20km 及以上的隧道应设置紧急救援站，紧急救援站之间的距离不应大于 20km；紧急救援站长度应根据旅客列车编组长度加一定富余量确定，一般情况下可采用 450～500m；紧急救援站内的疏散横通道间距不宜大于 60m，横通道内应设置两道防护密闭门，门通行宽度不应小于 3.4m；紧急救援站内应设置疏散站台，站台宽度宜为 2.3m，站台高度应满足旅客安全疏散需要，并不得侵入基本建筑限界；紧急救援站内满足人员等待的空间应按 $0.5m^2/$人设计；紧急救援站内应设置防灾通风、应急照明、应急通信、消防等设施。

6.3.4 高速铁路隧道避难所、紧急出口设置有哪些要求？

答：长度 10～20km 之间的隧道应设置避难所；长度 3～10km 之间的隧道可结合辅助坑道情况设置紧急出口。避难所应设置应急通风、应急照明、应急通信等设施，其面积按 $0.5m^2/$人考虑。紧急出口应优先考虑采用平行导坑和横洞，其宽度不应小于 3.0m、高度不应小于 2.2m。当采用斜井作紧急出口时，水平长度不宜大于 500m、纵向坡度不宜大于 12%。

6.3.5 高速铁路隧道疏散指示标识设置有哪些要求？

答：救援通道、紧急救援站、待避所、紧急出口、横通道应设置疏散引导标识。

第七章 城市轨道交通

7.1.1 地铁的火灾危险性有哪些？

答：空间小、人员密度和流量大；用电设施、设备繁多；动态火灾隐患多。

7.1.2 地铁的火灾特点有哪些？

答：火情探测和扑救困难；氧含量急剧下降；产生有毒烟气、排烟排热效果差。

7.1.3 地下车站的类型有哪些？

答：按站台形式分，可分为岛式、双岛式；侧式、上下单向侧式、上下双向侧式、前后错位侧式；一岛一侧式、一岛二侧式等。

按埋深分，可分为高架、地面、路堑、地下一层、地下多层。

按换乘形式分，可分为同站台平行换乘、同车站平行换乘、站台点式换乘、通道换乘、组合换乘。

7.1.4 地铁的防火分区划分要求？

答：地下车站站台和站厅公共区应划分为一个防火分区，设备与管理用房区每个防火分区的最大允许使用面积不应大于 1500m²；地下换乘车站当共用一个站厅时，站厅公共区面积不应大于 5000 m²；地上的车站站厅公共区采用机械排烟时，防火分区的最大允许建筑面积不应大于 5000 m²，其他部位每个防火分区的最大允许建筑面积不应大于 2500 m²。消防泵房、污水泵房、废水泵房、厕所、盥洗室等面积可不计入防火分区面积。

7.1.5 地铁的防火分区之间分隔要求？

答：两个防火分区之间应采用耐火极限不低于 3h 的防火墙和甲级防火门分隔，在防火墙上设有观察窗时，应采用甲级防火窗；防火分区的楼板应采用耐火极限不低于 1.5h 的楼板。

7.1.6 地铁的防烟分区划分要求？

答：地下车站的公共区，以及设备与管理用房，应划分防烟分区，且防烟分区不得跨越防火分区。站厅与站台的公共区每个防烟分区的建筑面积不宜超过 2000m²，设备与管理用房每个防烟分区的建筑面积不宜超过 750m²。

防烟分区可采取挡烟垂壁等措施。挡烟垂壁等设施的下垂高度不应小于 500mm。

7.1.7 地铁消防设计中，如何考虑同一时间火灾发生起数？

答：根据我国 40 多年来的地铁建设及运营经验，并参考国外有关资料，一条线路、换乘车站及其相邻区间的防火设计按同一时间发生一起火灾考虑。

7.1.8 地铁车站内是否可以设置商业？

答：车站站台、站厅和出入口通道的乘客疏散区内不得设置商业场所，除地铁运营、服务设备、设施外，也不得设置妨碍乘客疏散的设备、设施及其他物体。

7.1.9 地铁与地下商业体部分连接时的分隔要求？

答：当地铁开发地下商业时，商业区与站厅间应划分成不同的防火分区。可采用防火墙、防火卷帘等防火分隔设施分隔，其防火设计应符合现行国家标准《建筑设计防火规范》GB 50016 的有关规定。

7.1.10 地铁各建构筑物的耐火等级划分要求？

答：地下的车站、区间、变电站等主体工程及出入口通道、风道的耐火等级应为一级；地面出入口、风亭等附属建筑，地面车站、高架车站及高架区间的建、构筑物，耐火等级不得低于二级；控制中心建筑耐火等级应为一级；车辆基地内建筑的耐火等级应根据其使用功能确定，并应符合现行国家标准《建筑设计防火规范》GB 50016 的有关规定。

7.1.11 地铁车站的安全出口设置要求？

答：车站每个站厅公共区安全出口数量应经计算确定，且应设置不少于 2 个直通地面的安全出口。

地下单层侧式站台车站，每侧站台安全出口数量应经计算确定，且不应少于 2 个直通地面的安全出口。

地下车站的设备与管理用房区域安全出口的数量不应少于 2 个，其中有人值守的防火分区应有 1 个安全出口直通地面。

安全出口应分散设置，当同方向设置时，两个安全出口通道口部之间净距不应小于 10m。

竖井、爬梯、电梯、消防专用通道，以及设在两侧式站台之间的过轨地道不应作为安全出口；地下换乘车站的换乘通道不应作为安全出口。

7.1.12 地铁付费区与非付费区之间的通行能力要求？

答：公共区内设于付费区与非付费区之间的栅栏应设栅栏门，检票口和栅栏门的总通行能力应与站台至站厅疏散能力相匹配。

7.1.13 地铁两条单线区间隧道是否需要设置联络通道？

答：两条单线区间隧道应设联络通道。

7.1.14 地铁相邻两个联络通道之间的距离是多少？

答：相邻两个联络通道之间的距离不应大于 600m，联络通道内应设并列反向开启的甲级防火门，门扇的开启不得侵入限界。

7.1.15 地铁道床面作为疏散通道的设置要求？

答：道床面作为疏散通道时，道床步行面应平整、连续、无障碍物。

7.1.16 地铁站台、站厅内任一点到安全出口的疏散距离是多少？

答：站台、站厅内任一点，与安全出口的疏散距离不得大于 50m。

7.1.17 地铁地下车站公共区和设备管理用房的哪些部位应采用燃烧性能等级为 A 级不燃材料？

答：地下车站公共区和设备管理用房的顶棚、墙面、地面装修材料及垃圾箱，应采用燃烧性能等级为 A 级不燃材料。

7.1.18 地铁车站公共区的装修材料不得采用哪些制品？

答：装修材料不得采用石棉、玻璃纤维、塑料类等制品。

7.1.19 地铁车站内垃圾箱材料燃烧性能有何要求？

答：应采用 A 级不燃材料。

7.1.20 地铁车站公共区的广告灯箱、导向标志、休息椅、电话亭、售检票机等固定服务设施的材料有何要求？

答：采用不低于 B_1 级难燃材料。

7.1.21 地铁内人员的疏散时间是如何规定的？

答：车站站台公共区的楼梯、自动扶梯、出入口通道，应满足当发生火灾时在 6min 内将远期或客流控制期超高峰小时一列进站列车所载的乘客及站台上的候车人员全部撤离站台到达安全区的要求。

7.1.22 地铁设备与管理用房区安全出口、疏散通道的宽度和长度如何规定的？

答：设备与管理用房区房间单面布置时，疏散通道宽度不得小于 1.2m，双面布置时不得小于 1.5m；设备与管理用房直接通向疏散走道的疏散门至安全出口的距离，当房间疏散门位于两个安全出口之间时，疏散门与最近安全出口的距离不应大于 40m，当房间位于袋形走道两侧或尽端时，其疏散门与最近安全出口的距离不应大于 22m。

7.1.23 什么是地铁安全区？

答：一般情况下指地下封闭车站配备了事故通风系统，能为站台或轨行区列车火灾工况下乘客疏散提供保护的场所，即为安全区。当站台上部为敞开空间或能形成自然排烟的空间亦为安全区（站台层根据需要仍配置事故通风系统）。

7.1.24 车站的疏散原则是什么？

答：火灾发生时，车站员工应按照驻留在车站各岗位上以指挥、协助、引导乘客疏散和进行初期灭火自救的原则。

7.1.25 地下车站的消防专用通道如何设置？

答：地下车站消防专用通道应设置在有车站控制室等主要管理用房的防火分区内，并应能方便到达地下各层。地下超过三层（含三层）时，应设防烟楼梯间。

7.1.26 地铁消火栓给水系统用水量如何规定？

答：地下车站（含换乘车站）应为 20L/s；地下车站出入口通道、折返线及地下区间隧道应为 10L/s；地面和高架车站应符合《消防给水及消火栓系统技术规范》的有关规定。

7.1.27 地铁消防给水系统如何规定的？

答：当城市自来水的供水量能满足消防用水的要求，而供水压力不能满足消防用水压力的要求时，应设消防增压、稳压设施，当地消防和市政部门许可时，可不设消防水池，从市政管网直接引水。

当城市自来水的供水量不能满足消防用水量要求或城市自来水管网为枝状管网时，地下车站及地下区间应设消防增压、稳压设施和消防水池；地面和高架车站消防设施及消防水池的设置，应符合现行国家标准《建筑设计防火规范》GB 50016 的有关规定。

换乘车站消防给水系统宜采用一套系统。

地面车站、高架车站消火栓系统采用消防泵加压供水时，应设置稳压装置及气压罐，可不设高位水箱。

7.1.28 车站内哪些部位应设室内消火栓系统？

答：地下车站及其相连的地下区间、长度大于 20m 的出入口通道、长度大于 500m 的独立地下区间，应设室内消火栓给水系统。

7.1.29　地铁消防给水管道的设置有哪些要求？

答：地下车站和地下区间的室内消火栓给水系统应设计为环状管网；地下区间上下行线应各设置 1 根消防给水管，在地下车站端部和车站环状管网应相接。

地下区间两条给水干管之间是否设置连通管应经过技术经济比较确定。

地面和高架车站室内消火栓超过 10 个，且室外消防用水量大于 15L/s 时，应设计为环状管网。

车站室内消火栓环状管网应有 2 根进水管与城市自来水环状管网或消防水泵连接。

消防枝状管道上设置的消火栓数量不应超过 4 个。

7.1.30　地铁室内消火栓的设置有哪些要求？

答：车站的消火栓，宜设单口单阀消火栓，困难地段可设双口双阀消火栓箱。

消火栓口径应为 $DN65$，水枪喷嘴直径应为 19mm，每根水龙带长度应为 25m，栓口距地面、楼板或道床面高度应为 1.1m。

地下区间隧道的消火栓，宜设消火栓口，可不设消火栓箱，但水龙带和水枪应放在邻近车站站台端部专用消火栓箱内。

消火栓的布置应保证每个防火分区同层有两只水枪的充实水柱同时到达室内任何部位；地下车站水枪充实水柱长度不应小于 10m，地面、高架车站水枪充实水柱长度应符合《消防给水及消火栓系统技术规范》的有关规定。

消火栓的间距应按计算确定，但单口单阀消火栓不应超过 30m，双口双阀消火栓不应超过 50m，地下区间隧道（单洞）内消火栓的间距不应超过 50m，人行通道内消火栓间距不应超过 30m。

消火栓口的静水压力和出水压力应符合《消防给水及消火栓系统技术规范》的有关规定。

车站、车辆基地的消火栓与灭火器宜共箱设置，箱内应配备衬胶水龙带和水枪、自救式消防软管卷盘和灭火器。

当消火栓系统由消防水泵加压供给时，消火栓处应设水泵启动按钮。

7.1.31　地下区间消防给水干管布置要求？

答：地下区间消防给水干管的布置，采用接触轨供电时，宜设在接触轨的对侧，必须与接触轨同轨时，管道与接触轨的最小净距，当接触轨电压为 750V 时不应小于 50mm，当接触轨电压为 1500V 时不应小于 150mm；采用架空接触网供电时，可设在隧道行车方向的任一侧。管道、阀门和消火栓的位置不得侵入设备限界。

7.1.32　地下车站水泵接合器设置要求？

答：在地下车站出入口或新风亭的口部等处明显位置应设水泵接合器，并应在距水泵接合器 15～40m 范围内设置室外消火栓或消防水池取水口。

7.1.33　地铁消防设备的监控有哪些要求？

答：消防泵组应在车站控制室显示消火栓泵的运行状态、手/自动状态、故障状态，在车站控制室应能控制消防泵的启停，消防泵应采用启泵按钮启动及车站控制室远程启动的启动方式；自动灭火系统应具备自动控制、手动控制及紧急机械操作三种启动功能。

7.1.34　车站内哪些部位必须设置防烟、排烟和事故通风系统？

答：地下车站及区间隧道内必须设置防烟、排烟和事故通风系统。

7.1.35　车站内哪些场所应设置机械防烟、排烟设施？

答：地下车站的站厅和站台；连续长度大于300m的区间隧道和全封闭车道；防烟楼梯间和前室。

7.1.36　地铁的哪些场所应设置机械排烟设施？

答：同一防火分区内的地下车站设备与管理用房的总面积超过200m²，或面积超过50 m²且经常有人停留的单个房间；最远点到车站公共区的直线距离超过20m的内走道；连续长度大于60m的地下通道和出入口通道。

7.1.37　地铁防烟、排烟系统与事故通风应具有哪些功能？

答：当区间隧道发生火灾时，应背着乘客主要疏散方向排烟，迎着乘客疏散方向送新风；当地下车站的站厅、站台发生火灾时，应具备防烟、排烟、通风功能；当列车阻塞在区间隧道时，应对阻塞区间进行有效通风；当地面或高架车站发生火灾时，应具备排烟功能；当设备与管理用房发生火灾时，应具备防烟、排烟、通风功能。

7.1.38　地下车站的排烟设计有哪些要求？

答：地下车站站台、站厅火灾时的排烟量，应根据一个防烟分区的建筑面积按1m³/（m²·min）计算。当排烟设备需要同时排除两个或两个以上防烟分区的烟量时，其设备能力应按排除所负责的防烟分区中最大的两个防烟分区的烟量配置。当车站站台发生火灾时，应保证站厅到站台的楼梯和扶梯口处具有能够有效阻止烟气向上蔓延的气流，且向下气流速度不应小于1.5m/s。

地下车站的设备与管理用房、内走道、长通道和出入口通道等需设置机械排烟时，其排烟量应根据一个防烟分区的建筑面积按1m³/（m²·min）计算，排烟区域的补风量不应小于排烟量的50%。当排烟设备负担两个或两个以上防烟分区时，其设备能力应根据最大防烟分区的建筑面积按2m³/（m²·min）计算的排烟量配置。

区间隧道火灾的排烟量，应按单洞区间隧道断面的排烟流速不小于2m/s且高于计算的临界风速计算，但排烟流速不得大于11m/s。

7.1.39　当车站、区间采用自然排烟时，有哪些规定？

答：地面和高架车站公共区和设备与管理用房采用自然排烟时，排烟口应设置在上部，其可开启的有效排烟面积不应小于该场所建筑面积的2%，排烟口的位置与最远排烟点的水平距离不应超过30m。

区间隧道和全封闭车道采用自然排烟时，排烟口应设置在上部，其有效排烟面积不应小于顶部投影面积的5%，排烟口的位置与最远排烟点的水平距离不应超过30m。

7.1.40　地铁通风空调系统的哪些部位应设置防火阀？

答：风管穿越防火分区的防火墙及楼板处；每层水平干管与垂直总管的交接处；穿越变形缝且有隔墙处。

7.1.41　地铁事故工况下参与运转的设备有哪些要求？

答：在事故工况下参与运转的设备，从静止状态转换为事故工况状态所需的时间不应超过30s，从运转状态转换为事故工况状态所需的时间不应超过60s。在事故工况下需要开启或关闭的设备，启、闭所需的时间不应超过30s。

7.1.42　地铁在防灾通信方面有哪些要求？

答：地铁公务电话交换机应具有火警时能自动转换到市话网"119"的功能；同时，

地铁内应配备在发生灾害时供救援人员进行地上、地下联络的无线通信设施。

控制中心应设置防灾无线控制台，列车司机室应设置防灾无线通话台，车站控制室、站长室、保安室及车辆基地值班室应设置无线通信设备。

控制中心应设置防灾广播控制台，车站控制室、车辆基地值班室应设置广播控制台。

控制中心和车站控制室应设置监视器和控制键盘。地铁应设置消防专用调度电话，防灾调度电话系统应在控制中心设调度电话总机，并应在车站及车辆基地设分机。

地铁通信系统的设计，应具备火灾时能迅速转换为防灾通信的功能。

7.1.43　地铁在防灾用电方面有哪些要求？

答：消防用电设备应按一级负荷供电，并应在末级配电箱处设置自动切换装置。当发生火灾而切断生产、生活用电时，消防设备应能保证正常工作。地下线路应急照明的连续供电时间不应小于60min。

防灾用电设备的配电设备应有明显标志。照明器标明的高温部位靠近可燃物时，应采取隔热、散热等防灾保护措施。可燃物品库房不应设置卤钨灯等高温照明器。

7.1.44　地铁哪些部位应设置应急疏散照明？

答：车站站厅、站台、自动扶梯、自动人行道及楼梯；车站附属用房内走道等疏散通道；区间隧道；车辆基地内的单体建筑物及控制中心大楼的疏散楼梯间、疏散通道、消防电梯间（含前室）。

7.1.45　地铁哪些部位应设置疏散指示标志？

答：车站站厅、站台、自动扶梯、自动人行道及楼梯；车站附属用房内走道等疏散通道及安全出口；区间隧道；车辆基地内的单体建筑物及控制中心大楼的疏散楼梯间、疏散通道及安全出口。

7.1.46　地铁的哪些部位应设置火灾自动报警系统？

答：车站、区间隧道、区间变电所及系统设备用房、主变电所、集中冷站、控制中心、车辆基地，应设置火灾自动报警系统（FAS）。

7.1.47　地铁的火灾自动报警系统的保护对象如何分级？

答：地下车站、区间隧道和控制中心，保护等级应为一级；设有集中空调系统或每层封闭的建筑面积超过2000m^2，但面积不超过3000m^{2}的地面车站、高架车站，保护等级应为二级，面积超过3000m^{2}的保护等级应为一级。

7.1.48　地铁的火灾自动报警系统是怎样组成的？

答：火灾自动报警系统应由设置在控制中心的中央级监控管理系统、车站和车辆基地的车站级监控管理系统、现场级监控设备及相关通信网络等组成。

7.1.49　地铁的火灾自动报警系统的功能有哪些？

答：火灾自动报警系统应具备火灾的自动报警、手动报警、通信和网络信息报警，并应实现火灾救灾设备的控制及与相关系统的联动控制。火灾自动报警系统的中央级监控管理系统宜由操作员工作站、打印机、通信网络、不间断电源和显示屏等设备组成，并应具有以下功能：接收全线火灾灾情信息，对线路消防系统、设施监控管理；发布火灾涉及有关车站消防设备的控制命令；接收并储存全线消防报警设备主要的运行状态；与各车站及车辆基地等火灾自动报警系统进行通信联络；火灾事件历史资料存档管理。

火灾自动报警系统的车站级应由火灾报警控制器、消防控制室图形显示装置、打印机、不间断电源和消防联动控制器手动控制盘等组成，并具有以下功能：与火灾自动报警系统中央级管理系统及本车站现场级监控系统间进行通信联络；管辖范围内实时火灾的报警，监视车站管辖内火灾灾情；采集、记录火灾信息，并报送火灾自动报警系统中央监控管理级；显示火灾报警点，防、救灾设施运行状态及所在位置画面；控制地铁消防救灾设备的启、停，并显示运行状态；接受中央级火灾自动报警系统指令或独立组织、管理、指挥管辖范围内的救灾；发布火灾联动控制指令。

火灾自动报警系统现场控制级应由输入输出模块、火灾控制器、手动报警按钮、消防电话及现场网络等组成，并具有以下功能：监视车站管辖范围内灾情，采集火灾信息；消防泵的低频巡检信号、运行状态、设备故障、管压力信号；监视消防电源的运行状态；监视车站所有消防救灾设备的工作状态。

7.1.50　哪些系统应能实现地铁火灾情况下的消防联动控制？

答：消火栓系统、自动灭火系统、防烟排烟系统，以及消防电源及应急照明、疏散指示、防火卷帘、电动挡烟垂帘、消防广播、售检票机、站台门、门禁、自动扶梯等系统在火灾情况下的消防联动控制。

7.1.51　地铁消火栓系统的控制应符合哪些要求？

答：应控制消防泵的启、停；车站综控室（消防控制室）应能显示消防泵的工作、故障和手/自动开关状态、消火栓按钮工作位置，并应实现消火栓泵的直接手动启动、停止；车站级火灾自动报警系统应控制消防给水干管电动阀门的开关，并应显示其工作状态；设消防泵的消火栓处应设消火栓处应设消火栓启泵按钮，并可向消防控制室发送启动消防泵的信号。

7.1.52　地铁防烟、排烟系统的控制应符合哪些要求？

答：应由火灾自动报警系统确认火灾，并应发布预定防烟、排烟模式指令；应由火灾自动报警系统直接联动控制，也可由环境与设备监控系统或综合监控系统接收指令参与防、排烟的非消防专用设备执行联动控制；环境与设备监控系统或综合监控系统接受火灾控制指令后，应优先进行模式转换，并应反馈指令执行信号；火灾自动报警系统直接联动的设备应在火灾报警显示器上显示运行模式状态。

7.1.53　地铁车站哪些设备应设手动和自动控制装置？

答：车站火灾自动报警系统对消防泵和专用防烟、排烟风机，除应设自动控制外，尚应设手动控制；对防烟、排烟设备还应设手动和自动的模式控制装置。

7.1.54　地铁车站消防联动对其他系统的控制应符合哪些要求？

答：应自动或手动将广播转换为火灾应急广播状态；闭路电视系统应自动或手动切换至相关画面；应自动或手动打开检票机，并应显示其工作状态；应根据火灾运行模式或工况自动或手动控制车站站台门开启或关闭，并应显示工作状态；应自动解锁火灾区域门禁，并宜手动解锁全部门禁；防火卷帘门、电动挡烟垂帘应自动降落，并应显示工作状态；电梯应迫降至首层，并应接收电梯的状态反馈信息；在人员监视的状态下应控制站内自动扶梯的停运或疏散运行。

7.1.55　地铁哪些部位应设置火灾探测器？

答：地下车站的站厅层公共区、站台层公共区、换乘公共区、各种设备机房、库房、值班室、办公室、走廊、配电室、电缆隧道或夹层，以及长度超过60m的出入口通道，应设置火灾探测器。

7.1.56　地铁车站消防控制室有哪些要求？

答：火灾自动报警系统中央级监控管理系统应设置在控制中心调度大厅内；车站消防控制室应与车站综合控制室结合设置。消防控制室应设置火灾报警控制器、消防联动控制器、消防控制室图形显示装置。换乘车站的消防控制室宜集中设置；消防控制室应能监控保护区域内的火灾探测报警及联动控制系统、消火栓系统、自动灭火系统、防烟排烟系统、防火门与卷帘系统、消防电源、消防应急照明与疏散指示系统、消防通信等各类消防系统和系统中的各类消防设施，并应显示各类消防设施的动态信息和消防管理信息。消防控制室应能控制火灾声或光警报器的工作状态。

7.1.57　地铁站台层公共区火灾工况下人员疏散及防排烟的运作模式是什么？

答：当站台层公共区火灾时，乘客通过楼梯和自动扶梯（此时自动扶梯为停止或上行）向站厅层公共区疏散，经出入口至地面。此工况人员疏散及防排烟的运作模式为：

开启站台层排烟。应尽可能开启所有站台层排风机，从站台排烟，形成站台层负压。并开启站厅层送风机送风，使梯口形成 1.5m/s 的向下气流，使站台层烟气不致蔓延至站厅；位于站厅的自动检票机门处于常开，同时打开位于非付费区和付费区之间的所有栅栏门，使乘客无阻拦通过出入口疏散到地面；确认本站火灾后，应通过显示、声讯或人员管理等措施阻挡地面出入口处乘客不再进入车站；确认本站火灾后，控制中心调度应使其他列车不再进入本站或快速通过，不停站。

7.1.58　地铁车轨区火灾工况下人员疏散及防排烟的运作模式是什么？

答：当车站车轨区发生火灾时，往往是火灾列车滞留在车站内。此工况人员疏散及防排烟的运作模式为：当站台层设有屏蔽门时，停车侧应自动打开（如有故障，可开启应急门）；启动车站站台层相关排烟系统，尽所能排除烟气；对于典型的地下车站，一般设有大型事故风机，车轨区上部设有排风管，均应启动相关风机，尽所能排除车轨区烟气，形成车轨区负压。并开启站厅层送风机补风；排烟量除了满足与列车火灾规模匹配的烟量外，还应满足站厅至站台楼扶梯口不小于 1.5m/s 的向下气流；乘客从列车下到站台层后经楼梯和自动扶梯到站厅，再经过检票机口和栅栏门等通道，从出入口到达地面；确认本站火灾后，应阻拦地面出入口处乘客不再进入本站；确认本站火灾后，控制中心调度应使其他列车不再进入本站或快速通过不停站。

7.1.59　地铁站厅层公共区火灾工况下人员疏散及防排烟的运作模式是什么？

答：当站厅公共区发生火灾时，乘客由站厅通过出入口疏散至地面。此工况人员疏散及防排烟的运作模式为：站厅排烟，形成站厅公共区负压，新风由出入口和站台自然补入；火灾确实后，应阻拦地面乘客不再进入本车站内；对滞留于站台层的乘客，应调度列车尽快把滞留在站台上的乘客带走。

7.1.60　地铁设备管理区火灾工况下人员疏散及防排烟的运作模式是什么？

答：车站设备管理区是单独防火分区，不涉及乘客疏散区域。根据使用功能划分为气体保护的电气设备用房和一般用房。此工况人员疏散及防排烟的运作模式为：配置气体保护的电气用房，灭火时，该区域通风系统关闭，灭火完毕，开启通风系统通风换气；非气体保护房间，根据相关规范，当达一定规模时，火灾时需排烟，并补充 50% 的新风；位于设备管理防火分区内的人员疏散，可通过设备管理区直通地面的消防专用通道疏散至地面，或疏散至相邻车站公共区。

7.1.61 地铁区间隧道火灾工况下人员疏散及防排烟的运作模式是什么？

答： 地下区间按结构形式和施工方法分，大致可归为两大类，即单洞双线、单洞单线。列车在区间内运行时，一旦列车着火，只要不完全丧失动力，应尽量使列车开行到前方车站，则火灾时的疏散路径和防排烟运作模式全同车站车轨区火灾工况模式进行。对于空间有限的地下区间，只能采用纵向通风的防排烟模式来保证疏散路径处于新风区。当列车火灾部位明确后可分以下几种情况：

列车头节火灾工况人员疏散及防排烟的运作模式为：当火灾位于列车头节时，为保证大多数乘客的安全，列车尾节端门打开（自动落下梯），乘客鱼贯而入到达轨道面层，向列车尾端侧车站疏散；此时，列车尾端侧车站送风，列车头端侧车站排风，形成区间介于 $2 \sim 11 \mathrm{m/s}$ 的气流量，即通风方向与疏散方向始终相逆；设有纵向应急通道的区间，此时应打开列车侧门，使乘客通过端门疏散的同时，也利用应急平台进行疏散，方向也向列车尾端侧车站疏散；应充分利用位于疏散区间段内上、下行区间的联络通道，从火灾区间进入非火灾区间疏散，此时，非火灾区间内应停止列车运行，方能作为疏散通道使用。

列车尾节火灾：此工况与列车头节火灾工况相同，疏散与防排烟运作模式与前述反向运作。

列车中部火灾：当列车中部火灾时，一般为了避免更多的乘客受烟气影响，火灾通风气流与行车方向一致，疏散路径、通风模式同列车头火灾模式一样。由于列车中部着火，为了提高列车头、尾节列车上乘客生还机会，充分利用纵向应急通道更显重要。

其他：当列车火灾部位不明确时，通风气流方向宜与列车行驶方向一致，即同列车头节火灾运作模式。由于区间长短、断面积、列车阻塞比等不同，需要开启的风机量和规模视工程而异。对于单洞双线区间，一旦列车火灾时，对开列车绝对禁止进入火灾区间。对于长区间隧道设有中间风井时，在中间风井内应设至地面的疏散梯。

7.1.62 地铁辅助线段区间火灾工况下人员疏散及防排烟的运作模式是什么？

答： 在辅助线段区间（停车线、折返线、渡线、出入线），列车运行载客通行的辅助线段火灾模式同地下区间。一般停车场或车辆设施与综合基地位于地面，由正线至停车场或车辆设施与综合基地的出入线火灾时，应尽快将烟气排至地面，此时通风方向由地下至地面。

7.1.63 地面和高架车站、区间隧道和全封闭车道采用自然排烟系统时有哪些要求？

答： 地面和高架车站公共区和设备与管理用房采用自然排烟时，排烟口应设置在上部，其可开启的有效排烟面积不应小于该场所建筑面积的 2%，排烟口的位置与最远排烟点的水平距离不应超过 30m。

区间隧道和全封闭车道采用自然排烟时，排烟口应设置在上部，其有效排烟面积不应小于顶部投影面积的 5%，排烟口的位置与最远排烟点的水平距离不应超过 30m。

第八章　建筑装修、保温材料

第一节　装修材料的分类与分级

8.1.1　建筑内部装修材料如何分类?

答：按其实际应用可划分为：饰面材料、装饰件、隔断、大型家居、装饰织物。按其使用部位和功能可划分为：顶棚装修材料、墙面装修材料、地面装修材料、隔断装修材料、固定家具、装饰织物（系指窗帘、帷幕、床罩、家具包布等）、其他装饰材料（系指楼梯扶手、挂镜线、踢脚板、窗帘盒、暖气罩等）。

8.1.2　建筑内部装修材料按燃烧性能如何分级?

答：装修材料按其燃烧性能应划分为四级，A级不燃性、B_1级难燃性、B_2级可燃性、B_3级易燃性。

8.1.3　装修材料燃烧性能标准的分级对应关系如何?

答：国家标准《建筑材料及制品燃烧性能分级》GB 8624—2012，将建筑内部装修材料按燃烧性能划分为4级，与《建筑材料及燃烧性能分级》GB 8624—2006标准的分级对应关系如表8-1。

装修材料燃烧性能标准的分级对应关系　　　　　表8-1

燃烧性能等级 GB 8624—2012/GB 8624—2006 版	装修材料燃烧性能	燃烧性能等级 GB 8624—2012/GB 8624—2006 版	装修材料燃烧性能
A级/A_1/A_2级	不燃材料（制品）	B_2级/D、E级	可燃材料（制品）
B_1级/B/C级	难燃材料（制品）	B_3级	易燃材料（制品）

8.1.4　常用建筑内部装修材料等级如何确定?

答：常用建筑内部装修材料燃烧性能等级划分，可按表8-2举例确定。

常用建筑内部装修材料等级举例表　　　　　表8-2

材料类别	级别	材料举例
各部位材料	A	花岗石、大理石、水磨石、水泥制品、混凝土制品、石膏板、石灰制品、黏土制品、玻璃、瓷砖、马赛克、钢铁、铝、铜合金等
顶棚材料	B_1	纸面石膏板、纤维石膏板、水泥刨花板、矿棉装饰吸声板、玻璃棉装饰吸声板、珍珠岩装饰吸声板、难燃胶合板、难燃中密度纤维板、岩棉装饰板、难燃木材、铝箔复合材料、难燃酚醛胶合板、铝箔玻璃钢复合材料等
墙面材料	B_1	纸面石膏板、纤维石膏板、水泥刨花板、矿棉板、玻璃棉板、珍珠岩板、难燃胶合板、难燃中密度纤维板、防火塑料装饰板、难燃双面刨花板、多彩涂料、难燃墙纸、难燃墙布、难燃仿花岗岩装饰板、氯氧镁水泥装配式墙板、难燃玻璃钢平板、PVC塑料护墙板、轻质高强复合墙板、阻燃模压木质复合板材、彩色阻燃人造板、难燃玻璃钢等

材料类别	级别	材料举例
墙面材料	B_2	各类天然木材、木制人造板、竹材、纸制装饰板、装饰微薄木贴面板、印刷木纹人造板、塑料贴面装饰板、聚酯装饰板、复塑装饰板、塑纤板、胶合板、塑料壁纸、无纺贴墙布、墙布、复合壁纸、天然材料壁纸、人造革等
地面材料	B_1	硬 PVC 塑料地板，水泥刨花板、水泥木丝板、氯丁橡胶地板等
	B_2	半硬质 PVC 塑料地板、PVC 卷材地板、木地板氯纶地毯等
装饰织物	B_1	经阻燃处理的各类难燃织物等
	B_2	纯毛装饰布、纯麻装饰布、经阻燃处理的其他织物等
其他装饰材料	B_1	聚氯乙烯塑料、酚醛塑料、聚碳酸酯塑料、聚四氟乙烯塑料、三聚氰胺、脲醛塑料、硅树脂塑料装饰型材、经阻燃处理的各类织物等。另见顶棚材料和墙面材料内中的有关材料
	B_2	经组燃处理的聚乙烯、聚丙烯、聚氨酯、聚苯乙烯、玻璃钢、化纤织物、木制品等

8.1.5　常用内部装修材料燃烧性能等级特殊规定?

答：纸面石膏板和矿棉吸音板：安装在钢龙骨上燃烧性能达到 B_1 级的纸面石膏板，矿棉吸声板，可作为 A 级装修材料使用。

胶合板：刷涂饰面型防火涂料的胶合板能达到 B_1 级。当胶合板用于顶棚和墙面装修并且不内含电器、电线等物体时，宜在胶合板外表面涂覆防火涂料；当胶合板用于顶棚和墙面装修并且内含有电器、电线等物体时，胶合板的内、外表面以及相应的木龙骨应涂覆防火涂料，或采用阻燃浸渍处理达到 B_1 级。

壁纸：单位重量小于 $300g/m^2$ 的纸质、布质壁纸，当直接粘贴在 A 级基材上时，可作为 B_1 级装修材料使用。

涂料：施涂于 A 级基材上的无机装饰涂料，可作为 A 级装修材料使用；施涂于 A 级基材上，湿涂覆比小于 $1.5kg/m^2$ 的有机装饰涂料，可作为 B1 级装修材料使用。涂料施涂于 B_1、B_2 级基材上时，应将涂料连同基材一起按相应的实验方法确定其燃烧性能等级。

多层装修材料：是指几种不同材料或性能的材料同时装修于一个部位。当采用不同装修材料进行分层装修时，各层装修材料的燃烧性能等级均应符合相关规定。

复合型装修材料：是指一些隔声、保温材料与其他不燃、难燃材料复合形成一个整体的材料，应由专业检测机构进行整体测试并划分其燃烧性能等级。

多孔或泡沫状塑料：这种材料多作为吸声材料用于室内装修，特别是会议室、多功能厅、歌舞厅的装修中，该材料极易燃烧，而且会产生大量对人体有害的烟气，所以在使用中严格控制。当顶棚或墙面表面局部采用多孔或泡沫状塑料时，其厚度不应大于 15mm，且面积不得超过该房间顶棚或墙面积的 10%（计算时不能把顶棚和墙面的面积合在一起计算）。

第二节　特殊功能部位与用房内部装修

8.2.1　消防水泵房、排烟机房、固定灭火系统钢瓶间、配电室、变压器室、通风和空调机房等房间内部装修材料有哪些要求?

答：其内部所有装修材料均应采用 A 级装修材料。

8.2.2　大中型电子计算机房、中央控制室、电话总机房等放置特殊贵重设备的房间内部装修材料有哪些要求?

答：顶棚和墙面应采用 A 级装修材料，地面及其他装修应采用不低于 B_1 级的装修材料。

8.2.3　图书室、资料室、档案室和存放文物的房间内部装修材料有哪些要求?

答：顶棚和墙面应采用 A 级装修材料，地面应采用不低于 B_1 级的装修材料。

8.2.4　歌舞娱乐放映游艺场所内部装修材料有哪些要求?

答：当歌舞厅、卡拉 OK 厅（含具有卡拉 OK 功能的餐厅）、夜总会、录像厅、放映厅、桑拿浴室（除洗浴部分外）、游艺厅（含电子游艺厅）、网吧等歌舞娱乐放映游艺场所设置在一、二级耐火等级建筑的四层及四层以上时，室内装修的顶棚材料应采用 A 级装修材料，其他部位应采用不低于 B_1 级的装修材料；当设置在地下一层时，室内装修的顶棚、墙面材料应采用 A 级装修材料，其他部位应采用不低于 B_1 级的装材料。

8.2.5　建筑内厨房及使用明火的餐厅、科研实验室装修材料有哪些要求?

答：建筑物内的厨房，其顶棚、墙面、地面均应采用 A 级装修材料。使用明火的餐厅、宴会厅、包间、火锅店等除 A 级装修材料外，其装修材料的燃烧性能等级应比同类建筑物的要求提高一级。

8.2.6　建筑内部分特殊部位装修时装修材料有哪些要求?

答：挡烟垂壁：其装修材料应采用 A 级装修材料。

变形缝：两侧的基层应采用用 A 级材料，表面装修应采用不低于 B_1 级的装修材料。

配电箱：建筑内部的配电箱不应直接安装在低于 B_1 级的装修材料上。

灯具和灯饰：照明灯具的高温部位，当靠近非 A 级装修材料时，应采取隔热、散热等防火保护措施。灯饰所用的材料的燃烧性能等级不应低于 B_1 级。

饰物：公共建筑内部不宜设置采用 B_3 级装饰材料制成的壁挂、雕塑、模型、标本；当需要设置时，不应靠近火源和热源。

8.2.7　建筑内安全疏散走道和安全出口内部装修有哪些要求?

答：疏散走道和安全出口：门厅的顶棚应采用 A 级装修材料，其他装修应采用不低于 B_1 级的装修材料。

无自然采光楼梯间、封闭楼梯间、防烟楼梯间及其前室：顶棚、墙面和地面应采用 A 级装修材料。

8.2.8　建筑内设有上下连通的中庭、走马廊、敞开楼梯、自动扶梯时，内部装修材料有哪些要求?

答：其连通部位的顶棚、墙面应采用 A 级材料、其他部位应采用不低于 B_1 级的装修材料。

8.2.9　建筑内无窗房间装修材料有哪些要求?

答：除地下建筑外，无窗房间的内部装修材料的燃烧性能等级，除 A 级装修材料外，燃烧性能等级应在规定的基础上提高一级。

第三节　建筑内部装修特殊要求

8.3.1　单层、多层民用建筑满足哪些条件时，可放宽装修材料燃烧性能等级要求?

答：局部放宽的情况：面积小于 $100m^2$，且采用防火墙和耐火等级不低于甲级的防火门窗与其他部位隔开的房间的装修材料燃烧性能等级可在规定的基础上降低一个等级。

设有自动消防设施的放宽情况：除歌舞、娱乐、放映、游艺场所外设有自动灭火系统时，除顶棚外，其他装修材料燃烧性能等级可在规定的基础上降低一级，当同时装有火灾自动报警系统和固定灭火设施时，其顶棚的装修材料燃烧性能等级可在规定的基础上降低一级，其他部位的装修材料燃烧性能等级可不受限制。

8.3.2 高层民用建筑满足哪些条件时，可放宽装修材料燃烧性能等级要求？

答：局部放宽的情况：高层民用建筑的裙房内面积小于 $500m^2$ 的房间，当设有自动灭火系统，并且采用耐火等级不低于 2h 的隔墙、甲级防火门、窗与其他部位分隔时，顶棚、墙面、地面的装修材料燃烧性能等级可在规定的基础上降低一级。

设有自动消防设施的放宽情况：除歌舞娱乐放映游艺场所、100m 以上的高层民用建筑及大于 800 座位的观众厅、会议厅，顶层餐厅外，当设有火灾自动报警装置和自动灭火系统时，除顶棚外，其内部装修材料燃烧性能等级可在规定的基础上降低一级。

8.3.3 地下民用建筑满足哪些条件时，可放宽装修材料燃烧性能等级要求？

答：单独建造的地下民用建筑的地上部分，其门厅、休息室、办公室等内部装修材料的燃烧性能等级可在规定的基础上降低一级要求。

8.3.4 建筑内部装修时，有哪些保证建筑消防设施正常使用的规定？

答：建筑内部装修不应遮挡消火栓箱、手动报警按钮、喷头、火灾探测器、排烟口以及安全疏散指示标志和安全出口标志等消防设施。消火栓的门不应被装饰物遮挡，消火栓门四周的装修材料颜色应与消火栓门的颜色有明显区别。同时，装修不应减少安全出口、疏散出口和疏散走道设计所需的净宽度和数量。

第四节　建筑保温系统

8.4.1 建筑保温系统防火有哪些基本原则？

答：建筑的内、外保温系统宜采用燃烧性能为 A 级的保温材料，不宜采用 B_2 级的保温材料，严禁采用 B_3 级保温材料；设有保温系统的基层墙体或屋面板的耐火极限应符合相应耐火等级建筑墙体或屋面板耐火极限的要求。

8.4.2 建筑外保温材料如何分类？

答：从材料燃烧性能的角度看可分为三大类：一是以矿棉和岩棉为代表的无机保温材料，通常被认定为不燃材料；二是以胶粉聚苯颗粒保温浆料为代表的有机—无机复合型保温材料，通常被认定为难燃材料；三是以聚苯乙烯泡沫塑料（包括 EPS 板和 XPS 板）、硬泡聚氨酯和改性酚醛树脂为代表的有机保温材料，通常被认定为可燃材料。各种保温材料的燃烧性能等级和热导率见表 8-3。

各种保温材料的燃烧性能等级及热导率　　　　　　　表 8-3

材料名称	胶粉聚苯颗粒浆料	EPS 板	XPS 板	聚氨酯	岩棉	矿棉	泡沫玻璃	加气混凝土
热导率	0.06	0.041	0.030	0.025	0.036~0.041	0.053	0.066	0.116~0.212
燃烧性能等级	B_1	B_2	B_2	B_2	A	A	A	A

8.4.3　采用内保温系统的建筑外墙，其保温系统应符合哪些要求？

答：对于人员密集场所，用火、燃油、燃气等具有火灾危险性的场所以及各类建筑内的疏散楼梯间、避难走道、避难间、避难层等场所或部位，应采用燃烧性能为 A 级的保温材料；对于其他场所，应采用低烟、低毒且燃烧性能不低于 B_1 级的保温材料；保温材料应采用不燃材料做防护层，采用燃烧性能为 B_1 级的保温材料时，防护层厚度不应小于 10mm。

8.4.4　采用外保温系统的建筑外墙，其保温材料应符合哪些要求？

答：设置人员密集的场所的建筑，其外墙保温材料的燃烧性能应为 A 级。

采用与基层墙体、装饰层之间无空腔的建筑，其外墙保温材料应符合下列条件：住宅建筑，建筑高度大于 100m 时，保温材料的燃烧性能应为 A 级；建筑高度大于 27m，但不大于 100m 时，保温材料的燃烧性能不应低于 B_1 级；建筑高度不大于 27m，保温材料的燃烧性能不应低于 B_2 级。其他建筑，建筑高度大于 50m 时，保温材料的燃烧性能应为 A 级；建高度大于 24m，但不大于 50m 时，保温材料的燃烧性能不应低于 B_1 级；建高度不大于 24m，保温材料的燃烧性能不应低于 B_2 级。

采用与基层墙体、装饰层之间有空腔的建筑，其外墙保温材料应符合下列条件：建筑高度大于 24m 时，保温材料的燃烧性能应为 A 级；建筑高度不大于 24m 时，保温材料的燃烧性能不应低于为 B_1 级。

8.4.5　采用外保温系统的建筑外墙，其保温系统应符合哪些要求？

答：建筑外墙外保温系统应采用不燃材料在其表面设置防护层，防护层应将保温材料完全包覆。当采用 B_1、B_2 级保温材料时，防护层的厚度首层不应低于 15mm，其他层不应低于 5mm。

建筑外墙外保温材料与基层墙体、装饰层之间的空腔，应在每层楼板处采用防火封堵材料封堵。

建筑的屋面外保温系统，当屋面板的耐火等级不低于 1h 时，保温材料的燃烧性能不低于 B_2 级，低于 1h 时，不应低于 B_1 级。采用 B_1、B_2 级保温材料时，应采用不燃材料作为防护层，厚度不应小于 10mm。当屋面和外墙外保温材料采用 B_1、B_2 级时，屋面与外墙之间应采用宽度不小于 500mm 的不燃材料作为防火隔离带。

电器线路不应穿越或敷设在燃烧性能为 B_1、B_2 的保温材料中，如必须敷设时，应采用穿金属管并在金属管周围设置不燃隔热材料进行防火隔离保护。设置开关、插座等电器部位周围也应用同样方法进行隔离保护。

若建筑外墙采用保温材料与两侧墙体构成无空腔复合保温结构时，该结构体的耐火极限应符合规定；当保温材料的燃烧性能为 B_1、B_2 级时，保温材料两侧的墙体应采用不燃材料且厚度不应小于 50mm。

当建筑外墙外保温系统采用燃烧性能为 B_1、B_2 级保温材料时，建筑外墙上的门、窗的耐火完整性不应低于 0.50h（采用 B_1 级保温材料且建筑高度不大于 24m 的公共建筑或采用 B_1 级保温材料且建筑高度不大于 27m 的住宅建筑除外），应在保温系统中每层设置水平防火隔离带，防火隔离带应采用燃烧性能为 A 级的材料，防火隔离带高度不应小于 300mm。

建筑外墙的装饰层应采用 A 级燃烧性能材料，若建筑高度不大于 50m 时，可采用 B_1

级燃烧性能材料。

第五节 建筑装修和保温系统检查

8.5.1 建筑内部装修工程应从哪些方面进行防火检查?

答: 应从以下几方面检查:装修使用功能与所在建筑原设计功能是否一致;装修场所平面布置是否满足要求;装修材料的燃烧性能是否达到标准;装修是否影响疏散和消防设施;公共场所内是否粘贴阻燃制品标识。

8.5.2 建筑外墙的装饰应从哪些方面进行防火检查?

答: 检查装饰材料的燃烧性能是否满足要求;检查外墙广告牌的设置是否影响消防救援和排烟。

8.5.3 民用建筑外保温系统进行防火检查的有哪些主要内容?

答: 应检查以下内容:保温材料的燃烧性能;防护层的设置;防火隔离带的设置;每层的防火封堵;电气线路和电气配件。

8.5.4 建筑内部装修工程防火验收应检查哪些文件和记录?

答: 建筑内部装修的防火设计审核文件、申请报告、设计图纸、装修材料的燃烧性能设计要求、设计变更文件、施工单位的资质证明;进场验收记录,包括所用材料的清单、数量、合格证及防火性能型式检验报告;装修施工过程的施工记录;隐蔽工程施工防火验收记录和工程质量处理报告;装修施工过程中所用装修材料的见证取样检验报告;装修施工过程中的抽样检验报告,包括隐蔽工程的施工过程中及完工后的抽样检验报告;装修过程中现场涂刷、喷涂等阻燃处理的抽样检验报告。

第九章 建筑消防设施

第一节 消防给水及消火栓系统

9.1.1 什么是动水压力？什么是静水压力？

答：消防给水系统管网内水在流动时管道某一点的总压力与速度压力之差，简称动压。消防给水系统管网内水在静止时管道某一点的压力，简称静压。

9.1.2 室外消防给水系统的设置原则有哪些？

答：消防给水和消防设施的设置应根据建筑的用途及其重要性、火灾危险性、火灾特性和环境条件等因素综合确定。

城镇（包括居住区、商业区、开发区、工业区等）应沿可通行消防车的街道设置市政消火栓系统。民用建筑、厂房、仓库、储罐（区）和堆场周围应设置室外消火栓系统。用于消防救援和消防车停靠的屋面上，应设置室外消火栓系统（耐火等级不低于二级且建筑体积不大于 3000m³ 的戊类厂房，居住区人数不超过 500 人且建筑层数不超过两层的居住区，可不设置室外消火栓系统）。

9.1.3 建筑室外消防给水系统由哪些部分组成？

答：生活、生产、消防合用的室外消防给水系统属于合用的室外消防给水系统，其组成包括取水、净水、贮水、输配水和火场供水五部分。

独立的室外消防给水系统，组成包括取水、贮水、输配水和火场供水四部分。

9.1.4 建筑室外消防给水系统有哪些类型？

答：建筑室外消防给水系统可根据水压、用途、管网平面布置形式可分为不同类型，具体分类如下。

（1）按水压分：

低压消防给水系统，这种系统管网内平时水压较低，火场上水枪所需的压力，由消防车或其他移动式消防水泵加压产生。采用这种给水系统时，消防用水可与生产、生活给水管道合并，其管网内的供水压力应保证生产、生活和消防用水量达到最大时，最不利点室外消火栓栓口处的水压从室外设计地面算起不应小于 0.10MPa，火灾发生时保证最不利点室外消火栓的出流量不小于 15 L/s，平时管网运行工作压力不低于 0.14MPa。

高压消防给水系统，高压消防给水系统管网内经常保持足够的压力和消防用水量。当火灾发生后，现场的人员可从设置在附近的消火栓箱内取出水带和水枪，将水带与消火栓栓口连接，接上水枪，打开消火栓的阀门，直接出水灭火。

临时高压消防给水系统，这种系统的管网内平时水压不高，发生火灾时，临时启动泵站内的高压消防水泵，使管网内的供水压力达到高压消防给水管网的供水压力要求，流量满足消防用水量要求。

（2）按用途分类：

生产、生活与消防合用给水系统，这种系统节省投资、系统利用率高，特别适用于在生活、生产用水量较大而消防用水量较小的场合。这种给水系统应满足当生产、生活用水量达到最大小时流量时，仍应保证消防用水量。

生产与消防合用给水系统，这种系统适用于某些工业企业，设计时应满足当生产用水量达到最大小时流量时，仍应保证全部的消防用水量。

生活与消防合用给水系统，这种系统可以保持管网内的水经常处于流动状态，水质不易变坏，节省投资，并便于日常检查和保养，消防给水较安全可靠，系统设计应满足当生活用水达到最大小时用水量时，仍应保证供给全部消防用水量。

独立消防给水系统，当工业企业内生产和生活用水量较小而消防用水量较大、合并在一起不经济时，或者生产用水可能被易燃、可燃液体污染时，或者三种用水合并在一起技术上不可能时，常采用独立消防给水系统。

（3）按管网平面布置形式分类：

环状管网室外消防给水系统，这种系统的管网在平面布置上，干线管段彼此首尾相连形成若干闭合环。为确保消防用水，除采用一路消防供水外，应布置成环状管网。

枝状管网室外消防给水系统，该系统的管网在平面布置上，干线呈树枝状，分枝后干线彼此无联系。这种系统只限于在某些特殊情况下使用。

（4）按管网充水状态分：

湿式消火栓系统：平时配水管网内充满水的消火栓系统。

干式消火栓系统：平时配水管网内不充水，火灾时向配水管网内充水的消火栓系统。

9.1.5 消防水源的分类有哪些？

答： 消防给水水源分为市政给水、消防水池及天然水源三类。

市政给水是市政给水管网提供消防用水，可分为两种方式：一是通过其上设置的消火栓（市政消火栓）为消防车等消防设备提供消防用水；二是通过建筑物的进水管，为该建筑物提供室内外消防用水。

消防水池是人工建造的储存消防用水的构筑物，是天然水源、市政给水管网等消防水源的一种重要补充设施。消防水池分为生活、生产和消防合用的消防水池，生活、消防合用的消防水池，生产、消防合用的消防水池，也有独立的消防水池。

天然水源是指由地理条件自然形成的在设置消防取水设施情况下，可供灭火时取水的水源，如河流、海洋、地下水、湖泊、游泳池、池塘等。

9.1.6 什么是消防水源？消防水源有哪些要求？

答： 向水灭火设施、车载或手抬等移动消防水泵、固定消防水泵等提供消防用水的水源，包括市政给水、消防水池、高位消防水池和天然水源等。

消防水源应符合下列要求：市政给水、消防水池、天然水源等可作为消防水源，并宜采用市政给水；消防水源水质应满足灭火设施的功能要求，消防给水管道内平时所充水的 pH 为 6.0～9.0，被易燃、可燃液体污染的天然水源，不能作为消防水源；雨水清水池、中水清水池、水景和游泳池宜作为备用消防水源。

当采用天然水源做消防水源时，应满足下列要求：确保枯水期最低水位时，仍能满足消防用水总量的要求；在天然水源地修建消防码头、自流井、回车场等取水设施，确保消防车任何季节、任何水位都能正常取水；在取水设备的吸水管上加设过滤器，防止堵塞消防用水设备；若天然消防水源及其取水设施被毁坏无法保证消防供水时，应采取相应的措施，确保消防用水。

9.1.7 哪些情况应设置消防水池？

答：具备下列情况之一者，应设消防水池：

当生产、生活用水量达到最大时，市政给水管道、进水管或天然水源不能满足室内外消防用水量；

当采用一路消防供水或只有一条引入管，且室外消火栓设计流量大于 20L/s 或者建筑高度大于 50m；

市政消防给水设计流量小于建筑室内外消防给水设计流量。

9.1.8 消防水池的有效容积如何确定？

答：消防水池的有效容积应满足火灾延续时间内室内外消防用水量的需求。

当市政给水管网能保证室外消防给水设计流量时，消防水池的有效容积应满足在火灾延续时间内室内消防用水量的要求。

当市政给水管网不能保证室外消防给水设计流量时，消防水池的有效容积应满足火灾延续时间内的室内消防用水量和室外消防用水量不足部分之和的要求。

当消防水池采用两路消防供水，且在火灾情况下连续补水能满足消防要求时，消防水池的有效容积应经计算确定，但不应小于 100m³，当仅设消火栓系统时，不应小于 50 m³。

9.1.9 什么是消防水池？什么是高位消防水池？

答：人工建造的供固定或移动消防水泵吸水的储水设施叫消防水池。设置在高处直接向水灭火设施重力供水的储水设施叫高位消防水池。

9.1.10 消防水池有哪些设置要求？

答：消防水池的有效容积应满足火灾延续时间内室内外消防用水量的需求。

消防水池进水管应根据其有效容积和补水时间确定，补水时间不宜大于 48h，但消防水池有效总容积大于 2000m³时，不应大于 96h。消防水池进水管管径应经计算确定，且不应小于 DN100。

消防水池的总蓄水有效容积大于 500m³时，宜设两格能够独立使用的消防水池，当大于 1000m³时，应设置能独立使用的两座消防水池。每格（或每座）消防水池应设置独立的出水管，并应设置满足最低有效水位的连通管，且管径应能满足消防给水设计流量的要求。

消防用水与生产、生活用水合用一个水池时，应有确保消防用水不作他用的技术措施；储存室外消防用水的消防水池或供消防车取水的消防水池应设置取水口或者取水井；严寒、寒冷等冬季结冰地区的消防水池应采取防冻措施；消防水池应设置通气管和呼吸管。

9.1.11 室外消火栓有哪些类型？

答：室外消火栓是设置在建筑物外消防给水管网上的一种供水设备，其作用是向消防车提供消防用水或直接接出水带、水枪进行灭火。按设置条件分为地上式消火栓和地下式消火栓，按压力分为低压消火栓和高压消火栓。

地上式消火栓：地上式消火栓大部分露出地面，具有目标明显、易于寻找、出水操作方便等优点，适用于我国冬季气温较高的地区。地上消火栓容易冻结、易损坏，在有些场合还妨碍交通。地上式消火栓由本体、进水弯管、阀塞、出水口和排水口组成。

地下式消火栓：地下式消火栓设置在消火栓井内，具有不易冻结、不易损坏、便利交通等优点，适用于北方寒冷地区使用。地下消火栓操作不便，目标不明显，因此，要求使用单位应在地下式消火栓周围设置明显标志。地下式消火栓是由弯头、排水口、阀塞、丝杆、丝杆螺母、出水口等组成。

低压消火栓：室外低压消防给水系统的管网上设置的消火栓，称为低压消火栓。低压消火栓不能直接向火场供水，而是将水放进消防车的水罐内（或消防车利用吸水管与消火栓相接），通过消防车上的泵加压将水送往火场进行灭火。

高压消火栓：室外高压或临时高压消防给水系统的管网上设置的消火栓，称为高压消火栓。高压消火栓直接接出水带、水枪就可进行灭火，不需消防车或其他移动式消防水泵加压。

9.1.12　室外消火栓布置有哪些要求？

答： 室外消火栓应沿道路设置，并宜靠近十字路口道路，道路宽度超过 60m 时，宜在道路两边设置消火栓，其保护半径不应超过 150m，间距不应大于 120m，距道路边不应大于 2m，距建筑物外墙不宜小于 5m；室外消火栓宜沿建筑周围均匀布置，且不宜集中布置在建筑一侧，建筑消防扑救面一侧的数量不少于 2 个；室外消火栓应避免设置在机械易撞击的地点，确有困难时，应采取防撞措施。

停车场的室外消火栓宜沿停车场周边布置，且与最近一排汽车的间距不宜小于 7m，距加油站或油库不宜小于 15m；市政桥头和城市交通隧道出入口等市政公用设施处，应设置市政消火栓；人防工程、地下工程等建筑物应在出入口附近设置室外消火栓，且距出入口的距离不宜小于 5m，并不宜大于 40m。

甲、乙、丙类液体储罐区和液化烃罐区等构筑物的室外消火栓，应设在防火堤或防护墙外，数量应根据每个罐的设计流量经计算确定，但距罐壁 15m 范围内的消火栓不应计算在该罐可使用的数量内。

工艺装置区等采用高压或临时高压消防给水系统的场所，其周围应设置室外消火栓，数量应根据设计流量经计算确定，且间距不应大于 60m。当工艺装置区宽度大于 120m 时，宜在该装置区内的路边设置室外消火栓。

9.1.13　水泵接合器定义及其作用有哪些？

答： 消防水泵接合器是消防队使用消防车从室外水源取水，向室内管网供水的接口。其作用为：建筑物遇大火消防用水不足时，可通过它将水送至室内消防给水管网，补充消防用水量的不足；室内消防水泵发生故障时，消防车从室外消火栓取水，通过它将水送至室内消防给水管网；室内消防水泵压力不足时，可通过它将水加压送至室内消防给水管网。

9.1.14　水泵接合器如何分类？

答： 水泵接合器分地上式、地下式、墙壁式三类。地上式水泵接合器，在一般情况下采用，其目标明显，使用方便；地下式水泵接合器，适用于寒冷地区和有美观要求时，安装在路面下，不占地方；墙壁式水泵接合器，使用较少，如采用时应安装在实墙面。

9.1.15　水泵接合器的设置范围有哪些？

答：设有室内消火栓给水系统的下列场所应设置消防水泵接合器：高层民用建筑；设有消防给水的住宅、超过五层的其他多层民用建筑；超过 2 层或建筑面积大于 10000m² 的地下室或半低下建筑（室）、室内消火栓设计流量大于 10L/s 平战结合的人防工程；高层工业建筑和超过四层的多层工业建筑；城市交通隧道。

自动喷水灭火系统、水喷雾灭火系统、泡沫灭火系统和固定消防炮灭火系统等水灭火系统，均应设置消防水泵接合器。

9.1.16　水泵接合器有哪些设置要求？

答：水泵接合器应设在室外便于消防车使用的地点，且距室外消火栓或消防水池的距离不宜小于 15m，并不宜大于 40m；距建筑物外墙应有一定距离，一般不宜小于 5m；水泵接合器间距不宜小于 20m，以保证停放消防车辆和满足。

水泵接合器应与室内环网连接，在连接的管段上均应设止回阀、安全阀、闸阀和泄水阀。止回阀用于防止室内消防给水管网的水回流至室外，安全阀用于防止管网压力过高。

9.1.17　室内消火栓给水系统的设置范围有哪些？

答：下列建筑或场所应设置室内消火栓系统：建筑占地面积大于 300m² 的厂房和仓库；高层公共建筑和建筑高度大于 21m 的住宅建筑（建筑高度不大于 27m 的住宅建筑，设置室内消火栓系统确有困难时，可只设置干式消防竖管和不带消火栓箱的 DN65 的室内消火栓）；体积大于 5000m³ 的车站、码头、机场的候车（船、机）建筑、展览建筑、商店建筑、旅馆建筑、医疗建筑和图书馆建筑等单多层建筑；特等、甲等剧场，超过 800 个座位的其他等级的剧场和电影院等以及超过 1200 个座位的礼堂、体育馆等单、多层建筑；建筑高度大于 15m 或体积大于 10000m³ 的办公建筑、教学建筑和其他单、多层民用建筑。

9.1.18　室内消火栓给水系统由哪些部分组成？

答：室内消火栓给水系统是由消防给水基础设施、消防给水管网、室内消火栓设备、报警控制设备及系统附件等组成，如图 9-1 所示。

其中消防给水基础设施包括市政管网、室外消防给水管网及室外消火栓、消防水池、消防水泵、消防水箱、增压稳压设备、水泵接合器等，该设施的主要任务是为系统储存并提供灭火用水。

给水管网包括进水管、水平干管、消防竖管等，其任务是向室内消火栓设备输送灭火用水。

室内消火栓设备包括水带、水枪、水喉等，是供人员灭火使用的主要工具；系统附件有各种阀门、屋顶消火栓等；报警控制设备用于启动消防水泵（消火栓按钮不宜作为直接启动消防水泵的开关，但可作为发出报警信号的开关或启动干式消火栓系统的快速启闭装置等）。

9.1.19　单、多层建筑室内消火栓系统有哪几类给水方式？

答：单、多层建筑消火栓给水系统是指设置在单、多层建筑物内的消火栓给水系统。单、多层建筑发生火灾，既可利用其室内消火栓设备，接出水带、水枪灭火，又可利用消防车从室外水源抽水直接灭火，使其得到有效外援。

单、多层建筑室内消火栓给水系统的给水方式分为直接给水方式、设有消防水箱的给水方式和设有水泵和消防水箱给水方式。

直接给水方式：无加压水泵和水箱，室内消防用水直接由室外消防给水管网提供，其

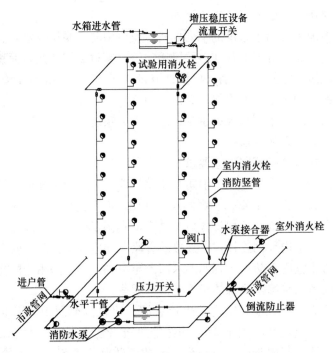

图 9-1　消火栓给水系统组成示意图

构造简单，投资省。当室外给水管网所供水量和水压在全天任何时候均能满足系统最不利点消火栓设备所需水量和水压时，可采用这种供水方式，但由于内部无储存水量，外网一旦停水，则内部立即断水，可靠性差。见图 9-2。

　　设有消防水箱的给水方式：该室内给水管网与室外管网直接相接，利用外网压力供水，同时设高位消防水箱调节流量和压力，其供水较可靠，可充分利用外网压力，但须设置高位消防水箱，增加了建筑的荷载。当全天内大部分时间室外管网的压力能够满足要求，在用水高峰时室外管网的压力较低，满足不了室内消火栓的压力要求时，可采用这种给水方式。见图 9-3。

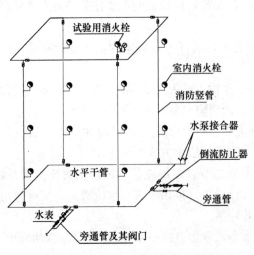

图 9-2　直接给水方式示意图

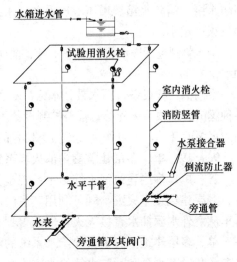

图 9-3　设有消防水箱给水方式示意图

设有水泵和消防水箱给水方式：系统中的消防用水平时由高位消防水箱提供，生活水泵定时向水箱补水，火灾时可启动消防水泵向系统供水。当室外消防给水管网的水压经常不能满足室内消火栓给水系统所需水压时，宜采用这种给水方式。当室外管网不许消防水泵直接吸水时，应设消防水池。

高位消防水箱应储存火灾初期的消防用水量，其设置高度应满足室内最不利点消火栓的水压，水泵启动后，消防用水不应进入高位消防水箱。见图9-4。

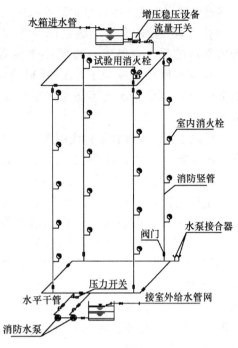

图9-4　水泵—水箱给水方式示意

9.1.20　高层建筑室内消火栓系统有哪几类给水方式？

答：设置在高层建筑物内的消火栓给水系统，称为高层建筑消火栓给水系统。按服务范围、建筑高度和消防给水压力进行分类。

（1）按服务范围分：

独立的消防给水系统，即每幢高层建筑设置独立的室内消火栓给水系统。这种系统供水可靠性高，但管理分散，投资也较大。在地震区、人防要求较高的建筑物以及重要的建筑物宜采用这种独立的消火栓给水系统。

区域集中的消防给水系统，即建筑群共用一套室内消火栓给水系统。这种系统便于集中管理，节省投资，但建筑群宜为同一产权或物业管理单位。

（2）按建筑高度分：

不分区给水方式消防给水系统，即整幢高层建筑采用一个区供水，其最大优点是系统简单、设备少，但对管材及灭火设备等耐压要求很高。当高层建筑最低消火栓设备处的静水压力不超过1.0MPa，可采用这种给水方式。

分区给水方式消防给水系统，当消火栓栓口出的静水压力超过1.0MPa或者系统工作压力大于2.40MPa时，应采用分区给水系统。

（3）按消防给水压力分：

高压消防给水系统，高压消防给水系统指管网内经常保持满足灭火时所需的压力和流量，扑救火灾时不需启动消防水泵加压而直接使用灭火设备进行灭火。

临时高压消防给水系统，临时高压消防给水系统指管网内最不利点周围平时水压和流量不满足灭火的需要，在水泵房（站）内设有消防水泵，在火灾时启动消防水泵，使管网内的压力和流量达到灭火时的要求。

9.1.21　建筑室内消火栓有哪些布置要求？

答：设置室内消火栓系统的民用建筑，其室内消火栓的布置应符合以下要求：

建筑各层（含设备层）均应设置室内消火栓；消防电梯前室应设置室内消火栓，并计入室内消火栓使用数量；屋顶有直升机停机坪的建筑，应在停机坪出入口处或非电气设备机房处设置室内消火栓，且距离停机坪机位边缘的距离不应小于5.0m。

室内消火栓的布置应满足同一个平面有2支消防水枪的2股充实水柱同时达到任何部位的要求，但建筑高度小于或等于24m且体积小于或等于5000m³的多层仓库、建筑高度小于或等于54m且每单元设置一部疏散楼梯的住宅，以及跃层住宅和商业网点，可采用1支消防水枪的1股充实水柱达到室内任何部位，并宜设置在疏散门附近。

建筑室内消火栓宜按直线距离计算其布置间距，此外，消火栓按2支消防水枪的2股充实水柱布置的建筑物间距不应大于30m，消火栓按1支消防水枪的1股充实水柱布置的建筑物，消火栓的布置不应大于50m。

建筑室内消火栓的设置位置应满足火灾扑救要求，应设置在楼梯间及休息平台和前室、走道等明显易于取用，以及便于火灾扑救的位置；汽车库内消火栓的设置不应影响汽车的通行和车位的设置，并应确保消火栓的开启；同一楼梯间及其附近不同层设置的消火栓，其平面位置宜相同；冷库的室内消火栓应设置在常温穿堂或楼梯间内。

多层和高层建筑应在屋顶设置带压力表的试验消火栓，严寒、寒冷等冬季结冰地区可设置在顶层出口处或水箱间内等便于操作和防冻的位置；单层建筑宜设置在水力最不利处，且应靠近出入口。

9.1.22 室内消火栓栓口动压和消防水枪充实水柱有哪些设计要求？

答： 消火栓栓口动压力不应大于0.50MPa，当大于0.70MPa时必须设置减压装置。

高层建筑、厂房、库房和室内净空高度超过8m的民用建筑等场所，消火栓栓口动压力不应小于0.35MPa，且消防水枪充实水柱应按13m计算，其他场所消火栓栓口动压力不应小于0.25MPa，且消防水枪充实水柱应按10m计算。

城市交通隧道室内消火栓系统管道内的消防供水压力应保证用水量达到最大时，最低压力不应小于0.30MPa，但当大于0.70MPa时必须设置减压装置。

9.1.23 什么是高位消防水箱？

答： 高位消防水箱（包括水塔、气压水罐）是贮存扑救初期火灾消防用水的贮水设备，它提供扑救初期火灾的水量和保证扑救初期火灾时灭火设备所必要的水压。高位消防水箱按使用分为专用消防水箱，生活、消防共用水箱，生产、消防共用水箱和生活、生产、消防共用水箱。

9.1.24 室内采用临时高压消防给水系统时，高位消防水箱设置有哪些要求？

答： 高层民用建筑、总建筑面积大于10000m²且层数超过2层的公共建筑和其他重要建筑，必须设置高位消防水箱；

其他建筑应设置高位消防水箱，但当设置高位消防水箱确有困难，且采用安全可靠的消防给水形式时，可不设高位消防水箱，但应设稳压泵；

当市政供水管网的供水能力在满足生产、生活最大小时用水量后，仍能满足初期火灾所需的消防流量和压力时，市政直接供水可替代高位消防水箱。

9.1.25 临时高压消防给水系统的高位消防水箱容积有哪些要求？

答： 临时高压消防给水系统的高位消防水箱的有效容积应满足初期火灾消防用水量的要求，并应符合：

一类高层公共建筑，不应小于 36m³，但当建筑高度大于 100m 时，不应小于 50m³，当建筑高度大于 150m 时，不应小于 100m³；

多层公共建筑、二类高层公共建筑和一类高层住宅，不应小于 18m³，当一类高层住宅建筑高度超过 100m 时，不应小于 36m³；

二类高层住宅，不应小于 12m³；

建筑高度大于 21m 的多层住宅，不应小于 6m³；

工业建筑室内消防给水设计流量当小于或等于 25L/s 时，不应大于 12m³，大于 25L/s 时，不应小于 18m³；

总建筑面积大于 10000m² 且小于 30000m² 的商店建筑，不应小于 36m³，总建筑面积大于 30000m² 的商店不应小于 50m³。

9.1.26　高位消防水箱有哪些设置要求？

答：高位消防水箱的设置应高于其所服务的水灭火设施，且最低有效水位应满足水灭火设施最不利点的静水压力，当不能满足时，应设置增压稳压设备；

当高位消防水箱在屋顶露天设置时，水箱的人孔以及进出水管的阀门等应采取锁具或阀门箱等保护措施；

严寒、寒冷等冬季冰冻地区的消防水箱应设置在消防水箱间内，水箱间应通风良好，不应结冰并采取防冻措施，环境温度或水温不应低于 5℃，其他地区宜设置在室内，当必须在屋顶露天设置时，应采取防冻隔热等安全措施；

高位消防水池与基础应牢固连接；

消防用水与生活、生产用水合用的水箱，应有确保消防用水不被他用的技术措施。

9.1.27　消防水泵房有哪些设置要求？

答：独立建造的消防水泵房耐火等级不应低于二级；

附设在建筑物内的消防水泵房，不应设置在地下三层及以下，或室内地面与室外出入口地坪高差大于 10m 的地下楼层；

附设在建筑物内的消防水泵房，应采用耐火极限不低于 2.0h 的隔墙和 1.5h 的楼板与其他部位隔开，其疏散门应直通安全出口，且开向疏散走道的门应采用甲级防火门；

当采用柴油机消防水泵时宜设置独立消防水泵房，并应设置满足柴油机运行的通风、排烟和阻火设施；

消防水泵房应采取防水淹没的技术措施。

9.1.28　消防水泵、稳压泵的概念？

答：消防水泵是指专用消防水泵或达到国家标准《消防泵性能要求和试验方法》的普通清水泵。稳压泵是指能使消防灭火系统在准工作状态的压力保持在设计工作压力范围内一种专用水泵。

9.1.29　消防水泵有哪些设置要求？

答：临时高压消防给水系统需设置消防泵，在串联消防给水系统和重力消防给水系统中，除了需设置消防泵外，还需设置消防转输泵。消火栓给水系统与自动喷水灭火系统宜分别设置消防泵。

消防泵的选择和应用应符合下列规定：消防水泵的性能应满足消防给水系统所需流量和压力的要求；消防水泵所配驱动器的功率应满足所选水泵流量扬程性能曲线上任何一点

运行所需功率的要求；当采用电动机驱动的消防水泵时，应选择电动机干式安装的消防水泵；流量扬程性能曲线应为无驼峰、无拐点的光滑曲线，零流量时压力不应大于设计工作压力的140％，且宜大于设置工作压力的120％；当出流量为设计流量的150％时，其出口压力不应低于设计工作压力的65％；单台消防水泵的最小额定流量不应小于10L/s，最大额定流量不宜大于320L/s；泵轴的密封方式和材料应满足消防水泵在低流量时运转的要求；消防给水同一泵组的消防水泵型号宜一致，且工作泵不宜超过3台；多台消防水泵并联时，应校核流量叠加对消防水泵出口压力的影响。

消防水泵和消防转输泵的设置均应设置备用泵。备用量的工作能力不应小于最大一台消防工作泵。自动喷水灭火系统可按用一备一或用两备一的比例设置备用泵。但符合下列情况可不设备用泵：建筑高度小于54m的住宅和室外消防给水设计流量小于等于25L/s的建筑；室内消防用水量小于等于10L/s的建筑。

消防水泵吸水应符合下列规定：消防水泵应采取自灌式吸水；消防水泵从市政管网直接抽水时，应在消防水泵出水管上设置有空气隔断的倒流防止器；当吸水口处无吸水井时，吸水口处应设置旋流防止器。

9.1.30　消防水泵控制与操作有哪些要求？

答：消防水泵应设置手动启停和自动启动，不应设置自动停泵的控制功能，停泵应由具有管理权限的工作人员根据火灾扑救情况确定。消防水泵自动启动应由消防水泵出水干管上设置的压力开关、高位消防水箱出水管上的流量开关或报警阀压力开关等开关信号直接控制水泵启动，消防水泵房内的压力开关宜引入消防控制柜内。稳压泵应由消防给水管网或气压水罐上设置的稳压泵自动启停泵压力开关或压力变送器控制。消防水泵、稳压泵应设置就地强制启停泵按钮，并应有保护装置。

9.1.31　消防水泵控制柜有哪些设置要求？

答：消防水泵控制柜应设置在消防水泵房或专用消防水泵控制室内，并应符合下列要求：

消防水泵控制柜在平时应使消防水泵处于自动启泵状态；当自动水灭火系统为开式系统，且设置自动启动确有困难时，经论证后消防水泵可设置在手动启动状态，并应确保24h有人工值班；其防护等级不应低于IP30，与消防水泵设置在同一空间时，其防护等级不应低于IP55；应采取防止被水淹没的措施，在高温潮湿环境下，消防水泵控制柜内应设置自动防潮除湿的装置；应设置机械应急启动功能，并应保证在控制柜内的控制线路发生故障时由有管理权限的人员在紧急时启动消防水泵，机械应急启动时，应确保消防水泵在报警后5.0min内正常工作；消防水泵控制柜前面板的明显部位应设置紧急时打开柜门的装置；应有显示消防水泵工作状态和故障状态的输出端子及远程控制消防水泵启动的输入端子；应具有自动巡检可调、显示巡检和信号等功能，且对话界面应有汉语语言，图标应便于识别和操作。

9.1.32　消防控制室或值班室应有哪些消防水泵控制和显示功能？

答：消防控制室或值班室的消防控制柜或控制盘应设置专用线路连接的手动直接启动泵按钮；应能显示消防水泵和稳压泵的运行状态；应能显示消防水池、高位消防水箱等水源的高水位、低水位报警信号，以及正常水位。

第二节 自动喷水灭火系统

9.2.1 自动喷水灭火系统的分类有哪些？

答：自动喷水灭火系统根据所使用喷头的型式，分为闭式自动喷水灭火系统和开式自动喷水灭火系统两大类；根据系统的用途和配置状况，自动喷水灭火系统又分为湿式系统、干式系统、雨淋系统、水幕系统、自动喷水—泡沫联用系统等。自动喷水灭火系统的分类见图 9-5。

9.2.2 什么叫自动喷水灭火系统的准工作状态？

答：是指自动喷水灭火系统性能及使用条件符合有关技术要求，发生火灾时能自己动作、喷水灭火的状态。

9.2.3 自动喷水灭火系统设置范围有哪些？

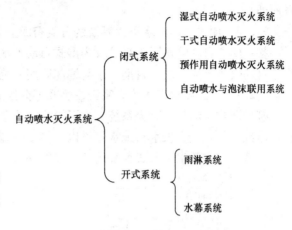

图 9-5 自动喷水灭火系统分类图

答：厂房或生产部位符合下列条件应设置自动灭火系统，并宜采用自动喷水灭火系统：不小于 50000 纱锭的棉纺厂的开包、清花车间，不小于 5000 锭的麻纺厂的分级、梳麻车间，火柴厂的烤梗、筛选部位；占地面积大于 1500m² 或总建筑面积大于 3000m² 的单、多层制鞋、制衣、玩具及电子等类似生产的厂房；占地面积大于 1500m² 的木器厂房；泡沫塑料厂的预发、成型、切片、压花部位；高层乙、丙类厂房；建筑面积大于 500m² 的地下或半地下丙类厂房。

仓库符合下列条件应设置自动灭火系统，并宜采用自动喷水灭火系统：每座占地面积大于 1000m² 的棉、毛、丝、麻、化纤、毛皮及其制品的仓库（单层占地面积不大于 2000m² 的棉花库房，可不设置自动喷水灭火系统）；每座占地面积大于 600m² 的火柴仓库；邮政建筑内建筑面积大于 500m² 的空邮袋库；可燃、难燃物品的高架仓库和高层仓库；设计温度高于 0℃ 的高架冷库，设计温度高于 0℃ 且每个防火分区建筑面积大于 1500m² 的非高架冷库；总建筑面积大于 500m² 的可燃物品地下仓库；每座占地面积大于 1500m² 或总建筑面积大于 3000m² 的其他单层或多层丙类物品仓库。

高层民用建筑或场所符合下列条件设置自动灭火系统，并宜采用自动喷水灭火系统：一类高层公共建筑（除游泳池、溜冰场外）及其地下、半地下室；二类高层公共建筑及其地下、半地下室的公共活动用房、走道、办公室和旅馆的客房、可燃物品库房、自动扶梯底部；高层民用建筑内的歌舞娱乐放映游艺场所；建筑高度大于 100m 的住宅建筑。

单、多层民用建筑或场所符合下列条件设置自动灭火系统，并宜采用自动喷水灭火系统：特等、甲等剧场，超过 1500 个座位的其他等级的剧场，超过 2000 个座位的会堂或礼堂，超过 3000 个座位的体育馆，超过 5000 人的体育场的室内人员休息室与器材间等；任一层建筑面积大于 1500m² 或总建筑面积大于 3000m² 的展览、商店、餐饮和旅馆建筑以及医院中同样建筑规模的病房楼、门诊楼和手术部；设置送回风道（管）的集中空气调节系统且总建筑面积大于 3000m² 的办公建筑等；藏书量超过 50 万册的图书馆；大、中型幼儿园，总建筑面积大于 500m² 的老年人建筑；总建筑面积大于 500m² 的地下或半地下商店；设置在地下或半地下或地上四层以上楼层的歌舞娱乐放映游艺场所（除游泳场所外），设置在首层、二层和三层任一层建筑面积大于 300m² 的地上歌舞娱乐放映游艺场所（除游泳场所外）。

9.2.4 闭式自动喷水灭火系统的分类有哪些？

答：闭式自动喷水灭火系统分为湿式自动喷水灭火系统、干式自动喷水灭火系统、预作用自动喷水灭火系统、自动喷水与泡沫联用系统。

9.2.5 湿式自动喷水灭火系统由哪几部分组成？

答：湿式自动喷水灭火系统（以下简称湿式系统）由闭式喷头、湿式报警阀组、水流指示器或压力开关、供水与配水管道以及供水设施等组成，在准工作状态时管道内充满用于启动系统的有压水。湿式系统的组成如图 9-6。

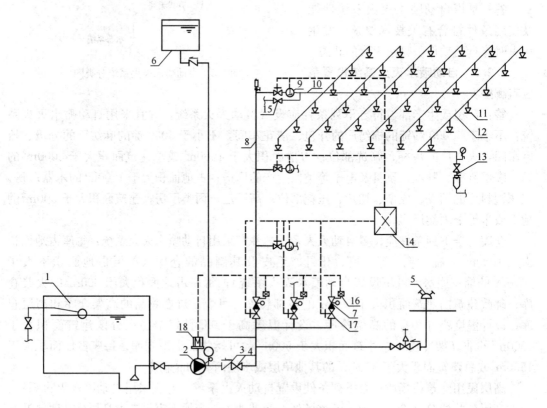

图 9-6　湿式系统示意图

1—消防水池；2—水泵；3—止回阀；4—闸阀；5—水泵接合器；6—消防水箱；7—湿式报警阀组；
8—配水干管；9—水流指示器；10—配水管；11—闭式喷头；12—配水支管；13—末端试水装置；
14—报警控制器；15—泄水阀；16—压力开关；17—信号阀；18—驱动电机

9.2.6 干式自动喷水灭火系统由哪些部分组成？

答：干式自动喷水灭火系统（以下简称干式系统）由闭式喷头、干式报警阀组、水流指示器或压力开关、供水与配水管道、充气设备以及供水设施等组成，在准工作状态时水管道内充满用于启动系统的有压气体。干式系统的启动原理与湿式系统相似，只是将传输喷头开放信号的介质，由有压水改为有压气体。干式系统的组成如图9-7。

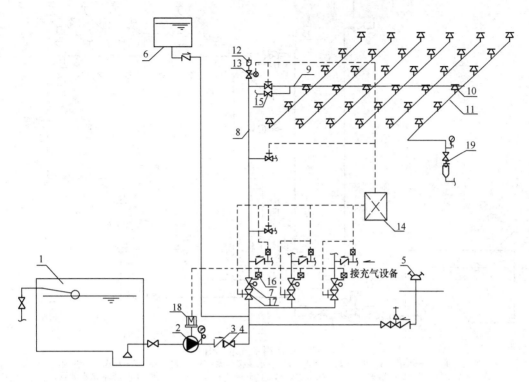

图 9-7　干式系统示意图

1—消防水池；2—水泵；3—止回阀；4—闸阀；5—水泵接合器；6—消防水箱；7—干式报警阀组；
8—配水干管；9—配水管；10—闭式喷头；11—配水支管；12—排气阀；13—电动阀；
14—报警控制器；15—泄水阀；16—压力开关；17—信号阀；18—驱动电机；19—末端试水装置

9.2.7　预作用自动喷水灭火系统由哪些部分组成？

答：预作用自动喷水灭火系统（以下简称预作用系统）由闭式喷头、雨淋阀组、水流报警装置、供水与配水管道、充气设备和供水设施等组成，在准工作状态时配水管道内不充水，由火灾报警系统自动开启雨淋阀后，转换为湿式系统。预作用系统与湿式系统、干式系统的不同之处，在于系统采用雨淋阀，并配套设置火灾自动报警系统。预作用系统的组成如图9-8。

9.2.8　自动喷水—泡沫联用自动喷水灭火系统由哪些部分组成？

答：自动喷水—泡沫联用自动喷水灭火系统配置供给泡沫混合液的设备后，既可喷水又可以喷泡沫（见图9-9）。

自动喷水—泡沫联用系统分为开式及闭式系统，开式系统采用吸气型喷头或非吸气型喷头，闭式系统考虑前期喷泡沫后期喷水时，可以采用普通闭式喷头。

9.2.9　何谓闭式喷头？其分类有哪些？

答：闭式喷头是在系统中担负探测火灾、启动系统和喷水灭火的组件。闭式喷头由喷水口、感温释放机构和溅水盘等组成。平时闭式喷头的喷水口由感温元件组成的释放机构封闭，当温度达到喷头的公称动作温度范围时，感温元件动作，释放机构脱落，喷头开启。

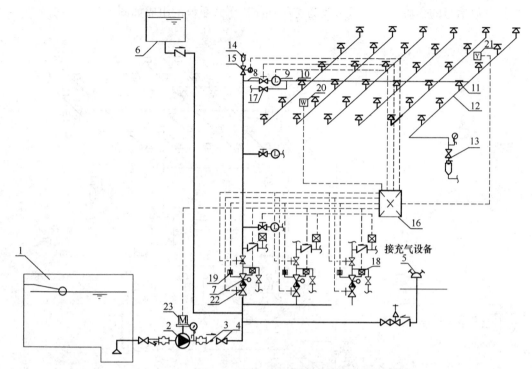

图9-8　预作用系统示意图

1—消防水池；2—水泵；3—止回阀；4—闸阀；5—水泵接合器；6—消防水箱；7—预作用报警阀组；
8—配水干管；9—水流指示器；10—配水管；11—闭式喷头；12—配水支管；13—末端试水装置；
14—排气阀；15—电动阀；16—报警控制器；17—泄水阀；18—压力开关；19—电磁阀；
20—感温探测器；21—感烟探测器；22—信号阀；23—驱动电机

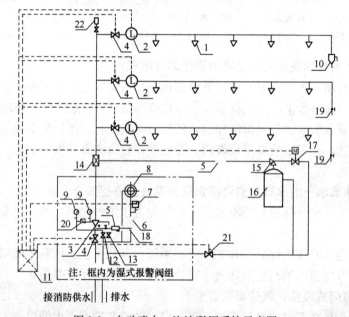

图9-9　自动喷水—泡沫联用系统示意图

1—闭式喷头；2—水流指示器；3—湿式报警阀；4—信号阀；5—过滤器；6—延迟器；7—压力开关；8—水力警
铃；9—压力表；10—末端试水装置；11—火灾报警控制器；12—泄水阀；13—试验阀；14—泡沫比例混合器；
15—泡沫液控制阀；16—泡沫罐；17—电磁阀；18—节流器；19—试水阀；20—止回阀器；21—泡沫罐供水信号
阀；22—自动排气阀

闭式喷头按热敏感元件分为玻璃球洒水喷头、易熔元件洒水喷头等；按溅水盘的形式和安装方式分为直立型洒水喷头、下垂型洒水喷头、边墙型洒水喷头、普通型洒水喷头、吊顶型洒水喷头和干式下垂型洒水喷头等；按特殊用途和结构还有自动启闭洒水喷头、快速响应早期抑制喷头、大水滴洒水喷头、扩大覆盖面洒水喷头等特殊喷头。

9.2.10　各类闭式喷头有哪些特点？

答： 玻璃球洒水喷头：这种喷头释放机构中的感温元件为内装彩色液体的玻璃球，它支撑在喷口和轭臂之间，使喷口保持封闭，当周围温度升高到它的公称动作温度范围时，玻璃球因内部液体膨胀炸碎，喷口开启。这种喷头外形美观、体积小、重量轻、耐腐蚀，适用于美观要求较高的公共建筑和具有腐蚀性的场所。

易熔元件洒水喷头：这种喷头的热敏感元件采用易熔材料制成，是一种悬臂支撑型易熔元件洒水喷头。当室内起火温度达到易熔元件本身的设计温度时，易熔元件便熔化，释放机构脱落，压力水便喷出灭火。易熔元件洒水喷头适用于外观要求不高，腐蚀性不大的工厂、仓库。

直立型洒水喷头：这种喷头直立安装在供水支管上，溅水盘朝上。喷出来的水流成抛物曲面状，将水量的60%～80%向下方喷洒，其余的喷向吊顶。这种喷头由于水量分布较均匀，火灾区的用水分配合理，灭火效率较高。直立型洒水喷头适用于安装在管路下面经常存在移动物体的场所，可以避免发生碰撞喷头的事故。另外在灰尘或其他飞扬物较多的场所，为防止飞扬物覆盖喷头热敏感元件造成喷头动作迟缓，也应采用这种喷头。

下垂型洒水喷头：这种喷头溅水盘呈平板状，安装时溅水盘向下，喷头悬吊在供水支管上。其洒水形状为抛物状，将全部水量洒向地面，具有较高的灭火效率。该种喷头适用于安装在各种保护场所，应用较为普遍。

边墙型洒水喷头：这种喷头带有定向的溅水盘，可以靠墙壁安装，喷出的水呈半抛物状，将85%的水量喷向喷头的前方，其余的喷向后面的墙上。边墙型洒水喷头又分立式和水平式两种，由于其溅水盘不同，安装时应区别对待。这类喷头适合安装在受空间限制、布置管路困难的场所和通道状的建筑部位。

吊顶型洒水喷头：这种喷头安装于隐蔽在吊顶内的供水支管上，只有热敏感元件部分暴露在吊顶外面。根据不同的安装形式，吊顶型洒水喷头分为隐蔽型、半隐蔽型和平齐型三种。由于该喷头是一种装饰型喷头，因此，适用于建筑美观要求较高的场所如旅馆、客厅、餐厅、办公室等。

普通型洒水喷头：这种喷头的溅水盘呈倒伞型。喷出的水流呈球状，水量的40%～60%向地面喷洒，其余部分水喷向顶棚。这种喷头既可直立安装，也可下垂安装。该喷头具有保护吊顶的功能。

干式下垂型洒水喷头：这种喷头用于干式喷水灭火系统或其他充气的喷水灭火系统。它与上述几种喷头不同的是增加了一段辅助管，管内有活塞套筒和钢球。喷头未动作时钢球将辅助管封闭，水不能进入辅助管和喷头体内，这样可以避免干式系统喷水后，未动作的喷头体内积水排不出去而造成冻结。当喷头动作时，套筒向下移动，钢球由喷口喷出，随后水被喷出灭火。

自动启闭洒水喷头：这种喷头的特点是发生火灾时能自动开启喷水，而在火灾扑灭后能自动关闭，具有节省用水量、减少水渍损失等优点，用于重复启闭预作用系统。它是通过感温元件的状态变化实现控制喷水口自动启闭。

快速响应早期抑制喷头：这种喷头的特点是通过减少热敏感元件的质量或增大热敏感元件的吸热表面积，使热敏感元件的吸热速度加快，从而缩短了喷头的启动时间。它对温度的感应速度比普通喷头快 5～10 倍，具有洒水早、灭火快、耗水量少、水渍损失小等优点，对于人员密集的公共娱乐场所等建筑有良好的应用前景。

大水滴洒水喷头：大水滴洒水喷头有一个复式溅水盘，通过溅水盘使喷出的水形成具有一定比例的大、小水滴（水滴平均粒径为 3mm），均匀喷向保护区，其中大水滴能有效地穿透火焰，直接接触着火物，降低着火物的表面温度。因此，在高架库房等火灾危险性较高的场所应用能收到良好的效果。

扩大覆盖面洒水喷头：扩大覆盖面洒水喷头喷水保护面积可达 30～36m²，更适应于各种大小不同的房间选用，便于系统喷头的布置，对降低系统造价有一定的意义。

9.2.11 选择闭式喷头应注意哪些问题？

答：应严格按照环境最高温度来选定喷头温级，在不同的环境温度场所设置喷头时，喷头的公称动作温度宜比环境最高温度高 30℃。

在展览厅、餐厅、会议室和宾馆等装饰要求较高的场所，应选择外形美观的吊顶型喷头或其他装饰型喷头；在走廊内可选择边墙型喷头；根据不同的屋顶结构可选择直立型和下垂型喷头；在管路要求隐蔽或管路与屋面板的距离受到限制时，应选用下垂型喷头；在干式系统中，如果喷头的安装方式为下垂时，应选择干式下垂型喷头；在有腐蚀性介质存在的场所，应选用经防腐处理的喷头，或选用耐腐蚀的玻璃球洒水喷头。

在既无绝热措施，又无通风的木板或瓦楞铁皮房顶的闷顶中，以及受到日光暴晒的玻璃天窗下，应采用中温级喷头；在设有保温的蒸汽管道上方 0.76m 和两侧 0.3m 以内的空间，应采用中温级喷头（79～107℃）；在低压蒸汽安全阀旁边 2m 以内，应采用高温级喷头（121～149℃）；在蒸汽压力小于 0.1MPa 的散热器附近 2m 以内的空间，应采用高温级喷头（121～149℃）；2～6m 内的趋向空气热流的面采用中温级喷头（79～107℃）。

建筑物、构筑物设有自动喷水灭火系统时，应有库存备用喷头，其数量不应少于总安装个数的 1‰，且每种类型和不同温标的备用喷头数均不应少于 10 个。

9.2.12 喷头防火罩的定义？

答：保护喷头在使用过程中免遭机械性损伤，但仍不影响喷头动作、喷水灭火性能的一种专用罩。

9.2.13 何谓报警阀组？其由哪些部分组成？

答：报警阀组是自动喷水灭火系统中接通或切断水源、启动系统及报警的装置。

报警阀组的组成有：

报警阀，是报警阀组的主体，通过其实现报警阀组的特定功能。

报警信号管路，报警信号管路的作用是将有压水输送至水力警铃，实施报警。

延迟器，延迟器安装在报警信号管路的前端，其作用是通过缓冲延时，消除因水源压力波动引起的水力警铃误报。

压力开关，压力开关用于监测管网内的水压状态，安装在水力报警信号管路上。

水力警铃，水力警铃是利用水流的冲击力发出声响的报警装置，位于报警信号管路末端，由警铃、铃锤、转动轴、输水管等组成。当报警阀开启后，水通过报警信号管流到水力警铃，推动涡轮，挥起小锤，击打警铃，发出火警报警信号。水力警铃应设在有人值班的地点附近。

泄水及排气管路，用于系统开通和维修时的泄水和排气。

控制阀，用于系统维修时的关闭，安装应便于操作，且应有明显的启闭指示标志和可靠的锁定装置。

压力表，用于监测供水管路和配水管道的压力。

9.2.14 报警阀组的分类及其应用的系统形式有哪些?

答：自动喷水灭火系统使用的报警阀组主要有湿式报警阀组、干式报警阀组、雨淋阀组三种类型，其分别应用于相应的系统形式。

湿式报警阀组：用于湿式系统，它的主要功能是，当喷头开启喷水使管路中的水流动时，自动打开，使水流进入水力警铃发出报警信号。见图9-10。

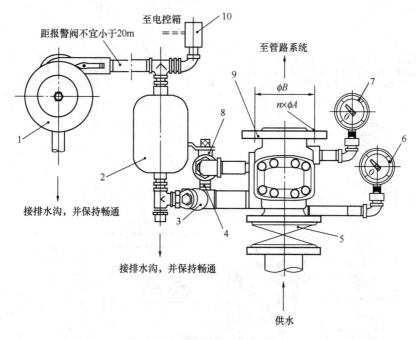

图 9-10　湿式报警阀组示意图

1—水力警铃；2—延迟器；3—过滤器；4—试验球阀；5—水源控制阀；6—进水侧压力表；

7—出水侧压力表；8—排水球阀；9—报警阀；10—压力开关

干式报警阀组：用于干式系统，干式系统在喷头未动作之前，报警阀后的管道内充的是压缩气体，其气压为水压的1/4。见图9-11。

雨淋报警阀组：用于雨淋系统、预作用系统及水幕系统、水喷雾系统，不仅具有报警功能，同时具有控制系统的开启作用。见图9-12。

9.2.15 报警控制装置由哪几部分组成? 有哪些功能?

答：报警控制装置在自动喷水灭火系统中起监测、控制、报警的作用，并能发出声、光等信号的装置，主要由消防控制盘（或报警控制器）、监测器和报警器三部分组成。

消防控制盘，是将火灾自动探测系统与自动喷水灭火系统连接起来的控制装置。其设置在消防控制室，主要作用是：接收信号，如火灾探测器信号、监测器信号和手动报警信

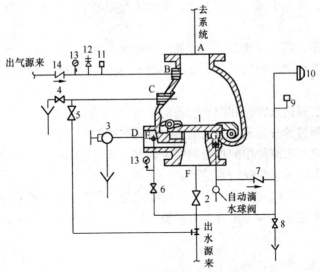

图 9-11　干式报警阀组示意图

A—报警阀出口；B—充气口；C—注水排水口；D—主排水口；E—试警铃口；F—供水口；G—信号报警口；
1—报警阀；2—水源控制阀；3—主排水阀；4—排水阀；5—注水阀；6—试警铃阀；7—止回阀；8—小孔阀；
9—压力开关；10—警铃；11—低压压力开关；12—安全阀；13—压力表；14—止回阀

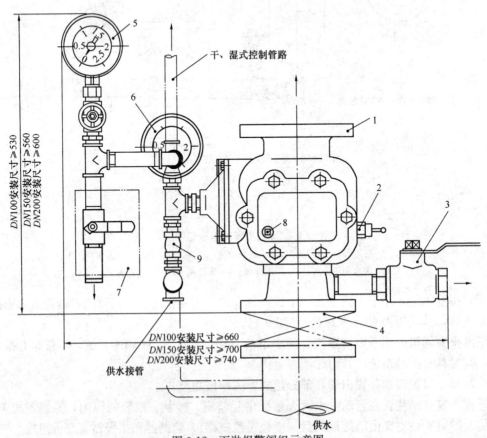

图 9-12　雨淋报警阀组示意图

1—雨淋阀；2—自动滴水阀；3—排水球阀；4—供水控制阀；5—隔膜室压力表；6—供水压力表；
7—紧急手动控制装置；8—阀瓣复位轴；9—节流阀

号；输出信号，如声光报警信号、启动消防水泵信号、开启报警阀或其他控制阀门信号和向控制中心或消防部门发出报警信号；监控系统自身工作状态，如火灾探测器及其线路、水源压力或水位、充气压力和充气管路等。

监测器，其作用是对系统的工作状态进行监测并以电信号的方式向报警控制器传送状态信息。监测器由水流指示器、压力监测器、阀门限位器、气压保持器、水位监视器等组成。监测内容有：系统控制阀的开启状态；消防水泵电源供应和工作情况；水池、水箱的消防水位；干式喷水灭火系统的最高和最低气压；预作用系统的最低气压；报警阀和水流指示器的动作情况等。

报警器，是用来发出声响报警信号的报警设备，包括水力报警器（水力警铃）和电动报警器。

火警紧急按钮，用在发生火灾时，手动启动报警，提醒有关人员组织抢救和灭火。该按钮通常安装在建筑物的楼道、服务台或值班室，与报警控制器连通。

9.2.16　什么是末端试水装置？自动喷水灭火系统末端试水装置的组成及设置要求有哪些？

答：安装在系统管网或分区管网的末端，检验系统启动、报警及联动等功能的装置。

末端试水装置由试水阀、压力表以及试水接头等组成，其作用是检验系统的可靠性，测试干式系统和预作用系统的管道充水时间。末端试水装置构造见图 9-13。

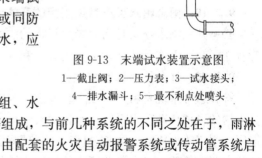

每个报警阀组控制的最不利点喷头处应设置末端试水装置，其他防火分区和楼层应设置直径为 25mm 的试水阀。末端试水装置和试水阀应设在便于操作的部位，且应有专用的排水设施。末端试水装置应由试水阀、压力表以及试水接头组成。末端试水装置出水口的流量系数 K 应与系统同楼层或同防火分区选用的喷头相等。末端试水装置的出水，应采取孔口出流的方式排入排水管道。

图 9-13　末端试水装置示意图
1—截止阀；2—压力表；3—试水接头；
4—排水漏斗；5—最不利点处喷头

9.2.17　什么是雨淋喷水灭火系统？

答：雨淋喷水系统由开式喷头、雨淋阀组、水流报警装置、供水与配水管道以及供水设施等组成，与前几种系统的不同之处在于，雨淋系统采用开式喷头，由雨淋阀控制喷水范围，由配套的火灾自动报警系统或传动管系统启动雨淋阀。雨淋系统有电动系统和液动或气动系统两种常用的自动控制方式。雨淋系统的组成如图 9-14。

9.2.18　雨淋喷水灭火系统的设置范围有哪些？

答：符合下列条件的建筑或部位应设置雨淋自动喷水灭火系统：

火柴厂的氯酸钾压碾厂房，建筑面积大于 100m² 且生产或使用硝化棉、喷漆棉、火胶棉、赛璐珞胶片、硝化纤维的厂房；乒乓球厂的轧坯、切片、磨球、分球检验部位；建筑面积大于 60m² 或储存量大于 2t 的硝化棉、喷漆棉、火胶棉、赛璐珞胶片、硝化纤维的仓库；日装瓶数量大于 3000 瓶的液化石油气储配站的灌瓶间、实瓶库；特等、甲等剧场、

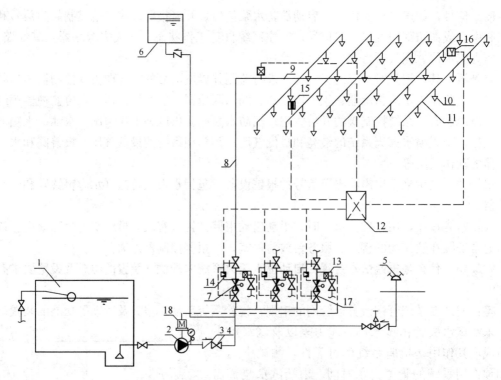

图 9-14　雨淋系统示意图

1—消防水池；2—水泵；3—止回阀；4—闸阀；5—水泵接合器；6—消防水箱；7—雨淋报警阀组；8—配水
干管；9—配水管；10—闭式喷头；11—配水支管；12—报警控制器；13—压力开关；14—电磁阀；15—感
温探测器；16—感烟探测器；17—信号阀；18—驱动电机

超过 1500 个座位的其他等级剧场和超过 2000 个座位的会堂或礼堂的舞台葡萄架下部；建筑面积不小于 400m² 的演播室，建筑面积不小于 500m² 的电影摄影棚。

9.2.19　雨淋喷水灭火系统采用的开式洒水喷头有何特点？

答：开式洒水喷头是指无释放机构的洒水喷头，其喷头口是敞开的。按安装形式可分为直立式和下垂式，按结构可分为单臂和双臂两种。

9.2.20　什么是水幕系统？

答：水幕系统是由水幕喷头、管道和控制阀等组成的用以阻火、隔火、冷却简易防火分隔物的一种自动喷水系统。水幕喷头喷出的水形成水帘状，可与防火卷帘、防火幕配合使用，用于防火隔断、防火分区以及局部降温保护等。它也可以单独设置，用于保护建筑物门窗洞口等部位。在一些既不能用防火墙作防火分隔，又无法用防火幕或防火卷帘作分隔的大空间，也可用水幕系统作为防火分隔或防火分区，起防火隔断作用。

9.2.21　水幕系统设置范围有哪些？

答：符合下列条件的建筑或部位应设置水幕灭火系统：

特等、甲等剧场、超过 1500 个座位的其他等级的剧场、超过 2000 个座位的会堂或礼堂和高层民用建筑内超过 800 个座位的剧场或礼堂的舞台口及上述场所内与舞台相连的侧台、后台的洞口；应设置防火墙等防火分隔物而无法设置的局部开口部位；需要防护冷却的防火卷帘或防火幕的上部。

9.2.22 水幕系统分为哪几类?

答: 水幕系统在工程中有冷却型和防火型等应用形式。防护冷却水幕系统主要起冷却保护作用,一般是通过喷水冷却简易防火分隔物(如防火门和防火卷帘),延长这些防火分隔物的耐火极限;防火分隔水幕系统应用的场合是应设而无法设置防火分隔物的部位,用来对较大空间进行防火分隔,以阻止火势蔓延扩大,起到防火墙的作用。

9.2.23 水幕喷头分为哪几类?

答: 水幕喷头是开口的喷头,这种喷头将水喷洒成水帘状,成组布置时可形成一道水幕。按其构造和用途分成幕帘式、窗口式和檐口式水幕喷头三类,其中幕帘式水幕喷头有单隙式水幕喷头、双隙式水幕喷头和雨淋式水幕喷头。喷头口径有 6、8、10、12.7、16 和 19mm 等多种规格,其中 6、8、10mm 三种类型口径的水幕喷头称为小口径水幕喷头,12.7、16、19mm 口径的水幕喷头称为大口径水幕喷头。

9.2.24 水幕喷头有哪些特性?

答: 单隙式水幕喷头,这种喷头有一条出水缝隙,喷洒角度为 190°。

双隙式水幕喷头,这种喷头有两条平行的出水缝隙,水喷出后由于两层水流间的互相引射作用很快汇合成 150°的板状水幕,两层水幕汇合时碰撞形成良好的水雾。单隙式和双隙式水幕喷头适用于设在舞台口分隔舞台和观众厅,或设在露天生产装置区,将露天生产装置分隔成数个小区,或保护局部个别建筑物或设备等。

雨淋式水幕喷头,即开式喷头,用于保护开口部位较大,采用防火水幕带的部位,例如商场等公共场所的自动扶梯、螺旋楼梯穿过楼板的开口部位,或由于工艺要求而开设的较大开口部位(这些部位用一般的水幕喷头难以阻止火势的蔓延和扩大)。

窗口式水幕喷头,其作用是防止火灾通过窗口蔓延扩大或增强窗扇、防火卷帘、防火幕的耐火性能。

檐口式水幕喷头,其作用是邻近建筑物发生火灾时,防止对屋檐的威胁或增加屋檐的耐火能力。

第三节 水喷雾灭火系统

9.3.1 什么是水喷雾灭火系统?

答: 水喷雾灭火系统是利用水雾喷头在较高的水压力作用下,将水流分离成 0.2~2mm,甚至更小的细小水雾滴,喷向保护对象,达到灭火或防护冷却目的的灭火系统。水喷雾灭火系统的应用发展,实现了用水扑救油类、电气设备火灾,弥补了气体灭火系统不适合在露天环境和大空间场所使用的缺点。

9.3.2 水喷雾灭火系统设置范围有哪些?

答: 符合下列条件的建筑或部位应设置水喷雾灭火系统:

单台容量在 40MV·A 及以上的厂矿企业油浸变压器,单台容量在 90MV·A 及以上的电厂油浸变压器,单台容量在 125MV·A 及以上的独立变电站油浸变压器;飞机发动机试验台的试车部位;充可燃油并设置在高层民用建筑内的高压电容器和多油开关室。

9.3.3 水喷雾灭火系统适宜扑救的火灾有哪些类别?

答: 水喷雾灭火系统适宜扑救的火灾:固体物质火灾、丙类液体火灾、饮料酒火灾和电气火灾,并可用于可燃气体和甲、乙、丙类液体的生产、储存装置或装卸设置的防护冷却。

9.3.4 水喷雾灭火系统由哪些部分组成?

答：水喷雾灭火系统由水源、供水设备、管道、雨淋阀组、过滤器、水雾喷头和火灾自动探测控制设备等组成。雨淋阀组由雨淋阀、电磁阀、压力开关、水力警铃、压力表以及配套的通用阀门组成。

9.3.5 水喷雾灭火系统的分类有哪些?

答：水喷雾灭火系统按启动方式可分为电动启动水喷雾灭火系统和传动管启动水喷雾灭火系统。按应用方式可分为固定式水喷雾灭火系统、自动喷水—水喷雾混合配置系统和泡沫—水喷雾联用系统三种系统。

9.3.6 水喷雾喷头分为哪几类?

答：水雾喷头是将具有一定压力的水，通过离心作用、机械撞击作用或机械强化作用，使其形成雾状喷向保护对象的一种开式喷头。

水雾喷头分为 A 型、B 型、C 型等。A 型喷头是进水口与出水口成一定角度的离心雾化喷头，B 型喷头是进水口与出水口在一条直线上的离心雾化喷头。C 型喷头是由于水流与溅水盘撞击而形成雾化的喷头，绝大部分水雾喷头内部装有雾化心。水雾喷头的规格有：40、50、63、80、125、160、200L/min，水雾喷头的规格是表示喷头在 0.35MPa 工作压力下的流量（L/min）。

第四节　细水雾灭火系统

9.4.1 什么是细水雾灭火系统?其灭火机理有哪些?

答：细水雾灭火系统是在水喷雾灭火系统基础上开发的新型灭火系统，由于其水滴粒径细小、雾化程度好，灭火能力得到明显改善，显著提高了水的灭火效率，扩大了水的灭火应用范围。细水雾的灭火机理是：

高效吸热作用，由于细水雾的雾滴直径很小，水滴表面积的增大可以极大地提高由火灾向水滴传导热能的速度，从而冷却燃烧反应。吸收热能后的水滴容易汽化，其体积大约增大到 1700 倍。

窒息作用，细水雾喷入火场后，迅速蒸发形成蒸汽，体积急剧膨胀，排除空气，在燃烧物周围形成一道屏障阻挡新鲜空气的吸入。当燃烧物周围的氧气浓度降低到一定水平时，火焰将被窒息、熄灭。

阻隔辐射热作用，细水雾喷入火场后，蒸发形成的蒸气迅速将燃烧物、火焰和烟羽笼罩，对火焰的辐射热具有极佳的阻隔能力，能够有效抑制辐射热引燃周围其他物品，达到防止火焰蔓延的效果。

9.4.2 细水雾灭火系统适宜扑救的火灾有哪些类别?

答：细水雾灭火系统可用于扑救可燃液体（闪点不低于 60℃）火灾；固体表面火灾；电力变压器火灾；计算机房、通信机房、控制室等火灾；图书馆、档案馆、博物馆等火灾；配电室、电缆夹层、电缆隧道、柴油发电机房、燃气轮机、燃油燃气锅炉房、直燃机房等火灾。

细水雾灭火系统不适用于扑救可燃固体的深位火灾、能与水发生剧烈反应或产生大量有毒有害物质的活泼金属及其化合物火灾。

9.4.3 细水雾灭火系统由哪些部分组成？

答：细水雾灭火系统由以下几部分组成：

高压储气瓶——储水罐系统，这种系统没有水泵，一般为预制系统，由细水雾喷嘴、储水罐、高压储气罐、管路、探测器及系统控制盘等组成。

水泵——雨淋阀系统，这种系统类似于雨淋系统和水喷雾灭火系统，由细水雾喷嘴、专用消防水泵、水池（箱）、专用雨淋阀、配管、专用过滤器、探测器及系统控制盘等组成。

细水雾喷嘴，是设有一个或多个孔口、能够将水滴雾化的装置。

9.4.4 细水雾灭火系统有哪些分类？

答：细水雾灭火系统分类：

（1）开式细水雾灭火系统，包括全淹没应用方式和局部应用方式，是采用开式细水雾喷头，由配套的火灾自动报警系统自动连锁或远控、手动启动后，控制一组喷头同时喷水的自动细水雾灭火系统。系统组成如图9-15。

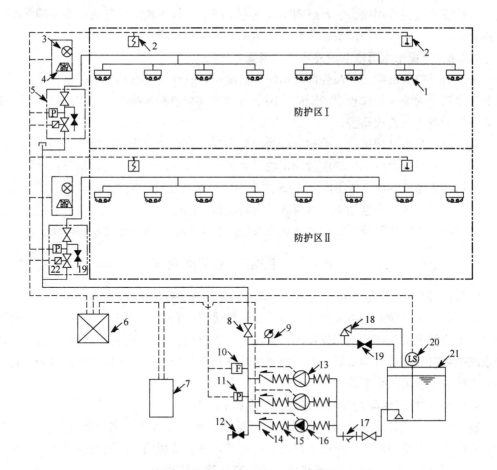

图 9-15 开式细水雾灭火系统示意图

1—开式细水雾喷头；2—火灾探测器；3—喷雾指示灯；4—火灾声光报警器；5—分区控制阀组；6—火灾报警控制器；7—消防泵控制柜；8—控制阀（常开）9—压力表；10—水流传感器；11—压力开关；12—泄水阀（常闭）；13—消防泵；14—止回阀；15—柔性接头；16—稳压泵；17—过滤器；18—安全阀；19—泄放试验阀；20—液位传感器；21—贮水箱；22—分区控制阀（电磁/气动/电动阀）

（2）闭式细水雾灭火系统，采用闭式细水雾喷头，根据使用场所的不同，闭式细水雾灭火系统又可以分为湿式系统、干式系统和预作用系统三种形式。闭式细水雾灭火系统适用于采用非密集柜存储的图书库、资料库和档案库等保护对象。

9.4.5 细水雾灭火系统喷头有哪些分类？

答：细水雾喷头是将水流进行雾化并实施喷雾灭火的重要部件，根据成雾原理的不同，细水雾喷头的构造也不同。一定压力的水通过滤网进入喷头后，在压力的作用下沿弹簧、喷嘴和喷嘴芯围成的螺旋空间产生高速旋转运动，水流到达喷头小孔后被完全击碎，沿喷嘴出口锥面射出，形成极微小的雾滴。

细水雾灭火系统喷头分类：按动作方式分类，分为开式细水雾喷头、闭式细水雾喷头；按细水雾产生原理分类，可分为撞击式细水雾喷头、离心式细水雾喷头等；按开孔数量分类，分为单孔细水雾喷头、多孔细水雾喷头；按材质分类，分为不锈钢细水雾喷头、黄铜细水雾喷头等；按适用性分类，分为通用喷头和专用喷头，如电缆类电气火灾专用喷头、可燃液体火灾专用喷头、可燃固体火灾专用喷头、计算机类电气火灾专用喷头等；按作用分类，分为灭火专用喷头、冷却防护喷头和水雾封堵喷头等。

9.4.6 选择细水雾喷头应注意哪些问题？

答：对于喷头的喷孔易被外部异物堵塞的场所，应选用具有相应防护措施且不影响细水雾喷放效果的喷头，如粉尘场所应选用带防尘罩（端盖）的喷头，但在喷雾时不应造成喷雾阻挡和对人员造成伤害。

对于电子数据处理机房、通信机房的地板夹层，宜选择适用于低矮空间的喷头。

对于闭式系统，应选择响应时间指数不大于 50 $(m \cdot s)^{0.5}$ 的喷头，其公称动作温度宜高于环境最高温度 30℃，且同一防护区内应采用相同热敏性能的喷头。

对于腐蚀性环境应选用防腐材料或具有防腐镀层的喷头。

对于电气火灾危险场所的细水雾灭火系统不宜采用撞击雾化型细水雾喷头。

第五节　固定式消防炮系统

9.5.1 何谓固定式消防炮系统？其组成部分及分类有哪些？

答：固定式消防炮是由灭火喷射介质、消防泵组、管道、阀门、水炮、动力源和控制装置等组成的灭火系统，具有流量大、射程远、灭火能力强、可自控等特点。固定式消防炮系统按喷射介质可分为水炮系统、泡沫炮系统和干粉炮系统；按控制方式可分为远控消防炮系统和手动消防炮系统。

9.5.2 固定式消防炮灭火系统设置范围有哪些？

答：在难于设置自动喷水灭火系统的展览馆、观众厅等人员密集场所和丙类生产车间、库房等高大空间场所，应设置自动灭火系统，并宜选用固定式消防炮等灭火系统。

9.5.3 固定式消防炮灭火系统选用灭火剂应注意哪些问题？

答：系统选用的灭火剂应和保护对象相适应，并应符合下列规定：

泡沫炮系统适用于甲、乙、丙类液体、固体可燃物火灾场所；干粉炮系统适用于液化石油气、天然气等可燃气体火灾场所；水炮系统适用于一般固体可燃物火灾场所；水炮系统和泡沫系统不得用于扑救遇水发生化学反应而引起燃烧、爆炸等物质的火灾。

9.5.4　设置固定式消防炮灭火系统的哪些场所宜选用远程炮控制？

答：设置在下列场所的固定消防炮灭火系统宜选用远程炮控制：

有爆炸危险性的场所；有大量有毒气体产生的场所；燃烧猛烈，产生强烈辐射热的场所；火灾蔓延面积较大，且损失严重的场所；高度超过 8m，且火灾危险性较大的室内场所；发生火灾时，灭火人员难以及时接近或撤离固定消防炮位的场所。

第六节　泡沫灭火系统

9.6.1　泡沫灭火系统的定义及其灭火机理有哪些？

答：泡沫灭火系统是通过机械作用将泡沫灭火剂、水与空气充分混合并产生泡沫实施灭火的灭火系统，具有安全可靠、经济实用、灭火效率高、无毒性等优点。

泡沫灭火系统的灭火机理主要体现在以下几个方面：

隔氧窒息作用：在燃烧物表面形成泡沫覆盖层，使燃烧物的表面与空气隔绝，同时泡沫受热蒸发产生的水蒸气可以降低燃烧物附近氧气的浓度，起到窒息灭火作用。

辐射热阻隔作用：泡沫层能阻止燃烧区的热量作用于燃烧物质的表面，因此可防止可燃物本身和附近可燃物质的蒸发。

吸热冷却作用：泡沫析出的水对燃烧物表面进行冷却。

9.6.2　泡沫灭火系统的分类及有哪些特性？

答：泡沫灭火系统一般由泡沫液、泡沫消防水泵、泡沫混合液泵、泡沫液泵、泡沫比例混合器（装置）、泡沫液压力储罐、泡沫产生装置、火灾探测与启动控制装置、控制阀门及管道等系统组件组成。泡沫灭火系统喷射方式、系统结构、发泡倍数、系统形式可分为不同类型。

（1）按喷射方式分为液上喷射、液下喷射、半液下喷射：

液上喷射系统，泡沫从液面上喷入被保护储罐内的灭火系统，与液下喷射灭火系统相比较，这种系统有泡沫不易受油的污染，可以使用廉价的普通蛋白泡沫等优点。

液下喷射系统，泡沫从液面下喷入被保护储罐内，上升至液体表面并扩散开，形成一个泡沫层的灭火系统。液下用的泡沫液必须是氟蛋白泡沫灭火液或是水成膜泡沫液。

半液下喷射系统，泡沫从储罐底部注入，并通过软管浮升到液体燃料表面进行灭火的泡沫灭火系统。

（2）按系统结构分为固定式、半固定式和移动式：

固定式系统，由固定的泡沫消防泵、泡沫比例混合器、泡沫产（发）生装置和管道等组成的灭火系统。

半固定式系统，由固定的泡沫产（发）生装置及部分连接管道，泡沫消防车或机动泵，用水带连接组成的灭火系统。

移动式系统，由消防车或机动消防泵、泡沫比例混合器、移动式泡沫产（发）生装置，用水带临时连接组成的灭火系统。

（3）按发泡倍数分为低倍数泡沫灭火系统、中倍数泡沫灭火系统、高倍数泡沫灭火系统：

低倍数泡沫灭火系统，是指发泡倍数小于 20 的泡沫灭火系统，该系统是甲、乙、丙类液体储罐及石油化工装置区等场所的首选灭火系统。

中倍数泡沫灭火系统，是指发泡倍数为 20～200 的泡沫灭火系统。中倍数泡沫灭火系统在实际工程中应用较少，且多用作辅助灭火设施。

高倍数泡沫灭火系统，是指发泡倍数大于 200 的泡沫灭火系统。

（4）按系统形式分为：

全淹没式泡沫灭火系统，是指用管道输送高倍数泡沫液和水，发泡后连续地将高倍数泡沫释放并按规定的高度充满被保护区域，并将泡沫保持到规定的时间，进行控火或灭火的固定灭火系统。

局部应用式泡沫灭火系统，是指向局部空间喷放高倍数泡沫或中倍数泡沫，进行控火或灭火的固定、半固定灭火系统。

移动式泡沫灭火系统，是指车载式或便携式系统。移动式高倍数灭火系统可作为固定系统的辅助设施，也可作为独立系统用于某些场所。移动式中倍数泡沫灭火系统适用于发生火灾部位难以接近的较小火灾场所、流淌面积不超过 $100m^2$ 的液体流淌火灾场所。

9.6.3　泡沫灭火系统选择的基本要求有哪些？

答：甲、乙、丙类液体储罐区宜选用低倍数泡沫灭火系统。

甲、乙、丙类液体储罐区固定式、半固定式或移动式泡沫灭火系统的选择，应符合下列规定：低倍数泡沫灭火系统，应符合现行国家标准的规定；油罐中倍数泡沫灭火系统宜为固定式。

全淹没式、局部应用系统和移动式中倍数、高倍数泡沫灭火系统的选择，应根据防护区的总体布局、火灾的危害程度、火灾的种类和扑救条件等因素，经综合技术经济指标比较后确定。

储罐区低倍数泡沫灭火系统的选择，应符合下列规定：烃类液体固定顶储罐可选用液上喷射、液下喷射或半液下喷射系统；水溶性甲、乙、丙类液体固定顶储罐，应选用液上喷射系统或半液下喷射系统；外浮顶和内浮顶储罐应选用液上喷射系统；烃类液体外浮顶储罐、内浮顶储罐、直径大于 18m 的固定顶储罐及水溶性甲、乙、丙类液体立式储罐，不得选用泡沫炮作为主要灭火设施；高度大于 7m 或直径大于 9m 的固定顶储罐，不得选用泡沫枪作为主要灭火设施；油罐中倍数泡沫灭火系统，应选用液上喷射系统。

9.6.4　泡沫液选择有哪些原则？

答：非水溶性甲、乙、丙类液体储罐低倍数泡沫液的选择，应符合下列规定：当采用液上喷射系统时，应选用蛋白、氟蛋白、成膜氟蛋白或水成膜泡沫液；当采用液下喷射系统时，应选用氟蛋白、成膜氟蛋白或水成膜泡沫液；当选用水成膜泡沫液时，其抗烧水平应满足国家现行有关标准的规定。

保护非水溶性液体的泡沫—水喷淋系统、泡沫枪系统、泡沫炮系统泡沫液的选择，应符合下列规定：当采用吸气型泡沫产生装置时，可选用蛋白、氟蛋白、水成膜或成膜氟蛋白泡沫液；当采用非吸气型喷射装置时，应选用水成膜或成膜氟蛋白泡沫液。

水溶性甲、乙、丙类液体和其他对普通泡沫有破坏作用的甲、乙、丙类液体，以及用一套系统同时保护水溶性和非水溶性甲、乙、丙类液体的，必须选用抗溶泡沫液。

中倍数泡沫灭火系统泡沫液的选择应符合下列规定：用于油罐的中倍数泡沫灭火剂应采用专用 8％型氟蛋白泡沫液；除油罐外的其他场所，可选用中倍数泡沫液或高倍数泡沫液。

高倍数泡沫灭火系统利用热烟气发泡时，应采用耐温耐烟型高倍数泡沫液。

当采用海水作为系统水源时，必须选择适用于海水的泡沫液。

9.6.5　泡沫灭火系统有哪些适用场所？

答：全淹没式高倍数、中倍数泡沫灭火系统可用于封闭空间场所与设有阻止泡沫流失的固定围墙或其他围挡设施的小场所。

局部应用式高倍数泡沫灭火系统可用于下列场所：四周不完全封闭的 A 类火灾场所；天然液化站与接收站的集液池或储罐围堰区。

局部应用式中倍数泡沫灭火系统可用于下列场所：四周不完全封闭的 A 类火灾场所；限定位置的流散 B 类火灾场所；固定位置面积不大于 100m² 的流淌 B 类火灾场所。

移动式高倍数泡沫灭火系统可用于下列场所：发生火灾的部位难以确定或人员难以接近的场所；流淌的 B 类火灾场所；发生火灾时需要排烟、降温或排除有害气体的封闭空间。

移动式中倍数泡沫灭火系统可用于下列场所：发生火灾的部位难以确定或人员难以接近的较小火灾场所；流散的 B 类火灾场所；不大于 100m² 的流淌 B 类火灾场所。

泡沫-水喷淋系统可应用于下列场所：具有非水溶性液体泄露火灾危险的室内场所；存放量不超过 25L/m² 或超过 25L/m² 但有缓冲物的水溶性液体室内场所。

泡沫喷雾系统可用于下列场所：独立变电站的油浸电力变电器；面积不大于 200m² 的非水溶性液体室内场所。

第七节　气体灭火系统

9.7.1　气体灭火系统定义及其灭火机理？

答：气体灭火系统是以一种或多种气体作为灭火介质，通过这些气体在整个防护区内或保护对象周围的局部区域建立起灭火浓度实现灭火。气体灭火系统具有灭火效率高、灭火速度快、保护对象无污损等优点。

气体灭火系统一般由灭火剂储存装置、启动分配装置、输送释放装置、监控装置等组成。为满足各种保护对象的需要，最大限度地降低火灾损失，根据其充装不同种类灭火剂、采用不同增压方式，气体灭火系统具有多种应用形式。见图 9-16。

9.7.2　气体灭火系统有哪些分类？

答：气体灭火系统根据使用灭火剂、系统结构特点、应用方式及加压方式可分为不同类型。

（1）按使用的灭火剂分：

二氧化碳灭火系统，是以二氧化碳作为灭火介质的气体灭火系统。二氧化碳是一种惰性气体，对燃烧具有良好的窒息和冷却作用。二氧化碳灭火系统按灭火剂储存压力不同可分为高压系统（指灭火剂在常温下储存的系统）和低压系统（指将灭火剂在 -18～-20℃ 低温下储存的系统）两种应用形式。管网起点计算压力（绝对压力）：高压系统应取 5.17MPa，低压系统应取 2.07MPa。

七氟丙烷灭火系统，以七氟丙烷作为灭火介质的气体灭火系统。七氟丙烷灭火剂属于卤代烷灭火剂系列，具有灭火能力强、灭火剂性能稳定的特点，但与卤代烷 1301 和卤代烷 1211 灭火剂相比，臭氧层损耗能力（ODP）为 0，全球温室效应潜能值（GWP）很小，

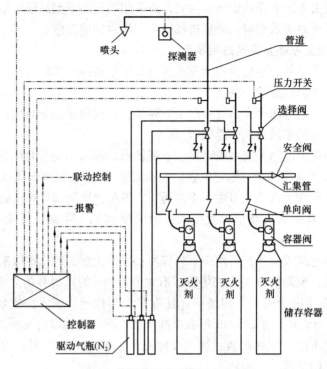

图 9-16　气体灭火系统组成示意图

不会破坏大气环境。但七氟丙烷灭火剂及其分解产物对人有毒性危害，使用时应引起重视。

惰性气体灭火系统，包括 IG01（氩气）灭火系统、IG100（氮气）灭火系统、IG55（氩气、氮气）灭火系统、IG541（氩气、氮气、二氧化碳）灭火系统。由于惰性气体纯粹来自于自然，是一种无毒、无色、无味、惰性及不导电的纯"绿色"压缩气体，故又称之为洁净气体灭火系统。

（2）按系统的结构特点分为：

无管网灭火系统，是指按一定的应用条件，将灭火剂储存装置和喷放组件等预先设计、组装成套且具有联动控制功能的灭火系统，又称预制灭火系统。该系统又分为柜式气体灭火装置和悬挂式气体灭火装置两种类型，其适应于较小的、无特殊要求的防护区。

管网灭火系统，是指按一定的应用条件进行计算，将灭火剂从储存装置经由干管、支管输送至喷放组件实施喷放的灭火系统。

（3）按应用方式分：

全淹没灭火系统，是指在规定的时间内，向防护区喷射一定浓度的气体灭火剂，并使其均匀地充满整个防护区的灭火系统。全淹没灭火系统的喷头均匀布置在防护区的顶部，火灾发生时，喷射的灭火剂与空气的混合气体，迅速在此空间内建立有效扑灭火灾的灭火浓度，并将灭火剂浓度保持一段所需要的时间，即通过灭火剂气体将封闭空间淹没实施灭火。

局部应用灭火系统，指在规定的时间内向保护对象以设计喷射率直接喷射气体，在保护对象周围形成局部高浓度，并持续一定时间的灭火系统。局部应用灭火系统的喷头均匀布置在保护对象的四周，火灾发生时，将灭火剂直接而集中地喷射到保护对象上，使其笼罩整个保护对象外表面，即在保护对象周围局部范围内达到较高的灭火剂气体浓度实施灭火。

（4）按加压方式分：

自压式气体灭火系统，指灭火剂无需加压而是依靠自身饱和蒸气压力进行输送的灭火系统。

内储压式气体灭火系统，指灭火剂在瓶组内用惰性气体进行加压储存，系统动作时灭火剂靠瓶组内的充压气体进行输送的灭火系统。

外储压式气体灭火系统，指系统动作时灭火剂由专设的充压气体瓶组按设计压力对其进行充压的灭火系统。

9.7.3 气体灭火系统的设置范围有哪些？

答： 符合下列条件的场所应设置自动灭火系统，并宜采用气体灭火系统：

国家、省级或人口超过100万的城市广播电视发射塔内的微波机房、分米波机房、米波机房、变配电室和不间断电源（UPS）室；

国际电信局、大区中心、省中心和一万路以上的地区中心内的长途程控交换机房、控制室和信令转接点室；

两万线以上的市话汇接局和六万门以上的市话端局内的程控交换机房、控制室和信令转接点室；

中央及省级公安、防灾和网局级及以上的电力等调度指挥中心内的通信机房和控制室；

A、B级电子信息系统机房内的主机房和基本工作间的已记录磁（纸）介质库；

中央和省级广播电视中心内建筑面积不小于$120m^2$的音像制品库房；

国家、省级或藏书量超过100万册的图书馆内的特藏库；中央和省级档案馆内的珍藏库和非纸质档案库；大、中型博物馆内的珍品库房；一级纸绢质文物的陈列室；

其他特殊重要设备室。

9.7.4 气体灭火系统适宜扑救的火灾有哪些类别？

答： 适宜用气体灭火系统扑救的火灾有：

电气火灾；

固体表面火灾；

液体火灾；

灭火前能切断气源的气体火灾。

9.7.5 气体灭火系统不适宜扑救的火灾有哪些类别？

答： 不适宜用气体灭火系统扑救的火灾有：

硝化纤维、硝酸钠等氧化剂或含氧化剂的化学制品火灾；

钾、钠、镁、钛、锆、铀等活泼金属火灾；

氢化钾、氢化钠等金属氢化物火灾；

过氧化氢、联胺等能自行分解的化学物质火灾；

可燃固体物质的深位火灾。

9.7.6 什么是气溶胶？

答：气溶胶是指以空气为分散介质，以固态或液态的微粒为分散质的悬浮于气体分散介质中形成的一种溶胶。

9.7.7 气溶胶灭火系统适宜扑救的火灾有哪些类别？

答：适宜用气溶胶系统扑救的火灾有：

变电室、配电间、发电机房、电缆夹层、电缆井、电线沟、通信机房、电子计算机房等场所火灾；

生产、使用或储存动物油、植物油、重油、润滑油、变压器油、闪点大于60℃的柴油等丙类液体火灾；

不发生阴燃的可燃固体物质表面火灾。

9.7.8 气溶胶灭火系统不适宜扑救的火灾有哪些类别？

答：不适宜用气溶胶系统扑救的火灾有：

无空气仍能氧化的物质火灾，如硝酸纤维、火药等；

活泼金属火灾，如钾、钠、镁、钛等；

能自行分解的化合物火灾，如某些过氧化物、联胺等；

金属氢化物火灾，如氢化钾、氢化钠等；

能自燃的物质火灾，如磷等；

强氧化剂火灾，如氧化氮、氟等；

可燃固体物质的深位火；

人员密集场所火灾，如商场、影剧院、礼堂、文体娱乐等公共活动场所火灾；

有爆炸危险的场所火灾，如有爆炸粉尘的厂房等。

9.7.9 气体灭火系统有哪几种启动方式？

答：气体灭火系统启动方式分为自动控制、手动控制和机械应急操作三种。管网灭火系统应设置自动控制、手动控制和机械应急操作三种启动方式，预制灭火系统应设自动控制和手动控制两种启动方式。

第八节 干粉灭火系统

9.8.1 干粉灭火系统的组成及特性有哪些？

答：干粉灭火系统在组成上与气体灭火系统相类似，干粉灭火系统由干粉灭火设备和自动控制两大部分组成。前者有干粉储罐、动力气瓶、减压阀、输粉管道以及喷嘴等；后者有火灾探测器、启动瓶、报警控制器等，其组成如图9-17所示。它是借助于气体（氮气、二氧化碳或燃气、压缩空气）压力的驱动，并由这些气体携带干粉灭火剂形成气粉两相混合流，通过管道输送经喷嘴喷出实施灭火，其系统灭火机理是化学抑制、隔离、冷却与窒息。

9.8.2 干粉灭火系统有哪些分类？

答：干粉灭火系统可根据灭火方式、设计情况、系统保护情况、驱动气体储存方式分为不同类型。

（1）按灭火方式分类：

全淹没式干粉灭火系统，指将干粉灭火剂释放到整个防护区，通过在防护区空间建立

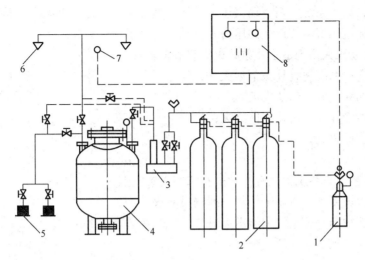

图 9-17　干粉系统组成示意图

1—启动气体瓶组；2—高压驱动气体瓶组；3—减压器；4—干粉罐；

5—干粉枪及卷盘；6—喷嘴；7—火灾探测器；8—控制装置

起灭火浓度来实施灭火的系统形式。该系统的特点是对防护区提供整体保护，适用于较小的封闭空间、火灾燃烧表面不宜确定且不会复燃的场合，如油泵房等类场合。

局部应用式干粉灭火系统，指通过喷嘴直接向火焰或燃烧表面喷射灭火剂实施灭火的系统。当不宜在整个房间建立灭火浓度或仅保护某一局部范围、某一设备、室外火灾危险场所等，可选择局部应用式干粉灭火系统，例如用于保护甲、乙、丙类液体的敞顶罐或槽，不怕粉末污染的电气设备以及其他场所等。

（2）按设计情况分类：

设计型干粉灭火系统，指根据保护对象的具体情况，通过设计计算确定的系统形式。该系统中的所有参数都需经设计确定，并按要求选择各部件设备型号。一般较大的保护场所或有特殊要求的场所宜采用设计系统。

预制型干粉灭火系统，指由工厂生产的系列成套干粉灭火设备，系统的规格是通过对保护对象做灭火试验后预先设计好的，即所有设计参数都已确定，使用时只需选型，不必进行复杂的设计计算。当保护对象不很大且无特殊要求的场合，一般选择预制系统。

（3）按系统保护情况分类：

组合分配系统，当一个区域有几个保护对象且每个保护对象发生火灾后又不会蔓延时，可选用组合分配系统，即用一套系统同时保护多个保护对象。

单元独立系统，若火灾的蔓延情况不能预测，则每个保护对象应单独设置一套系统保护，即单元独立系统。

（4）按驱动气体储存方式分类：

储气式干粉灭火系统，指将驱动气体（氮气或二氧化碳气体）单独储存在储气瓶中，灭火使用时，再将驱动气体充入干粉储罐，进而携带驱动干粉喷射实施灭火。

储压式干粉灭火系统，指将驱动气体与干粉灭火剂同储于一个容器，灭火时直接启动干粉储罐。

燃气式干粉灭火系统，指驱动气体不采用压缩气体，而是在火灾时点燃燃气发生器内的固体燃料，通过燃气燃烧产生的压力来驱动干粉喷射实施灭火。

9.8.3 干粉灭火系统适宜扑救的火灾有哪些类别？

答：干粉灭火系统适宜扑救下列火灾：

灭火前可切断气源的气体火灾；

易燃、可燃液体和可熔化固体火灾；

可燃固体表面火灾；

带电设备火灾。

9.8.4 干粉灭火系统不适宜扑救的有哪些火灾类别

答：干粉灭火系统不得用于扑救下列物质的火灾：

硝酸纤维、炸药等无空气仍能迅速氧化的化学物质与强氧化剂；

钠、钾、镁、钛、锆等活泼金属及其氢化物。

第九节 大空间智能型主动喷水灭火系统

9.9.1 何谓大空间智能型主动喷水灭火系统？

答：大空间智能型主动喷水灭火系统是近年来我国科技人员独自研制开发的一种全新的喷水灭火系统。该系统由大空间灭火装置、信号阀组、水流指示器等组件以及管道、供水设施等组成，采用自动探测及判定火源、启动系统、定位主动喷水灭火的灭火方式。

9.9.2 大空间智能型主动喷水灭火系统有哪些特点？

答：与传统的采用由感温元件控制的被动灭火方式的闭式自动喷水灭火系统以及手动或人工喷水灭火系统相比，具有以下特点：

具有人工智能，可主动探测寻找并早期发现判定火源；可对火源的位置进行定点定位并报警；可主动开启系统定点定位喷水灭火；可迅速扑灭早期火灾；可持续喷水、主动停止喷水并可多次重复启闭；适用空间高度范围广（灭火装置安装高度最高可达 25m）；安装方式灵活，不需贴顶安装，不需集热装置；射水型灭火装置（自动扫描射水灭火装置及自动扫描射水高空水炮灭火装置）的射水水量集中，扑灭早期火灾效果好；洒水型灭火装置（大空间智能灭火装置）的喷头洒水水滴颗粒大、对火场穿透能力强、不易雾化等；可对保护区域实施全方位连续监视。该系统尤其适合于空间高度高、容积大、火场温度升温较慢，难以设置传统闭式自动喷水灭火系统的场所，如：大剧院、音乐厅、会展中心、候机楼、体育馆、宾馆、写字楼的中庭、大卖场、图书馆、科技馆等。

与利用各种探测装置控制自动启动的开式雨淋灭火系统相比，有以下优点：

探测定位范围更小、更准确，可以根据火场火源的蔓延情况分别或成组地开启灭火装置喷水，既可达到雨淋系统的灭火效果，又不必像雨淋系统一样一开一大片。在有效扑灭火灾的同时，可减少由水灾造成的损失。在多个（组）喷头（高空水炮）的临界保护区域发生火灾时，只会引起周边几个（组）喷头（高空水炮）同时开启，喷水量不会超过设计流量，不会出现雨淋系统两个或几个区域同时开启导致喷水量成倍增加而超过设计流量的情况。

9.9.3 大空间灭火装置的分类有哪些？

答：大空间灭火装置可分为以下不同类型：

大空间智能灭火装置，灭火喷水面为一个圆形面，能主动探测着火部位并开启喷头喷水灭火的智能型自动喷水灭火装置，由智能型探测组件；大空间大流量喷头；电磁阀组三大部分组成。其中智能型探测组件与大空间大流量喷头及电磁阀组均为独立设置。喷头安装高度为6～25m，当喷头顶部安装时设置场所净空高度不能大于25m，当架空安装时，设置场所净空高度不受限制。

自动扫描射水灭火装置，灭火射水面为一个扇形面的智能型自动扫描射水灭火装置，由智能型探测组件、扫描射水喷头、机械传动装置、电磁阀组四大部分组成。其中智能型探测组件、扫描射水喷头和机械传动装置为一体化设置。喷头安装高度为2.5～6m，当喷头顶部安装时设置场所净空高度不能大于6m，当架空安装、边墙安装及退层平台安装时，设置场所净空高度不受限制。

自动扫描射水高空水炮灭火装置，灭火射水面为一个矩形面的智能型自动扫描射水高空水炮灭火装置，由智能型探测组件；自动扫描射水高空水炮（简称高空水炮）；机械传动装置；电磁阀组四大部分组成。其中，智能型红外探测组件、自动扫描射水高空水炮和机械传动装置为一体化设置。喷头安装高度为6～20m，当喷头顶部安装时设置场所净空高度不能大于20m，当架空安装、边墙安装及退层平台安装时，设置场所净空高度不受限制。

9.9.4 大空间智能型主动喷水灭火系统适用范围有哪些？

答：凡按照国家有关消防设计规范的要求应设置自动喷水灭火系统，火灾类别为A类（A类火灾是指含碳固体可燃物质的火灾，如木材、棉、毛、麻、纸张等），但由于空间高度较高，采用其他自动喷水灭火系统难以有效探测、扑灭及控制火灾的大空间场所应设置大空间智能型主动喷水灭火系统。设置大空间智能型主动喷水灭火系统场所的环境温度应不低于4℃，且不高55℃。

9.9.5 大空间智能型主动喷水灭火系统不适用范围有哪些？

答：大空间智能型主动喷水灭火系统不适用于以下场所：

在正常情况下采用明火生产的场所；火灾类别为B、C、D类火灾的场所；存在较多遇水发生爆炸或加速燃烧的物品的场所；存在较多遇水发生剧烈化学反应或产生有毒有害物质的物品的场所；存在较多因洒水而导致喷溅或沸溢的液体的场所；存放遇水将受到严重损坏的贵重物品的场所，如档案库、贵重资料库、博物馆珍藏室等；严禁管道漏水的场所；因高空水炮的高压水柱冲击造成重大财产损失的场所等。

第十节 其他灭火系统

9.10.1 蒸汽灭火系统的灭火机理及特点有哪些？

答：蒸汽灭火系统是通过热含量高的水蒸气冲淡燃烧区内的可燃气体和氧的含量来实现灭火。其灭火效果好，其中饱和蒸汽的灭火效果又优于过热蒸汽，尤其是扑救高温设备的油气火灾时，不仅能迅速扑灭泄露处的火灾，而且不会引起设备损坏。

9.10.2 蒸汽灭火系统组成部分及分类有哪些？

答：蒸汽灭火系统主要由蒸汽源（蒸汽锅炉房）、输汽干管、支管、配汽管或接口短管等组成。

蒸汽灭火系统分为：

固定式蒸汽灭火系统，用于扑救整个房间、舱室的火灾，使燃烧房间惰性化，从而达到灭火的目的。常用于生产厂房、燃油锅炉房、油船舱室、甲苯泵房等场所，对于容积大于 500m³ 的保护空间灭火效果较好。系统主要由蒸汽源、输汽干管、支管和配汽管组成，其设置地点应能使蒸汽均匀排放到保护空间内。房间内的蒸汽控制阀，宜设在建筑物的室外便于操作的地方。

半固定式蒸汽灭火系统，用于扑救局部火灾，利用水蒸气机械冲击的力量吹散可燃气体，并瞬间在火焰周围形成蒸汽层而使燃烧失去空气的支持而熄灭。一般多用于高大的炼油装置、地上式可燃储罐、车间内局部的油品的火灾。系统由蒸汽源、输汽干管、支管、接口短管等组成，并且接口短管的布置数量保证有一股蒸汽射流到达室内或露天装置区油品设备的任何部位。

9.10.3　蒸汽灭火系统适用的场所有哪些？

答：蒸汽灭火系统适用于扑救下列部位的火灾：

使用蒸汽的甲、乙类厂房和操作温度等于或超过本身燃点的丙类液体厂房；

单台锅炉蒸发量超过 2t/h 的燃气锅炉房；

火柴厂的火柴生产联合机部位；

有条件的并适用蒸汽灭火系统设置的场所。

9.10.4　烟雾灭火系统的组成及灭火机理有哪些？

答：烟雾灭火系统由烟雾产生器、引燃装置、喷射装置等组成。当储罐爆炸起火，罐内温度达到 110℃后，引燃装置的易熔合金感温元件熔化脱落，火焰点燃导火索，导火索传火至烟雾产生器内，继而引燃内部填装的烟雾灭火剂，烟雾灭火剂以等加速度进行燃烧反应，瞬间生成大量含有水蒸气、氮气和二氧化碳以及固体颗粒的灭火烟雾，在烟雾产生器内形成一定内压，经喷头高速喷入着火储罐，并在储罐内迅速形成均匀而浓厚的灭火烟雾层，以窒息、隔离和金属离子的化学抑制作用灭火。

9.10.5　烟雾灭火系统的分类、特点及其适用火灾类别有哪些？

答：烟雾灭火系统按照安装形式的不同分为罐内式、罐外式。

烟雾灭火系统具有设备结构简单，灭火速度快（罐内式从喷烟到灭火小于 20s，罐外式小于 6s）；不需要水和电源，不需要人工操作，灭火后对油品污染小，温度适用范围大等特点。

烟雾灭火系统适用于贮存甲、乙、丙类液体的固定顶和内浮顶储罐的灭火，特别适用于缺水、缺电和交通不便地区的储库灭火。

9.10.6　油浸变压器排油注氮装置由哪些部分组成？

答：油浸变压器排油注氮装置是由控制柜、消防柜、断流阀、温感火灾探测器和排油注氮管路组成。

9.10.7　油浸变压器排油注氮装置灭火机理及适用范围有哪些？

答：当变压器内部压力超过压力控制器设定值时，在重瓦斯等信号作用下，瞬时开启快速排油阀排油泄压，且经适当延时自动开启氮气阀，注入氮气，冷却故障点，稀释空气中氧气以达到防火灭火的功能。

该装置适用于油浸变压器的防爆、防火和灭火。

9.10.8　注氮控氧防火系统的灭火机理及其组成有哪些?

答: 注氮控氧防火系统是将空气中的氮、氧分离,排放氧气并向防护区注送氮气,控制防护区内氧浓度,使防护区内的可燃物不致燃烧的防火系统。这种系统由供氮装置(空气压缩机组、气体分离机组)、氧浓度探测器、控制组件(主控制器、紧急报警控制器)和供氮管道组成。

9.10.9　注氮控氧防火系统适用的场所有哪些?

答: 注氮控氧防火系统适用于下列空间相对密闭的场所:

有固体、液体、气体可燃物的电气设备场所;

无人停留的场所(如储油罐、危险品仓库等);

有人短暂停留的场所(如机房、无人值守间、配电室、电缆夹层间、电缆槽、电缆隧道、仓库、烟草仓库、银行金库、档案馆、珍藏馆、文物馆、通信和电信设备间等);

低氧环境下无不良后果的场所。

9.10.10　注氮控氧防火系统不适用的场所有哪些?

答: 注氮控氧防火系统不适用于下列场所:

有硝化纤维素、火药、炸药等含能材料,或有钾、钠、镁、钛、锆等活泼金属,或有氢化钾、氢化钠等氢化物制品,或有磷等易自燃物质的场所;

非相对密闭空间,或有带新风补给的空调系统的场所;

有明火的场所。

第十一节　火灾自动报警系统

9.11.1　什么是火灾自动报警系统?

答: 探测火灾早期特征、发出火灾报警信号,为人员疏散、防止火灾蔓延和启动自动灭火设备提供控制与指示的消防系统。

9.11.2　火灾自动报警系统分为哪几类?

答: 火灾自动报警系统分为区域报警系统、集中报警系统、控制中心报警系统三类。

9.11.3　区域报警系统适用范围有哪些?其由哪几个部分组成?

答: 仅需要报警,不需要联动自动消防设备的保护对象宜采用区域报警系统。

区域报警系统应由火灾探测器、手动火灾报警按钮、火灾声光警报器及火灾报警控制器等组成,系统中可包括消防控制室图形显示装置和指示楼层的区域显示器。见图 9-18。

9.11.4　集中报警系统适用范围有哪些?其由哪几个部分组成?

答: 不仅需要报警,同时需要联动自动消防设备,且只设置一台具有集中控制功能的火灾报警控制器和消防联动控制器的保护对象,应采用集中报警系统,并应设置一个消防控制室。

系统应由火灾探测器、手动火灾报警按钮、火灾声光警报器、消防应急广播、消防专用电话、消防控制室图形显示装置、火灾报警控制器、消防联动控制器等组成。见图 9-19。

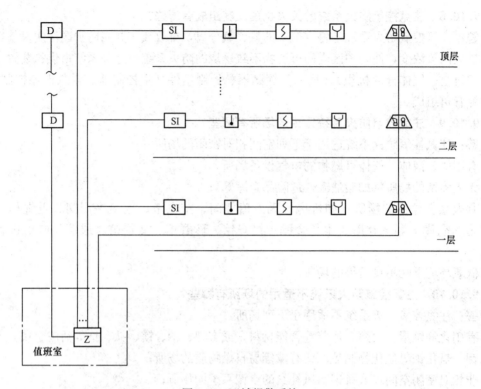

图 9-18　区域报警系统

注:

1. 本图适用于仅需要报警,不需要联动自动消防设备的保护对象。

2. 图形显示装置及区域显示器为可选设备,可根据实际情况决定是否安装。

3. 系统未设置图形显示装置时,应设置火警传输设备。

4. 当设置图形显示装置时,图形显示装置应设置在消防控制室内,其技术指标应符合《消防联动控制系统》GB 16806—2006 中第 4.9 条的相关规定。

9.11.5　控制中心报警系统适用范围有哪些?

答: 设置两个及以上消防控制室的保护对象,或已设置两个及以上集中报警系统的保护对象,应采用控制中心报警系统。见图 9-20。

9.11.6　消防控制室主要由哪些设备组成?

答: 消防控制室内设置的消防设备应包括火灾报警控制器、消防联动控制器、消防控制室图形显示装置、消防专用电话总机、消防应急广播控制装置、消防应急照明和疏散指示系统控制装置、消防电源监控器等设备或具有相应功能的组合设备。

9.11.7　建筑内部哪些场所需要设置火灾自动报警系统?

答: 任一层建筑面积大于 1500m² 或总建筑面积大于 3000m² 的制鞋、制衣、玩具、电子等类似用途的厂房及商店、展览、财贸金融、客运和货运等类似用途的建筑;每座占地面积大于 1000m² 的棉、毛、丝、麻、化纤及其制品的仓库,占地面积大于 500m² 或总建筑面积大于 1000m² 的卷烟仓库;总建筑面积大于 500m² 的地下或半地下商店;图书或文物的珍藏库,每座藏书超过 50 万册的图书馆,重要的档案馆;地市级及以上广播电视建筑、邮政建筑、电信建筑,城市或区域性电力、交通和防灾等指挥调度建筑;特等、甲等

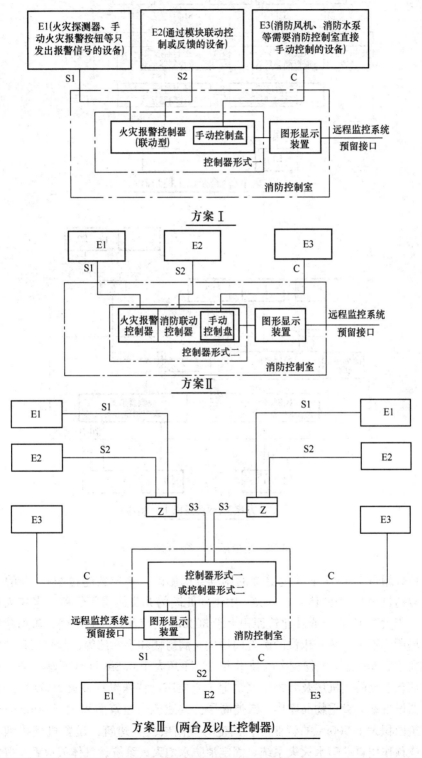

图 9-19 集中报警方案示意图

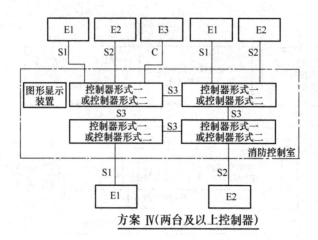

方案 Ⅳ(两台及以上控制器)

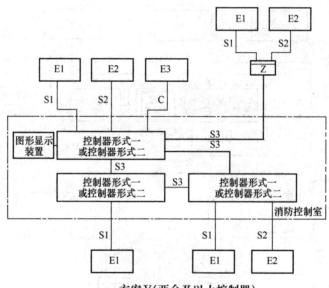

方案Ⅴ(两台及以上控制器)

图 9-19　集中报警方案示意图（续）

剧场，座位数超过 1500 个的其他等级的剧场或电影院，座位数超过 2000 个的会堂或礼堂，座位数超过 3000 个的体育馆；大、中型幼儿园的儿童用房等场所，老年人建筑，任一层建筑面积大于 1500m² 或总建筑面积大于 3000m² 的疗养院的病房楼、旅馆建筑和其他儿童活动场所，不少于 200 床位的医院门诊楼、病房楼和手术部等；歌舞娱乐放映游艺场所；净高大于 2.6m 且可燃物较多的技术夹层，净高大于 0.8m 且有可燃物的闷顶或吊顶内；电子信息系统的主机房及其控制室、记录介质库，特殊贵重或火灾危险性大的机器、仪表、仪器设备室、贵重物品库房；二类高层公共建筑内建筑面积大于 50m² 的可燃物品库房和建筑面积大于 500m² 的营业厅；其他一类高层公共建筑；设置机械排烟、防烟系统，雨淋或预作用自动喷水灭火系统，固定消防水炮灭火系统、气体灭火系统等需与火灾自动报警系统联锁动作的场所或部位。

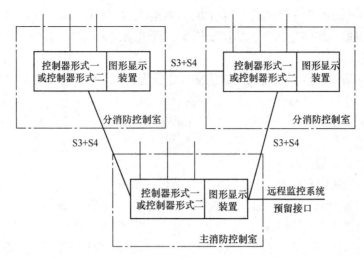

图 9-20　图形显示装置、集中报警控制器之间通过
各自的通信线（S3、S4、S5）连接

9.11.8　住宅建筑哪些场所需要设置火灾自动报警系统？

答：建筑高度大于 100m 的住宅建筑，应设置火灾自动报警系统；建筑高度大于 54m 但不大于 100m 的住宅建筑，其公共部位应设置火灾自动报警系统，套内宜设置火灾探测器；建筑高度不大于 54m 的高层住宅建筑，其公共部位宜设置火灾自动报警系统。当设置需联动控制的消防设施时，公共部位应设置火灾自动报警系统；高层住宅建筑的公共部位应设置具有语音功能的火灾声警报装置或应急广播。

9.11.9　烟花爆竹建筑中哪些场所需要设置火灾自动报警系统？

答：危险品生产区和危险品总仓库区应设置火灾自动报警系统。

9.11.10　酒厂内哪些场所需要设置火灾自动报警系统？

答：白酒、白兰地成品库及有消防联动控制的厂房、仓库和其他场所。

9.11.11　哪些汽车库、修车库、停车场需要设置火灾自动报警系统？

答：除敞开式汽车库、屋面停车场外，Ⅰ类汽车库、修车库，Ⅱ类地下、半地下汽车库、修车库，Ⅱ类高层汽车库、修车库，机械式汽车库，采用汽车升降机作汽车疏散出口的汽车库应设置火灾自动报警系统。

9.11.12　哪些水电工程需要设置火灾自动报警系统，报警分区如何划分？

答：大、中型水电工程应设置火灾自动报警系统，宜采用集中报警系统。

火灾报警区域应按防火分区或机组划分。一个报警区域宜由一个或同层相邻的几个防火分区组成，或由一台或几台机组的主厂房、副厂房各层组成，大坝宜设为一个报警区域。船闸、升船机宜按闸首划分报警区域。

9.11.13　哪些火力发电厂需要设置火灾自动报警系统？200MW 级机组及以上容量的燃煤电厂报警分区如何划分？

答：单机容量为 50～135MW 的燃煤电厂，应设置区域报警系统；单机容量为 200MW 及以上的燃煤电厂，应设置控制中心报警系统。

200MW 级机组及以上容量的燃煤电厂，宜按以下原则划分火灾报警区域：

1台机组为1个火灾报警区域（包括单元控制室、汽机房、锅炉房、煤仓间以及主变压器、启动变压器、联络变压器、厂用变压器、机组柴油发电机、脱硫系统的电控楼、空冷控制楼）。

办公楼、网络控制楼、微波楼和通信楼火灾报警区域（包括控制室、计算机房及电缆夹层）。

运煤系统火灾报警区域（包括控制室与配电间、转运站、碎煤机室、运煤栈桥及隧道、室内贮煤场或筒仓）。

点火油罐火灾报警区域。

9.11.14 哪些人防工程需要设置火灾自动报警系统？

答： 建筑面积大于 $500m^2$ 的地下商店、展览厅和健身体育场所；建筑面积大于 $1000m^2$ 的丙、丁类生产车间和丙、丁类物品库房；重要的通信机房和电计算机机房，柴油发电机房和变配电室，重要的实验室和图书、资料、档案库房等；歌舞娱乐放映游艺场所；中心医院；急救医院。

9.11.15 飞机库需要设置火灾自动报警系统吗？

答： 飞机库内应设火灾自动报警系统。

9.11.16 哪些锅炉房需要设置火灾自动报警系统？

答： 非独立锅炉房和单台蒸汽锅炉额定蒸发量大于等于 10t/h 或总额定蒸发量大于等于 40t/h 及单台热水锅炉额定热功率大于等于 7MW 或总额定热功率大于等于 28MW 的独立锅炉房，应设置火灾探测器和自动报警装置。

9.11.17 加气站、加油加气合建站如何设置可燃气体报警系统？

答： 加气站、加油加气合建站内设置有 LPG 设备、LNG 设备的场所和设置有 CNG 设备（包括罐、瓶、泵、压缩机等）的房间内、罩棚下，应设置可燃气体检测器。

可燃气体检测器一级报警设定值应小于或等于可燃气体爆炸下限的 25%。

LPG 储罐和 LNG 储罐应设置液位上限、下限报警装置和压力上限报警装置。

报警器宜集中设置在控制室或值班室内。

报警系统应配有不间断电源。

9.11.18 洁净厂房哪些部位需要设置火灾自动报警装置？

答： 洁净厂房的生产层、技术夹层、机房、站房等均应设置火灾自动报警装置，洁净厂房生产区及走廊应设置手动火灾报警按钮。

9.11.19 设置火灾自动报警系统的场所如何选择火灾探测器？

答： 对火灾初期有阴燃阶段，产生大量的烟和少量的热，很少或没有火焰辐射的场所，应选择感烟火灾探测器。

对火灾发展迅速，可产生大量热、烟和火焰辐射的场所，可选择感温火灾探测器、感烟火灾探测器、火焰探测器或其组合。

对火灾发展迅速，有强烈的火焰辐射和少量烟、热的场所，应选择火焰探测器。

对火灾初期有阴燃阶段，且需要早期探测的场所，宜增设一氧化碳火灾探测器。

对使用、生产可燃气体或可燃蒸气的场所，应选择可燃气体探测器。

应根据保护场所可能发生火灾的部位和燃烧材料的分析，以及火灾探测器的类型、灵敏度和响应时间等选择相应的火灾探测器，对火灾形成特征不可预料的场所，可根据模拟试验的结果选择火灾探测器。

同一探测区域内设置多个火灾探测器时，可选择具有复合判断火灾功能的火灾探测器和火灾报警控制器。

9.11.20　火灾报警系统的报警区域如何划分?

答：报警区域应根据防火分区或楼层划分；可将一个防火分区或一个楼层划分为一个报警区域，也可将发生火灾时需要同时联动消防设备的相邻几个防火分区或楼层划分为一个报警区域。

电缆隧道的一个报警区域宜由一个封闭长度区间组成，一个报警区域不应超过相连的3个封闭长度区间；道路隧道的报警区域应根据排烟系统或灭火系统的联动需要确定，且不宜超过150m。

甲、乙、丙类液体储罐区的报警区域应由一个储罐区组成，每个50000m³及以上的外浮顶储罐应单独划分为一个报警区域。

列车的报警区域应按车厢划分，每节车厢应划分为一个报警区域。

9.11.21　报警主机容量有哪些要求? 报警总线所连接设备数量是多少?

答：任一台火灾报警控制器所连接的火灾探测器、手动火灾报警按钮和模块等设备总数和地址总数，均不应超过3200点，其中每一总线回路连接设备的总数不宜超过200点，且应留有不少于额定容量10%的余量；任一台消防联动控制器地址总数或火灾报警控制器（联动型）所控制的各类模块总数不应超过1600点，每一联动总线回路连接设备的总数不宜超过100点，且应留有不少于额定容量10%的余量。

9.11.22　报警总线短路隔离器作用及设置规定有哪些?

答：系统总线上应设置总线短路隔离器，其作用是可以有效隔离总线上短路及故障设备。每只总线短路隔离器保护的火灾探测器、手动火灾报警按钮和模块等消防设备的总数不应超过32点；总线穿越防火分区时，应在穿越处设置总线短路隔离器。

9.11.23　火灾探测器有哪些种类?

答：点型火灾探测器、线型火灾探测器、吸气式感烟火灾探测器三个种类。

点型火灾探测器：感烟火灾探测器、感温火灾探测器、火焰探测器和图像型火焰探测器；

线型火灾探测器：光束感烟火灾探测器、缆式线型感温火灾探测器、线型光纤感温火灾探测器；

吸气式感烟火灾探测器：管路采样式吸气感烟火灾探测器。

9.11.24　报警系统导线选择有哪些要求?

答：火灾自动报警系统的供电线路、消防联动控制线路应采用耐火铜芯电线电缆，报警总线、消防应急广播和消防专用电话等传输线路应采用阻燃或阻燃耐火电线电缆。

9.11.25　12m以上大空间火灾自动报警系统设置有哪些要求?

答：高度大于12m的空间场所宜同时选择两种及以上火灾参数的火灾探测器。

火灾初期产生大量烟的场所，应选择线型光束感烟火灾探测器、管路吸气式感烟火灾探测器或图像型感烟火灾探测器。

火灾初期产生少量烟并产生明显火焰的场所，应选择1级灵敏度的点型红外火焰探测器或图像型火焰探测器，并应降低探测器设置高度。

电气线路应设置电气火灾监控探测器，照明线路上应设置具有探测故障电弧功能的电气火灾监控探测器。

9.11.26 消火栓系统有哪些联动控制方式?

答：消火栓系统内出水干管上的低压压力开关、高位消防水箱出水管上设置的流量开关，或报警阀压力开关等均有相应的反应，这些信号可以作为触发信号，直接控制启动消火栓泵，可以不受消防联动控制器处于自动或手动状态影响。当设置消火栓按钮时，消火栓按钮的动作信号应作为报警信号及启动消火栓泵的联动触发信号，由消防联动控制器联动控制消火栓泵的启动。

第十二节　电气火灾监控系统

9.12.1 什么是电气火灾监控系统?

答：电气火灾监控系统指装设在电气线路上，用于监控电气线路和电器设备上发生火灾的监控系统，系统可用于具有电气火灾危险的场所。

9.12.2 电气火灾监控系统由哪些设备组成?

答：电气火灾监控器、剩余电流式电气火灾监控探测器、测温式电气火灾监控探测器。

9.12.3 剩余电流式电气火灾监控探测器报警值为多少?

答：探测器报警值宜为 300~500mA。

9.12.4 探测线路故障电弧功能的电气火灾监控探测器保护线路长度为多少?

答：具有探测线路故障电弧功能的电气火灾监控探测器，其保护线路的长度不宜大于 100m。

第十三节　防火门监控系统

9.13.1 什么是防火门监控系统?

答：在建筑内部疏散通道上设置的，用于监视和控制自动防火门开启与关闭的系统。

9.13.2 防火门监控系统的设备由哪些组成?

答：防火门监控器、监控分机、通信总线、监控模块、门磁组成。

9.13.3 防火门监控系统联动控制有哪些要求?

答：应由常开防火门所在防火分区内的两只独立的火灾探测器或一只火灾探测器与一只手动火灾报警按钮的报警信号，作为常开防火门关闭的联动触发信号，联动触发信号应由火灾报警控制器或消防联动控制器发出，并应由消防联动控制器或防火门监控器联动控制防火门关闭；疏散通道上各防火门的开启、关闭及故障状态信号应反馈至防火门监控器。

9.13.4 防火门监控系统如何接线?

答：防火门监控系统接线的几种方式，见图 9-21。

本示意图给出了防火门控制器与防火门之间 3 种常见的接线形式，其中形式Ⅰ适用于设置了电磁释放器与门磁开关的常开防火门；形式Ⅱ适用于设置了电动闭门器的常开防火门；形式Ⅲ适用于设置了门磁开关的常闭防火门。

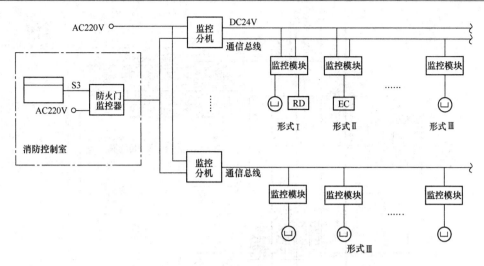

图 9-21 防火门控制器与防火门之间 3 种常见的接线形式

第十四节 消防设备电源监控系统

9.14.1 什么是消防设备电源监控系统？

答：装设于消防供电干线上，用于实时在线监视消防设备供电电源工作情况和状态的系统。

9.14.2 消防电源监控系统的设备由哪些组成？

答：消防设备电源监控器、通信总线、电压和电流传感器组成。

9.14.3 消防电源监控系统如何接线？

答：消防电源监控系统的几种接线方式，见图 9-22。

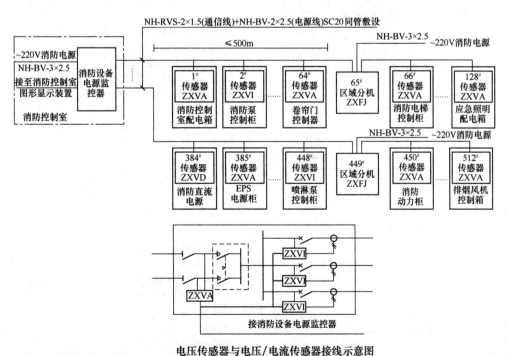

图 9-22 消防电源监控系统的接线示意图

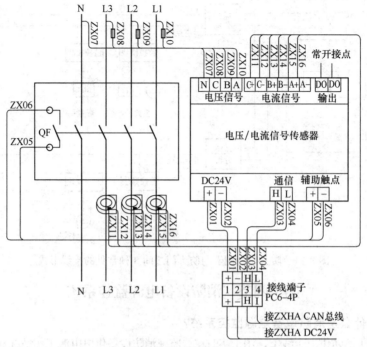

电压/电流传感器接线图

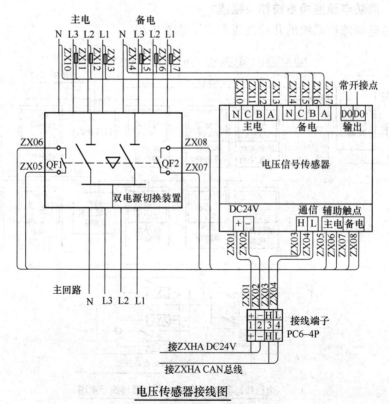

电压传感器接线图

图 9-22　消防电源监控系统的接线示意图（续）

第十五节 可燃气体报警系统

9.15.1 什么是可燃气体报警系统?

答：用于探测建筑内可燃气体并能够通过传输线路至报警主机发出报警信号的系统。

9.15.2 哪些场所需要设置可燃气体报警系统?

答：建筑内可能散发可燃气体、可燃蒸气的场所应设置可燃气体报警装置。

9.15.3 高层住宅设置可燃气体报警系统需要符合哪些规定?

答：使用天然气的用户应选择甲烷探测器，使用液化气的用户应选择丙烷探测器，使用煤制气的用户应选择一氧化碳探测器。

连接燃气灶具的软管及接头在橱柜内部时，探测器宜设置在橱柜内部。

甲烷探测器应设置在厨房顶部，丙烷探测器应设置在厨房下部，一氧化碳探测器可设置在厨房下部，也可设置在其他部位。

可燃气体探测器不宜设置在灶具正上方。

宜采用具有联动关断燃气关断阀功能的可燃气体探测器。

探测器联动的燃气关断阀宜为用户可以自己复位的关断阀，并应具有胶管脱落自动保护功能。

9.15.4 可燃气体报警系统由哪些部分组成?

答：可燃气体探测报警系统应由可燃气体报警控制器、可燃气体探测器和火灾声光警报器等组成。

第十六节 消防电源及负荷等级

9.16.1 什么是消防电源?

答：对消防负荷提供供电电源的系统。

9.16.2 哪些电源可以作为火灾应急电源?应急电源和主电源之间应采取哪些措施?

答：独立于正常电源的发电机组、供电网络中独立于正常电源的专用的馈电线路、蓄电池、干电池可以作为火灾应急电源。

应急电源与正常电源之间，应采取防止并列运行的措施。当有特殊要求，应急电源向正常电源转换需短暂并列运行时，应采取安全运行的措施。

9.16.3 蓄电池室有哪些防火要求?

答：蓄电池室应设有通风装置，设置在蓄电池室的所有电气应符合防爆要求，照明线路应采用耐酸的导线，室内应保持清洁，不得有不应有的可燃物，以防止与硫酸接触发热燃烧。

9.16.4 消防电源有哪些切换方式?

答：按照防火分区设置双电源自动切换装置，配电线路的最末一级配电箱处设置自动切换装置。

9.16.5 什么是一级负荷供电?

答：一级负荷应由双重电源供电，当一电源发生故障时，另一电源不应同时受到损坏。

9.16.6 一级负荷中特别重要的负荷供电应符合哪些要求？

答：除应由双重电源供电外，尚应增设应急电源，并严禁将其他负荷接入应急供电系统；设备的供电电源的切换时间，应满足设备允许中断供电的要求。

9.16.7 二级负荷供电有哪些要求？

答：二级负荷的供电系统，宜由两回线路供电。在负荷较小或地区供电条件困难时，二级负荷可由一回 6kV 及以上专用的架空线路供电。

9.16.8 哪些情况应采用一级负荷？

答：中断供电将造成人身伤害时；中断供电将在经济上造成重大损失时；中断供电将影响重要用电单位的正常工作。

在一级负荷中，当中断供电将造成人员伤亡或重大设备损坏或发生中毒、爆炸和火灾等情况的负荷，以及特别重要场所的不允许中断供电的负荷，应视为一级负荷中特别重要的负荷。

9.16.9 哪些情况应采用二级负荷？

答：中断供电将在经济上造成较大损失时；中断供电将影响较重要用电单位的正常工作。

9.16.10 如何划分建筑物消防负荷等级和确定其供电方式？

答：消防用电应按一级负荷供电的建筑：建筑高度大于 50m 的乙、丙类厂房和丙类仓库；一类高层民用建筑。

消防用电应按二级负荷供电的建筑物、储罐（区）和堆场：室外消防用水量大于 30L/s 的厂房（仓库）；室外消防用水量大于 35L/s 的可燃材料堆场、可燃气体储罐（区）和甲、乙类液体储罐（区）；粮食仓库及粮食筒仓；二类高层民用建筑；座位数超过 1500 个的电影院、剧场，座位数超过 3000 个的体育馆，任一层建筑面积大于 3000m² 的商店和展览建筑，省（市）级及以上的广播电视、电信和财贸金融建筑，室外消防用水量大于 25L/s 的其他公共建筑。

消防用电应按三级负荷供电的建筑物、储罐（区）和堆场：除不属于上述一级负荷、二级负荷外的建筑物、储罐（区）和堆场等的消防用电，可按三级负荷供电。

9.16.11 汽车库、修车库、停车场消防设备供电有哪些要求？

答：Ⅰ类汽车库、采用汽车专用升降机作为车辆疏散出口的升降机用电应按照一级负荷供电；Ⅱ、Ⅲ类汽车库和Ⅰ类修车库应按照二级负荷供电；Ⅳ类汽车库和Ⅱ类、Ⅲ类、Ⅳ类修车库可采用三级负荷供电。

9.16.12 哪些消防用电设备消防负荷需要末级自动切换？

答：消防控制室、消防水泵房、防烟和排烟风机房的消防用电设备及消防电梯等的供电，应在其配电线路的最末一级配电箱处设置自动切换装置。

9.16.13 一级疏散应急照明负荷配电方式有哪些要求？

答：当建筑物消防用电负荷为一级，且采用交流电源供电时，宜由主电源和应急电源提供双电源，并以树干式或放射式供电。应按防火分区设置末端双电源自动切换应急照明配电箱，提供该分区内的备用照明和疏散照明电源。

当采用集中蓄电池或灯具内附电池组时，宜由双电源中的应急电源提供专用回路采用树干式供电，并按防火分区设置应急照明配电箱。

9.16.14　二级疏散应急照明负荷配电方式有哪些要求？

答：当消防用电负荷为二级并采用交流电源供电时，宜采用双回线路树干式供电，并按防火分区设置自动切换应急照明配电箱。当采用集中蓄电池或灯具内附电池组时，可由单回线路树干式供电，并按防火分区设置应急照明配电箱。

9.16.15　液化石油气供应基地内消防泵和液化石油气气化站、混气站供电负荷等级有哪些要求？

答：液化石油气供应基地内消防泵和液化石油气气化站、混气站供配电设计应按照二级负荷设计。

9.16.16　地下车库充电桩负荷等级如何确定？

答：特大型和大型车库应按一级负荷供电，中型车库应按不低于二级负荷供电，小型车库可按三级负荷供电。机械式停车库设备应按不低于二级负荷供电。各类附建式车库供电负荷等级不应低于该建筑物的供电负荷等级。

第十七节　消防应急照明及电气线路敷设

9.17.1　高层建筑楼梯间的应急照明配电方式有哪些要求？

答：高层建筑楼梯间的应急照明，宜由应急电源提供专用回路，采用树干式供电。宜根据工程具体情况，设置应急照明配电箱。

9.17.2　应急照明灯具可以用插座接吗？

答：严禁在应急照明电源输出回路中连接插座。

9.17.3　建筑内部疏散照明的地面最低水平照度有哪些要求？

答：对于疏散走道，不应低于1.0lx；对于人员密集场所、避难层（间），不应低于3.0lx；对于病房楼或手术部的避难间，不应低于10.0lx；对于楼梯间、前室或合用前室、避难走道，不应低于5.0lx。

9.17.4　疏散应急照明的备用电源连续供电时间有哪些要求？

答：建筑高度大于100m的民用建筑，不应小于1.5h；医疗建筑、老年人建筑、总建筑面积大于100000m² 的公共建筑和总建筑面积大于20000m² 的地下、半地下建筑，不应少于1.0h；其他建筑，不应少于0.5h。

9.17.5　哪些场所在疏散走道和主要疏散路径的地面上需要增设能保持视觉连续的灯光疏散指示标志？

答：总建筑面积大于8000m² 的展览建筑；总建筑面积大于5000m² 的地上商店；总建筑面积大于500m² 的地下或半地下商店；歌舞娱乐放映游艺场所；座位数超过1500 个的电影院、剧场，座位数超过3000 个的体育馆、会堂或礼堂；车站、码头建筑和民用机场航站楼中建筑面积大于3000m² 的候车、候船厅和航站楼的公共区。

9.17.6　照明灯具的安装有哪些要求？

答：白炽灯、高压汞灯与可燃物之间的距离不应小于50cm，卤钨灯则应大于50cm。严禁用纸、布等可燃材料遮挡灯具。100W 以上的白炽灯、卤钨灯的灯管附近导线应采用不燃材料（瓷管、石棉、玻璃丝制成的护套）保护，不能用普通导线，以免高温破坏绝缘，引起短路。灯的下方不能堆放可燃物品。

灯泡距地面的高度一般不低于 2m，如低于 2m 应采取防护措施，经常碰撞的场所应采用金属网罩防护，湿度大的场所应有防止水滴的措施。

日光灯镇流器安装时应注意通风散热，不准将镇流器直接固定在可燃顶棚上，镇流器与灯管的电压和容量必须相同，配套使用。

在低压照明中，要选择足够的导线截面，防止发热量过大而引起危险，有大量可燃粉尘的地方，如粮食加工厂、棉花加工厂等要采用防尘灯具，爆炸场所应安装相应的防爆照明灯具。

9.17.7 如何辨别安全灯与防爆灯？

答：一般安全灯与防爆灯外表极为相似。一般安全灯虽然也装有玻璃灯罩和密封圈，但只能防水、防尘，却不能阻止易燃气体钻入，如达到爆炸极限会引起爆炸。两者的主要区别是防爆灯上有明显的防爆电器合格证，灯壳上又铸有防爆标志，而一般安全灯则没有这些特征和标志。

9.17.8 消防线路敷设的防火有哪些要求？

答：明敷时（包括敷设在吊顶内），应穿金属导管或采用封闭式金属槽盒保护，金属导管或封闭式金属槽盒应采取防火保护措施；当采用阻燃或耐火电缆并敷设在电缆井、沟内时，可不穿金属导管或采用封闭式金属槽盒保护；当采用矿物绝缘类不燃性电缆时，可直接明敷。

暗敷时，应穿管并应敷设在不燃性结构内且保护层厚度不应小于 30mm。

消防配电线路宜与其他配电线路分开敷设在不同的电缆井、沟内；确有困难需敷设在同一电缆井、沟内时，应分别布置在电缆井、沟的两侧，且消防配电线路应采用矿物绝缘类不燃性电缆。

9.17.9 工程中如何选择消防电缆类别？

答：超高层建筑物，其消防设备供电干线及分支干线，应采用矿物绝缘电缆；一类高层建筑建筑物，其消防设备供电干线及分支干线，宜采用矿物绝缘电缆；当线路的敷设保护措施符合防火要求时，可采用有机绝缘耐火类电缆；二类高层建筑物，其消防设备供电干线及分支干线，应采用有机绝缘耐火类电缆；消防设备的分支线路和控制线路，宜选用与消防供电干线或分支干线耐火等级降一类的电线或电缆。

9.17.10 如何区分阻燃电缆与耐火电线、电缆？

答：耐火电线、电缆：在 750℃～950℃高温中能够持续工作 3h 的电线电缆。

阻燃电线、电缆：阻燃是指难以着火并具有阻滞、延缓火焰沿着电线电缆的蔓延，使火灾不扩大，该类型电缆着火后具有自熄性能。阻燃电缆在明火移开后电缆不延燃，性能低于耐火电线、电缆的耐火特性。

9.17.11 哪些场所需要选择低烟无卤电线电缆？

答：教育建筑中敷设的电线电缆宜采用无卤、低烟、阻燃型电线电缆；高层住宅建筑中明敷的线缆应选用低烟、低毒的阻燃类线缆；二级及以上医院应采用低烟、低毒阻燃类线缆，二级以下医院宜采用低烟、低毒阻燃类线缆；对于大型和中型商店建筑的营业厅，线缆的绝缘和护套应采用低烟低毒阻燃型；地铁建筑在地下的建筑物内部供配电系统应需要无卤、低烟的阻燃或者耐火电线电缆。

第十八节 防排烟和通风系统

9.18.1 什么是防烟系统?

答: 防烟系统指采用机械加压送风方式自然通风方式,防止烟气进入楼梯间、前室、避难层(间)等空间的系统。分为机械加压送风系统或可开启外窗的自然排烟系统,由送风机、送风口及送风管道等机械加压送风设施或可开启外窗等自然排烟设施组成。

9.18.2 什么是排烟系统?

答: 排烟系统指采用机械排烟方式或自然排烟方式,将房间、走道等空间的烟气排至建筑物外的系统。分为机械排烟系统或自然排烟系统,由排烟风机、排烟口及排风管道等机械排烟设施或可开启外窗等自然排烟设施组成。

9.18.3 哪些场所宜采用自然通风的防烟系统?

答: 建筑高度小于等于50m的公共建筑、工业建筑和建筑高度小于等于100m的住宅建筑,其防烟楼梯间及其前室、消防电梯前室和合用前室宜采用自然通风方式的防烟系统。

9.18.4 哪些场所应采用机械加压方式的防烟系统?

答: 建筑高度大于50m的公共建筑、工业建筑和建筑高度大于100m的住宅建筑,其防烟楼梯间及其前室、消防电梯前室和合用前室。不具备自然通风及天然采光条件的封闭楼梯间及封闭避难层(间),人防工程中防烟楼梯间及其前室或合用前室、避难走道的前室。其他建筑中不具备自然排烟条件的防烟楼梯间、消防电梯前室或合用前室,设置自然排烟设施的防烟楼梯间,其不具备自然排烟条件的前室,应采用机械加压送风方式的防烟系统。

9.18.5 防烟楼梯间的前室或者合用前室满足哪些条件时,楼梯间可不设防烟系统?

答: 建筑物高度不大于50m的公共建筑、厂房、仓库和建筑高度不大于100m的住宅建筑,当其防烟楼梯间的前室或者合用前室符合以下条件:前室或者合用前室采用敞开的阳台、凹廊;前室或者合用前室具有不同朝向的可开启外窗,且可开启外窗的面积满足自然排烟的面积要求时,楼梯间可不设防烟系统。

9.18.6 厂房和仓库设置排烟设施的范围有哪些?

答: 人员或可燃物较多的丙类生产场所、丙类厂房内建筑面积大于300m²且经常有人停留或可燃物较多的地上房间;建筑面积大于5000m²的丁类生产车间;占地面积大于1000m²的丙类仓库;高度大于32m的高层厂房(仓库)内长度大于20m的疏散走道,其他厂房(仓库)内长度大于40m的疏散走道。

9.18.7 民用建筑设置排烟设施的范围有哪些?

答: 设置在一、二、三层且房间建筑面积大于100m²的歌舞娱乐放映游艺场所,设置在四层及以上的楼层、地下或半地下的歌舞娱乐放映游艺场所。

建筑中庭、公共建筑内建筑面积大于100m²且经常有人停留的地上房间;公共建筑内建筑面积大于300m²且可燃物较多的地上房间;建筑物内长度大于20m的疏散走道。

地下或半地下建筑(室)、地上建筑内的无窗房间,当总建筑面积大于200m²或一个房间面积大于50m²,且经常有人停留或可燃物较多时。

9.18.8 什么是自然排烟？

答： 自然排烟指利用火灾时产生的热烟气流的浮力和外部风力作用，通过建筑物的对外开口把烟气排至室外的排烟方式。

9.18.9 主要的自然排烟有哪些方式？

答： 自然排烟方式主要有：采用建筑的阳台、走廊或在外墙设置便于开启的外窗或排烟窗进行自然排烟。

9.18.10 自然排烟方式有哪些主要的优缺点？

答： 自然排烟方式的主要优点有：不需要专门的排烟设备；火灾时不受电源中断的影响；构造简单、经济；平时可兼作换气用。

自然排烟方式的主要缺点有：因受室外风向、风速和建筑本身的密封性或热作用的影响，排烟效果不太稳定。

9.18.11 哪些场所不适合采用自然排烟方式？

答： 在自然排烟方式中由于排烟效果的许多不稳定因素，对自然排烟设计范围要有一定的限制。建筑高度超过 50m 的一类公共建筑和建筑高度超过 100m 的居住建筑的防烟楼梯间及其前室、消防电梯前室及合用前室；其他建筑中净空高度超过 12m 的中庭；长度超过 60m 的内走道等，不应采用自然排烟方式进行防排烟。

9.18.12 采用自然排烟的开窗面积有哪些要求？

答： 长度超过 20m，但不超过 60m 的内走道，其可开启外窗面积或排烟口面积不应小于走道面积的 2%；面积超过 100m² 且经常有人停留或可燃物较多的地上房间，其可开启外窗面积或排烟口面积不应小于该房间面积的 2%；经常有人停留或可燃物较多的地下室，其可开启外窗面积或排烟口面积不应小于该房间面积的 2%；防烟楼梯间前室、消防电梯间前室可开启外窗面积不应小于 2m²；合用前室可开启外窗面积不应小于 3m²；靠外墙的防烟楼梯间，每五层内可开启外窗总面积之和不应小于 2m²；中庭、剧场舞台，不应小于该中庭、剧场舞台楼地面面积的 5%；其他场所，宜取该场所建筑面积的 2%～5%。

9.18.13 自然排烟口设置位置有哪些要求？

答： 自然排烟口应设于房间净高的 1/2 以上，最好设置在距顶棚 800mm 以内；内走道和房间的自然排烟口至该防烟分区最远点的水平距离应在 30m 以内。

9.18.14 机械加压送风防烟系统的原理是什么？

答： 机械加压送风防烟的原理是，在疏散通道等需要防烟的部位送入足够的新鲜空气，使其维持高于建筑物其他部位的压力，从而把着火区域所产生的烟气堵截于防烟部位之外。

9.18.15 机械加压送风防烟系统设置的目的及要求有哪些？

答： 设置机械加压送风防烟系统的目的主要是为了在建筑物发生火灾提供不受烟气干扰的疏散路线和避难场所。

因此，对机械加压送风防烟系统的主要要求是：加压部位在门关闭时，必须与着火楼层保持一定的压力差（该部位空气压力值为相对正压）；同时，在打开加压部位的门时，在门洞断面处能有足够大的气流速度，以有效地阻止烟气的入侵，保证人员安全疏散与避难。

9.18.16　垂直疏散通道常见的自然排烟与机械加压送风组合防烟方式有哪些？

答： 当防烟楼梯间及其前室、消防电梯前室或合用前室各部位确可开启外窗时，能采用自然排烟方式，造成楼梯间与前室或合用前室在采用自然排烟方式与采用机械加压送风方式排列组合上的多样化，而这两种排烟方式不能共用。常见的组合方式详见表9-1。

垂直疏散通道防烟部位设置表　　　　　　　　　　　表9-1

组合关系	防烟部位
不具备自然排烟条件的楼梯间与其前室	楼梯间
采用自然排烟的前室或合用前室与不具备自然排烟条件的楼梯间	楼梯间
采用自然排烟的楼梯间与不具备自然排烟条件的前室或合用前室	前室或合用前室
不具备自然排烟条件的楼梯间与合用前室	楼梯间、合用前室
不具备自然排烟条件的消防电梯前室	前室

9.18.17　机械加压送风防烟系统由哪些部分组成？

答： 机械加压送风防烟系统主要由送风口、送风管道、送风机和防烟部位（楼梯间、前室或合用前室）以及电气控制设备等组成。

9.18.18　机械加压送风防烟系统的风口有哪些主要型式？

答： 机械加压送风防烟系统的不同部位采用相应的风口型式：防烟楼梯间的加压送风口应采用自垂式百叶风口或常开式百叶风口，当采用常开的双层百叶风口时，应在其加压风机的吸入管上设置与开启风机连锁的电动阀。

防烟楼梯间前室、消防电梯前室、合用前室的加压送风口宜为与正压送风机连锁开启的常闭型电动百叶风口，开启方式有现场手动开启或者由消防自动报警系统自动开启并同时联动开启相应的正压送风机。

9.18.19　"通风空气调节机房"有哪些防火要求？

答： "通风空气调节机房"应采用耐火极限不低于2.0h的隔墙和1.5h的楼板与其他部位隔开，隔墙上的门应为甲级防火门，门应向外开启。

9.18.20　机械加压送风系统的风口、管道风速的限值是多少？

答： 机械加压送风口的风速不宜大于7m/s；金属管道送风管内的风速不应大于20m/s；土建风道内风速不应大于15m/s。

9.18.21　机械加压送风机有哪些主要的关闭控制方式？

答： 机械加压送风机的关闭控制方式主要有两种：风机由烟感、温感探头或自动喷水系统自动控制启动；风机由消防控制中心及建筑物防烟楼梯出口处的手动关闭装置控制关闭。

9.18.22　何谓防烟分区？设置防烟分区的目的是什么？

答： 防烟分区在建筑内部采用挡烟设施分隔而成，能在一定时间内防止火灾烟气向同一建筑的其余部分蔓延的局部空间。

设置防烟分区主要是保证在一定时间内使火场上产生的高温烟气不致随意扩散，并进而加以排除，从而达到控制火势蔓延和减少火灾损失的目的。

9.18.23　如何划分防烟分区？

答： 防烟分区的划分一般按以下原则及方式划分：设置排烟设施的走道，净高不超过

6m 的房间，应采用挡烟垂壁、隔墙或从顶棚下突出不小于 0.50m 的梁划分防烟分区；不设排烟设施的房间（包括地下室）和内走道，不划分防烟分区；内走道和房间（包括地下室）按规定需要设置排烟设施时，可视具体情况划分防烟分区；一座建筑物的某几层需要设置排烟设施，且采用垂直排烟道（竖井）进行排烟时，其余各层（不需要设置排烟设施的楼层），如投资增加不多，也宜设置排烟设施，并划分防烟分区；每个防烟分区所占据的建筑面积一般应控制在 500m² 以内；防烟分区不应跨越防火分区；防烟分区不宜跨越楼层，有些情况，如低层建筑且单层面积又过小时，允许包括一个以上的楼层，但以不超过三个楼层为宜；对有特殊要求的场所，如地下室、防烟楼梯间及其前室、消防电梯及其前室、避难层（间）等，应单独划分防烟分区。

9.18.24 防火分区与防烟分区有何区别及联系？

答：划分分区的目的不同。防火分区主要是将火势控制在一定空间内，防止烟火蔓延扩大；防烟分区主要是保证在一定的时间内，烟气不随意扩散。

设置的要求不同。防火分区比防烟分区划分的面积大，防烟分区不能跨越防火分区，防火分区可由几个防烟分区组成；划分防火分区的分隔要求比防烟分区严格得多。

9.18.25 常见的挡烟设施有哪些？

答：常用的挡烟设施包括：挡烟垂壁、挡烟隔墙和挡烟梁或采用下垂的不燃烧材料制作的吊板防火玻璃等。

9.18.26 什么是挡烟垂壁？

答：挡烟垂壁是用不燃材料制成，垂直安装在建筑顶棚、横梁或吊顶下，能在火灾时形成一定的蓄烟空间的挡烟分隔设施。挡烟垂壁应用不燃烧材料制作（一般采用 5mm 厚的钢化玻璃）或外贴不燃烧材料。挡烟垂壁可采用固定式或活动式的。当建筑物净空较高时，可采用固定式的，将挡烟垂壁长期固定在顶棚面上；当建筑物净空较低时，宜采用活动式的挡烟垂壁。

9.18.27 什么是防火阀？

答：防火阀是安装在通风、空气调节系统的送、回风管道上，平时呈开启状态，火灾时当管道内烟气温度达到 70℃ 时关闭，并在一定时间内满足漏烟量和耐火完整性要求，起隔烟阻火作用的阀门。一般由阀体、叶片、执行机构和温感器等部件组成。

9.18.28 什么是排烟防火阀？

答：排烟防火阀是安装在机械排烟系统的管道上，平时呈开启状态，火灾时当排烟管道内烟气温度达到 280℃ 时关闭，并在一定时间内能满足漏烟量和耐火完整性要求，起隔烟阻火作用的阀门。一般由阀体、叶片、执行机构和温感器等部件组成。

9.18.29 什么是排烟阀？

答：排烟阀是安装在机械排烟系统各支管端部（烟气吸入口）处，平时呈关闭状态并满足漏风量要求，火灾或需要排烟时手动和电动打开，起排烟作用的阀门。带有装饰口或进行过装饰处理的阀门称为排烟口。一般由阀体、叶片、执行机构等部件组成。

9.18.30 机械排烟有哪几种方式？

答：机械排烟可分为局部排烟和集中排烟两种方式。局部排烟方式是在每个需要排烟的部位设置独立的排烟风机直接进行排烟；集中排烟方式是将建筑物划分为若干个区，在每个区内设置排烟风机，通过排烟风道排烟。局部排烟方式投资大，排烟风机分散，维修管理麻烦，所以很少采用。

9.18.31　机械排烟系统由哪几部分组成？其工作原理是什么？

答：机械排烟系统由挡烟构件（活动式或固定式挡烟垂壁、挡烟隔墙、挡烟梁）、排烟口（或带有排烟阀的排烟口）、防火排烟阀门、排烟道、排烟风机和排烟出口组成。当建筑物内发生火灾时，由火场人员手动控制或由感烟探测器将火灾信号传递给防排烟控制器，开启活动的挡烟垂壁将烟气控制在发生火灾的防烟分区内，并打开排烟口以及和排烟口联动的排烟防火阀，同时关闭空调系统和送风管道内的防火调节阀防止烟气从空调、通风系统蔓延到其他非着火房间，最后由排烟风机将烟气通过排烟管道排至室外。

9.18.32　高层民用建筑机械排烟系统设计应符合哪些要求？

答：设置机械排烟设施的部位，其排烟风机的风量应符合有关规定；走道的机械排烟系统宜竖向设置；房间的机械排烟系统宜按防烟分区设置；机械排烟系统与通风空气调节系统宜分开设置，若合用时，必须采取可靠的防火安全措施，并应符合排烟系统要求；设置机械排烟的地下建筑和地上密闭场所，应同时设置补风系统，其补风量不宜小于排烟量的50%。

9.18.33　机械排烟系统的排烟口设置应符合哪些要求？

答：机械排烟系统的排烟口设置应符合以下要求：排烟口应设在顶棚上或靠近顶棚的墙面上，且与附近安全出口沿走道方向相邻边缘之间的最小水平距离不应小于1.50m；设在顶棚上的排烟口，距可燃构件或可燃物的距离不应小于1.00m；排烟口平时关闭，并应设有手动和自动开启装置；防烟分区内的排烟口距最远点的水平距离不应超过30m；在排烟支管上应设有当烟气温度超过280℃时能自动关闭的排烟防火阀。

9.18.34　机械排烟系统的排烟风机设置有哪些要求？

答：机械排烟系统的排烟风机设置应符合以下要求：排烟风机可采用离心风机或采用排烟轴流风机，并应在其机房入口处设有当烟气温度超过280℃时能自动关闭的排烟防火阀；排烟风机应保证在280℃时能连续工作30min；机械排烟系统中，当任一排烟口或排烟阀开启时，排烟风机应能自行启动；排烟风机的全压应按排烟系统最不利环路管道进行计算，其排烟量应增加漏风系数。

9.18.35　机械排烟系统的排烟管道材料有哪些要求？

答：机械排烟系统的排烟管道必须采用不燃材料制作，宜采用镀锌钢板或冷轧钢板，也可采用混凝土制品，但不宜采用砖砌风道；防火阀门连接的排烟风道，穿过防火楼板或防火墙时，风道厚度应采用不小于1.5mm的钢板制作；排烟时风道不应变形或脱落，同时应有良好的气密性；风道配件应采用钢板制作；排烟风道厚度，应根据排烟风道风速不同选定；排烟风道的吊架和支撑，应按规定选用。

9.18.36　排烟风道设置应遵循哪些原则？

答：设置排烟风道时，应主要遵循以下原则：排烟风道不应穿越防火分区；竖直穿越各层的竖风道应用耐火材料制成，并宜设在管道井内或采用混凝土风道；排烟管道在穿越排烟机房楼板或其防火墙处，在垂直排烟管道与每层水平排烟支管交接处的水平管段上，均应设置温度达到280℃即关闭的排烟防火阀，排烟防火阀的安装位置应符合规范有关要求；排烟主风道内通过的风量，应按该排烟系统各分支风管所有排烟口中最大排烟口的两倍计算。

9.18.37 机械排烟系统的排烟管道的安装、构造有哪些要求?

答:机械排烟管道的安装及构造要求主要有:安装在吊顶内时,其隔热层应采用不燃烧材料制作,并应与可燃物保持不小于 150mm 的距离;排烟风道穿过挡烟墙时,风道与挡烟隔墙之间的空隙,应用水泥砂浆等不燃材料严密填塞;排烟风道与排烟风机的连接,宜采用法兰连接,或采用不燃烧的较性连接;需要隔热的金属排烟道,必须采用不燃保温材料,如矿棉、玻璃棉、岩棉、硅酸铝等材料。

9.18.38 如何选择排烟风机?

答:用于排烟的风机主要有离心风机和轴流风机,还有自带电源的专用排烟风机。排烟风机应有备用电源,并应有能自动切换装置,排烟风机应耐热,变形小,使其在排出 280℃烟气时连续工作 30min 仍能达到设计要求。

9.18.39 排烟风机的设置及安装应符合哪些要求?

答:排烟风机和用于排烟补风的送风风机宜设置在通风机房内。机房隔墙耐火极限不小于 2.0h,楼板采用耐火极限不小于 1.5h 的楼板,机房的门应采用耐火极限不低于 1.20h 的甲级防火门。

排烟风机外壳至墙壁或设备的距离不应小于 600mm。排烟机应设在混凝土或钢架基础上,但可不设置减震装置。

应根据现场安装位置选择风机的旋转方向和出口方位,使排烟管道连接方便,弯头尽可能减少。排烟风机与排烟管道的连接方式应合理。

排烟风机与排烟口应设有连锁装置。当任何一个排烟口开启时,排烟风机即能自动启动。

排烟机的入口处,必须设有当烟气温度超过 280℃时能够自动关闭的装置。风机吸入口管道上不应设有调节装置。

9.18.40 机械排烟系统的烟气排出口设置有哪些要求?

答:烟气排出口的材料,可采用 1.5mm 厚钢板或用具有同等耐火性能的材料制作;烟气排出口的设置,应根据建筑物所处的条件(风向、风速、周围建筑物以及道路等情况)考虑确定;一般烟气排出口至少应高出周围最高建筑物 0.5~0.2m;烟气排出口设在室外时,应防止雨水、虫、鸟等侵入,并要求在排烟时坚固而不脱落。

9.18.41 对排烟管道、消防补风管道的风速控制有哪些要求?

答:采用金属风道时,不应大于 20m/s;采用内表面光滑的混凝土等非金属材料风道时,不应大于 15m/s;排烟口的风速不宜大于 10m/s。

9.18.42 汽车库、修车库的防排烟系统设置有哪些要求?

答:除敞开式汽车库、建筑面积小于 1000m² 的地下一层汽车库和修车库外,汽车库、修车库应设置排烟系统,并应划分防火分区。

防烟分区的建筑面积不宜大于 2000m²,且防烟分区不应跨越防火分区。防烟分区可采用挡烟垂壁、隔墙或从顶棚下突出不小于 0.5m 的梁划分。

排烟系统可采用自然排烟方式或机械排烟方式。机械排烟方式可与人防、卫生等的排气、通风系统合用。

汽车库内无直接通向室外的汽车疏散出口的防火分区,当设置机械排烟系统时,应同时设置补风系统,且补风量不宜小于排烟量的 50%。

其他排烟风机、排烟管道、排烟口、烟气排出口的设置要求同一般机械排烟系统的要求。

9.18.43　通风系统的作用有哪些？其分为哪几种方式？

答：通风是采用自然或机械方法对封闭空间进行换气，以获得安全、健康等适宜的空气环境的技术。一般是送入新鲜空气，同时排出被污染的空气。按所用方法分为自然通风和机械通风两种；此外，还有全面通风和局部通风以及混合通风等方式。

9.18.44　民用建筑空调通风系统有哪些主要防火措施？

答：民用建筑空调通风系统的主要防火措施主要包括：

通风和空气调节系统的管道布置，横向宜按防火分区设置，竖向不宜超过 5 层，以构成一个完整的建筑防火体系，防止和控制火灾的横向、竖向蔓延。

穿过楼层的垂直风管要求设在管井内；设置必要的防火阀；防火阀的动作温度宜为 70℃。

厨房、浴室、厕所等的垂直排风管道，应采取防止回流的措施并宜在支管上设置公称动作温度为 70℃ 的防火阀。

通风、空气调节系统的管道等，应采用不燃烧材料制作，但接触腐蚀性介质的风管和柔性接头，可采用难燃烧材料制作。

管道和设备的保温材料、消声材料和粘结剂应为不燃烧材料或难燃烧材料。穿过防火墙和变形缝两侧的风管两侧各 2.0m 范围内应采用不燃烧材料及其粘结剂。

风管内设有电加热器时，风机应与电加热联锁。电加热器前后各 800mm 范围内的风管和穿过设有火源等容易起火部位的管道，均必须采用不燃烧保温材料。

9.18.45　哪些情况需在民用建筑空调通风系统的风道上设置防火阀？

答：管道穿越防火分区处；穿越通风、空气调节机房及重要的或火灾危险性大的房间隔墙和楼板处；垂直风管与每层水平风管交接处的水平管段上；风道穿越变形缝的两侧。

9.18.46　空调车间的火灾有哪些特点？

答：空调车间的墙体及屋盖均为保温的封闭型结构，其保温材料若采用可燃材料，很容易引起火灾，并且内部发生火灾时，外部很难及时发现。

通风管道纵横交错，四通八达，通风管道外壁可燃的保温层，容易引起火灾蔓延。

空调车间四周多为封闭状态，内部起火烟气很难排出，致使室内能见度降低，影响人员疏散。

扑救比较困难。

9.18.47　工业厂房内的通风空调系统有哪些主要防火措施？

答：甲、乙类生产厂房中排出的空气不应循环使用。丙类生产厂房中排出的空气，如含有燃烧或爆炸危险的粉尘、纤维（如纺织厂、亚麻厂），易造成火灾的迅速蔓延，应在通风机前设滤尘器对空气进行净化处理，并应使空气中的含尘浓度低于其爆炸下限的25% 之后，再循环使用。

甲、乙类生产厂房用的送风和排风设备不应布置在同一通风机房内，且其排风设备也不应和其他房间的送、排风设备布置在一起。

有爆炸危险的厂房内的排风管道，严禁穿过防火墙和有爆炸危险的车间隔墙等防火分隔物，以防止火灾通过排风管道蔓延扩大到建筑的其他部分。

民用建筑内存放容易起火或爆炸物质的房间（如容易放出可燃气体氢气的蓄电池室、甲类液体的小型零配件、电影放映室、化学实验室、化验室、易燃化学药品库等），设置排风设备时应采用独立的排风系统。排风系统所排出的气体应通向安全地点进行泄放。

排除含有比空气轻的可燃气体与空气的混合物时，其排风管道应顺气流方向向上坡度敷设。

排风口设置的位置应根据可燃气体、蒸气的密度不同而有所区别。比空气轻者，应设在房间的顶部；比空气重者，则应设在房间的下部，以利及时排出易燃易爆气体。进风口的位置应布置在上风方向，并尽可能远离排气口，保证吸入的新鲜空气中，不再含有从房间排出的易燃、易爆气体或物质。

可燃气体管道和甲、乙、丙类液体管道不应穿过通风管道和通风机房，也不应沿通风管道的外壁敷设。

含有爆炸危险粉尘的空气，在进入排风机前应先进行净化处理。

有爆炸危险粉尘的排风机、除尘器应与其他一般风机、除尘器分开设置，且应按单一粉尘分组布置。

净化有爆炸危险粉尘的干式除尘器和过滤器，宣布置在厂房之外的独立建筑内，且与所属厂房的防火间距不应小于 10m。符合特殊条件的干式除尘器和过滤器，可布置在厂房的单独房间内，但应采用耐火极限分别不低于 3.00h 的隔墙和 1.50h 的楼板与其他部位分隔。

有爆炸危险的粉尘和碎屑的除尘器、过滤器和管道，均应设有泄压装置。净化有爆炸危险的粉尘的干式除尘器和过滤器，应布置在系统的负压段上。

甲、乙、丙类生产厂房的送、排风管道宜分层设置。

排除有燃烧、爆炸危险的气体、蒸气和粉尘的排风管道应采用易于导除静电的金属管道，应明装不应暗设，不得穿越其他房间，且应直接通到室外的安全处，尽量远离明火和人员通过或停留的地方。

通风管道不宜穿过防火墙和不燃烧体楼板等防火分隔物。如必须穿过时，应采取一定的防火分隔措施。

9.18.48 采暖系统定义及分类？

答：采暖为使室内获得热量并保持一定温度，以达到适宜的生活条件或工作条件的技术。按设施的布置情况主要分集中采暖和局部采暖两大类。集中采暖由锅炉房供给热水或蒸汽（称载热体），通过管道分别输送到各有关室内的散热器，将热量散发后再流回锅炉循环使用，或将空气加热后用风管分送到各有关房间去。局部采暖由火炉、电炉或煤气炉等就地发出热量，只供给本室内部或少数房间应用。有些地区也采用火墙、火炕等简易采暖设施。

9.18.49 厂房从防火的角度如何选用采暖装置？

答：甲、乙类生产厂房仓库严禁采用明火和电热散热器供暖，也不应采用明火加热的热风系统。

在生产中使用和生产遇到水或水蒸气能引起燃烧爆炸的物品时（如电石、锌粉、铅粉等），不应采用热水或蒸汽采暖，并且其他房间的热水、蒸汽采暖管道也不得穿过这些部位。因此，这些车间只允许采用不循环使用的热风采暖。

9.18.50 散发可燃粉尘、可燃纤维厂房的采暖系统设置有哪些要求？

答：采用热水、蒸汽采暖时，热媒温度不应过高；为防止纤维或粉尘积集在管道和散热器上受热自燃，热水采暖时，热水的温度不应超过 130℃；若用蒸汽采暖，由于蒸汽的过热性比较强，所以蒸汽的温度不应超过 110℃。

散发物（包括可燃气体、蒸气、粉尘）与采暖管道和散热器表面接触能引起燃烧爆炸时，应采用不循环使用的热风采暖，且不应在这些房间穿过采暖管道，如必须穿过时，应用不燃烧材料隔热。

不应使用肋形散热器，以防积聚粉尘。

9.18.51　采暖系统有哪些主要防火要求？

答：采暖系统的设置必须注意以下防火要求：采暖管道要与建筑物的可燃构件隔离；采暖管道穿过可燃构件时，要用不燃烧材料隔开绝热；或根据管道外壁的温度，在管道与可燃构件之间保持适当的距离；甲、乙类厂房、库房、高层工业建筑以及影剧院、体育馆等公共建筑的采暖管道和设备，其保温材料应采用不燃烧材料；电加热送风采暖设备应有可靠的防火连锁控制措施。

9.18.52　电加热设备与送风设备有哪些主要防火要求？

答：电加热设备与送风设备的电气开关应有连锁装置，以防止风机停转时，电加热设备仍单独继续加热，使温度过高而引起火灾。

在重要部位，应设感温自动报警器；必要时加设自动防火阀，以控制取暖温度，防止过热起火。

装有电加热设备的送风管道应用不燃烧材料制成。

9.18.53　地下建筑设置防排烟设施的必要性是什么？

答：地下建筑发生火灾时，大量的烟和热量无法排出室外，严重影响人员和财物的疏散，并使火灾扑救难以进行。因此，要根据地下建筑的实际情况，合理设置防排烟设施。

9.18.54　化学危险物品仓库应采取哪些隔热降温措施？

答：仓库檐口高度不应低于 3.5m。仓库应采用双层通风式的屋顶，予以通风。

消化纤维类物品的仓间顶部，应设屋顶通风管（兼有泄压作用）。

仓库隔热外墙的厚度宜大于 37cm。

甲类化学危险物品仓库，要求采用加厚的双层砖墙、双层屋顶（中间要有隔热材料）、双扇门，屋檐要加长，不使阳光射入仓库内，还需在屋顶设置自然通风帽，墙脚设进风孔，以加强自然通风，仓库的朝向应是南北向，使夏季保持较低库温。

9.18.55　化学危险物品仓库应采取哪些通风措施？

答：仓库主要依靠自然通风措施，即在气温较凉爽的时候，利用打开门窗的办法进行通风。

墙脚通风洞是配合仓库通风的设施。一般设在窗户的下方离地面 30cm 处，面积为 30cm×20cm，其形式内高外低，内衬铅丝或铜丝网，外装铁栅栏及铁板闸门防护。需要通风时予以打开即可。

第十九节　地下车库充电设施电气消防安全措施

9.19.1　地下车库充电设施存在什么消防安全问题？

答：目前地下车库有燃油的汽车、燃气的汽车、电动汽车同时在一个地下车库防火分区内的情况，加之设置充电桩系统，存在的消防安全问题不容忽视。由于上述汽车可能存在漏气漏油的现象，极容易由静电和电火花引燃而发生火灾。在充电过程中，有线缆由于敷设不规范，被碰撞剪断情况发生，产生短路电弧火灾。虽然《汽车库、修车库、停车场设计防火规范》GB 50067—2015 已经有关于地下车库消防安全的明确规定，但还是不能完全解决三种汽车及充电设施同时在一个地下车库防火分区内所存在的特殊情况。

9.19.2　如何解决地下车库充电设施消防安全问题？

答：地下车库充电设施消防安全解决方案可以参考下面一些要点：

合理选择充电设施开关电器设备，满足充电负荷需求；采用符合国家标准的充电桩设施；充电设施设置应充分考虑充电的便利性、安全性有防充电电源线被碰撞剪断的措施；配电线路开关选择漏电断路器，并设置电弧监测系统；采用阻燃铜芯电缆电线。

配电系统设置减小谐波的技术措施：增加充电机整流装置的脉波数；加装交流有源滤波装置；三相用电设备平衡；由容量较大的系统供电。

在有条件的地下车库，将电动汽车充电装置按照防火分区集中设置，区分燃油的汽车、燃气的汽车按照规定防火分区停放，加强这些防火分区消防安全措施，对重点区域加强消防安全巡查。

在设置有电动汽车充电装置的地下车库防火分区内，增加防静电总等电位处理措施，地面涂刷防静电涂料。

在三种类型汽车同时停放的混合区域内部，增加可燃气体探测器报警系统。

国家应加快相关规范标准的制订，确保电动汽车充电设施在地下车库中安全运行，防止消防安全问题的发生。

第十章 施工消防管理

第一节 施工现场消防安全

10.1.1 什么是临时建设设施?

答：临时建设设施是为建设工程施工服务，并随施工进度建造或拆除的办公、生活、生产用非永久性建（构）筑物及其他设施。

10.1.2 什么是临时消防设施?

答：临时消防设施是设置在建设工程施工现场，用于扑救施工过程中初起火灾的器材、设备和设施。

10.1.3 什么是临时消防疏散通道?

答：临时消防疏散通道是由不燃、难燃材料制作，供人员在施工现场发生火灾或意外事件时安全撤离危险区域，并到达安全地点或安全地带所经路径，如走道、楼梯、斜道、爬梯和道路等。

10.1.4 施工现场总平面布局应确定哪些临时建设设施的位置?

答：应确定施工现场的围场、围挡和出入口，场内临时道路；给水管网或管路和配电线路的敷设或架设走向、高度；施工现场办公用房、生活用房、生产用房、材料堆及库房、可燃及易燃易爆物品存放场所、加工场、固定动火作业场、主要施工设备存放区等；临时消防车道和消防水源。

10.1.5 施工现场易燃、易爆物品的储存有哪些要求?

答：易燃、易爆物品应按其种类、性质分别设专用存放库房，库房应设置在远离火源、固定动火作业场、疏散通道及人员和建筑物相对集中的避风处。

10.1.6 施工现场固定动火作业场所的设置有哪些要求?

答：固定动火作业场所不宜布置在办公用房、宿舍、可燃材料堆场和易燃、易爆物品存放库房常年主导风向的上风侧。

10.1.7 施工现场出入口的设置有哪些要求?

答：施工现场宜设置2个或2个以上出入口，满足人员疏散、消防车通行的要求；受施工现场条件限制，只能设置1个出入口时，应在场内设置满足消防车通行的环形道路或回车场地；施工现场周边道路能满足消防车通行及灭火救援要求时，施工现场出入口至少应满足人员疏散的要求。

10.1.8 施工现场消防车道设置有哪些要求?

答：施工现场消防车道应满足消防车接近在建工程、办公用房、生活用房和可燃、易燃物品存放区的要求；消防车道的净宽和净空高度不应小于4m；消防车道宜设置成环形，如设置环形车道确有困难，应在施工现场设置尺寸不小于15m×15m的回车场；消防车道的右侧应设置消防车行进路线指示标志。

10.1.9　施工现场办公用房、宿舍的防火设计有哪些要求？

答：施工现场办公用房、宿舍建筑层数不应超过 3 层，每层的建筑面积不应大于 300m²；办公用房建筑构件的燃烧性能不应低 B2 级，宿舍建筑构件的燃烧性能不应低于 B1 级；施工现场办公用房、宿舍层数为 3 层或每层建筑面积大于 200m² 时，其疏散楼梯的数量不应少于 2 部，房间疏散门至疏散楼梯的最大疏散距离不应大于 25m，楼梯的净宽不应小于 1.1m。

10.1.10　施工现场食物制作间、锅炉房、可燃材料库房和易燃、易爆物品库房等生产性用房的设置有哪些要求？

答：施工现场食物制作间、锅炉房、可燃材料库房和易燃、易爆物品库房等生产性用房建筑层数应为 1 层，建筑面积不应大于 300m²，其建筑构件的燃烧性能应为 A 级。

10.1.11　临时建筑的消防疏散有哪些要求？

答：临时建筑房间内最远点至最近疏散门的距离不应大于 15m；门应朝疏散方向开启，房门净宽不应小于 0.9m，房间建筑面积超过 50m² 时，房门净宽不应小于 1.2m；临时建筑走道一侧布置房间时，走道的净宽度不应小于 1.1m；两侧均布置房间时，不应小于 1.5m。

10.1.12　在建工程中的临时疏散通道设置有哪些要求？

答：疏散通道的耐火极限不应低于 0.5h；室内疏散走道、楼梯的最小净宽不应小于 0.9m；疏散爬梯、斜道的最小净宽不应小于 0.6m；室外疏散道路宽度不应小于 1.5m；疏散通道为坡道时，应修建楼梯或台阶踏步或设置防滑条。疏散通道为爬梯时，应有可靠固定措施；疏散通道的侧面如为临空面，必须沿临空面设置高度不小于 1.5m 的防护栏杆；疏散通道出口 1.4m 范围内不应设置台阶或其他影响人员正常疏散的障碍物；疏散通道出口不宜设置大门，如确需设置大门，应保证火灾时不需使用钥匙等任何工具即能从内部打开，且门应向疏散方向开启；疏散通道应设置明显的疏散指示标识；疏散通道应设有夜间照明，无天然采光的疏散通道应增设有人工照明设施。无天然采光的场所及高度超过 50m 的在建工程，疏散通道照明应配备应急电源。

10.1.13　施工现场哪些场所应配置灭火器？

答：施工现场可燃、易燃物存放及其使用场所；动火作业场所；自备发电机房、配电房等设备用房；施工现场办公、生活用房；其他具有火灾危险的场所。

10.1.14　施工现场哪些场所应设置临时室外消火栓？

答：施工现场临时建筑面积大于 300m² 或在建工程体积大于 20000m³ 时，应设置临时室外消防给水系统。当施工现场全部处于市政消火栓的 150m 保护范围内，且市政消火栓的数量满足室外消防用水量要求时，可不设置临时室外消防给水系统。

10.1.15　哪些在建工程施工现场应设置临时室内消防给水系统？

答：建筑高度大于 24m 或在建工程（单体）体积超过 30000m³ 的在建工程施工现场需要设置。

10.1.16　施工现场的临时室外消防给水系统设计有哪些要求？

答：给水管网宜布置成环状；临时室外消防给水主干管的直径不应小于 DN100；给水管网末端压力不应小于 0.2MPa；室外消火栓沿在建工程、办公与生活用房和可燃、易燃物存放区布置，距在建工程用地红线或临时建筑外边线不应小于 5.0m；消火栓的间距不应大于 120m；消火栓的最大保护距离不应大于 150m。

10.1.17 施工现场临时室内消防给水系统设计有哪些要求？

答：消防竖管的设置位置应便于消防人员取水和操作，其数量不宜少于 2 根；消防竖管的管径应根据消防用水量、竖管给水压力或流速进行计算确定，消防竖管的给水压力不应小于 0.2MPa，流量不应小于 10L/s；严寒地区可采用干式消防竖管，竖管应在首层靠出口部位设置，便于消防车供水。竖管应设置消防栓快速接口和止回阀，最高处应设置自动排气阀。

10.1.18 施工现场哪些部位应配备临时应急照明？

答：施工现场的自备发电机房、变配电房；取水泵房、消防水泵房；发生火灾时仍需坚持工作的其他场所。

10.1.19 施工现场临时应急照明设置有哪些要求？

答：临时消防应急照明灯具宜选用自带蓄电池的应急照明灯具，蓄电池的连续供电时间不应小于 60min。

10.1.20 施工现场动火作业有哪些要求？

答：施工现场动火作业前，应对动火作业点进行封闭、隔离，或对动火作业点附近的可燃、易燃建筑材料采取清除或覆盖、隐蔽措施；动火作业时，应配置灭火器；在可燃、易燃物品附近动火作业时，应设专人监护；五级（含五级）以上风力时，应停止室外动火作业；动火作业后，应确认无火灾隐患。

10.1.21 施工现场的电气线路敷设有哪些要求？

答：施工现场的动力和照明线路必须分开设置，配电线路及电气设备应设置过载保护装置；严禁使用陈旧老化、破损、线芯裸露的导线；当采用暗敷设时，应敷设在不燃烧体结构内，且其保护层厚度不宜小于 30mm。当采用明敷设时，应穿金属管、阻燃套管或封闭式阻燃线槽。当采用绝缘或护套为非延燃性的电缆时，可直接明敷；严禁不按操作规程和要求敷设或连接电气线路，严禁超负荷使用电气设备。

10.1.22 施工现场照明灯具的设置有哪些要求？

答：易燃材料存放库房内不宜使用功率大于 40W 的热辐射照明灯具，可燃材料存放库房内不宜使用功率大于 60W 的热辐射照明灯具，其他临时建筑内不宜使用功率大于 100W 的热辐射照明灯具和功率大于 3kW 的电气设备；热辐射照明灯具与可燃、易燃材料的距离应进行控制。

10.1.23 施工现场用气有哪些要求？

答：施工现场易燃、易爆气体的输送和盛装应采用专用管道、气瓶，专用管道、气瓶及其附件应符合国家相关标准的要求；气瓶应分类专库储存，库房内应阴凉通风；气瓶入库时，应对气瓶的外观、漆色及标志、附件进行全面检查，并做好记录；气瓶存放时，应保持直立状态，并应有可靠的防倾倒措施。空瓶和实瓶同库存放时，应分开放置，两者的间距不应小于 1.5m；气瓶运输、使用过程中，严禁碰撞、敲打、抛掷、溜坡或滚动，并应远离火源，并应采取避免高温和防止暴晒的措施；瓶装气体使用前，应先检查气瓶的阀门、气门嘴、连接气路的气密性，应采取避免气体泄漏的措施；氧气瓶与乙炔瓶的工作间距不应小于 5m，气瓶与明火作业的距离不应小于 10m；气瓶内的气体严禁用完，瓶内剩余气体的压力不应少于 0.1MPa。

10.1.24　施工现场消防安全管理方案应包括哪些内容？

答：重大火灾危险源辨识；施工现场消防管理组织及人员配备；施工现场临时消防设施及疏散设施的配备；施工现场防火技术方案和措施；施工现场临时消防设施布置图。

10.1.25　施工现场消防应急预案应包括哪些内容？

答：应急策划或对策；应急准备；应急响应；现场恢复；预案管理与评审改进。

第二节　消防设施施工安装注意事项

10.2.1　室内（外）消火栓系统施工安装应注意哪些内容？

答：检查设备材料是否符合设计要求和质量标准；认真熟悉图纸，结合现场情况复核管道的坐标、标高是否位置得当，如有问题，及时与设计人员研究解决，办理洽商手续；检查预留及预埋是否正确，临时剔凿应与设计协调沟通；安排合理的施工顺序、避免工种交叉作业干扰，影响施工；消火栓支管要以栓阀的坐标，标高定位甩口，核定后再稳固消火栓箱，箱体找正稳固后再把栓阀安装好，栓阀侧装在箱内时应在箱门开启的一侧，箱门开后应灵活。

10.2.2　室外消火栓安装应注意哪些情况？

答：在地下式水泵接合器和地下式室外消火栓的安装中，要严格按照标准图集安装，室外消火栓栓体上安装泄水阀。要注意因施工人员麻痹大意将地下式水泵接合器和地下式室外消火栓混淆的情况，造成两种功能作用不同的设施相反安装或重复安装。

10.2.3　消火栓箱及其附件安装应注意哪些情况？

答：消火栓箱应醒目易于发现，应与镶嵌墙面、周围物品在颜色上有显著区别，不能被遮挡或在箱体周围放置妨碍操作的物品。定期检查箱内的消防器材是否完好。

10.2.4　室内消火栓安装应注意哪些情况？

答：在砖墙内的消火栓箱洞口上部没有设置过梁，在承受重荷载作用下箱体产生变形，导致箱门开关失灵；消火栓箱底预留孔的位置随意改变，且采用气焊割孔，导致安装后设置消火栓的墙面与栓口出水方向不能垂直或者栓口周围距离过小，导致消防水带无法安装再消火栓上或水带形成弯曲影响出水量。

10.2.5　消火栓箱门的开启角度是多少？

答：《消火栓箱》GB 14561—2003 规定开启角度不小于 160°；《消防给水及消火栓系统技术规范》GB 50974—2014 开启角度要求不得小于 120°，前者是对安装前的检查，即消火栓箱门的开启角度不小于 160°，后者是对安装时的规定，侧重于检测验收，即消火栓箱门安装后的检测验收时开启角度不小于 120°。

10.2.6　自动喷水灭火系统施工安装应注意哪些问题？

答：水泵接合器的安装位置。一些设有大面积玻璃幕墙的建筑物将水泵接合器设在玻璃幕墙下的实体墙上，在火灾状态下，下落的玻璃将会威胁水泵接合器使用的安全。从使用安全角度考虑，设置在墙体上的水泵接合器应避开玻璃幕墙。

末端试水装置设置位置。末端试水装置不是按规范要求设置在最不利点，例如为了照顾排水而将末端试水装置设在并不在末端的厕所内；一些末端试水装置处的排水设施排水量小于试验阀的泄水阀的泄水量或者干脆不设排水设施，试验阀开启后便会造成"水灾"，为消防设施的定期保养、维护埋下隐患，以至于无法进行试水试验；将末端试水装置安放在走廊、房间或厕所的吊顶内，试水极不方便。

施工中不注意对喷头的保护。

10.2.7 报警阀组安装注意事项有哪些？

答：应按照标准图集或者生产厂家提供的安装图纸按图施工；安装前应将阀体腔内清理干净，确保阀瓣处无异物。

报警阀组应垂直安装在配水干管上，水源控制阀、报警阀组水流标识应与系统水流方向一致。

报警阀组的安装顺序应为先安装水源控制阀、报警阀，再进行报警阀辅助管道的连接。

应按照设计图纸中确定的位置安装报警阀组；报警阀组安装在便于操作、监控的明显位置。

报警阀阀体底边距室内地面高度为 1.2m；侧边与墙的距离不小于 0.5m；正面与墙的距离不小于 1.2m；报警阀组凸出部位之间的距离不小于 0.5m；报警阀组安装在室内时，室内地面增设排水设施。

10.2.8 在安装自动喷水灭火系统管网中，哪些情况应设置防晃支架？

答：为防止喷水时管道沿管线方向晃动，当管道的公称直径等于或大于 50mm 时，每段配水干管或支管配水长度超过 15m 时，需设置防晃支架；每段配水干管或配水管设置防晃支架不应小于 1 个，当管道改变方向时，应增设防晃支架。

10.2.9 水力警铃安装要求有哪些？

答：按规范要求水力警铃应安装在公共通道或值班室附近的外墙上，且应安装检修、测试仪的阀门；水力警铃和报警阀的连接应采用热镀锌钢管，当镀锌网管的公称直径为 20mm 时，其长度不宜大于 20m；安装后水力警铃启动时，警铃声强度应不小于70dB。

10.2.10 消防水泵控制柜安装有哪些要求？

答：控制柜的基座其水平度误差不大于±2mm，并应做防腐处理及防水措施；控制柜与基座采用不小于 φ12mm 的螺栓固定，每只柜不应少于 4 只螺栓；做控制柜的上下进出线口时，不应破坏控制柜的防护等级。

10.2.11 消防管道使用沟槽连接件（卡箍）连接有哪些要求？

答：沟槽式管件连接时，其管道连接沟槽和开孔应用专用滚槽机和开孔机加工，并应做防腐处理；连接前应检查沟槽和孔洞尺寸，加工质量应符合技术要求；沟槽、孔洞处不应有毛刺、破损性裂纹和脏物；沟槽式管件的凸边应卡进沟槽后再紧固螺栓，两边应同时紧固，紧固时发现橡胶圈起皱应更换新橡胶圈；机械三通开孔间距不应小于 1m，机械四通开孔间距不应小于 2m。

10.2.12 泡沫灭火系统施工安装有哪些要求？

答：安装泡沫液储罐时，要考虑为日后操作、更换和维修泡沫液储罐以及罐装泡沫液提供便利条件，泡沫液储罐周围要留有满足检修需要的通道，其宽度不能小于 0.7m，且操作面不能小于 1.5m；当泡沫液储罐上的控制阀距地面高度大于 1.8m 时，需要在操作面处设置操作平台或操作凳。

10.2.13 消防给水系统设备施工安装有哪些要求？

答： 未按照设计管径要求安装室外消防给水管网，管网管径过小，一旦发生火灾，影响灭火供水能力。

地下消防水泵接合器安装过深、过浅或未设单向阀。

室内消防管网未形成环状或管径过小，室内消火栓的规格采用栓口直径为 55mm，水枪喷嘴口径为 16mm 的消火栓，与消防队通用的直径为 65mm 水带，19mm 的水枪不配套。

消防用水与生活用水合用的水箱。高位水箱的消防用水量得不到保障消防水箱的主要作用是供给高层建筑初期火灾时的消防用水量。

10.2.14 火灾自动报警系统施工安装有哪些要求？

答： 前期预埋位置、标高要正确，同时要考虑后期安装的高度；预理完成要通知监理组织验收，做好隐蔽验收的记录；土建浇筑混凝土时要有人现场值班查看，防止堵管；穿线时线型要符合设计要求；楼层火灾报警安装要密切配合装修施工。

10.2.15 点型感烟、感温火灾探测器安装有哪些要求？

答： 探测器周围水平距离 0.5m 内，不应有遮挡物；探测器至墙壁、梁边的水平距离，不应小于 0.5m；探测器至空调送风口最近边的水平距离，不应小于 1.5m；至多孔送风顶棚孔口的水平距离，不应小于 0.5m。

在宽度小于 3m 的内走道顶棚上安装探测器时，宜居中安装。点型感温火灾探测器的安装间距，不应超过 10m；点型感烟火灾探测器的安装间距，不应超过 15m；探测器至端墙的距离，不应大于安装间距的一半。

探测器的报警确认灯要朝向出口或常有人员经过的方向；安装点型探测器时宜水平安装，必须倾斜安装时，倾斜角不应大于 45°。

10.2.16 手动火灾报警按钮安装有哪些要求？

答： 手动火灾报警按钮，应安装在明显和便于操作的部位；当安装在墙上时，其底边距地（楼）面高度宜为 1.3m～1.5m，前面板应与安装面平行且凸出安装面至少 15mm；手动火灾报警按钮，应安装牢固，不应倾斜。

10.2.17 缆式线型感温火灾探测器安装有哪些要求？

答： 应根据设计文件的要求确定探测器的安装位置及敷设方式；探测器应采用专用固定装置固定在保护对象上。

探测器应采用连续无接头方式安装，如确需中间接线，必须用专用接线盒连接；探测器安装敷设时不应硬性折弯、扭转，避免重力挤压冲击，探测器的弯曲半径宜大于 0.2m。

10.2.18 消防应急广播扬声器和火灾警报器的安装有哪些要求？

答： 火灾光警报装置应安装在安全出口附近明显处，底边距地（楼）面高度在 1.8m 以上；光警报器与消防应急疏散指示标志不宜在同一面墙上，安装在同一面墙上时，距离应大于 1m。

10.2.19 火灾应急照明和疏散指示标志系统施工安装有哪些要求？

答： 应急照明集中电源的应安装在无腐蚀性气体、蒸汽、易燃物及尘土的场所；电池应安装于通风良好的场所，严禁安放在有碱性物质、密封环境、有可燃气管道、仓库等场所，室内长期温度不宜超过 35℃。

应急照明集中电源的输出支路严禁连接除消防应急照明和疏散指示系统以外的其他负载。

应急照明集中电源的同一配电回路不宜同时给两个及两个以上的防火分区的消防应急灯具供电。

应急照明控制器的控制线路应单独穿管。引入应急照明控制器的电缆或导线，配线应整齐，避免交叉，并应固定牢靠；电缆芯线和所配导线的端部，均应标明编号，并与图纸一致。

10.2.20　消防机械防排烟系统施工安装有哪些要求？

答：排烟风机安装时应对各部件进行全面检查，机件是否完整，各部件连接是否紧固；消防排烟风机安装时注意保持风机的水平位置，对风机与地基的结合面和出风管的连接等，应调整使之自然吻合不得有强行连接，不允许将管道重量加在风机的部件上。

10.2.21　防火卷帘施工安装有哪些要求？

答：防火卷帘应装有防护罩，卷帘全部卷起收入防护罩后与防护罩间有一定空隙，不得有擦碰；防护罩在靠近卷门机位置应留有检修口；防护罩耐火性能与防火卷帘相同。

防火卷帘、防护罩等与楼板、墙、柱、梁等之间的空隙应用防火封堵材料填实，封堵部位的耐火极限不能低于防火卷帘的耐火极限。导轨与楼板、墙等之间的空隙应用水泥砂浆等填实。

所有电动控制的防火卷帘门，启闭运行方向必须与开关箱指示相同；防火卷帘门门帘和卷门机禁止与酸、碱性物溶液接触，以防腐蚀门帘表面。

10.2.22　消防给水管网试压有哪些要求？

答：管网试压应分为试漏检修和强度试验两步进行；按照规范的要求，管网安装完毕后，应进行强度试验和严密性试验。

消防给水管道，试验压力为管道工作压力的 1.5 倍，并且不小于 0.6MPa。强度试验是管网在实验压力下 10min，压力降不大于 0.05MPa 为合格。然后将试验压力缓慢降至工作压力，经检查无渗漏，则严密性试验为合格

自动喷淋灭火系统当设计工作压力≤1.0MPa 时，水压强度试验压力为设计工作压力的 1.5 倍，并且不低于 1.4MPa；当设计压力＞1.0MPa 时，水压强度试验压力应为该工作压力加 0.4MPa。

水压强度试验是管网在实验压力下稳定 30min，压力降不大于 0.05MPa 为合格。而水压严密性试验应在水压强度试验和管网冲洗合格后进行，试验压力应为设计工作压力，稳压 24h，无泄漏为合格。

10.2.23　消防用电设备的供电线路采用不同的电线电缆时，供电线路的敷设有哪些要求？

答：当采用矿物绝缘电缆时，可直接采用明敷设或在吊顶内敷设。

当采用难燃性电缆或有机绝缘耐火电缆时，在电气竖井内或电缆沟内敷设可不穿导管保护，但应采取与非消防用电缆隔离的措施。

采用明敷设、吊顶内敷设或架空地板内敷设时，要穿金属导管或封闭式金属线槽保护，所穿金属导管或封闭式金属线槽要采用涂防火涂料等防火保护措施。

当线路暗敷设时，要穿金属导管或难燃性刚性塑料导管保护，并要敷设在不燃烧结构内，保护层厚度不要小于30mm。

10.2.24　火灾自动报警系统布线有哪些要求？

答：火灾自动报警系统应单独布线，系统内不同电压等级、不同电流类别的线路，不应布在同一管内或线槽的同一槽孔内；导线在管内或线槽内，不应有接头或扭结，吊装线槽或管路的吊杆直径不应小于6mm，管线经过建筑物的变形缝（包括沉降缝、伸缩缝、抗震缝等）处，应采取补偿措施，导线跨越变形缝的两侧应固定，并留有适当余量；同一工程中的导线，应根据不同用途选择不同颜色加以区分，相同用途的导线颜色应一致。电源线正极应为红色，负极应为蓝色或黑色。

10.2.25　消防电气控制装置的安装应注意哪些问题？

答：消防电气控制装置在安装前，应该检查其功能是否正常；箱体内不同电压等级、不同电流类别的端子应分开布置，并应有明显的永久性标志。

消防电气控制装置应安装牢固，不应倾斜，消防电气控制装置在消防控制室内墙上安装时，其主显示屏高度宜为1.3m～1.5m其靠近门轴的侧面距墙不应小于0.5m，正面操作距离不应小于1.2m；落地安装时，其底边宜高出地（楼）面0.1～0.2m。

10.2.26　火灾报警控制器的安装有哪些要求？

答：火灾报警控制器通常应该安装在消防控制室或者有人值班的房间。落地安装的火灾报警控制器要注意操作距离，通常单列布置不小于1.5m，双列布置不小于2m，为方便维修，背面距墙不宜小于1m。墙壁安装的火灾报警控制器正面操作距离不应小于1.2m，靠近门轴的侧面距墙不应小于0.5m，在轻质墙上安装时应采取加固措施。引入控制器的导线应排列整齐，固定牢靠，穿管或线槽后应将管口或线槽封堵；接线端子板的每个接线端接线不超过2根。主电源应有永久性明显标志，引入线应直接与消防电源连接，严禁使用电源插头；控制器与外接备用电源应直接连接。

10.2.27　自动喷水灭火系统管网安装常采用哪几种连接方式？

答：自动喷水灭火系统常采用螺纹、焊接和法兰连接三种方式。

10.2.28　自动喷水灭火系统管道支架、吊架与喷头之间的距离不宜小于多少？与末端喷头之间的距离不宜大于多少？

答：自动喷水灭火系统管道支架、吊架与喷头之间的距离不宜小于300mm；与末端喷头之间的距离不宜大于750mm。

10.2.29　水泵进出水管的闸阀和蝶阀类型选用有哪些要求？

答：蝶阀应带自锁装置，闸阀应使用明杆闸阀或有开启刻度和标志的暗杆闸阀，当管径超过DN300宜选用电动阀门。

10.2.30　消防水池、高位消防水箱等的水位显示应如何设置？

答：消防水池、高位消防水箱就地设置水位显示装置，并在消防控制中心或值班室等地点设置显示水位的装置，且应有高低水位报警。

10.2.31　减压孔板与减压阀有什么区别？

答：减压阀是减小阀后的静压，减压孔板则无法降低管网中的静压，而是降低管网中的动压，以避免灭火时动压过大造成不必要的损失。

10.2.32　战时人防区消防管道穿越需注意哪些问题？

答：战时人防区套管应使用刚性防水套管，套管封堵材料需符合人防要求；穿越人防防护单元防护墙、临空墙及楼板时必须设置铜芯或不锈钢闸阀，不得使用软密封等橡胶阀芯闸阀。

第十一章 消 防 产 品

第一节 消防产品市场准入

11.1.1 什么是消防产品的市场准入及准入文件？

答:市场准入,就是允许生产产品的许可,证明生产厂家具备生产合格产品的能力和条件。我国消防产品实行的市场准入制度主要有两种,一是强制性产品认证制度,也就是我们常说的 3C 认证。属于强制性产品认证制度的消防产品应持有《强制性产品认证证书》,强制性产品认证的有效期一般为五年;二是技术鉴定制度,对于新研制的且不具备国家标准或行业标准的消防产品要经过技术鉴定,确保消防产品安全性能达到要求,此类消防产品应持有《技术鉴定证书》,消防产品技术鉴定的有效期为三年,《技术鉴定证书》到期时若该消防产品已经有了国家标准或者行业标准,则不再对该消防产品进行技术鉴定。对于境外消防产品,若在我国销售使用,也应按照我国的准入制度取得相关证书或报告。

具有国家标准或行业标准的消防产品分批实行强制性产品认证制度,目前已经有三批消防产品实行此制度,强制性产品认证目录由国务院产品质量监督部门会同国务院公安部门制定并发布。

目前具有国家标准或行业标准但尚未列入强制性产品认证目录的消防产品暂时沿用国家级消防产品检验机构出具的型式检验报告。

11.1.2 实行强制性产品认证的消防产品有哪些？

答:我国的消防产品强制性认证目录自 2001 年首次发布,截至 2016 年已经发布三批,每批的消防产品种类见表 11-1。

强制性产品认证目录（消防产品）   表 11-1

类 别	产 品 种 类	认 证 批 次
火灾报警设备	点型感烟火灾报警探测器	第一批（2001 年）
	点型感温火灾报警探测器	第一批（2001 年）
	火灾报警控制器	第一批（2001 年）
	消防联动控制设备	第一批（2001 年）
	手动火灾报警按钮	第一批（2001 年）
	独立式感烟火灾探测报警器	第一批（2001 年）
	电气火灾监控系统	第二批（2011 年）
	特种火灾探测器	第二批（2011 年）
	点型紫外火焰探测器	第二批（2011 年）
	防火卷帘控制器	第二批（2011 年）

续表

类　别	产 品 种 类	认 证 批 次
火灾报警设备	火灾声和/或光警报器	第二批（2011 年）
	火灾显示盘	第二批（2011 年）
	线型光束感烟火灾探测器	第二批（2011 年）
	消火栓按钮	第二批（2011 年）
	线型感温火灾探测器	第三批（2014 年）
	家用火灾报警产品	第三批（2014 年）
	城市消防远程监控产品	第三批（2014 年）
	可燃气体报警产品	第三批（2014 年）
消防水带	有衬里消防水带	第一批（2001 年）
	消防软管卷盘	第二批（2011 年）
	消防湿水带	第一批（2001 年）
	消防吸水胶管	第三批（2014 年）
喷水灭火设备	洒水喷头	第一批（2001 年）
	湿式报警阀	第一批（2001 年）
	水流指示器	第一批（2001 年）
	消防压力开关	第一批（2001 年）
	早期抑制快速响应喷头	第二批（2011 年）
	扩大覆盖面积洒水喷头	第二批（2011 年）
	水雾喷头	第二批（2011 年）
	水幕喷头	第二批（2011 年）
	干式报警阀	第二批（2011 年）
	雨淋报警阀	第二批（2011 年）
	消防通用阀门	第二批（2011 年）
	家用喷头	第二批（2011 年）
	感温元件	第三批（2014 年）
	管道及连接件	第三批（2014 年）
	减压阀	第三批（2014 年）
	加速器	第三批（2014 年）
	末端试水装置	第三批（2014 年）
	预作用装置	第三批（2014 年）
	自动跟踪定位射流灭火装置	第三批（2014 年）
火灾防护产品	防火涂料	第三批（2014 年）
	防火封堵材料	第三批（2014 年）
	耐火电缆槽盒	第三批（2014 年）
	阻火抑爆产品	第三批（2014 年）

续表

类　别	产品种类	认　证　批　次
建筑耐火构件	防火窗	第二批（2011 年）
	防火门	第三批（2014 年）
	防火玻璃	第三批（2014 年）
	防火卷帘	第三批（2014 年）
灭火剂	气体灭火剂	第二批（2011 年）
	泡沫灭火剂	第二批（2011 年）
	干粉灭火剂	第二批（2011 年）
	水系灭火剂	第二批（2011 年）
	A 类泡沫灭火剂	第三批（2014 年）
灭火器	手提式灭火器	第三批（2014 年）
	推车式灭火器	第三批（2014 年）
	简易式灭火器	第三批（2014 年）
消防给水设备产品	车用消防泵	第三批（2014 年）
	消防泵组	第三批（2014 年）
	室外消火栓	第三批（2014 年）
	室内消火栓	第三批（2014 年）
	固定消防给水设备	第三批（2014 年）
	消防水泵接合器	第三批（2014 年）
	消防枪炮	第三批（2014 年）
	分水器和集水器	第三批（2014 年）
	消防接口	第三批（2014 年）
泡沫灭火设备产品	泡沫混合装置	第二批（2011 年）
	泡沫发生装置	第二批（2011 年）
	泡沫泵	第二批（2011 年）
	专用阀门及附件	第二批（2011 年）
	泡沫喷射装置	第二批（2011 年）
	泡沫消火栓箱	第二批（2011 年）
	轻便式泡沫灭火装置	第二批（2011 年）
	闭式泡沫-水喷淋装置	第二批（2011 年）
	厨房设备灭火装置	第三批（2014 年）
	泡沫喷雾灭火装置	第三批（2014 年）
气体灭火设备产品	高压二氧化碳灭火设备	第三批（2014 年）
	低压二氧化碳灭火设备	第三批（2014 年）
	卤代烷烃灭火设备	第三批（2014 年）
	惰性气体灭火设备	第三批（2014 年）
	悬挂式气体灭火装置	第三批（2014 年）
	柜式气体灭火装置	第三批（2014 年）
	油浸变压器排油注氮灭火装置	第三批（2014 年）
	气溶胶灭火装置	第三批（2014 年）

类　　别	产　品　种　类	认　证　批　次
干粉灭火设备产品	干粉灭火设备	第三批（2014 年）
	悬挂式干粉灭火装置	第三批（2014 年）
	柜式干粉灭火装置	第三批（2014 年）
消防防烟排烟设备产品	防火排烟阀门	第三批（2014 年）
	消防排烟风机	第三批（2014 年）
	挡烟垂壁	第三批（2014 年）
避难逃生产品	消防应急照明和疏散指示产品	第三批（2014 年）
	消防安全标志	第三批（2014 年）
	逃生产品	第三批（2014 年）
	自救呼吸器	第三批（2014 年）
消防通信产品	火警受理设备	第三批（2014 年）
	119 火灾报警装置	第三批（2014 年）
	消防车辆动态管理装置	第三批（2014 年）
消防装备产品	正压式消防空气呼吸器	第二批（2011 年）
	消防员个人防护装备	第三批（2014 年）
	消防摩托车	第三批（2014 年）
	抢险救援产品	第三批（2014 年）

11.1.3　消防产品生产标准改变后，按原标准生产的消防产品能销售使用吗？

答：消防产品生产标准变更到正式施行一般会有一段时间，这段时间内生产厂家应该做好清理原产品库存的工作，对于实行身份证管理的消防产品，厂家应整理并向公安部消防产品合格评定中心上传产品身份证信息，已经上报库存或身份证信息的消防产品可以销售至完毕。除此之外的原标准生产消防产品在新标准正式施行后，不能再销售。新标准实施后一律不得再按照原标准生产消防产品。

11.1.4　为什么有些强制性产品认证证书上有好几个型号？

答：一种消防产品通常有很多规格型号，所以认证证书是按照认证单元划分的，一般一个认证单元包括主型型号和分型型号，这些型号要在认证证书上注明。强制性产品认证的认证规则会对认证单元的划分详细说明，如消防应急照明灯，光源不同、电池不同、主电路设计不同均要分成不同的认证单元。一个认证单元的证书不能作为另一认证单元消防产品的准入文件使用。

11.1.5　什么是消防产品的型式检验和一致性检查？

答：消防产品的型式检验是验证消防产品各项技术性能指标与产品标准的符合性，它是对产品全项性能的检验，通常是对具有代表性的样品进行检验。消防产品一致性检查是检查批量生产的产品与型式检验中合格样品的符合性。一致性检查的结果是判断进入市场的消防产品质量是否持续满足产品标准要求的重要依据，建设、施工、监理单位及消防监督部门对消防产品的现场检查一般均采用一致性检查。

消防产品一致性检查应该检查铭牌标志内容、关键零部件及制作材料、内外部结构、关键性能。

第二节　常见消防产品质量检查要求

11.2.1　消防产品质量检查包括哪些内容？

答：消防产品的检查首先要检查消防产品是否有市场准入，要核查该产品的准入文件，其次对消防产品进行一致性检查，即对外观质量、制作材质进行检查，对消防产品功能进行检查测试。如果该产品已经安装，还应对安装质量进行检查。当检查时发现该消防产品无市场准入或准入文件不符合要求，即可判定产品不合格，可以不进行后续的质量、功能检查测试。

11.2.2　火灾报警控制器有哪些质量要求？

答：火灾报警控制器按照应用方式可以分为独立型、区域型、集中型、集中区域兼容型，其中独立型不具备向其他控制器传递信息的功能。火灾报警控制器的外形可分为壁挂式、柜式、琴台式。

火灾报警控制器的外形尺寸、制作材料应与发证检验报告一致，应有保护接地端子，充电器和备用电源，有标注了功能的指示灯。功能检查至少应测试火灾报警控制器的火灾报警、故障报警、自检、电源转换功能。这些基本功能应满足的要求见表11-2。

火灾报警控制器基本功能　　　　　　　　　　　　　　表 11-2

基本功能	满　足　要　求
火灾报警功能	1. 接收到火灾报警信号后，应发出火灾报警声、光信号，指示报警部位记录报警时间，并保持至手动复位。 2. 能明确指示出手动火灾报警按钮发出的火警信号。 3. 火灾报警总指示灯应点亮
故障报警功能	1. 有故障信号时，故障总指示灯应点亮。 2. 任一故障不应影响非故障部位正常工作
自检功能	1. 能手动检查指示灯、显示器功能。 2. 自检时不影响非自检部位、探测器火灾报警功能
电源转换功能	1. 有主、备电源自动转换功能且有工作状态指示。 2. 主电源设有过流保护措施

11.2.3　点型感烟、点型感温火灾探测器有哪些质量要求？

答：点型感烟、点型感温火灾探测器应有红色报警确认灯，当探测器报警时报警确认灯应点亮并保持至复位。探测器的出厂设置、响应性能不应轻易被改变，应通过专用工具、密码等手段改变设置。

点型感烟探测器要注意清洗维护，若探测器说明书有要求，按说明书要求清洗维护，没特殊要求时，应该每两年清洗、标定一次。清洗应分批进行，要在拆卸处安装备用探测器，确保火灾探测报警功能有效。

11.2.4　消防联动控制器有哪些质量要求？

答：消防联动控制器是消防联动控制系统的核心部件，它能够为与其连接的部件供电，并且按照预先设定的逻辑直接或间接地控制其连接的受控设备。消防联动控制器的外形尺寸、制作材料应与发证检验报告一致。消防联动控制器应满足的基本功能见表11-3。

消防联动控制器基本功能 表 11-3

基本功能	满 足 要 求
控制功能	1. 有受控设备启动信号发出时,启动总指示灯应点亮。 2. 有指示启动设备名称和部位的光指示并保持至复位,并能记录启动时间和启动设备总数。 3. 能接收并保持设备启动的反馈信号。 4. 手动、自动工作状态有明显指示且不受复位影响。自动工作状态下,手动插入操作优先
故障报警功能	1. 有故障存在时,独立的故障报警总指示灯点亮并保持至故障排除。 2. 主电源断电,备用电源不能保证正常工作时,故障声信号保持至少 1h
自检功能	1. 能检查本机功能,自检期间受控设备不应动作,超过 1min 或不能自动停止时,非自检部位应能正常工作。 2. 能手动检查其音响器件、面板指示灯、显示器功能
电源转换	1. 有主、备电源自动转换功能且有工作状态指示。 2. 主电源设有过流保护措施。 3. 主备电源转换时消防联动控制器不能发生误动作

11.2.5 手动火灾报警按钮有哪些质量要求?

答:手动火灾报警按钮是火灾自动报警系统中非常重要的手动触发装置,它完成在自动触发装置如火灾探测器未发出报警信号等应急情况下通过人工手动报警,以及火警确认的功能。也可以认为手动火灾报警按钮的报警比火灾探测器更加紧急,也更加可靠,因此一般火灾报警控制器不需要再次确认火警信号即可发出火灾警报。手动火灾报警按钮的质量要求见表11-4。

手动火灾报警按钮质量要求 表 11-4

部位	质 量 要 求
外观	1. 正常监视状态:面板外观清晰,启动部件完好,无破损、移位、变形。 2. 报警状态:启动部件要有明显的、能识别的变化,如破碎、移位
报警确认灯	1. 应有红色报警确认灯。 2. 启动部件动作应点亮确认灯且保持至报警状态复位

11.2.6 有衬里消防水带有哪些质量要求?

答:消防水带是消火栓给水系统中的重要组件,它用于输送水、泡沫或其他液体灭火剂。消防水带在实际工作中应用很多,分为消防湿水带、有衬里消防水带、无衬里消防水带。

消防湿水带在一定压力下带身会均匀渗水,能够降低水带温度,减小摩擦,抗静电,更适合比较恶劣的火场环境,消防员应用较多;无衬里消防水带由于承受压力低、阻力大、易漏水等缺点，现在应用越来越少，逐步被淘汰；有衬里消防水带承受压力高、阻力小、耐腐蚀、寿命长、价格低，是目前应用最广泛的消防水带。

有衬里消防水带的外层织物应均匀整洁，无断双经、跳双经、无跳纬；衬里要光滑均匀，无折皱。带身中心线印制要平直、清晰，规格型号、商标、厂名厂址印制清晰。水带长度不应小于标称长度1m以上。水带灌水后，在水压作用下，顺水流方向上，带身不应发生逆时针扭转。

不同内径的消防水带公称压力分别有 0.8MPa、1.0MPa、1.3MPa、1.6MPa、2.0MPa、2.5MPa 六种，不同内径的消防水带质量不同，可以用称重的方法检查水带的重量，消防水带的单位质量要求见表11-5。

消防水带的单位质量   表 11-5

消防水带内径（mm）	单位长度质量（g/m）
φ25	≤180
φ40	≤280
φ50	≤380
φ65	≤480
φ80	≤600
φ100	≤1100

消防水带的型号包括公称压力、公称内径、长度、经线和纬线材质、衬里材质，具体编制方法见图 11-1。

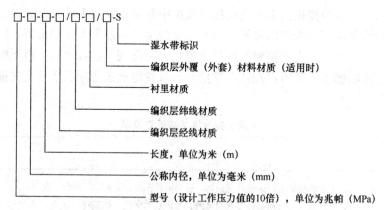

图 11-1　消防水带的型号编制示意图

使用保养小提示：消防水带的合理使用、及时保养能大大提高水带的使用寿命。使用时一定要按照规格型号中注明的设计压力使用，压力过高可能会造成带身破裂，导致人员受伤；水带铺设时防止骤然曲折、扭转，避免重物碾压，要通过交通道路时应加设水带护桥；已经充水的水带避免在地上拖拉，更不能 V 字形拖拽。消防水带使用完毕应清洗并晾干后，保存在阴凉干燥处。

11.2.7　洒水喷头有哪些质量要求？

答：洒水喷头是自动喷水灭火系统的末端组件，水、泡沫或其他液体灭火剂通过它离开管网，施加到起火物上。它的种类很多，按照喷头是否封堵分为开式喷头和闭式喷头；按照热敏元件分为玻璃球和易熔合金喷头；按照安装方式分为通用型、下垂型、直立型、边墙型喷头；按照响应灵敏度分为标准响应、快速响应、特殊响应喷头；按照保护面积分为标准喷头和扩大覆盖面积喷头，另外还有特殊型喷头，如干式直立、齐平式、嵌入式、隐蔽式、带涂层、带防水罩喷头；另外还有早期抑制快速响应喷头、大口径喷头等。

洒水喷头外观应完好，无碰伤变形、镀层完好光滑，接口螺纹应完整，无缺失损坏。闭式喷头的热敏释放机构应完好，无破损变形。喷头的溅水盘或本体上应有耐久的规格型号、生产时间、认证标志、商标。边墙型喷头还应有永久性的水流方向标志。隐蔽性喷头的保护盖上应有"不可覆盖"字样，避免在装修中被遮挡、覆盖。洒水喷头的类型特征代号为：通用型喷头（ZSTP）、下垂型喷头（ZSTX）、直立型喷头（ZSTZ）、直立边墙型喷头（ZSTBZ）、下垂边墙型喷头（ZSTBX）、通用边墙型喷头（ZSTBP）、水平边墙型喷头（ZSTBS）、齐平式喷头（ZSTDQ）、嵌入式喷头（ZSTDR）、隐蔽式喷头（ZSTDY）、干式喷头（ZSTG）。

型号编制方法为：类型特征代号 → 性能代号 → 公称口径 → 公称温度

洒水喷头安装应使用专门工具，安装后顶部紧固螺钉的顶部填料应完好，应保证喷头不能被轻易拆卸、扭动。注意喷头的选型是否正确。

11.2.8　湿式报警阀、干式报警阀有哪些质量要求？

答： 湿式报警阀和干式报警阀都是一种单向阀，它控制水进入自动喷水灭火系统，并在规定的流量、压力下由相关部件发出火灾报警信号。不同的是湿式报警阀伺应状态下报警阀两侧充满压力相同的水，用于湿式灭火系统，干式报警阀伺应状态下报警阀系统侧充满有压气体，供水侧充满压力水，用于干式灭火系统。

报警阀上无砂眼裂纹，表面光滑，漆膜完整，阀体上应铸出水流方向、额定工作压力，使用永久性方式标出规格型号、生产厂家、生产日期。报警阀体和阀盖应采用耐腐蚀性能不低于铸铁的材料铸造，阀座应使用耐腐蚀性能不低于青铜的材料制造。在报警阀的供水侧，应设有在不开启阀门的情况下检验报警装置的检验设施。报警阀阀体上设有放水口，放水口直径不小于20mm；与干式报警阀中间室相连处设有常开的自动排水阀，当干式报警阀开启处于工作状态时，该阀应自动关闭。在湿式报警阀报警口和延迟器之间设置能在开启位置锁紧的控制阀。报警阀在伺应状态不应有渗漏。

11.2.9　雨淋报警阀有哪些质量要求？

答： 雨淋报警阀是一种单向阀，它通过电动、机械或其他方式开启，使水能够自动流入喷水灭火系统进行灭火，同时报警。雨淋报警阀伺应状态下供水侧充满有压水，系统侧无水且无有压气体。

雨淋报警阀上无砂眼裂纹，表面光滑，漆膜完整，阀体上应铸出水流方向、额定工作压力，使用永久性方式标出规格型号、生产厂家、生产日期。阀体和阀盖应采用耐腐蚀性能不低于铸铁的材料铸造，阀座应使用耐腐蚀性能不低于青铜的材料制造。阀体上设有放水口，放水口直径不小于20mm，为防止伺应状态时供水侧的水渗漏到系统侧，还应设置自动排水阀；在报警阀的供水侧，应设有在不开启阀门的情况下检验报警装置的检验设施。雨淋报警阀设置防复位锁止机构。雨淋报警阀控制腔上应装有电磁阀、紧急手动控制阀及手动控制盒，紧急手动控制阀应能正常启动雨淋报警阀，手动控制盒上应有紧急操作指示。安装后实际水流方向要与雨淋阀标注的水流方向一致。

11.2.10　水流指示器有哪些质量要求？怎么检查？

答：水流指示器安装在自动喷水灭火系统的主供水管道或楼层横向配水管上，利用管道中水流动时推动水流指示器夹片产生电信号进行报警，用于监视系统水流动作，指示报警部位。水流指示器按照功能分为带延迟和不带延迟两种，按结构形式分为法兰式、螺纹式、沟槽式、焊接式、马鞍式、对夹式。水流指示器在安装前要进行质量检查，要求是外观完好无损，桨片完好；有清晰耐久的标识标出水流方向、工作电压、灵敏度、规格型号、生产日期。通常还要进行灵敏度测试，方法如下：把万用表连接到水流指示器的输出接线上，沿水流指示器水流方向将桨片推到底，万用表应有通、断信号变化。有延迟功能的水流指示器，在桨片推到底时启动秒表计时，观察万用表通、断信号变化，同时万用表动作后停止秒表计时，观察记录动作时间是否在2～90s范围内。如水流指示器需使用电源，要先将24V电源与水流指示器的电源输入接线好再进行后续测试。

水流指示器标识的水流方向与系统水流方向一致，桨片灵活无卡阻。

11.2.11　消防压力开关有哪些质量要求？

答：消防压力开关是报警阀上的必备组件之一。当自动喷水灭火系统管网中系统侧压力小于供水侧压力，压力开关自动启动向火灾报警控制器发出报警信号，应用在湿式喷水灭火系统时还应同时启动消防喷淋泵。

压力开关的外观应光滑、无裂纹损坏，结构无松动，铭牌紧固结实，并且标明名称规格、电气参数、厂名及生产日期；接线端子连线标志。压力开关额定工作压力不应小于1.2MPa。可以打开压力开关，把常开或常闭触点用万用表连接，使压力开关动作，检查压力开关的常开或常闭触点能否可靠通断。

11.2.12　室内消火栓有哪些质量要求？

答：室内消火栓是消火栓灭火系统中的组件之一，它应用在建筑内，与消防水带、水枪配合使用，用于室内消防管网向火场供水。室内消火栓按照出口型式分为单出口型（无代号）、双出口型（代号为S）；按照栓阀数量分为单栓阀（无代号）、双栓阀型（代号为S）；按照结构型式分为直角出口型（无代号）、45°出口型（代号为A）、旋转型（代号为Z）、减压型（代号为J）、旋转减压型（代号为ZJ）、减压稳压型（代号为W）、旋转减压稳压型（代号为ZW）。室内消火栓的公称压力1.6MPa，公称通径有25mm、50mm、65mm、80mm，现在我们见的最多的是公称通径65mm的室内消火栓，该型号的室内消火栓手轮直径不应小于120mm。室内消火栓质量要求见表11-6。

室内消火栓的代号是SN，型号编制方法为：

| SN | 型式代号 | 公称通径 | 减压稳压类别代号 | 标识 |

室内消火栓质量要求　　　　　　　　　　　　表11-6

部位	质　量　要　求
外观	1. 栓体表面无毛刺、砂眼，漆膜光滑完整。 2. 栓体外涂大红色油漆，手轮涂黑色油漆，内部应涂防锈漆且无严重锈蚀

续表

部位	质 量 要 求
材料	阀体、阀盖、阀瓣一般使用灰铸铁，阀座和阀杆螺母使用铜合金，阀杆使用铅黄铜。也可以分别使用耐腐蚀、强度不低于以上材料的其他金属材料
密封性能	1. 各密封部位均要配密封件，密封件要光滑完好。 2. 施加 1.6MPa 压力应无渗漏
阀杆动作	阀杆升降平稳灵活，无卡阻松动
结构	1. 进水口及出水口与固定接口连接部位应为圆柱管螺纹，阀杆与阀杆螺母为梯形螺纹。 2. 使用的固定接口为 KN 型，其公称通径与室内消火栓的公称通径一致
标志	1. 阀体或阀盖上铸出规格型号、商标。 2. 手轮上铸出方向箭头和开关标识

11.2.13　室外消火栓有哪些质量要求？

答：室外消火栓是安装在建筑外，供消防车取水或者连接消防水带、水枪直接取水灭火。室外消火栓按照安装型式分为地上式（型式代号为 SS）、地下式（型式代号为 SA）、折叠式（型式代号为 SD）；按照用途分为普通型和特殊型，特殊型又可分为泡沫型（代号为 P）、调压型（代号为 T）、防撞型（代号为 F）、减压稳压型（代号为 W）；按照出口连接方式分为法兰式和承插式；按照出水口公称通径分为 100mm 和 150mm；按照出口公称压力分为 1.0MPa 和 1.6MPa，采用法兰式连接时为 1.6MPa，采用承插式连接时为 1.0MPa。

型号编制方法为：

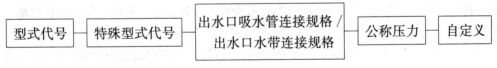

室外消火栓质量要求见表 11-7。

室外消火栓质量要求　　　　　　　　　　　　　　表 11-7

部位	质 量 要 求
外观	1. 栓体表面无毛刺、砂眼，漆膜光滑完整。 2. 栓体外涂大红色油漆，内表面应涂防锈漆或做其他防腐处理
材料	栓体、阀体、法兰接管、弯管使用灰铸铁，阀座和阀杆螺母使用铸造铜合金，阀杆使用低碳钢制作，表面镀铬或不低于镀铬其他表面处理。水带、吸水管接口使用铅黄铜或不锈钢
密封性能	各密封部位均要配密封件，密封件要光滑完好
结构	有自动排余水装置，阀门在最大开启位置，排余水装置无渗漏
标志	阀体或阀盖上铸出规格型号、商标

11.2.14　消防水泵接合器有哪些质量要求？

答：消防水泵接合器是消防车或机动泵用来向建筑内消防管网供水或者加压的设备，它一般由本体、消防接口、安全阀、止回阀、水流截断等装置组成。消防水泵接合器的公称通径有 100mm 和 150mm 两种，公称压力有 1.6MPa、2.5MPa、4.0MPa 等多种，连接方式有法兰式（无代号）和螺纹式（代号为 W）。按照安装型式可分为地上式（代号为 S）、地下式（代号为 A）、墙壁式（代号为 B）和多用式（代号为 D），它的名称代号为 SQ。

型号编制方法为：

$$SQ \boxed{安装型式代号} \boxed{公称通径} \boxed{公称压力} \boxed{连接型式代号} \boxed{厂家自定义}$$

公称通径为 100mm 的地下式消防水泵接合器应选用 KWA65 型的外螺纹固定接口，其他型式的消防水泵接合器选用 KWS65 型的外螺纹固定接口；公称通径为 150mm 的地下式消防水泵接合器应选用 KWA80 型的外螺纹固定接口，其他型式的消防水泵接合器选用 KWS80 型的外螺纹固定接口。其他质量要求见表 11-8。

消防水泵接合器质量要求　　　　　　　　　　　　　　　　表 11-8

部位	质量要求
外观	1. 铸件表面无毛刺、砂眼，漆膜光滑完整。 2. 铸件外露部分涂大红色油漆，内部应涂防锈漆且无严重锈蚀
密封性能	公称压力下各密封部位、排放余水装置应无渗漏
结构	螺纹式连接的消防水泵接合器应采用圆锥外螺纹
标志	阀体或阀盖上铸出规格型号、商标

11.2.15　消防水枪有哪些质量要求？

答：消防水枪（代号为 Q）与消防水带连接将水灭火剂施加到物体上，用来灭火、降温、稀释。消防水枪按照不同的射流形式分为直流水枪、喷雾水枪、直流喷雾水枪、多用水枪；按照工作压力分为低压（0.2～1.6MPa）、中压（>1.6MPa，<2.5MPa）、高压（>2.5MPa，<4.0MPa）。消防水枪应使用耐腐蚀或经防腐处理的材料制作，铸件表面无结疤、裂纹，铝制水枪表面应做阳极氧化处理，表面应有清晰的规格型号、商标或厂名等永久性标志；密封部位应使用密封件，并不渗漏；消防水枪操作机构动作灵活，限位标记和射流形态改变指示标记应清晰、耐久。消防水枪与管牙接口的连接螺纹应使用圆柱管螺纹，其他部位是普通螺纹。

消防水枪可以用跌落法进行简单的质量检查，方法是：水枪喷嘴垂直朝上、喷嘴垂直朝下（旋转开关处于关闭位置）、水枪轴线处于水平（若有开关时，开关处于水枪水平轴线之下并处于关闭位置）三个位置，从离地 2.0m 高处（从水枪的最低点算起）自由落到混凝土地面上。每个位置跌落两次后进行检查水枪应无破裂损坏，且可以正常使用。

11.2.16　消防接口有哪些质量要求？

答：消防接口是消火栓灭火系统中的连接部件，如水带与水枪、水带与消火栓、水带与水泵接合器等的连接。消防接口分为卡式接口、内扣式接口、螺纹式接口和异型接口。消防接口应使用耐腐蚀或经防腐处理的材料制作，铸件表面无结疤、裂纹，铝制件表面应做阳极氧化处理，表面应有清晰的规格、商标或厂名等永久性标志；橡胶密封圈上应无裂痕、气泡、不平整，应选用耐油橡胶，接口成对连接后在公称压力下不应有渗漏；接口螺纹应完好无缺牙。

除内、外螺纹接口外的消防接口可以用跌落法进行简单的质量检查，方法是：内扣式接口以扣爪垂直朝下的位置、卡式接口和螺纹式接口以接口的轴线呈水平位置，从离地1.5m高处（从接口的最低点算起）自由跌落到混凝土地面上。接口坠落五次后，接口应无裂纹、连接困难等损坏，且可以正常使用。

常见的以内扣式消防接口居多，它的型式代号见表11-9。

内扣式消防接口型式代号 表11-9

名　　称	代　　号
水带接口	KD（外箍式）
	KDN（内扩张式）
管牙接口	KY
闷盖	KM
内螺纹固定接口	KN
外螺纹固定接口	KWS（地上式）
	KWA（地下式）
异径接口	KJ

水带上的接口要用喉箍扎牢，注意接口密封圈是否老化、损坏，若影响密封性能要及时更换，使用后应清洗干净，自然干燥后再收起。

11.2.17　消防软管卷盘有哪些质量要求？

答：消防软管卷盘有阀门、软管、喷枪、卷盘和输入管路组成，能够在迅速展开软管的过程中喷射灭火剂灭火，在扑救初起火灾时发挥着很大的作用。消防软管卷盘按照输送的灭火剂种类有水软管卷盘（代号为S）、干粉软管卷盘（代号为F）、泡沫软管卷盘（代号为P）、水和泡沫联用软管卷盘（代号为SP）、水和干粉联用软管卷盘（代号为SF）、干粉和泡沫联用软管卷盘（代号为FP）；按照使用场合分为消防车用（代号为C）和非消防车用（不标注）。消防软管卷盘的代号为JP。

型号编制方法为：

JP	灭火剂种类代号	使用场合代号	额定工作压力	内径／长度

消防软管卷盘的质量要求：消防软管卷盘表面应做防腐处理；卷盘涂漆部分涂层应均匀、光滑，无划伤；焊缝平整均匀；软管外表应无破损、划伤、局部隆起。消防软管卷盘应有清除通路内残留灭火剂的装置，卷盘旋转部分能绕转壁固定轴向外做摆动角不小于90°的水平摆动；软管卷盘还应有保证进口阀未打开时，软管不能展开的保险机构；软管卷盘进口阀开、关方向有明显标志，且顺时针方向为关闭；靠近与卷盘连接部位的软管不应扁瘪。

11.2.18　防火阀、防火排烟阀、排烟阀、排烟口有什么区别？

答：防火阀、防火排烟阀、排烟阀都是通风排烟系统的重要组件。防火阀由阀体、执行机构、叶片、感温器等组成，安装在通风、空调系统的送、回风管道上，正常工作时呈开启状态，当火灾发生时，管道内温度达到70℃时自动关闭，在一定时间内起到隔烟阻火作用；防火排烟阀由阀体、执行机构、叶片、感温器等组成，安装在机械排烟系统管道上，正常工作时呈开启状态，当火灾发生时，管道内温度达到280℃时自动关闭，在一定时间内起到隔烟阻火作用；排烟阀由阀体、执行机构、叶片等组成，安装在机械排烟系统各支管的烟气入口处，正常工作时呈关闭状态，当需要排烟时可以手动或电动打开，起到排烟作用。排烟口就是经过装饰处理的排烟阀。另外，安装在公共建筑厨房排油烟系统管道上的防火阀由于正常工作时的环境温度较高，所以防火阀自动关闭温度为150℃。

这三类阀门按照控制方式为手动控制开启或关闭（代号为S），电控电磁铁开启或关闭（代号为Dc），电控电机开启或关闭（代号为Dj），电控气动机构控制开启或关闭（Dq）；除排烟阀（口）外，防火阀和排烟防火阀还有感温器控制自动关闭方式（代号为W）。三类阀门按照功能分为有远距离复位功能（代号为Y），有阀门开启或关闭信号反馈功能（代号为K）；有风量调节功能的防火阀以代号F表示。按照外形可分为矩形阀门和圆形阀门。

防火阀的名称代号为FHF，排烟防火阀的名称代号为PFHF，排烟阀的名称代号为PYF。

型号编制方法为：名称代号—控制方式—功能—尺寸

11.2.19 防火阀、防火排烟阀、排烟阀有哪些质量要求？

答： 防火阀、防火排烟阀、排烟阀的轴承、轴套等重要活动部件应用黄铜、青铜、不锈钢等耐腐蚀材料制作；阀门上的标牌应安装牢固，标牌内容包括名称、规格型号、感温器公称动作温度、气流方向、工作电压电流。阀门表面平整、无裂纹、毛刺、孔眼等，焊缝光滑，无虚焊、夹渣；阀门各金属零部件的表面应作防锈、防腐处理，处理后的表面应光滑、平整，涂层牢固，不应有剥落；阀门的执行机构应选用经国家检验合格的产品，感温元件上应有清晰的公称动作温度；阀门有复位功能并且操作灵活；防火阀、防火排烟阀宜有手动、电动关闭方式，排烟阀应有手动、电动开启方式，手动开启或关闭应灵活可靠，用测力计测量手动开启或关闭的操作力，应小于70N。

防火阀、排烟防火阀手动关闭的测量方法：使阀处于全开状态，用测力计与手动操作的手柄、拉绳或按钮相连，拉动测力计使阀关闭，读取叶片关闭时的最大拉力。

排烟阀手动开启的测量方法：使阀处于关闭状态，用测力计与手动操作的手柄、拉绳或按钮相连，拉动测力计使阀开启，读取叶片开启时的最大拉力。

11.2.20 耐火电缆槽盒有哪些质量要求？

答： 耐火电缆槽盒是电缆桥架系统中的关键部件，由托盘和盖板组成，用于铺装和支撑电缆的连续刚性结构，并满足规定的耐火时间内保证电缆正常工作。耐火电缆槽盒分为普通型和复合型，复合型又分为空腹式和夹心式。耐火电缆槽盒的耐火时间分4个等级，分别是90min、60min、45min、30min。

耐火电缆槽盒的表面应平整、无凸凹、裂纹、毛刺；防护层应均匀，无剥落、起皮；焊接处应平整，无气孔、夹砂；铭牌应牢固，字迹清晰。槽盒若使用金属板材，应根据使用环境进行防腐处理，若使用非金属板材，其燃烧性能应为A级；槽盒填充的夹心材料燃烧性能应为 A 级。耐火电缆槽盒使用金属板材的厚度要满足《钢质电缆桥架工程设计规范》CECS31：2006 要求，见表 11-10。

耐火电缆槽盒金属板材厚度要求 表 11-10

耐火电缆槽盒宽度 B（mm）	最小板材厚度（mm）
B≤150	1.0
150＜B≤300	1.2
300＜B≤500	1.5
500＜B≤800	2.0
B＞800	2.2

11.2.21 挡烟垂壁有哪些质量要求？

答：挡烟垂壁由不燃材料制作，安装在顶棚、横梁、吊顶下，高度不小于 500mm，在火灾时形成蓄烟空间的挡烟设施。按照安装方式分为固定式（代号为 D）和活动式（代号为 H）；按照挡烟部件的刚度性能分为刚性挡烟垂壁（代号为 G）和柔性挡烟垂壁（代号为 R）。挡烟垂壁应设永久性标牌，标牌上要有清晰的规格型号、商标、厂名厂址、生产日期。挡烟垂壁的名称代号为 YCB。

型号编制方法：YCB ─ 规格 ─ 安装方式 ─ 挡烟部位刚度性能 ─ 自定义

规格是以单节宽度×挡烟高度表示，一般在自定义内容中标识出挡烟垂壁使用的主体材料，如 gb（钢板）、wz（无机纤维织物）、wb（不燃无机复合板）、fb（防火玻璃）。

以无机不燃织物等柔性材料制作的挡烟垂壁单节宽度不应大于 4000mm，以金属板、防火玻璃等刚性材料制作的挡烟垂壁单节宽度不应大于 2000mm；活动式挡烟垂壁自初始位置自动运行到工作位置的速度不小于 0.07m/s，且不应超过 60s；活动式挡烟垂壁的控制方式有三种：一是与感烟探测器联动，运行到工作位置；二是收到消防联动控制设备的动作信号，运行到工作位置；三是系统主电源断电，运行到工作位置。

11.2.22 手提式灭火器有哪些质量要求？

答：手提式灭火器（代号为 M）是日常应用最广泛的移动灭火设备，按照灭火剂类型可以分为干粉型、水基型、二氧化碳型、洁净气体型灭火器（灭火剂类型代号见表 11-11）。按照驱动压力型式可以分为贮压式和贮气瓶式灭火器。

型号编制方法：M ─ 灭火剂代号 ─ CZ/ 特定灭火器特征代号 ─ 充装量

C 表示车用，非车用不标注；Z 表示驱动方式为贮压式，贮气瓶式不标注。

手提式灭火器的日常检查主要是外观检查，首先检查瓶身上的标识，以图形和文字体现以下内容：灭火器名称、型号、灭火种类代号、灭火级别、使用温度、使用方法、驱动气体名称和压力、制造厂名称；筒体上必须有用钢印打在底圈或颈圈（二氧化碳灭火器在气瓶肩部）部位的生产连续序号、水压试验值、瓶体生产日期；铝制筒体以及二氧化碳灭火器的筒体应使用无缝结构筒体；除二氧化碳灭火器外，贮压式灭火器应装有与该灭火器的种类相符压力指示器，即表盘上应有字母"F"（表示干粉灭火剂）、"S"（表示水、泡沫灭火剂）、"J"（表示洁净气体灭火剂）；充装量大于 3kg（L）的灭火器应配有不小于 400mm 的喷射软管；灭火器的保险机构，如铅封应完好，压力表指针不应在红色区域内；

灭火器的器头或阀应用铜或铜合金、不锈钢等耐腐蚀材料制作，提把压把表面应光滑，无毛刺结疤；提把与灭火器筒体封头的间距不应小于 25mm。

灭火剂类型代号　　　　　　　　　表 11-11

灭火剂类型	代号	特定灭火器特征代号
水基型	S（含清水和带添加剂的水）	AR（无此性能不标注）
	P（泡沫）	AR（无此性能不标注）
干粉型	F	ABC（BC 型不标注）
二氧化碳型	T	
洁净气体型	J（惰性气体、卤代烷汀类气体）	

（AR 指具有扑救水溶性液体火灾的能力）

11.2.23　推车式灭火器有哪些质量要求？

答：推车式灭火器（代号为 M）按照灭火剂类型可以分为干粉、水基型、二氧化碳、洁净气体灭火器，按照驱动压力可以分为贮压式和贮气瓶式灭火器。推车式灭火器生产连续号、生产年份、生产厂应永久性标注在筒体或不可更改的铭牌上，贮气瓶上应永久标有空瓶及充装后质量、生产厂、驱动气体名称；推车式灭火器筒体的铭牌上应有灭火剂名称、灭火级别、水压试验值、使用温度、操作及检查方法；推车式灭火器的行驶机构在行驶中，最低位置与地面距离不小于 100mm；推车式灭火器应配有长度不小于 4m 的喷射软管，除推车式二氧化碳灭火器外，软管末端应有可间歇性喷射的控制阀，推车式二氧化碳灭火器的喷射软管末端应配有喷筒；推车式灭火器应有夹持机构，保证行驶过程中喷射软管不脱落。工作压力大于 2.5MPa 的高压推车式灭火器应设有超压保护装置。

型号编制方法：M ─ | 灭火剂代号 | ── | TZ/ 特定灭火器特征代号 | ── | 充装量 |

T 表示推车式灭火器，其他代号含义与手提式灭火器相同。

11.2.24　什么样的灭火器需要进行维修或者报废？

答：为了确保灭火器有效，需要对灭火器进行维修，当灭火器有以下四种情形之一就需要送到正规维修机构进行维修了：一是灭火器使用过；二是灭火器压力指示器指针在红色区域内；三是灭火器放置时间较长（通常 3 年以上，可能会出现灭火剂结块、失效，密封件老化等问题）；四是灭火器筒体锈蚀、外观不完好。灭火器维修后应当在筒体上贴有维修合格证，合格证上应有维修编号、总质量、维修日期、负责人签字、维修机构地址电话。

当灭火器有以下情形之一时则需要进行报废处理：一是超过使用年限（灭火器使用年限见表 11-12）；二是筒体钢印部分字迹无法识别（水压试验值、瓶体生产日期）；三是筒体（包括贮气瓶）被火烧过或者严重变形；四是筒体（包括贮气瓶）外表面涂层脱落面积超过 1/3，或有锡焊等修补痕迹，或外表面连接部位、底座有被腐蚀的凹坑；五是筒体（包括贮气瓶）连接螺纹有损伤；六是筒体（包括贮气瓶）内部有锈蚀或腐蚀凹坑，或者防腐层失效；七是筒体（包括贮气瓶）水压试验不合格；八是不符合市场准入的灭火器。

达到报废条件的灭火器建议送到维修机构进行报废处理，不应随意丢弃。

简易式灭火器为一次性使用，不进行维修充装。

灭火器使用年限 表 11-12

类型	使用年限
干粉灭火器	10 年
水基型灭火器	6 年
洁净气体灭火器	10 年
二氧化碳灭火器	12 年

灭火器维修应选择有资质的维修机构，按照《社会消防技术服务管理规定》（公安部令第 129 号）的规定，灭火器维修机构作为消防设施维护保养检测三级资质的消防技术服务机构，应取得相应的资质证书。

11.2.25 消防应急照明和疏散指示系统有哪些分类？

答： 应急照明和疏散指示系统由各类消防应急灯具和相关装置组成，按照系统形式分为自带电源集中控制型、自带电源非集中控制型、集中电源集中控制型、集中电源非集中控制型；消防应急灯具包括应急照明灯具、应急标志灯具和应急照明标志复合灯具。

消防应急照明和疏散指示系统的组成：

自带电源集中控制型：

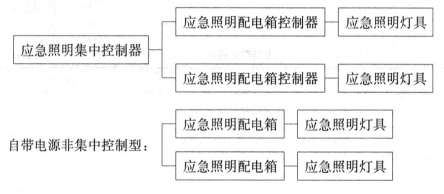

自带电源非集中控制型：

集中电源集中控制型：

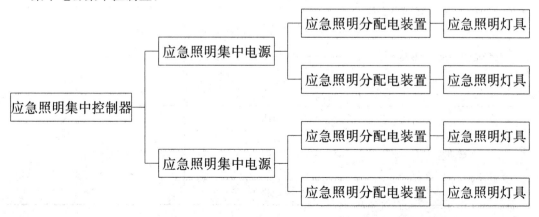

集中电源非集中控制型：

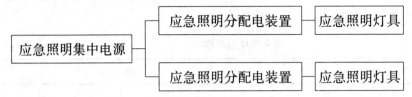

11.2.26 消防应急照明和疏散指示系统有哪些质量要求？

答：消防应急照明和疏散指示系统的应急转换时间不应大于 5s，高危场所不应大于 0.25s，应急工作时间不应小于 90min，使用一年后应急工作时间不应小于 30min 且不得小于使用场所要求的工作时间；当主电恢复时应能自动转为主电工作状态。系统中各设备外壳应使用不燃或难燃材料制作。

消防应急灯具的供电线路应直接接入配电箱，不得使用插头。消防应急灯具中使用的电池名称、型号规格应与型式检验报告中一致。消防应急标志灯的疏散指示方向要与实际疏散方向一致。

11.2.27 防火门有哪些分类？

答：防火门按照材质分为钢质防火门（代号为 GFM）、木质防火门（代号为 MFM）、钢木质防火门（代号为 GMFM）、其他材质防火门。按照门扇数量分为单扇防火门、双扇防火门、多扇防火门。按照隔热性能分为隔热防火门，用代号 A 表示；部分隔热防火门，用代号 B 表示；非隔热防火门，用代号 C 表示。我们通常说的甲级防火门、乙级防火门和丙级防火门只用于隔热防火门。各类防火门的耐火极限见表 11-13。防火门的结构代号见表 11-14。

防火门耐火极限 表 11-13

分　类	耐火完整性	耐火隔热性
隔热防火门（A类）	≥0.5h（丙级）	≥0.5h
	≥1h（乙级）	≥1h
	≥1.5h（甲级）	≥1.5h
	≥2h	≥2h
	≥3h	≥3h
部分隔热防火门（B类）	≥1h	≥0.5h
	≥1.5h	
	≥2h	
	≥3h	
非隔热防火门	≥1h	无要求
	≥1.5h	
	≥2h	
	≥3h	

		防火门的结构代号		表 11-14
门扇数量代号	门扇关闭方向代号	下框代号	玻璃及亮窗代号	槽口代号
单扇 1	顺时针关闭 5	有下框 k	带玻璃 b	单槽口 d
双扇 2	逆时针关闭 6	无下框不表示	带亮窗 l	双槽口 s
多扇以门扇数量表示			带玻璃带亮窗 bl	

型号编制方法：

11.2.28 防火门有哪些质量要求？

答：防火门使用的材料要求：门扇面板使用的钢材厚度≥0.8mm，门框板、不带螺孔的加固件使用的钢材厚度≥1.2mm，铰链板、带螺孔的加固件使用的钢材厚度≥3mm。门扇内的填充材料以及使用的其他材料应为无毒无害的环保材料，其燃烧性能、产烟毒性应取得国家认可的检验机构出具的检验报告。防火门上使用的防火玻璃不能低于防火门耐火等级，安装的锁、铰链、插销、猫眼等的耐火时间不应小于防火门的耐火时间。

防火门外观质量要求：木质防火门表面应光滑、无毛刺刨痕；拼缝、割角应严密平整；涂层应均匀；钢质防火门表面平整光洁，无明显机械损伤或凹痕；镀层涂层均匀、平整；焊接牢固，焊点分布均匀。其他材质防火门外观质量可参照木质和钢质防火门的要求。门扇质量不应小于该防火门门扇设计质量。

防火门安装的质量要求：除特殊部位的防火门外，应装闭门器，带有盖缝板或止口的双扇、多扇防火门应装顺序器。防火门门扇与门框之间、门扇与门扇之间应安装防火密封条，防火密封条应平整无拱、翘。门扇与上框配合活动间隙、门扇之间、门扇与有合页、有锁一侧及上框贴合面间隙不应大于 3mm，门扇与下框或地面的间隙不应大于 9mm。打开、关闭防火门应灵活无卡阻。

11.2.29 防火窗有哪些质量要求？

答：防火窗按照材质分为钢质防火窗（代号为 GFC）、木质防火窗（代号为 MFC）、钢木复合防火窗（代号为 GMFC）、其他材质防火窗；按照功能分为固定式（代号为 D）和活动式（代号为 H），活动式防火窗配有窗扇启闭控制装置，按照耐火完整性和隔热性分为隔热型防火窗和非隔热型防火窗（耐火极限见表 11-15）。我们通常说的甲级防火窗、乙级防火窗和丙级防火窗只适用于隔热型防火窗。防火窗表面应平整光滑、无毛刺刨痕、损伤或凹痕，涂层均匀；连接及零部件安装牢固可靠，无松动。防火窗使用的防火玻璃耐火极限及耐火完整性隔热性要求应不低于该防火窗的要求。可以手动控制活动式防火窗的启闭控制装置，防火窗开启灵活，关闭完全，各零部件无松动、卡阻现象；自动控制方式使防火窗关闭的时间不应大于 60s。防火窗的外形尺寸应与型式检验报告一致。

防火窗耐火极限　　　　　　　　　表 11-15

分　类	耐火完整性	耐火隔热性
隔热防火窗（A 类）	≥0.5h（丙级）	≥0.5h
	≥1h（乙级）	≥1h
	≥1.5h（甲级）	≥1.5h
	≥2h	≥2h
	≥3h	≥3h
非隔热防火窗（C 类）	≥0.5h	无要求
	≥1h	
	≥1.5h	
	≥2h	
	≥3h	

型号编制方法：　名称代号 ── 洞口尺寸（宽×高）── 功能代号 ── 耐火等级代号

11.2.30　防火卷帘有哪些分类？

答：防火卷帘一般分为钢质防火卷帘、无机纤维复合防火卷帘和特级防火卷帘。钢质防火卷帘（代号为 GFJ）是以钢质材料做帘板、导轨、门楣、座板、箱体，满足耐火完整性要求；无机纤维复合防火卷帘（代号为 WFJ）是以无机纤维材料做帘面，以钢质材料做夹板、导轨、门楣、座板、箱体，满足耐火完整性要求；特级防火卷帘（代号为 TFJ）以钢质材料或无机纤维材料做帘面，以钢质材料做夹板、导轨、门楣、座板、箱体，满足耐火完整性和隔热性要求。有防烟要求的防火卷帘帘面漏烟量不应大于 $0.2m^3/$（$m^2 \cdot min$），防火卷帘耐火极限见表 11-16。防火卷帘的启闭方式有垂直卷（代号为 Cz）、水平卷（代号为 Sp）、侧向卷（代号为 Cx）；按照帘面数量分为单帘（代号为 D）和双帘（代号为 S）。

防火卷帘耐火极限　　　　　　　　　表 11-16

名　称	代　号	耐火极限（h）
钢质防火卷帘	F2	≥2h
	F3	≥3h
钢质防火、防烟卷帘	FY2	≥2h
	FY3	≥3h
无机纤维复合防火卷帘	F2	≥2h
	F3	≥3h
无机纤维复合防火、防烟卷帘	FY2	≥2h
	FY3	≥3h
特级防火卷帘	TY3	≥3h

型号编制方法：	卷帘名称	洞口宽度	洞口高度	耐火极限	启闭方式	帘面数量	帘面间距	耐风压强度

（洞口尺寸以 cm 表示，帘面间距以 mm 表示。）

11.2.31 防火卷帘有哪些质量要求？

答：防火卷帘外观的质量要求：金属零部件表面应完好、平整，无裂纹、明显凸凹、毛刺等缺陷，应做防锈处理，涂层、镀层应均匀；无机纤维复合帘面应完整，无破损、跳线、断线、挖补，夹板平直牢固；各零部件组装、拼接处应平整，不应错位、松动。钢质卷帘板两端应装有挡板。无机纤维复合卷帘沿帘布纬向每隔一定距离应设有耐高温不锈钢丝用以承受卷帘自重，沿经向每隔 300～500mm 设置夹板以增强帘面强度，卷帘两端应设有防风钩，帘面应通过固定件与卷轴相连。为保证防火卷帘运行顺畅，帘面嵌入导轨应有一定的深度，当导轨间距小于 3000mm 时，嵌入深度＞45mm，导轨间距在 3000～5000mm 时，嵌入深度＞50mm，导轨间距在 5000～9000mm 时，嵌入深度＞60mm，导轨间距每增加 1000mm，嵌入深度增加 10mm。

防火卷帘材料的质量要求：夹板、座板的钢材厚度≥3mm，门楣、箱体的钢材厚度≥0.8mm，普通型帘板钢材厚度≥1mm，复合型帘板钢材厚度≥0.8mm，掩埋型导轨钢材厚度≥1.5mm，外露型导轨钢材厚度≥3mm。无机纤维复合帘面的拼接缝每米各层累计不应超过 3 条，且不应重合，受力缝应使用双线缝合，且搭接量不小于 20mm，非受力缝可使用单线缝合，且搭接不小于 10mm。

防火卷帘的运行质量要求：卷帘运行应平稳、匀速，座板应与地面接触均匀；双帘应同时运行，两帘面的高度差不应大于 50mm。垂直卷卷帘、水平卷卷帘电动运行速度为 2～7.5m/min，侧向卷卷帘电动运行速度不小于 7.5m/min，垂直卷卷帘依靠自重下降的速度不应大于 9.5m/min。疏散通道处的卷帘应具有两步关闭功能，接第一次报警信号后运行到 1.8m 的中位处停止，延时 5～60s 后或接第二次报警信号后运行到下限位，两侧均设有手动按钮可使卷帘升至 1.8m 处，延时后再下降到底。防火卷帘应装有温控释放机构，保证在断电时，温度达到 73℃以上释放卷帘，使卷帘依靠自重匀速下降关闭。

11.2.32 防火卷帘控制器和卷门机有哪些质量要求？

答：防火卷帘控制器用来控制防火卷帘的动作，并接收、反馈防火卷帘的动作状态。按照用途可分为防火分隔用、疏散通道用两种控制器，它的组成包括控制器主机（含手动控制装置）和速放控制装置。用于疏散通道的控制器接收第一次报警信号后能控制防火卷帘下降至中位停止，延时后或接收第二次报警信号后控制卷帘降至下限位；用于防火分隔处的控制器在接到火警信号后能控制卷帘降至下限位。用于疏散通道的控制器在卷帘两侧应设有优先级相同的两套独立的手动控制装置，并保证手动急停操作插入优先。卷门机电源故障时，控制器应能保证由其供电启动速放控制装置，实现卷帘依靠自重匀速下降并可中位停止，延时后降至下限位。

防火卷帘控制器应有指示灯，红色表示火警信号和卷帘动作信号，黄色表示故障信号，绿色表示主电及备用电源正常工作；手动装置的开关和按键应牢固，并清晰地标注其功能。

防火卷帘用卷门机与防火卷帘、防火卷帘控制器共同使用，完成防火卷帘的启闭、定位动作，要使用国家检测合格的产品。卷门机应设有手动拉链和手动释放装置，且不应上锁，要便于操作。卷门机各零部件应为不燃或难燃材料制作。

11.2.33　消火栓箱的分类有哪些质量要求？

答：消火栓箱按照安装方式分为明装式、暗装式、半暗装式；按照箱门材料分为全钢型、钢框镶玻璃型、铝合金镶玻璃型、其他材料；按照水带放置方式分为挂置式、卷置式、盘卷式、托架式。

消火栓箱的质量要求：箱体端正，无歪斜，内外表面、挂架、托架、水带盘均应做防腐处理，涂层平整光滑均匀，消火栓箱上的字体正确、清晰醒目；箱体使用的钢板或铝合金厚度不小于1.2mm，箱门玻璃度不小于4mm，箱门开启的角度不小于160°，开启关闭灵活无卡阻。消火栓箱配置的室内消火栓、水带、消防接口、消防软管卷盘、消火栓按钮等均应有规定的市场准入文件。如使用带锁消火栓箱，应能在不使用钥匙的情况下快速打开箱门。消火栓按钮的连接线不应裸露，应穿金属软管。

11.2.34　灭火器箱的分类有哪些质量要求？

答：灭火器箱按照结构分为单体式、组合式；按照放置方式分为置地式、嵌墙式；按照开启方式分为翻盖式、开门式。

灭火器箱的质量要求：箱体端正，无歪斜，使用的材料应有一定的抗腐蚀能力或进行了防腐处理；开门式灭火器箱应设箱门关紧装置，但不能安装锁具，开启角度不小于160°；翻盖式灭火器箱打开箱盖时，上挡板应自动翻转下落，开启角度不小于100°；箱门使用玻璃时，玻璃厚度不小于4mm，箱体金属材料的厚度要满足一定强度的要求，根据箱体大小厚度不同，厚度要求见表11-17。

灭火器箱箱体金属材料厚度要求　　　　　　　　　　表11-17

放置形式	箱体高度（mm）	材料厚度（mm）
置地式	≤500	≥1.0
	>500，<800	≥1.2
	≥800	≥1.5
嵌墙式	≤500	≥0.8
	>500，<800	≥1.0
	≥800	≥1.2

11.2.35　防火涂料有哪些分类？

答：防火涂料是涂刷在相应结构表面，在一定时间内增加建筑物或构筑物的耐火极限。按照使用介质可以分为钢结构防火涂料、饰面型防火涂料、电缆防火涂料、混凝土结构涂料。钢结构防火涂料是涂覆在钢结构的表面，按照使用场所分为室内型和室外型，按照厚度分为超薄型（涂层厚度不大于3mm）、薄型（涂层厚度大于3mm且小于等于7mm）、厚型（涂层厚度大于7mm且小于等于45mm）；饰面型防火涂料涂覆在可燃结构的表面，涂层厚度不应小于0.5mm；电缆防火涂料涂覆在电缆表面；混凝土结构防火涂料一般涂覆在石油化工储罐区的防火堤、公路铁路及城市隧道的混凝土表面。

11.2.36　防火涂料有哪些质量要求？

答：防火涂料均不应使用对人体健康有害的原料，如石棉、甲醛。

超薄型钢结构防火涂料使用前经搅拌后呈均匀细腻状态、无结块；薄型钢结构防火涂料使用前经搅拌后呈均匀液态或稠厚流体状态，无结块；厚型钢结构防火涂料使用前呈均匀粉末状，无结块。钢结构防火涂料施工完成，涂层干燥后应无刺激性气味，表面无开裂、脱落、脱粉；复层涂料的底层应涂有防锈漆或使用的底层涂料带有防锈性能。饰面型防火涂料表面无开裂、脱粉，涂层均匀。电缆防火涂料表面无明显凸凹不平，无刺激性气味。混凝土结构防火涂料使用前为稠厚液体，无结块，干燥后应无刺激性气味，表面无开裂、脱粉。现场可以使用测厚仪测量涂层厚度，应不小于检验报告标称的厚度且不小于设计厚度。

11.2.37 热气溶胶灭火装置有哪些质量要求？

答：气溶胶是固体或液体微粒悬浮在气体分散介质中形成的溶胶，它的微粒在 $0.01\sim 1\mu m$，能静止在空气中不沉降，在保护区形成淹没状态，以稀释氧气、吸热降温、化学抑制的方式达到灭火效果。气溶胶灭火装置是哈龙产品的替代品之一，分为热气溶胶和冷气溶胶，我们一般说气溶胶灭火装置通常是指热气溶胶灭火装置，它是通过燃烧反应释放灭火剂。

热气溶胶灭火装置按照安装方式分为落地式和悬挂式；按照喷口温度可分为限温型和非限温型，落地式限温型喷口温度不超过180℃，表面温度不超过100℃，悬挂式限温型喷口温度和表面温度不超过200℃，非限温型表面温度不超过厂家说明书中的温度值且不应超过200℃；按照产生热气溶胶灭火剂的种类分为 S 型和 K 型，S 型是以硝酸锶为主氧化剂，K 型是以硝酸钾为主氧化剂。K 型热气溶胶灭火剂由于含大量钾离子，易吸湿形成导电物质，对电子设备破坏性大，因此不能用在电子设备和精密仪器场所；S 型热气溶胶灭火剂中钾离子只有很少一部分，大量是不吸湿的锶离子，因此不会形成导电物质，可以用在电子设备及精密仪器场所。

热气溶胶灭火装置外观质量要求：装置外壳平整光滑，涂层均匀无划伤，各零部件紧固，无明显损伤；外壳及零部件应使用防腐材料制作或进行了防腐处理；装置铭牌应为永久性，且应注明产品名称、规格型号、厂名、使用温度范围、喷口温度（非限温型注明热间距）、壳体表面温度、灭火密度、氧化剂名称及含量、装置有效期；装置喷口前1m内，背面、侧面、顶部0.2m内不应放置其他物品；装置上应设有黄色光信号的检修开关。

同一防护区设置多套热气溶胶灭火装置时，应选用同一规格型号的灭火装置且安装距离不大于10m，各装置应能同时启动，启动响应时间差不大于2s。

11.2.38 厨房设备灭火装置有哪些质量要求？

答：厨房设备灭火装置是固定安装在厨房等温度高、湿度大的环境中，当厨房设备发生火灾时能自动探测并实施灭火。该设备上有两个重要阀门：一是燃气联动阀，该阀安装在燃气管道上，当灭火设备启动时能够立即联动关闭，停止燃气供应；二是水流联动阀，该阀安装在灭火装置管路上与水源相连，当灭火剂喷洒完毕后能够立即联动开启喷射冷却水（仅喷射灭火剂的厨房灭火装置无此阀门）。

厨房灭火装置的质量要求：装置表面平整，无明显缺陷或损伤，非防腐材料制作应进行防腐处理，涂层、镀层应均匀完整；紧固件应紧固，无松动。明显部位设有耐久性铭牌，铭牌应注明产品名称、规格型号、灭火剂类别及充装量、贮存压力、使用温度范围、生产日期。机械启动方式的厨房灭火装置应有机械应急启动和自动启动方式，电动启动方式的厨房灭火装置应有手动启动、自动启动、机械应急启动方式，机械应急启动装置应有操作方法的文字或图形说明，且有防止误操作的机构。装置喷嘴应设有防止喷孔被外界物质堵塞用的保护帽，并应配有过滤器防止杂物堵塞喷孔，喷射时保护帽不应影响喷嘴正常喷射。

第十二章　消防法律法规

第一节　消防法规常识

12.1.1　我国消防法规分为哪几类？

答：消防法规是消防行政执法人员和公民、法人、其他组织必须遵循的有关消防工作的行为规范的总称。按照国家法律体系及消防法规服务对象、法律义务、作用，我国消防法规大体上可划分为消防基本法、消防行政管理法规和规章、消防技术规范（标准）等三类。

消防基本法——《中华人民共和国消防法》。《中华人民共和国消防法》（以下简称《消防法》），自 1998 年 9 月 1 日起施行，2008 年 10 月 28 日第十一届全国人民代表大会常务委员会第五次会议修订，自 2009 年 5 月 1 日起施行。该法分总则、火灾预防、消防组织、灭火救援、监督检查、法律责任、附则，共七章七十四条。

消防行政管理法规和规章。消防行管理政法规规定了消防管理活动的基本原则、程序和方法，分为行政法规和地方性法规，具体名称有条例、规定和办法。如《草原防火条例》、《森林防火条例》、《云南省消防条例》等。其他消防行政管理相关规定、规则、办法，统称规章，主要包括以公安部等其他国务院组成部门为主制定的部门规章，以及各省政府制定的政府规章，常用的规章有《建设工程消防监督管理规定》、《消防监督检查规定》、《火灾事故调查规定》、《消防产品监督管理规定》、《社会消防技术服务管理规定》、《机关、团体、企业、事业单位消防安全管理规定》、《城市消防规划建设管理规定》、《云南省火灾高危单位消防安全管理规定》、《云南省单位消防安全管理规定》。

消防技术法规。消防技术法规用于调整人与自然、科学、技术的关系。如《建筑设计防火规范》、《氧气站设计规范》、《城市煤气设计规范》、《建筑防烟排烟系统技术规范》、《火灾自动报警系统设计规范》、《防火卷帘、防火门、防火窗施工及验收规范》、《消防给水及消火栓系统技术规范》等。

除了上述三类法规外，各省、市、自治区结合本地的实际情况，还制定了一些特定的规范性文件。这些文件和管理措施，都为消防工作提供了依据。

12.1.2　消防法规的效力如何？

答：消防法规按照法律效力等级划分，可分为法律、行政法规、地方性法规、部门规章、政府规章；法律的效力高于行政法规、地方性法规、规章。行政法规的效力高于地方性法规、规章。地方性法规的效力高于本级和下级地方政府规章。省、自治区人民政府制定的规章的效力高于本行政区域内的较大的市的人民政府制定的规章。

12.1.3　什么是消防安全责任制？

答：各级政府主要负责人为本行政区域内的消防安全第一责任人，对消防工作负全面领导责任，分管消防工作的负责人，对本行政区域的消防工作负主要领导责任，其他分管负责人对分管领域的消防工作负具体领导责任。

县级以上公安机关主要负责人对本行政区域内的消防工作负全面监督管理责任，分管消防工作的负责人和公安消防机构负责人对本行政区域的消防工作负主要监督管理责任。

村（居）委员会及其他组织的主要负责人对本区域、本单位的消防安全负领导责任，其他副职对分管领域的消防安全负直接主管责任。

机关、团体、企业、事业单位法定代表人或主要负责人对本部门（单位）的消防安全负领导责任，分管消防工作的负责人，对本部门（单位）的消防工作负直接领导责任。

个体工商户的经营者是其生产经营场所的消防安全责任人，对生产经营场所的消防安全负直接责任。

12.1.4　两家以上单位共用建筑物的，其消防安全责任如何落实？

答：同一建筑物由两个以上单位管理或者使用的，应当明确各方的消防安全责任，并确定责任人对共用的疏散通道、安全出口、建筑消防设施和消防车通道进行统一管理。

住宅区的物业服务企业应当对管理区域内的共用消防设施进行维护管理，提供消防安全防范服务。（此处应参照消防法具体规定）

12.1.5　有哪些情形属于消防违法行为？

答：消防违法行为是指公安消防机构在消防监督检查及受理群众举报投诉过程中发现的单位或个人违反消防法律、法规及技术规范，依照有关法律应当受到警告、罚款、拘留、责令停产停业（停止施工、停止使用）、没收违法所得、责令停止执行（吊销相应资质、资格）6类行政处罚的行为。主要包括《消防法》规定的未经消防设计审核擅自施工、消防设计审核不合格擅自施工等51项，《消防产品监督管理规定》新增的人员密集场所使用不符合市场准入的消防产品逾期未改、非人员密集场所使用不符合市场准入、不合格、国家明令淘汰的消防产品逾期未改2项，以及《社会消防技术服务管理规定》新增的隐瞒情况、提供虚假材料申请资质，以欺骗、贿赂手段取得资质等22项。

12.1.6　有哪些情形属于火灾隐患？

答：火灾隐患是指违反消防法规，可能造成火灾危害的行为现象，主要有以下几种情形：影响人员安全疏散或者灭火救援行动，不能立即改正的；消防设施器材未保持完好有效，影响防火灭火功能的；擅自改变防火分区，容易导致火势蔓延、扩大的；在人员密集场所违反消防安全规定，使用、储存易燃易爆危险品，不能立即改正的；不符合城市消防安全布局要求，影响公共安全的；其他可能增加火灾实质危险性或者危害性的情形。

12.1.7　消防行政许可有哪些类别？

答：消防行政许可的类别有消防技术服务机构资质认定、建设工程消防设计审核及消防验收、公众聚集场所投入使用、营业前消防安全检查。

12.1.8　消防行政处罚有哪些类别？

答：消防行政处罚类别有警告、罚款、吊销、没收非法财物和没收违法所得，责令停止施工、停止使用、停产停业、拘留等。

12.1.9　消防行政强制有哪些类别？

答：消防行政强制的类别主要有消防行政强制措施、消防行政强制执行。

消防行政强制措施是指公安机关消防机构在公安消防行政管理过程中，为制止违法行为、防止证据损毁、避免危害发生，控制危险扩大等情形，依法对公民的人身自由实施暂时性限制，或者对公民、法人或者其他组织的财物实施暂时性控制的行为。消防行政强制措施主要有临时查封、扣押，抽样取证、先行登记保存。

消防行政强制执行是指公安机关消防机构直接或者申请人民法院，对不履行行政决定的公民、法人或者其他组织，依法强制履行义务的行为。主要有消防强制执行、申请人民法院强制执行。

12.1.10　消防行政许可被其他部门作为行政许可前置条件怎么处理？

答：消防行政许可前置，是指将消防部门办理建设工程消防许可、消防安全检查手续，作为同一申请人（单位、个人）办理其他部门行政许可时的必要条件。属于两个不同部门的行政许可"挂钩"。这种情况下，若未取得相应的消防部门手续，其他部门将不予受理或者不予同意相关行政许可。行政许可前置，是管制型政府的特点体现，在计划经济时期较为多见，当前随着政府转变职能不断深入，各级政府不断简政放权，激发社会发展活力。各类消防行政许可不断废止或者下放、精简，行政许可之间的互相挂钩、前置也不断减少。在当前政府职能改革和社会创新发展的新形势下，不鼓励行政许可前置，对原有的行政许可前置应当尽量减少。在确有必要的情况下，可以实行消防行政许可前置，但必须有法律、法规明确规定。这是行政许可法关于行政许可设定的严格要求。从当前的法律法规看，消防行政许可前置主要有以下几项：一是娱乐场所工商登记消防许可前置。《娱乐场所管理条例》（中华人民共和国国务院令第 458 号）第十一条规定：申请人取得娱乐经营许可证和有关消防、卫生、环境保护的批准文件后，方可到工商行政管理部门依法办理登记手续，领取营业执照。二是施工许可证消防行政许可前置。《消防法》第十二条规定：依法应当经公安机关消防机构进行消防设计审核的建设工程，未经依法审核或者审核不合格的，负责审批该工程施工许可的部门不得给予施工许可，建设单位、施工单位不得施工。三是其他法律、法规规定的消防行政许可前置。

需要注意，消防行政许可前置必须有法律、法规的明确、具体规定。如《国家工商行政管理局关于公众聚集的经营场所办理工商登记是否需要公安消防前置审批问题的答复》（工商企字 2000 年第 123 号）明确提出：《中华人民共和国消防法》第十二条规定的"公众聚集的场所在使用或开业前，应当向公安消防机构申报，经消防安全检查合格后，方可使用或者开业"指的是该场所的经营单位经营者在启用该场所时，应先向公安消防机构申报并经消防安全检查合格，而非设立该场所经营单位的前置审批。

12.1.11　哪些情况下单位需要重新办理消防安全检查手续？

答：依法经过消防安全检查合格的公众聚集场所发生下述情况时，需要重新办理消防安全检查手续：扩大经营面积；变更经营场所；变更经营性质。重新办理的程序、检查内容、法律文书等要求与新申报公众聚集场所投入使用、营业前消防安全检查一致。

12.1.12　在具有火灾、爆炸危险的场所，对动火有哪些消防安全要求？

答：禁止在具有火灾、爆炸危险的场所吸烟、使用明火。因施工等特殊情况需要使用明火作业的，应当按照规定事先办理审批手续，采取相应的消防安全措施；作业人员应当遵守消防安全规定。

12.1.13　哪些火灾危险作业人员应当持证上岗？

答：进行电焊、气焊等具有火灾危险作业的人员和自动消防系统的操作人员，必须持证上岗，并遵守消防安全操作规程。

12.1.14 机关、团体、企业、事业单位有哪些消防安全职责？

答：机关、团体、企业、事业等单位应当履行下列消防安全职责：

落实消防安全责任制，制定本单位的消防安全制度、消防安全操作规程，制定灭火和应急疏散预案。

按照国家标准、行业标准配置消防设施、器材，设置消防安全标志，并定期组织检验、维修，确保完好有效。

对建筑消防设施每年至少进行一次全面检测，确保完好有效，检测记录应当完整准确，存档备查。

保障疏散通道、安全出口、消防车通道畅通，保证防火防烟分区、防火间距符合消防技术标准。

组织防火检查巡查，及时消除火灾隐患。

组织进行有针对性的消防演练。

法律、法规规定的其他消防安全职责。

单位的主要负责人是本单位的消防安全责任人，被确定为消防安全重点单位的还应履行以下消防安全职责：

确定消防安全管理人，组织实施本单位的消防安全管理工作。

建立消防档案，确定消防安全重点部位，设置防火标志，实行严格管理。

实行每日防火巡查，并建立巡查记录。

对职工进行岗前消防安全培训，定期组织消防安全培训和消防演练。

12.1.15 多产权、多使用权、多管理权建筑的消防安全责任应如何确定？

答：同一建筑物有多个所有权人的，各所有权人应当共同负责建筑物的消防安全，落实消防安全责任，多产权建筑的产权方或者产权单位的法定代表人或主要负责人均应为建筑的消防安全责任人。对共用的疏散通道、安全出口、建筑消防设施和消防车通道进行统一管理，并要确定责任人具体实施管理。统一管理的具体办法，既可以由各个管理、使用人成立消防安全组织进行管理，也可以委托一家单位负责管理或者共同委托物业管理企业统一管理。

建筑物承包、租赁或者委托经营、管理时的消防安全管理要求。承包、租赁或是委托经营，管理的双方应当签订书面合同。在书面合同中应明确对消防设施维修、检测、更新或改造所需经费的管理办法、明确各方在消防安全管理中的消防设施维护的权利、义务和违约责任。承包、租赁场所的承租人是其承包、租赁范围的消防安全责任人。消防安全责任人对专有、共用部分的消防安全负责，没有约定或者约定不明的，消防安全责任由产权方和使用方共同承担。

住宅区的物业服务企业应当对管理区域内的共用消防设施进行维护管理，提供消防安全防范服务。

12.1.16 举办大型群众性活动，承办人应该履行哪些职责？

答：举办大型群众性活动，承办人应当依法向县级以上公安机关申请安全许可，制定灭火和应急疏散预案并组织演练，明确消防安全责任分工，确定消防安全管理人员，保持消防设施和消防器材配置齐全、完好有效，保证疏散通道、安全出口、疏散指示标志、应急照明和消防车通道符合消防技术标准和管理规定。

12.1.17　罚款的执行有哪些要求？

答：根据《行政强制法》、公安部《公安机关办理行政案件程序规定》（公安部令第125号）及公安部执法细则等有关规定，罚款的执行要求如下：

银行收缴。公安机关消防机构作出罚款决定，被处罚人应当自收到行政处罚决定书之日起15日内，到指定的银行缴纳罚款。代收机构应当将收缴情况书面告知作出行政处罚决定的公安机关消防机构。公安机关消防机构应当将代收机构的书面通知附卷。

当场收缴。有下列情形之一的，公安机关消防机构及其办案人员可以当场收缴罚款，法律另有规定的，从其规定：（1）对违反治安管理行为人处50元以下罚款，被处罚人没有异议的；（2）对违反治安管理以外的违法行为人当场处20元以下罚款的；（3）在边远、水上、交通不便地区以及旅客列车上，被处罚人向指定银行缴纳罚款确有困难，经被处罚人提出的；（4）被处罚人在当地没有固定住所，不当场收缴事后难以执行的。对有第一项和第三项情形之一的，办案人员应当要求被处罚人签名确认。

暂缓或者分期缴纳罚款。被处罚人确有经济困难，经被处罚人申请和作出行政处罚决定的公安机关消防机构批准，可以暂缓或者分期缴纳。

强制执行罚款。公安机关消防机构依法作出行政处罚决定后，被处罚人应当在行政处罚决定的期限内予以履行。被处罚人逾期不履行行政处罚决定的，作出行政处罚决定的公安机关消防机构可以采取下列措施：（1）将依法查封、扣押的被处罚人的财物拍卖或者变卖抵缴罚款。拍卖或者变卖的价款超过罚款数额的，余额部分应当及时退还被处罚人。拍卖、变卖、退还的手续应当附卷。依法拍卖财物，由公安机关消防机构委托拍卖机构依照拍卖法的规定办理。（2）不能采取第（1）项措施的，每日按罚款数额的3%加处罚款，但加处罚款的数额不得超出处罚决定书确定的罚款数额。加处罚款的标准应当告知当事人。（3）强制执行罚款，公安机关消防机构可以在不损害公共利益和他人合法权益的情况下，与被处罚人达成执行协议。执行协议可以约定分阶段履行；被处罚人采取补救措施的，可以减免加处的罚款。执行协议应当履行。被处罚人不履行执行协议的，公安机关消防机构应当恢复强制执行。

申请人民法院强制执行。依照行政诉讼法的规定，行政机关可以申请法院强制执行。

第二节　建筑工程消防监督管理

12.2.1　哪些单位属于建设单位？

答：机关、团体、企业、事业单位投资从事建设活动的，属于消防法中的"建设单位"，但对于其他个人、个体户等投资建设工程的，是否属于建设单位，国家没有明文规定，以《消防法释义》为准。《消防法》所规定的建设单位，是指投资进行某项建设的任何单位和个人。

12.2.2　建设单位有哪些消防质量责任？

答：建设单位不得要求设计、施工、工程监理等有关单位和人员违反消防法规和国家工程建设消防技术标准，降低建设工程消防设计、施工质量，并承担下列消防设计、施工的质量责任：

依法申请建设工程消防设计审核、消防验收，依法办理消防设计和竣工验收消防备案手续并接受抽查；建设工程内设置的公众聚集场所未经消防安全检查或者经检查不符合消防安全要求的，不得投入使用、营业。

实行工程监理的建设工程，应当将消防施工质量一并委托监理。

选用具有国家规定资质等级的消防设计、施工单位。

选用合格的消防产品和满足防火性能要求的建筑构件、建筑材料及装修材料。

依法应当经消防设计审核、消防验收的建设工程，未经审核或者审核不合格的，不得组织施工；未经验收或者验收不合格的，不得交付使用。

12.2.3　设计单位应当承担哪些消防质量责任？

答：根据消防法规和国家工程建设消防技术标准进行消防设计，编制符合要求的消防设计文件，不得违反国家工程建设消防技术标准强制性要求进行设计。

在设计中选用的消防产品和具有防火性能要求的建筑构件、建筑材料、装修材料，应当注明规格、性能等技术指标，其质量要求必须符合国家标准或者行业标准。

参加建设单位组织的建设工程竣工验收，对建设工程消防设计实施情况签字确认。

12.2.4　施工单位应当承担哪些消防质量责任？

答：按照国家工程建设消防技术标准和经消防设计审核合格或者备案的消防设计文件组织施工，不得擅自改变消防设计进行施工，降低消防施工质量。

查验消防产品和具有防火性能要求的建筑构件、建筑材料及装修材料的质量，使用合格产品，保证消防施工质量。

建立施工现场消防安全责任制度，确定消防安全负责人。加强对施工人员的消防教育培训，落实动火、用电、易燃可燃材料等消防管理制度和操作规程，保证在建工程竣工验收前消防通道、消防水源、消防设施和器材、消防安全标志等完好有效。

12.2.5　工程监理单位应当承担哪些消防质量责任？

答：按照国家工程建设消防技术标准和经消防设计审核合格或者备案的消防设计文件实施工程监理。

在消防产品和具有防火性能要求的建筑构件、建筑材料、装修材料施工、安装前，核查产品质量证明文件，不得同意使用或者安装不合格的消防产品和防火性能不符合要求的建筑构件、建筑材料、装修材料。

参加建设单位组织的建设工程竣工验收，对建设工程消防施工质量签字确认。

12.2.6　现行法律法规中关于建设工程的消防设计审核、消防验收和备案、抽查有哪些规定？

答：建设工程的消防设计、施工必须符合国家工程建设消防技术标准，建设、设计、施工、工程监理等单位必须依法对建设工程的消防设计、施工质量和安全负责。

国务院公安部规定的大型人员密集场所和其他特殊建设工程，建设单位应当将消防设计文件报送公安机关消防机构审核，并在工程竣工后向公安机关消防机构申请消防验收。除此之外，按照国家工程建设消防技术标准需要进行消防设计的建设工程，建设单位应当自依法取得施工许可之日起七个工作日内，将消防设计文件报公安机关消防机构备案，并在工程验收后向公安机关消防机构备案，公安机关消防机构将分别依法进行抽查。

依法应当进行消防验收的建设工程，未经消防验收或消防验收不合格的，禁止投入使用；其他建设工程经依法抽查不合格的，应当停止使用。

12.2.7　哪些大型人员密集场所和特殊工程属于消防设计审核、竣工验收的范围?

答: 大型人员密集场所范围如下:建筑总面积大于 20000m² 的体育场馆、会堂,公共展览馆、博物馆的展示厅;建筑总面积大于 15000m² 的民用机场航站楼、客运车站候车室、客运码头候船厅;建筑总面积大于 10000m² 的宾馆、饭店、商场、市场;建筑总面积大于 2500m² 的影剧院,公共图书馆的阅览室,营业性室内健身、休闲场馆,医院的门诊楼,大学的教学楼、图书馆、食堂,劳动密集型企业的生产加工车间,寺庙、教堂;建筑总面积大于 1000m² 的托儿所、幼儿园的儿童用房,儿童游乐厅等室内儿童活动场所,养老院、福利院,医院、疗养院的病房楼,中小学校的教学楼、图书馆、食堂,学校的集体宿舍,劳动密集型企业的员工集体宿舍。

特殊建设工程:设有上述大型人员密集场所的建设工程;国家机关办公楼、电力调度楼、电信楼、邮政楼、防灾指挥调度楼、广播电视楼、档案楼;上述大型人员密集场所以外的单体建筑面积大于 40000m² 或者建筑高度超过 50m 的其他公共建筑;国家标准规定的一类高层住宅建筑;城市轨道交通、隧道工程,大型发电、变配电工程;生产、储存、装卸易燃易爆危险物品的工厂、仓库和专用车站、码头,易燃易爆气体和液体的充装站、供应站、调压站。各地消防条例规定的其他情形,如《云南省消防条例》中增加的 1000m² 以上的地下建筑;10000m² 以上的丙类火灾危险性厂房、仓库;国家级、省级重点建设项目。

12.2.8　建设单位申报建设工程消防设计审核应提交哪些材料?

答: 建设单位申报消防设计审核应当提供下列材料:建设工程消防设计审核申报表;建设单位的工商营业执照等合法身份证明文件;设计单位资质证明文件;消防设计文件;法律、行政法规规定的其他材料。

依法需要办理建设工程规划许可的,应当提供建设工程规划许可证明文件;依法需要城乡规划主管部门批准的临时性建筑,属于人员密集场所的,应当提供城乡规划主管部门批准的证明文件。

具有下列情形之一的,建设单位除提供上述材料外,应当同时提供特殊消防设计文件,或者设计采用的国际标准、境外消防技术标准的中文文本,以及其他有关消防设计的应用实例、产品说明等技术资料:国家工程建设消防技术标准没有规定的;消防设计文件拟采用的新技术、新工艺、新材料可能影响建设工程消防安全,不符合国家标准规定的;拟采用国际标准或者境外消防技术标准的。

12.2.9　建设单位应如何办理建筑工程消防设计变更?

答: 经公安消防机构审核的建筑工程消防设计需要变更的,应当报经原审核的公安消防机构核准;未经核准的,任何单位和个人不得变更。设计修改时,应以设计修改图纸、修改说明为主要修改形式,修改说明或修改图纸应加盖设计单位的出图专用章。

12.2.10　设计单位进行工程项目设计时有哪些要求?

答: 设计单位在进行工程项目设计时,必须执行国家消防技术标准和其他工程建设标准中有关消防设计的规定,由外国有关单位设计的建筑工程项目,必须符合我国消防技术标准的规定;国家、省级重点工程和其他设置建筑自动消防设施的建筑工程设计应当编制消防设计专篇,该专篇包括设计依据、工程概况说明和有关的图纸资料。

设计单位应当建立消防设计责任制。法定代表人负责组织本单位的消防设计管理工作，检查消防设计质量；技术负责人应当把消防设计纳入工程设计审查范围，凡不符合消防技术标准的工程设计不应当签发；设计单位应当组织工程设计人员学习，掌握国家消防技术标准。

12.2.11 建设单位申报建设工程消防验收应提交哪些材料？

答：建设单位申报消防验收应当提供下列材料：建设工程消防验收申报表；工程竣工验收报告和有关消防设施的工程竣工图纸；消防产品质量合格证明文件；具有防火性能要求的建筑构件、建筑材料、装修材料符合国家标准或者行业标准的证明文件、出厂合格证；消防设施检测合格证明文件；施工、工程监理、检测单位的合法身份证明和资质等级证明文件；建设单位的工商营业执照等合法身份证明文件；法律、行政法规规定的其他材料。

12.2.12 建设单位如何申报消防设计、竣工消防备案？

答：对本书12.2.7中以外的建设工程，建设单位应当在取得施工许可、工程竣工验收合格之日起七日内，通过省级公安机关消防机构网站进行消防设计、竣工验收消防备案，或者到公安机关消防机构业务受理场所进行消防设计、竣工验收消防备案。

建设单位在进行建设工程消防设计或者竣工验收消防备案时，应当分别向公安机关消防机构提供备案申报表、上述12.1.10中的相关材料及施工许可文件复印件或者12.1.11中的相关材料。按照住房和城乡建设行政主管部门的有关规定进行施工图审查的，还应当提供施工图审查机构出具的审查合格文件复印件。

依法不需要取得施工许可的建设工程，可以不进行消防设计、竣工验收消防备案。

建设、设计、施工单位不得擅自修改已经依法备案的建设工程消防设计。确需修改的，建设单位应当重新申报消防设计备案。

12.2.13 建设单位接到书面通知备案抽查不合格应该怎么做？

答：建设单位收到通知后，应当停止施工或者停止使用，组织整改后向公安机关消防机构申请复查。

12.2.14 哪些情形可能导致消防设计审核意见、消防验收合格意见依法被撤销？

答：具有下列情形之一的，出具许可意见的公安机关消防机构或者其上级公安机关消防机构，根据利害关系人的请求或者依据职权，可以依法撤销许可意见：

对不具备申请资格或者不符合法定条件的申请人作出的；建设单位以欺骗、贿赂等不正当手段取得的；

公安机关消防机构超出法定职责和权限作出的；公安机关消防机构违反法定程序作出的；

公安机关消防机构工作人员滥用职权、玩忽职守作出的。

12.2.15 建设工程消防设计审核、竣工验收、设计备案及竣工验收备案的办理程序？

答：建设工程消防设计审核：申报材料→材料审查→受理→任务分配→消防设计审核→拟定审核意见→技术复核和法律审核→行政审批→制作审核意见书→送达→建档。

建设工程消防验收：申报材料→材料审查→受理→任务分配→组织验收→综合评定（局部验收、复验）→拟定验收审核意见→技术复核和法律审核→行政审批→制作验收意见书→送达→建档。

建设工程消防设计备案：报送材料→材料审查→受理→任务分配→备案检查→结果公

告→违法行为处理。

建设工程竣工验收消防备案：报送材料→材料审查→检查材料受理→任务分配→竣工
验收消防备案检查→结果公告→违法行为处理。

**12.2.16 根据现行《消防法》，哪些违法行为应作出责令停止施工、停止使用或者停
产停业，并处三万元以上三十万以下罚款？**

答：下列违法行为应作出责令停止施工、停止使用或者停产停业，并处三万元以上三
十万以下罚款：

依法应当经公安机关消防机构进行消防设计审核的建设工程，未经依法审核或者审核
不合格，擅自施工的。

消防设计经公安机关消防机构依法抽查不合格，不停止施工的。

依法应当进行消防验收的建设工程，未经消防验收或者消防验收不合格，擅自投入使
用的。

建设工程投入使用后经公安机关消防机构依法抽查不合格，不停止使用的。

公众聚集场所未经消防安全检查或者经检查不符合消防安全要求，擅自投入使用、营
业的。

**12.2.17 建设单位未按照法律法规规定将消防设计文件报公安机关消防机构备案，
或者在竣工后未依照法律规定报公安机关消防机构备案的，应当承担什么责任？**

答：建设单位未依照本法规定将消防设计文件报公安机关消防机构备案，或者在竣工
后未依照本法规定报公安机关消防机构备案的，责令限期改正，处五千元以下罚款。

12.2.18 建设工程的消防设计、竣工验收逾期不备案有哪些情形？

答："逾期不备案"的行为包括 2 种情形：一是责令限期备案的期限届满时，建设单
位仍不进行备案的；二是建设单位应当按照规定报送抽查材料，期限届满时未报送的。

**12.2.19 现行法律法规对建设工程的建设、设计、施工、工程监理等单位有哪些处
罚性规定？**

答：违反《消防法》规定，有下列行为之一的，责令改正或者停止施工，并处一万元
以上十万元以下罚款：

建设单位要求建筑设计单位或者建筑施工企业降低消防技术标准设计、施工的。

建筑设计单位不按照消防技术标准强制性要求进行消防设计的。

建筑施工企业不按照消防设计文件和消防技术标准施工，降低消防施工质量的。

工程监理单位与建设单位或者建筑施工企业串通，弄虚作假，降低消防施工质量的。

**12.2.20 现行《消防法》对建筑构件、建筑材料和室内装修、装饰材料是如何规
定的？**

答：建筑构件、建筑材料和室内装修、装饰材料的防火性能必须符合国家标准；没有
国家标准的必须符合行业标准。

人员密集场所室内装修、装饰，应当按照消防技术标准的要求，使用不燃、难燃
材料。

12.2.21 建设工程专家评审的适用范围？

答：对具有以下情形之一的建设工程，公安机关消防机构应当在受理消防设计审核申
请之日起五日内将申请材料报送省级人民政府公安机关消防机构组织专家评审。

国家工程建设消防技术标准没有规定的。

消防设计文件拟采用的新技术、新工艺、新材料可能影响建设工程消防安全，不符合国家标准规定的。

拟采用国际标准或者境外消防技术标准的。

12.2.22 如何申报建设工程专家评审？

答： 对符合专家评审范围的建设工程，由建设单位向项目所在地的公安消防支队申请，支队受理消防设计项目后，应申请省级公安消防机构组织专家评审，评审意见作为消防设计、审核、验收、备案的依据。

支队向总队申报专家评审的，应提供《建设工程消防设计审核申报表》，建设单位的工商营业执照等合法身份证明文件，新建、扩建工程的建设工程规划许可证明文件，设计单位资质证明文件，支队对申报专家评审项目进行初审的集体讨论会议纪要，消防设计图纸及 CAD 设计电子文档以及其他应当提供的文件资料。需要对其消防性能化设计组织技术论证的建设工程，还应当提供等效性的消防评估技术方案。

拟采用新技术、新产品、新工艺的建设工程，还应当提供拟采用的新技术、新产品、新工艺的技术说明和应用情况以及有关标准文件，拟参考采用的国内、国外有关技术标准和国家法定检测机构出具的检测报告等技术文件。

12.2.23 对易燃易爆相关建设工程如何进行消防监督管理？

答： 建设单位应当向公安机关消防机构申请消防设计审核，并在建设工程竣工后向出具消防设计审核意见的公安机关消防机构申请消防验收。此类工程都应纳入消防行政许可，没有规模的要求。此类易燃易爆建设工程，公安机关消防机构不但应纳入消防监管，而且是严格监管。这种监管是对建设工程的监管，公安机关消防机构仅履行《建设工程消防监督管理规定》规定的消防设计审核、消防验收相关职责。对消防设计审核、消防验收法定内容之外的情况，如生产原料、生产设施、工艺流程等，不属于公安机关消防机构对此类工程进行监督管理的职责范围。

12.2.24 建设单位申报多个工期相近的工程进行消防审核，均有违反强制性条文的情况，应如何处理？

答： 多个工程属于多个许可项目，每个工程构成一个独立的违法事实，根据《公安机关办理行政案件程序规定》，分别处罚、合并执行，这属于"一人多次"。这种情况，每次违法行为，虽然违法主体相同，但违法事实不同（每个具体工程不同），按照上述法律规则理论，每次都构成独立的违法行为，应当要对多个工程的违法行为分别处理。

《公安机关办理行政案件程序规定》（公安部令第 125 号）第一百三十六条"违法行为人有下列情形之一的，应当从重处罚：一年内因同类违法行为受到两次以上公安行政处罚的"。

第三节 建筑消防产品管理

12.3.1 现行法律法规对消防产品有哪些规定？

答： 消防产品必须符合国家标准；没有国家标准的，必须符合行业标准。禁止生产、销售或者使用不合格的消防产品以及国家明令淘汰的消防产品。

依法实行强制性产品认证的消防产品，由具有法定资质的认证机构按照国家标准、行业标准的强制性要求认证合格后，方可生产、销售、使用。实行强制性产品认证的消防产品目录，由国务院产品质量监督部门会同国务院公安部门制定并公布。

新研制的尚未制定国家标准、行业标准的消防产品，应当按照国务院产品质量监督部门会同国务院公安部门规定的办法，经技术鉴定符合消防安全要求的，方可生产、销售、使用。

依照本条规定经强制性产品认证合格或者技术鉴定合格的消防产品，国务院公安部门消防机构应当予以公布。

12.3.2 消防产品生产者有哪些产品质量责任和义务？

答：消防产品生产者应当对其生产的消防产品质量负责，建立有效的质量管理体系，保持消防产品的生产条件，保证产品质量、标志、标识符合相关法律法规和标准要求。不得生产应当获得而未获得市场准入资格的消防产品、不合格的消防产品或者国家明令淘汰的消防产品。

消防产品生产者应当建立消防产品销售流向登记制度，如实记录产品名称、批次、规格、数量、销售去向等内容。

12.3.3 消防产品销售者有哪些产品质量责任和义务？

答：消防产品销售者应当建立并执行进货检查验收制度，验明产品合格证明和其他标识，不得销售应当获得而未获得市场准入资格的消防产品、不合格的消防产品或者国家明令淘汰的消防产品。

销售者应当采取措施，保持销售产品的质量。

12.3.4 消防产品使用者有哪些产品质量责任和义务？

答：消防产品使用者应当查验产品合格证明、产品标识和有关证书，选用符合市场准入的、合格的消防产品。

建设工程设计单位在设计中选用的消防产品，应当注明产品规格、性能等技术指标，其质量要求应当符合国家标准、行业标准。当需要选用尚未制定国家标准、行业标准的消防产品时，应当选用经技术鉴定合格的消防产品。

建设工程施工企业应当按照工程设计要求、施工技术标准、合同的约定和消防产品有关技术标准，对进场的消防产品进行现场检查或者检验，如实记录进货来源、名称、批次、规格、数量等内容；现场检查或者检验不合格的，不得安装。现场检查记录或者检验报告应当存档备查。建设工程施工企业应当建立安装质量管理制度，严格执行有关标准、施工规范和相关要求，保证消防产品的安装质量。

工程监理单位应当依照法律、行政法规及有关技术标准、设计文件和建设工程承包合同对建设工程使用的消防产品的质量及其安装质量实施监督。

机关、团体、企业、事业等单位应当按照国家标准、行业标准定期组织对消防设施、器材进行维修保养，确保完好有效。

12.3.5 建设单位、设计单位、施工单位、工程监理单位在消防产品管理使用方面哪些违法行为将受到责令改正，并按照《消防法》处罚？

答：有下列情形之一的，由公安机关消防机构责令改正，依照《中华人民共和国消防法》第五十九条处罚：

建设单位要求建设工程施工企业使用不符合市场准入的消防产品、不合格的消防产品或者国家明令淘汰的消防产品的。

建设工程设计单位选用不符合市场准入的消防产品，或者国家明令淘汰的消防产品进行消防设计的。

建设工程施工企业安装不符合市场准入的消防产品、不合格的消防产品或者国家明令淘汰的消防产品的。

工程监理单位与建设单位或者建设工程施工企业串通，弄虚作假，安装、使用不符合市场准入的消防产品、不合格的消防产品或者国家明令淘汰的消防产品的。

12.3.6 在施工检查中发现使用不合格产品应如何处理？

答：发现建设工程使用不合格产品可能属于以下情形：建设单位要求建筑设计单位或者建筑施工企业降低消防术标准设计、施工；建筑施工企业不按照消防设计文件和消防技术标准施工，降低消防施工质量；工程监理单位与建设单位或者建筑施工企业串通，弄虚作假，降低消防施工质量。

执法中，应当查清事实、确定责任主体，按照《消防法》第五十九条相应条款进行处理。关于该违法行为适用立即改正还是限期改正的问题，由消防机构根据工程性质及规模、火灾隐患危险性、适用不合格消防产品种类及数量等因素做出裁量，确定责令限期改正的，应当进行复查。

第十三章 建 筑 火 灾 案 例

13.1 吉林省长春市宝源丰禽业有限公司"6·3"特别重大火灾爆炸事故

2013 年 6 月 3 日 6 时 10 分许，位于吉林省长春市德惠市的吉林宝源丰禽业有限公司（以下简称宝源丰公司）主厂房发生特别重大火灾爆炸事故，共造成 121 人死亡、76 人受伤，17234m² 主厂房及主厂房内生产设备被损毁，直接经济损失 1.82 亿元。

一、基本情况

（一）起火单位概况

宝源丰公司为个人独资企业，位于德惠市米沙子镇，成立于 2008 年 5 月 9 日，法定代表人贾玉山。该公司资产总额 6227 万元，经营范围为肉鸡屠宰、分割、速冻、加工及销售，现有员工 430 人，年生产肉鸡 36000t，年均销售收入约 3 亿元。该企业于 2009 年 10 月 1 日取得德惠市肉品管理委员会办公室核发的《畜禽屠宰加工许可证》。2012 年 9 月 18 日取得德惠市畜牧业管理局核发的《动物防疫条件合格证》。

（二）主厂房建筑情况

1. 主厂房功能分区。主厂房内共有南、中、北三条贯穿东西的主通道，将主厂房划分为四个区域，由北向南依次为冷库、速冻车间、主车间（东侧为一车间、西侧为二车间、中部为预冷池）和附属区（更衣室、卫生间、办公室、配电室、机修车间和化验室等）。

2. 主厂房结构情况。主厂房结构为单层门式轻钢框架，屋顶结构为工字钢梁上铺压型板，内表面喷涂聚氨酯泡沫作为保温材料（依现场取样，材料燃烧性能经鉴定，氧指数为 22.9%～23.4%）。屋顶下设吊顶，材质为金属面聚苯乙烯夹芯板（依现场取样，材料燃烧性能经鉴定，氧指数为 33%），吊顶至屋顶高度为 2～3m 不等。

主厂房外墙 1m 以下为砖墙，以上南侧为金属面聚苯乙烯夹芯板，其他为金属面岩棉夹芯板。冷库与速冻车间部分采用实体墙分隔，冷库墙体及其屋面内表面喷涂聚氨酯泡沫作为保温材料（依现场取样，材料燃烧性能经鉴定，氧指数为 23.8%），附属区为金属面聚苯乙烯夹芯板，其余区域 2m 以下为砖墙，以上为金属面岩棉夹芯板。钢柱 4m 以下部分采用钢丝网抹水泥层保护。

主厂房屋顶在设计中采用岩棉（不燃材料，A 级）作保温材料，但实际使用聚氨酯泡沫（燃烧性能为 B3 级），不符合《建筑设计防火规范》GB 50016—2006 不低于 B2 级的规定；冷库屋顶及墙体使用聚氨酯泡沫作为保温材料（燃烧性能为 B3 级），不符合《冷库设计规范》GB 50072—2001 不低于 B1 级的规定。

3. 主厂房防火分区、安全出口及消防设施情况。主厂房火灾危险性类为丁戊类，建筑耐火等级为二级，主厂房为一个防火分区，符合《建筑设计防火规范》的相关规定。

主厂房主通道东西两侧各设一个安全出口，冷库北侧设置5个安全出口直通室外，附属区南侧外墙设置4个安全出口直通室外，二车间西侧外墙设置一个安全出口直通室外。安全出口设置符合《建筑设计防火规范》的相关规定。事故发生时，南部主通道西侧安全出口和二车间西侧直通室外的安全出口被锁闭，其余安全出口处于正常状态。

主厂房设有室内外消防供水管网和消火栓，主厂房内设有事故应急照明灯、安全出口指示标志和灭火器。企业设有消防泵房和1500m³消防水池，并设有消防备用电源，符合《建筑设计防火规范》的相关规定。

4. 生产工艺流程情况。该工艺流程主要有挂鸡（挂鸡台）、宰杀、脱毛、除腔（一车间，又称脏区）、预冷（预冷池）、分割（二车间，又称净区）、速冻（速冻车间）、包装（纸箱间）、储存（冷库）。

5. 厂房内的配电情况。冷库、速冻车间的电气线路由主厂房北部主通道东侧上方引入，架空敷设，分别引入冷库配电柜和速冻车间配电柜。

一车间的电气线路由主厂房南部主通道东侧上方引入，电缆设置在电缆槽内，穿过吊顶，引入一车间配电室。

二车间的电气线路由主厂房南部主通道东侧上方引入，在屋顶工字钢梁上吊装明敷（未采取穿管保护），东西走向，穿过吊顶进入二车间配电室。

主厂房电器线路安装敷设不规范，电缆明敷，二车间存在未使用桥架、槽盒、穿管布线的问题。

（三）氨制冷系统情况

1. 制冷系统基本情况。事故企业使用氨制冷系统，系统主要包括主厂房外东北部的制冷机房内的制冷设备、布置在主厂房内的冷却设备、液氨输送和氨气回收管线。

制冷设备包括10台螺杆式制冷压缩机组、3台15.4m³的高压贮氨器、10台7m³的卧式低压循环桶（自北向南分别为1～10号）等。

冷却设备包括冷库、速冻库、预冷池的蒸发排管，螺旋速冻机，风机库和鲜品库的冷风机等。螺旋速冻机和冷风机均有大量铝制部件。

10台卧式低压循环桶通过液氨输送和氨气回收管线，分别向冷库、速冻库、预冷池、螺旋速冻机、风机库和鲜品库供冷，形成相对独立的6个冷却系统。

2. 制冷系统受损情况。6个冷却系统中，螺旋速冻机、风机库和鲜品库所在冷却系统的管道无开放性破口，设备中的铝制部件有多处破损、部分烧毁；冷库、速冻库所在冷却系统的管道有23处破损点；预冷池所在冷却系统的管道无开放性破口。

制冷机房中，1号卧式低压循环桶外部包裹的保温层开裂，下方的液氨循环泵开裂，桶内液氨泄漏。机房内未见氨燃烧和化学爆炸迹象，其他设备完好。

事故企业共先后购买液氨45t。事故发生后，共从氨制冷系统中导出液氨30t，据此估算事故中液氨泄漏的最大可能量为15t。

3. 制冷系统设计施工情况。制冷系统的设备及管线系事故企业自行购买，在未进行系统工程设计的情况下，由大连雪山冷冻设备制造有限公司出借资质给吕文成完成安装施工。安装完成后，由大连雪山冷冻设备制造有限公司原设计人员郭长勇、大连市化工设计院退休职工张幸祥补充设计图纸和设计文件，大连市化工设计院办公室主任杨宪伟未经单位批准，擅自加盖大连市化工设计院的出图章。

4. 劳动用工情况。宝源丰公司与 120 名工人签订了劳动用工合同，并在当地劳动管理部门备案，其余工人没有签订劳动合同。工人养老保险（社会统筹）金上缴不足，部分工人拒绝上缴个人承担的资金。

5. 特种设备管理及作业人员资质情况。宝源丰公司非法取得了《特种设备使用登记证》，未按规定建立特种设备安全技术档案，未按要求每月定期自查并记录，未在安全检验合格有效期届满前 1 个月向特种设备检验检测机构提出定期检验要求，未开展特种设备安全教育和培训。公司有 8 名特种作业人员（其中制冷工 4 名、电工 2 名、锅炉工 2 名）。从赵长江谈话记录及从长春市质量技术监督部门调取赵长江资质证书考试申请材料看，赵长江的申报表无本人签字、申报事项不实、考卷不是本人所答，其所持资格证书属作假取得。

二、事故发生经过、应急救援及善后处理情况

6 月 3 日 5 时 20 分至 50 分左右，宝源丰公司员工陆续进厂工作（受运输和天气温度的影响，该企业通常于早 6 时上班），当日计划屠宰加工肉鸡 3.79 万只，当日在车间现场人数 395 人（其中一车间 113 人，二车间 192 人，挂鸡台 20 人，冷库 70 人）。

6 时 10 分左右，部分员工发现一车间女更衣室及附近区域上部有烟、火，主厂房外面也有人发现主厂房南侧中间部位上层窗户最先冒出黑色浓烟。部分较早发现火情人员进行了初期扑救，但火势未得到有效控制。火势逐渐在吊顶内由南向北蔓延，同时向下蔓延到整个附属区，并由附属区向北面的主车间、速冻车间和冷库方向蔓延。燃烧产生的高温导致主厂房西北部的 1 号冷库和 1 号螺旋速冻机的液氨输送和氨气回收管线发生物理爆炸，致使该区域上方屋顶卷开，大量氨气泄漏，介入了燃烧，火势蔓延至主厂房的其余区域。

三、火灾扑救情况

（一）救援经过

6 时 30 分 57 秒，德惠市公安消防大队接到 110 指挥中心报警后，第一时间调集力量赶赴现场处置。吉林省及长春市人民政府接到报告后，迅速启动了应急预案，省、市党政主要负责同志和其他负责同志立即赶赴现场，组织调动公安、消防、武警、医疗、供水、供电等有关部门和单位参加事故抢险救援和应急处置，先后调集消防官兵 800 余名、公安干警 300 余名、武警官兵 800 余名、医护人员 150 余名，出动消防车 113 辆、医疗救护车 54 辆，共同参与事故抢险救援和应急处置。在施救过程中，共组织开展了 10 次现场搜救，抢救被困人员 25 人，疏散现场及周边群众近 3000 人，火灾于当日 11 时被扑灭。

由于制冷车间内的高压贮氨器和卧式低压循环桶中储存有大量液氨，消防部队按照"确保液氨储罐不发生爆炸，坚决防止次生灾害事故发生"的原则，采取喷雾稀释泄漏氨气、水枪冷却贮氨器、破拆主厂房排烟排氨气等技战术措施，并组成攻坚组在宝源丰公司技术人员的配合下成功关闭了相关阀门。

事故中，制冷机房内的 1 号卧式低压循环桶内液氨泄漏，其余 3 台高压贮氨器、9 台卧式低压循环桶及液氨输送和氨气回收管线内尚存储液氨 30t。在国家安全生产应急救援指挥中心有关负责同志及专家的指导下，历经 8 天昼夜处置，30t 液氨全部导出并运送至安全地点。

当地政府已对残留现场已解冻、腐烂的 2600 余吨禽类产品进行了无害化处理，并对事故现场反复消毒杀菌，避免了疫情发生及对土壤、水源造成二次污染。

（二）善后处理情况

当地党委政府认真做好事故伤亡人员家属接待及安抚、遇难者身份确认和赔偿等工作，共成立 121 个包保安抚工作组，对 121 名遇难者家属实行包保帮扶，保持了社会稳定。121 名遇难者遗体已全部经 DNA 比对确认身份，遗体已全部火化，遇难者理赔已全部完成。

事故发生时共有 77 名受伤人员入院治疗（其中 15 名为重症），卫生部门成立了一对一的医疗救治小组，国家卫生计生委向长春派遣了医疗专家组，共有 18 名国家级专家、52 名省市专家、370 名医护人员参与治疗，累计会诊 392 人次。同时，对遇难者家属、受伤人员及其家属分步骤进行了心理疏导，实施了心理危机干预治疗。77 名受伤人员中，除 1 人因伤势过重经抢救无效死亡外，其他受伤人员均可恢复生活和劳动能力。

四、事故原因和性质

（一）直接原因

宝源丰公司主厂房一车间女更衣室西面和毗连的二车间配电室的上部电气线路短路，引燃周围可燃物。当火势蔓延到氨设备和氨管道区域，燃烧产生的高温导致氨设备和氨管道发生物理爆炸，大量氨气泄漏，介入了燃烧。

造成火势迅速蔓延的主要原因：一是主厂房内大量使用聚氨酯泡沫保温材料和聚苯乙烯夹芯板（聚氨酯泡沫燃点低、燃烧速度极快，聚苯乙烯夹芯板燃烧的滴落物具有引燃性）。二是一车间女更衣室等附属区房间内的衣柜、衣物、办公用具等可燃物较多，且与人员密集的主车间用聚苯乙烯夹芯板分隔。三是吊顶内的空间大部分连通，火灾发生后，火势由南向北迅速蔓延。四是当火势蔓延到氨设备和氨管道区域，燃烧产生的高温导致氨设备和氨管道发生物理爆炸，大量氨气泄漏，介入了燃烧。

造成重大人员伤亡的主要原因：一是起火后，火势从起火部位迅速蔓延，聚氨酯泡沫塑料、聚苯乙烯泡沫塑料等材料大面积燃烧，产生高温有毒烟气，同时伴有泄漏的氨气等毒害物质。二是主厂房内逃生通道复杂，且南部主通道西侧安全出口和二车间西侧直通室外的安全出口被锁闭，火灾发生时人员无法及时逃生。三是主厂房内没有报警装置，部分人员对火灾知情晚，加之最先发现起火的人员没有来得及通知二车间等区域的人员疏散，使一些人丧失了最佳逃生时机。四是宝源丰公司未对员工进行安全培训，未组织应急疏散演练，员工缺乏逃生自救互救知识和能力。

（二）间接原因

1. 宝源丰公司安全生产主体责任根本不落实

（1）企业出资人即法定代表人根本没有以人为本、安全第一的意识，严重违反党的安全生产方针和安全生产法律法规，重生产、重产值、重利益，要钱不要安全，为了企业和自己的利益而无视员工生命。

（2）企业厂房建设过程中，为了达到少花钱的目的，未按照原设计施工，违规将保温材料由不燃的岩棉换成易燃的聚氨酯泡沫，导致起火后火势迅速蔓延，产生大量有毒气体，造成大量人员伤亡。

（3）企业从未组织开展过安全宣传教育，从未对员工进行安全知识培训，企业管理人员、从业人员缺乏消防安全常识和扑救初期火灾的能力；虽然制定了事故应急预案，但从未组织开展过应急演练；违规将南部主通道西侧的安全出口和二车间西侧外墙设置的直通室外的安全出口锁闭，使火灾发生后大量人员无法逃生。

（4）企业没有建立健全、更没有落实安全生产责任制，虽然制定了一些内部管理制度、安全操作规程，主要是为了应付检查和档案建设需要，没有公布、执行和落实；总经理、厂长、车间班组长不知道有规章制度，更谈不上执行；管理人员招聘后仅在会议上宣布，没有文件任命，日常管理属于随机安排；投产以来没有组织开展过全厂性的安全检查。

（5）未逐级明确安全管理责任，没有逐级签订包括消防在内的安全责任书，企业法定代表人、总经理、综合办公室主任及车间、班组负责人都不知道自己的安全职责和责任。

（6）企业违规安装布设电气设备及线路，主厂房内电缆明敷，二车间的电线未使用桥架、槽盒，也未穿安全防护管，埋下重大事故隐患。

（7）未按照有关规定对重大危险源进行监控，未对存在的重大隐患进行排查整改消除。尤其是2010年发生多起火灾事故后，没有认真吸取教训，加强消防安全工作和彻底整改存在的事故隐患。

2. 公安消防部门履行消防监督管理职责不力

（1）米沙子镇派出所未能认真履行负责全镇消防安全监管工作的职责，发现宝源丰公司符合《吉林省消防安全重点单位界定标准》后，未将宝源丰公司作为二级消防安全重点单位向德惠市公安消防大队上报，未进行盯防和监控；对劳动密集型生产加工企业等人员密集场所监督检查不力，疏于日常消防安全监管，未对该公司进行实地检查，未及时发现其存在的重大事故隐患并下达《整改通知书》督促整改。尤其是对2010年宝源丰公司多次发生的火灾事故没有会同德惠市消防大队进行认真严肃地查处，致使该企业没有吸取事故教训，加强消防安全管理。事故发生后，与企业有关人员共同对消防检查记录进行作假。

（2）德惠市公安消防大队违规将宝源丰公司申请消防设计审核作为备案抽查项目，在没有进行消防设计审核、消防验收的前提下，违法出具《建设工程消防验收合格意见书》；未发现和督促纠正建设单位擅自更换不符合防火标准的建筑材料的问题；未按照《吉林省消防安全重点单位界定标准》将宝源丰公司列为二级消防安全重点单位，实施重点监控；未指导米沙子镇派出所对宝源丰公司定期进行消防安全教育培训；对2010年宝源丰公司多次发生的火灾事故没有认真严肃地查处，致使该企业没有认真吸取事故教训，加强消防安全工作和对重大事故隐患进行整改消除。

（3）德惠市公安局督促指导开展辖区内劳动密集型生产加工企业火灾隐患排查治理工作不力；对消防安全重点单位界定工作不力；对米沙子镇派出所消防安全监督管理工作疏于监管。

（4）长春市公安消防支队未能发现和纠正德惠市公安消防大队违规将宝源丰公司建设项目作为备案抽查项目、违法办理消防验收手续等问题；监督指导德惠市公安消防大队开展人员密集场所全覆盖安全监督检查不力；对德惠市公安消防大队失职问题失察。

（5）长春市公安局督促指导德惠市开展劳动密集型生产加工企业火灾隐患排查治理工作不得力；对消防安全重点单位界定工作不到位；对德惠市公安局及其消防大队消防安全监督管理工作疏于监督检查。

（6）吉林省公安消防总队宣传贯彻《消防法》及《建设工程消防监督管理规定》（公安部令第 106 号）、《消防监督检查规定》（公安部令第 107 号）等法律法规不到位；对长春市公安消防支队及其德惠市公安消防大队存在的问题失察；在业务培训、队伍建设、督促干部依法行政方面存在薄弱环节。

（7）吉林省公安厅对全省消防安全监督管理工作检查督促不到位，对长春市公安及其消防机构消防监督管理工作失察。

3. 建设部门在工程项目建设中监管严重缺失

（1）米沙子镇建设分局监管人员没有执法资格证件，责任心不强、监管水平低。工作严重失职，放松安全质量监管甚至根本不监管；对宝源丰公司项目工程建设各方责任主体资格审查不严，未能发现和解决该公司项目建设设计、施工、监理挂靠或借用资质等问题；在工程建设中，未能发现并查处宝源丰公司擅自更改建筑设计、更换阻燃材料等问题。

（2）德惠市建设工程质量监督站对宝源丰公司工程建设监管工作严重失职。该站没有按照国家规定对宝源丰公司项目工程建设各方责任主体资格进行审查，未能发现和纠正宝源丰公司项目建设设计、施工、监理单位挂靠或借用资质等问题；对宝源丰公司项目检查时，未发现和查处工程监理人员没有资质、监理日志和月报等工程资料不全、建设施工方擅改建筑设计更换建筑材料等问题；对竣工验收环节把关不严，在宝源丰公司项目工程建设资料不全、工程各方质量行为不清的情况下，违规办理竣工验收手续，致使存在重大安全隐患的建筑投入使用；对辖区内工程建设的日常监管不扎实、不落实，现场质量检查不认真、不深入、不全面，站负责人工作极不尽责，参与现场检查的次数少，对所负责项目的监管内容和进度不清楚且工作缺乏计划、随意性大。

（3）德惠市住建局对宝源丰公司项目工程建设招投标及工程验收等重点环节监督把关不严，导致该项目出现设计、施工、监理单位和人员挂靠或借用资质的问题；对下属的德惠市建设工程质量监督站工作指导、监督、督促、检查不力；对宝源丰公司项目建设的安全质量问题严重失察。

4. 安全监管部门履行安全生产综合监管职责不到位

（1）米沙子镇安监站工作人员对安全生产工作职责不清，日常监管随意，检查记录残缺不全；对宝源丰公司安全生产监督检查流于形式，未对宝源丰公司特殊岗位操作人员资质和工作情况进行检查，未认真督促企业和镇消防部门对消防安全隐患进行深入排查治理；督促镇有关部门落实吉林省、长春市开展防火专项行动工作不力，且发现宝源丰公司没有开展安全生产培训的问题后未认真督促整改。

（2）德惠市安全生产监督管理局对特种作业人员持证上岗工作监管缺失；发现宝源丰公司使用存储液氨后，未对该公司特种作业人员持证上岗情况进行检查和查处；对重大危险源监控工作监管不力；督促指导辖区企业和消防部门落实吉林省、长春市开展防火专项行动和隐患排查治理工作不认真、不扎实；监督指导市属有关部门履行行业安全监管职责工作不到位。

5. 地方政府安全生产监管职责落实不力

（1）米沙子镇人民政府重经济增速、重财政收入、重招商引资，对宝源丰公司建设片面强调"特事特办、多开绿灯"，要"政绩"而忽视安全生产。由镇经贸办同时代管镇食安办和安监站职责，委任的镇安监站站长和工作人员不具备基本的安全生产监管知识，不了解自己的工作职责；对镇政府有关部门履行安全生产和属地监督管理职责的指导和监督检查不力；未按要求认真深入扎实地开展"打非治违"工作，甚至自身违法违规行政，致使宝源丰公司存在大量的违法违规建设行为；不认真落实吉林省、长春市关于开展人员密集场所消防专项整治的部署和要求，部署工作针对性不强，监督检查措施不得力，没有发现和监控该镇存在的多处重大危险源；隐患排查治理工作不认真、不严肃、不彻底，检查安排随意，没有计划、没有记录，发现隐患后没有跟踪整改和回访，使存在的重大事故隐患和严重问题没有得到及时有效消除和解决。

（2）德惠市人民政府没有牢固树立和落实科学发展观和安全发展理念，片面地追求GDP增长，片面地强调为招商引资项目"多开绿灯、特事特办"，忽视安全生产。贯彻执行安全生产法律法规和政策规定以及上级的安全生产工作部署要求以及督促企业、基层政府及其有关部门落实安全生产和质量管理责任制、加强安全和质量监管不得力。2012年以来，在对人员密集场所消防安全专项整治、冬春防火百日会战以及吉林省吉煤集团通化矿业集团公司八宝煤业公司"3·29"特别重大瓦斯爆炸事故和"4·1"重大瓦斯爆炸事故后的安全隐患大排查治理工作中，市政府只是做了安排部署，但没有对层层落实安全生产措施和隐患排查治理的实际情况进行督促检查；安全生产大排查大整改不深入、不全面、不彻底，致使存在盲区死角，未能发现和解决宝源丰公司存在的重大安全隐患问题；开展"打非治违"工作不力，导致宝源丰公司出现严重违法违规建设行为和基层政府及有关部门违法违规行政；将工程建设审批权下放给米沙子镇人民政府和米沙子工业集中区后，未能督促指导其开展相应的安全和建筑施工质量监督检查工作，导致基层安全生产和质量监督管理工作不落实，企业的重大事故隐患得不到及时发现和整改消除。

（3）长春市人民政府没有正确处理安全与发展的关系，贯彻落实国家和吉林省安全生产法律法规、政策规定、工作部署要求不认真、不扎实、不得力；对有关部门和地方政府的安全及质量监管工作监督检查不到位，对"打非治违"和隐患排查治理工作要求不严、抓得不实；监督指导长春市属有关部门和德惠市人民政府依法履行安全生产监管职责不到位。

（4）吉林省人民政府科学发展观和安全发展理念树立得不牢；贯彻落实国家安全生产法律法规、政策规定、工作部署要求和督促指导有关地区、部门认真履行职责、做好安全生产工作不到位；对全省消防安全工作的领导指导和监督不力。

（三）事故性质

经调查认定，吉林省长春市宝源丰禽业有限公司"6·3"特别重大火灾爆炸事故是一起生产安全责任事故。

五、工作对策

（一）要切实牢固树立和落实科学发展观

吉林省和长春市、德惠市各级人民政府及其有关部门以及各类生产经营单位要深刻吸取宝源丰禽业有限公司"6·3"特别重大火灾爆炸事故沉痛教训，痛定思痛、痛下决心、举一反三，下大力气加强安全生产尤其是消防安全工作。要按照党中央、国务院的重大决策部署和习近平总书记、李克强总理等中央领导同志的一系列重要指示要求，牢固树立和切实落实科学发展观、正确的政绩观及业绩观，坚决防止和纠正一些地方、部门和单位重速度、重增长、重效益、轻质量、轻安全甚至以牺牲安全为代价换取一时一地经济增长的倾向，认真实施安全发展战略，坚持以人为本、科学发展、安全发展，坚持发展以安全为前提和保障，坚持做到发展必须安全，不安全就不能发展，始终把人民生命安全放在首位，坚守发展决不能以牺牲人的生命为代价这一不可逾越的红线，真正把安全生产纳入地区经济社会发展的总体布局中去谋划、去推进、去落实，采取更加坚决、更加有力、更加有效的措施，通过完善体制、健全制度、创新机制，强化责任、强化管理、强化监督，严格执法、严格考核、严肃问责，真正把安全生产责任制和安全生产工作任务措施落到实处尤其是基层、企业，牢牢夯实企业安全生产和政府安全监管基础。同时，要处理好安全与发展、安全与效益、速度与素质、增长与质量等方面的关系，强化宏观调控、强化政策引导、强化监督检查，端正发展思想、理清发展思路、转变发展方式，调整产业结构、推进科技进步、提高发展水平，确保安全生产。

（二）要切实强化企业安全生产主体责任的落实

各类生产经营单位要从根本上强化安全意识，真正落实企业安全生产法定代表人负责制和安全生产主体责任，坚决贯彻执行安全生产和建筑施工、质量管理等方面的法律法规，建立健全并严格执行各项规章制度和安全操作规程，坚决克服重生产、重扩张、重速度、重效益、轻质量、轻安全的思想，切实摆正安全与生产、安全与效益、安全与发展的位置，坚持牢固树立和落实科学发展观，坚持安全发展原则和"安全第一、预防为主、综合治理"的方针，坚持不以牺牲人的生命为代价去换取企业的产量增长和经济效益。要建立健全安全管理机构和安全责任体系，严格安全生产绩效考核和责任追究，实行"一票否决"；依法保证安全生产投入，杜绝偷工减料、降低标准等现象，坚持科技兴安，提升本质安全水平；加强安全教育培训，加强安全生产标准化建设，加强现场安全管理，严格特种作业人员管理；持之以恒地治理非法违法违规建设生产经营行为，治理和纠正违章指挥、违章作业、违反劳动纪律的现象；认真持久彻底地排查和治理安全隐患，加强对重大危险源的监控和危险品的管理；加强应急管理尤其要加强应急预案建设和应急演练，提高应对处置事故灾难的能力。要通过不懈努力，切实持续改进和提升企业安全生产水平，全面提高企业的安全保障能力，坚决防止各类事故发生。

（三）要切实强化以消防安全标准化建设为重点的消防安全工作

吉林省和长春市、德惠市各级人民政府及其有关部门和各类生产经营单位要强化安全生产尤其是消防安全"三同时"工作，进一步研究改善劳动密集型企业的消防安全条件，在建筑设计施工时应充分考虑消防安全需求，努力提高设防等级，并加强"三同时"审查、把关与验收，保证做到包括消防设施在内的安全设施"三同时"。要严格限制劳动密集型企业的生产加工车间中易燃、可燃保温材料的使用，保证建筑材料的防火性能；要合理设置疏散通道和安全出口，完善应急标志标识和报警系统，为作业人员提供充足的安全保障；要对全省类似企业尤其是使用此种保温材料的单位、场所进行全面排查、彻底整改并完善强化防控措施。同时，要层层落实特别是基层的消防安全责任制，全面深入地开展公众尤其是从业人员消防能力的提升工作，全面深入地开展消防安全专项整治，全面深入地加强人员密集场所和易燃易爆物品生产、销售、运输、储存等各环节的安全管理与监督，依法关闭取缔易引发火灾的"三合一"、"多合一"厂点、作坊，加强"防火墙工程"建设，强化消防安全"网格化"管理，从源头上搞好火灾等各类生产安全事故防范工作。

（四）要切实强化使用氨制冷系统企业的安全监督管理

吉林省和长春市、德惠市各级人民政府及其有关部门要加强使用氨制冷系统企业和用氨单位的安全监督管理，在明确主管部门的基础上明确牵头部门，建立相关部门间的协调机制，完善行业安全管理制度，统一相关标准规范，加强日常监督检查和重大危险源监控，加强事故的防控工作。同时，要采取有力措施，加强宣传教育和业务培训，促进使用氨制冷系统的企业和用氨单位全体员工了解掌握氨的理化特性，并针对其危害性制定相应的安全操作规程，切实认真加以落实；要加强企业现场的监测监控，切实做好防泄漏等工作；要在劳动人员密集的地点设置氨气浓度报警装置及事故通风系统，为贮氨器增设水喷淋装置以及集水池和事故排水系统，为紧急泄氨器增设密封的事故排水罐或排水池。在此基础上，要大力推动企业转型升级，尤其要大力推广安全、环保的制冷机组。

（五）要切实强化工程项目建设的安全质量监管工作

吉林省和长春市、德惠市各级人民政府及其有关部门要监督所有建设工程的业主、设计、施工、监理单位严格遵守国家基本建设相关法律法规规定和程序，严格落实各方的安全和质量责任，遵守建设管理流程，严格履行项目立项、设计、施工许可、组织施工、竣工验收等手续，严禁盲目赶工期、催进度和放松对质量和安全的监管，切实保障工程合理投入尤其是安全投入和合理工期，精心组织、规范施工，确保建设工程质量和安全。工程建设领域相关管理及监督部门要认真履行职责、依法依规行政，加强日常监管和行政执法，坚持原则、秉公执法、从严执法，严格把住各道关口，严禁违法违规违反程序去开"绿灯"。同时，要加大"打非治违"工作力度，全面排查和解决工程建设领域的突出问题，严厉查处越权审批、未批先建，无资质设计、施工、监理，以及非法转包分包、出借资质等违法违规行为，采取有力措施，维护市场公平竞争，确保工程质量，搞好安全生产。

（六）要切实强化政府及其相关部门的安全监管责任

吉林省和长春市、德惠市各级人民政府及其有关部门要严格落实安全生产行政首长负责制和其他领导"一岗双责"制以及行业主管部门直接监管责任、安全监管部门综合监管责任、地方政府属地监管责任。要严格行政许可制度和审批责任制。尤其是行政审批，要坚持"谁主管、谁负责"，"谁许可、谁负责"，"谁发证、谁负责"的原则，审批前要严格审查、审批中要严格把关、审批后要强化监管。各级行业主管部门要坚持管行业必须管安全、管业务必须管安全、管生产建设经营必须管安全的原则，认真履行行业安全监管职责，切实加强行业安全监管，加大行政执法力度，严厉打击非法违法生产经营建设行为，彻底治理纠正和解决违规违章问题，依法取缔关闭非法的不具备安全生产条件的各类小厂小矿和小作业经营点。特别要对劳动密集型企业的危险因素进行认真分析，有针对性地加强对劳动密集型企业的消防安全监管。同时，各级安全监管部门要进一步加强安全生产综合监管，在党委、政府的领导下，加强对下级地方人民政府和同级相关部门的监督检查、指导协调，切实调动和督促各方面共同做好安全生产工作。在全面加强安全监管和事故预防的基础上，要加强事故灾难的应对处置工作，建立统一领导、协调有序、运转高效的工作机制，督促指导相关部门和各类生产经营单位尤其是劳动密集型企业，制定切实有效的事故灾难应急预案，广泛开展不同层级、形式多样的应急演练，建立健全应急救援队伍体系，强化救援装备配备和物资储备。一旦发生事故，要有力组织指挥，科学安全应对，有序有力有效施救，并在救援过程中保护好现场。

（七）要切实强化对安全生产工作的领导

吉林省和长春市、德惠市各级人民政府要高度重视安全生产工作，切实加强组织领导，确保思想认识到位、领导工作到位、组织机构到位、工作措施到位、政策落实到位。要完善工作体系、构建有力格局，做到党政齐抓、各方共同负责；要定期听取有关方面的安全生产工作汇报，定期研究分析安全生产形势，及时发现和解决存在的问题；要坚持依法行政、依法治安，深入持久地组织开展"打非治违"工作，坚决打击企业的非法违法建设生产经营行为，坚决治理纠正地方特别是基层政府及其有关部门违法违规行政问题；要组织开展经常性的安全检查督查，尤其要组织好当前国务院部署开展的安全生产大检查，确保不走过场、取得实效；要切实把安全生产作为衡量地方经济发展、社会管理、文明建设成效的重要指标，在正确把握形势的基础上，注重把安全生产与科学发展、推进经济转型升级、落实为民务实的要求、提升治国理政的能力相结合，统筹兼顾、协调发展；要进一步加强安全法制建设、长效机制建设、责任体系建设、监管队伍建设和投入机制建设，不断提升企业安全生产和政府安全监管能力与水平；要坚持立足防范、标本兼治、重在治本、狠抓源头，强化落实、强化执行、强化基础、固本强基，从根本上改变安全生产状况。通过强有力的领导和扎实有效的工作，坚决遏制各类事故尤其是重特大生产安全事故的发生，促进安全生产与经济社会同步协调发展。

13.2　长垣县皇冠歌厅"12·15"重大火灾事故

2014年12月15日零时26分，长垣县皇冠歌厅（皇冠KTV）发生一起重大火灾事故，过火面积123m²，造成12人死亡，28人受伤，直接经济损失957.64万元。

一、基本情况

（一）起火单位概况

皇冠歌厅所在楼房由河南省长城房地产开发有限公司开发，设计单位为新乡市华原建筑设计研究所，施工单位是河南省长城建设工程有限公司。楼房建设用地于2003年11月24日取得国有土地使用权证（长国用〔2003〕字第C954号），土地使用者为长垣县长城建设工程有限公司。2004年2月24日，长垣县长城建设工程有限公司取得建设工程规划许可证（2004-002）。2003年11月开工建设，2004年8月竣工，建筑项目名称为蒲东教育商住楼。该建筑一直没有办理房产登记，2005年8月，该建筑所在地块分割后谷自修取得土地证（长国用〔2005〕第C0546号），2008年9月将该地块出售给现房东郭会林，郭会林取得国有土地使用权证（长国用〔2008〕字第C569号）。

2010年4月2日，长垣县蒲东办事处孔场村孔维威和王纪锋（郭会林的代理人）协商并签订合同，约定将楼房整体租用，租金每年95000元，押金5000元。至事故发生时该楼一直作为经营皇冠歌厅使用，在其使用该楼房期间未增加附属建筑或更改主楼建筑结构。

2010年5月，皇冠歌厅由实际控制人孔维凯在主楼南侧长城中学家属楼内，以年租金12000元的价格租用一楼西头面积为112m²的三室二厅一卫的单元房一套，作为员工厨房和住宿使用。

长垣县皇冠歌厅由孔维威、孔维凯、刘庆师三人分别出资30万元共同经营，2010年

6 月份开始营业。2010 年 11 月 25 日，孔维威、刘庆师二人以协议方式将股权全部转让给孔维凯，孔维凯退还二人每人 20 万元。自此皇冠歌厅由孔维凯独自经营。

皇冠歌厅负责经营管理人员 3 人，分别为实际控制人孔维凯、歌厅总经理尹军伟和前台主管郭东兰。其他管理人员 4 人，分别为楼层主管焦路遥、焦黎鹏和公关孔维状、许子轩。另有工作人员 8 人。

（二）起火建筑基本情况

皇冠歌厅所在建筑位于长垣县长城大道与东内环路交叉口东南角，五层，砖混结构，耐火等级二级，建筑主体高度 14.3m，局部高度 17.3m，南北长 25.8m，东西宽 13.8m。总建筑面积 1342.5m²，一至三层建筑面积 918.5m²。北侧为长城大道，南侧 2.7m 为一栋四层居民住宅楼，西侧为护城河，东侧贴临一栋四层商住楼。

该建筑一至三层为歌厅，四、五层为员工宿舍和杂物间。建筑一层西北部为大厅，东北部设有一员工临时休息室，南部设有 3 个包间，东南角为水吧和仓库；二至三层每层各设 8 个包间，三层南部设有一监控机房；四层共 9 个房间，其中 7 间为员工宿舍，另外 2 间闲置；五层共 5 个房间，其中西北部 1 间为员工宿舍，其余闲置。

建筑内共设置 3 个直通室外的安全出口，分别位于一层大厅西北角（北出口，宽 1.58m）、一层仓库东侧（东出口，宽度 1.04m）、建筑西墙中部（西出口，宽 1.06m，为西楼梯直通室外的安全出口，与一层不连通）；建筑五层设有 1 个通向四层屋面平台的出口（宽度 0.80m）。东出口被堆放的货物封堵，导致一层仅有一个安全出口可正常使用，违反有关法规规定。

建筑内共设置 3 部疏散楼梯，均位于建筑中部，其中东侧 2 部（东侧北楼梯、东侧南楼梯）、西侧 1 部（西楼梯）。东侧北楼梯为一至二层敞开楼梯间，一层入口及楼梯宽 1.05m；东侧南楼梯为一至四层封闭楼梯间，楼梯宽 1.16m，楼梯间一层南、北各有一疏散门，北门宽 0.8m、南门宽 1.04m，二、三层出口宽度分别为 0.78m、0.87m，外窗均被封堵；西楼梯为一至五层，未形成封闭楼梯间，楼梯宽 1.02m，一层直通室外的疏散门宽 1.06m，三层通向四层的楼梯口处设有疏散门，宽 0.78m，楼梯间二至三层外窗被封堵。建筑一层东南角水吧和仓库的 3 个外窗违规安装有防盗网，一至三层其他房间外窗均被封堵。四、五层员工宿舍和一至三层歌厅共用疏散楼梯。

根据《建筑设计防火规范》GB 50016—2006（以下简称《建规》）规定，该场所西楼梯、东侧北楼梯非封闭楼梯间，且宽度不符合要求；东侧南楼梯间虽为封闭楼梯间，但达不到封闭楼梯间的有关要求；四、五层员工宿舍未按规定设置独立的疏散设施。

歌厅地面装修均采用地板砖，属于 A 级。一层大厅顶棚采用石膏板，属于 A 级，墙面部分采用石膏板外加纤维板，表层贴壁纸，属于 B1 级，部分采用石膏板加镜面装饰玻璃属于 A 级。二、三层走道顶棚采用石膏板外加亚克力板，属于 A 级，走道墙面采用镜面装饰玻璃，属于 A 级。歌厅包间内顶棚局部采用石膏板吊顶，其他部分为楼板，属于 A 级，墙面部分采用石膏板外加纤维板，表层贴壁纸，属于 B1 级，包间内沙发上方局部采用海绵软包，软包面积超过房间装修面积的 10%，不符合《建筑内部装修设计防火规范》GB 50222—1995 的规定。

（三）消防设施设置情况

歌厅设有火灾自动报警系统、自动喷水灭火系统、室内消火栓系统、应急照明灯、疏散指示标志和灭火器等消防设施、器材。火灾自动报警控制器设在一层员工休息室东墙上。自动喷水灭火系统采用局部应用系统，该系统设有 1 个湿式报警阀组，配水干管为 80 mm，配水管分别为 40mm、32 mm，配水支管分别为 32 mm、25 mm，短立管为 25 mm。一层共设置 14 个喷淋头（大厅 9 个，贵宾厅 4 个，贵 1 厅 1 个，贵 2 厅未见）；二、三层分别设置 30 个喷淋头（走道 6 个，8 个大包间各设 2 个，8 个小包间各设 1 个）。该系统配水管管径偏细，不符合《自动喷水灭火系统设计规范》GB 50084—2001（2005 版）的要求。一层设有两个室内消火栓，均设在包间内，二、三层走道北端各设 1 个，二层走道北端消防栓箱内无消防水带。一至三层走道楼梯口处各设置 1 组手动报警按钮和声光报警装置。该场所一至三层共发现应急照明灯 29 具，一层大厅被烧毁，二层走道 2 具，三层走道 3 具，除一层贵宾厅 2 具外，其余 18 个包间各 1 具，3 个楼梯间各 1 具，监控机房 1 具。楼梯间应急照明灯设置不符合《建规》要求。该场所设置灯光型疏散指示标志共 4 具，一层大厅出口上方 1 具、二层西楼梯、东侧北楼梯口各 1 具，三层西楼梯口 1 具。走道及楼梯间设有蓄光型疏散指示标志，东侧南楼梯各层楼梯口均未设置灯光疏散指示标志，不符合《建规》要求。一层大厅北侧放置 2 具 3kg 干粉灭火器，二、三层室内消火栓下方各放置 2 具 3kg 干粉灭火器，三层监控机房内放置 2 具 4kg 干粉灭火器，一层贵宾厅内放置 2 具 4kg 干粉灭火器。现场未发现移动照明、防烟面罩等辅助人员逃生设备。

（四）火灾导致建筑结构受损、建筑坍塌情况

经勘验，建筑一层大厅及走道装饰装修材料燃烧炭化严重，大厅南墙墙面装修材料烧损程度上重下轻，烧损残留东低西高。大厅西南角处沙发表面高温炭化。中部立柱柱面装饰玻璃全部炸裂脱落，柱上部及基座木质材料东北侧（朝向吧台处）烧损缺失。立柱东北侧水晶吊灯朝向吧台一侧水晶挂件少量脱落，部分受热变形拉长，其他方向挂件基本完整。吧台上方楼板表面整体呈洁净燃烧痕迹，中间区域部分抹灰层脱落，内部钢筋裸露。南北方向横梁朝向吧台侧的水泥抹灰层脱落严重。吧台西侧靠北墙处的空调室内柜机金属外壳受热变形变色痕迹东重西轻。木质吧台整体过火，烧毁严重。吧台东侧隔墙石膏板火烧大面积脱落，整体呈"V"字形，裸露的轻钢龙骨变形变色。"V"字形痕底部对应地面瓷砖炸裂，在该区域发现和提取了一具电暖器残骸和大量空气清新剂罐体残骸。

其余区域未过火，烟熏痕迹较重。二、三层走道和包间未过火，烟熏痕迹明显，烟熏程度二层重于三层、走道重于包间。四层走道及房间内烟熏较轻，五层走道及房间无烟熏痕迹。

经现场勘验，可燃物炭化、烟熏、变形变色、楼板炸裂脱落和物品倒塌等各类痕迹形成完整的痕迹体系，证明爆炸起火点位于吧台内堆放空气清新剂处。

（五）造成人员伤亡及财产损失情况

一层 2 人，分布于员工休息室和东侧南楼梯间；二层 20 人，分布于 6 个包间；三层 14 人，分布于 5 个包间；自行逃离 4 人。

过火面积 123m²，造成 12 人死亡，28 人受伤，直接经济损失 957.64 万元。

二、事故发生经过及应急处置情况

2014 年 12 月 14 日 11 时许，郭东兰签收了快递员送来的 5 箱空气清新剂，随后将其放置在吧台内地面上。13 时许，李远在打扫卫生过程中，将快递件移放在吧台内靠东隔墙与音箱的角落，附近有一台开着的电暖器。营业过程中，工作人员在吧台内活动时多次

触碰电暖器，使其紧贴装有空气清新剂的快递件。15 日零时 26 分，尹军伟坐在吧台内椅子上，身后突然发生爆炸燃烧，在场人员尹军伟、孔维状、孔维凯发现起火后，未能立即采取有效施救措施，仅用脚踹、脚踩起火物和少量水泼洒方式灭火，未能有效控制火势。1min 内接连发生多次爆炸燃烧，火势迅速蔓延。燃烧产生的热烟气扩散至一层其他区域并沿楼梯间迅速向上层区域扩散。

火灾发生后，电源切断时，场所内设置的应急照明灯和灯光型疏散指示标志正常启用；火灾自动报警系统控制主机电源插头未连接插座，系统处于停用状态；室内消火栓和自动喷水灭火系统合用供水管道，管道阀门处于开启状态，管道内无水，事故造成 12 人死亡，28 人受伤。

三、火灾扑救情况

（一）消防部门救援情况。2014 年 12 月 15 日零时 28 分，长垣县公安消防大队接到报警后，立即调派 5 辆消防车 18 名官兵前往现场扑救，同时向新乡市消防指挥中心和长垣县委、政府、公安局报告。新乡市消防支队调集 5 辆消防车、26 名官兵到场增援，并第一时间向省消防总队指挥中心报告，总、支队全勤指挥部遂行出动。零时 38 分，长垣县消防大队救援力量到达现场，成立 1 个灭火组、2 个救援组。灭火组两支水枪，一支从正面扑救大厅火灾，另一支从西楼梯进入二层控制火势，并掩护救援组救人。救援组在一、二层搜救被困人员，另一救援组在三层以上楼层破拆排烟、搜救人员。1 时 5 分，现场明火被扑灭。共搜救出被困人员 36 人，其中一层 2 人，二层 20 人，三层 14 人，由医疗单位送往医院救治。2 时 10 分搜救行动结束。

（二）事故单位应急处置情况。火灾发生时，尹军伟、孔维状均在歌厅一层大厅吧台内。第一次爆炸燃烧发生后，尹军伟只顾查看自身衣物受损情况，未立即扑救火灾。孔维凯到场后，用脚踹、踩起火物，未能有效控制火势。现场工作人员未能第一时间正确处置初期火灾，贻误了灭火时机。二、三层包间内人员没有得到发生火灾和疏散的通知，待热烟气充斥走道，已经错过了最佳逃生时机。

（三）地方政府应急处置情况。接到通知后，长垣县委、县政府领导及时赶赴现场，立即启动火灾事故应急预案，组织公安、消防、卫生、安监等部门，展开灭火和人员救治工作。零时 38 分，县 120 指挥中心接到报警，零时 47 分，第一辆救护车到达现场，先后有 3 个医院的 10 辆救护车及随行医护人员共 78 人参与救援，伤亡人员分别送至长垣县人民医院、宏力医院、县中医院救治。火灾发生后，长垣县公安局蒲东派出所及附近街道巡逻人员在现场协助救援，特勤大队、治安大队、交警大队、督察大队及其他派出所相继赶到，实施警戒，维护现场秩序，开辟应急车道，保证救援车辆优先通行。3 时 20 分，县委、县政府召开紧急会议，成立火灾事故应急指挥部，13 时成立善后处置工作组。事故发生后，长垣县政府及时在政府网站和长垣新闻中发布信息，并向中央电视台、新华社河南分社、中新社河南分社等新闻媒体举行发布会。

（四）评估结论。事故发生后，长垣县委、县政府及相关部门迅速组织救援力量，积极开展现场救援、火情控制、伤员救治和善后安抚等工作，使火灾得到有效控制，没有造成事故扩大，防范了衍生事故发生。

皇冠歌厅对事态判断不当，灭火方法不正确，先期处置不及时，组织人员疏散不力，主要原因是没有制定应急预案，没有开展消防培训，消防安全意识淡薄，易燃易爆物品的管理存在漏洞，消防安全通道不畅。

四、消防安全管理及监督情况

皇冠歌厅先后办理了消防设计审核意见书、消防验收合格意见书、卫生许可证、环境影响登记、娱乐经营许可证和工商营业执照，未按规定办理消防安全检查合格证。

（一）消防设计审核验收情况。2010年1月26日，长垣县公安消防大队为皇冠歌厅出具了《关于同意长垣县皇冠歌厅内部装修工程消防设计的审核意见》（长公消审字〔2010〕第0004号），同意皇冠歌厅装修施工；2010年5月23日，长垣县公安消防大队为皇冠歌厅出具了《关于长垣县皇冠歌厅内部装修工程消防验收合格的意见》（长公消验字〔2010〕第0009号），验收合格。皇冠歌厅一直未办理消防安全检查合格证。

（二）工商营业执照办理情况。2010年5月6日，长垣县工商行政管理局为皇冠歌厅办理了《企业名称预先核准通知书》（长工商登记名预核准字〔2010〕第293号），有效期6个月。2010年10月26日，长垣县工商行政管理局再次为皇冠歌厅办理了《个体工商户名称预先核准通知书》（长工商登记名称预核准字〔2010〕第278号），有效期6个月。2011年4月19日，长垣县工商行政管理局在皇冠歌厅未取得消防安全检查合格证的情况下，违规向皇冠歌厅核发了《工商营业执照》（注册号为410728000023128），该执照记载单位名称为长垣县皇冠歌厅，类型为个人独资企业，投资人姓名为孔维威，经营范围为歌舞娱乐。2012年9月，因皇冠歌厅未按时参加2011年度检验，长垣县工商行政管理局对其作出限期接受年度检验、罚款1000元的行政处罚，后接受年检。其他年度检验正常，有效公告期至2015年6月30日。

（三）娱乐经营许可证办理情况。2010年下半年，皇冠歌厅在营业数月后向县文化局提交了相关办证材料，2011年3月20日，长垣县文化局在皇冠歌厅未取得消防安全检查合格证的情况下，违规向皇冠歌厅核发了娱乐经营许可证（豫新长文娱第010号），核定人数为400人，经营范围是KTV包间14间。后该单位于2013年3月取得编号为豫GC娱010号娱乐经营许可证，记载内容同上，有效期至2015年3月。

（四）卫生许可办理情况。2010年5月25日，皇冠歌厅向长垣县卫生局提交了卫生许可证申请书，5月30日长垣县卫生局为皇冠歌厅办理了卫生许可证（长卫公字〔2010〕第349号），有效期1年。后逐年换证。2013年10月28日，长垣县卫生局向皇冠歌厅核发了新的卫生许可证，有效期至2017年10月29日。

（五）环境影响登记情况。2010年8月24日，长垣县环境保护局对皇冠歌厅进行了环境影响登记，并将环境管理工作移交长垣县环境监察大队进行管理。

五、原因分析及工作对策

（一）直接原因

皇冠歌厅吧台内使用的硅晶电热膜对流式电暖器，近距离高温烘烤违规大量放置的具有易燃易爆危险性的罐装空气清新剂，导致空气清新剂爆炸燃烧引发火灾。

原因分析：皇冠歌厅作为公共娱乐场所，在吧台处放置了具有易燃易爆危险化学品属性的空气清新剂，属违法行为。火灾现场提取的空气清新剂外观英文标识储存温度不得高于49℃，通过现场实验，电暖器的散热板最高温度可达235.2℃，贴邻电暖器防护网的瓦楞纸板背面温度最高可达99℃。但歌厅管理人员及其员工缺乏对空气清新剂化学危险性的认知，将其靠近电暖器放置，直接导致了空气清新剂的爆炸燃烧。火灾发生时吧台内共放置了 60 瓶 18L 的空气清新剂，存放量较大，爆炸起火后的 1min 内接连发生多次爆炸燃烧，造成火势迅速蔓延，是导致事故发生的直接原因。

（二）间接原因

1. 皇冠歌厅安全生产主体责任不落实

（1）未取得消防安全检查合格证。皇冠歌厅自营业以来，一直未取得消防安全检查合格证，属违法经营。

（2）消防职责不明确。皇冠歌厅未设立消防安全管理机构，未明确消防安全管理人员，未明确各岗位消防安全职责。

（3）安全管理制度未得到有效落实。开业初期，皇冠歌厅在县消防部门的指导下制定了消防安全制度和灭火疏散预案，经营期间一直未履行消防安全教育培训、防火巡查检查、消防设施器材维护、用火用电管理、灭火和应急疏散预案演练、消防安全工作奖惩等消防安全制度和消防安全操作规程。

（4）未开展消防安全教育培训。皇冠歌厅经营期间没有对员工进行消防安全教育培训，未组织员工开展灭火和应急疏散演练，员工不了解所在岗位消防安全职责，不了解场所内消防设施、消防器材名称和用途，不会操作使用消防设施器材，自救逃生能力差。

（5）超出核定包间数违规经营。长垣县文化广电旅游局核定包间数为 14 间，皇冠歌厅用于营业的包间数为 19 间。

2. 长垣县公安消防部门审批把关不严，日常监管不力

（1）长垣县公安局蒲东派出所贯彻执行消防法律法规不力，未认真履行消防安全监督检查职责，检查记录、档案不健全，对皇冠歌厅没有消防安全检查合格证长期违法经营问题未依法作出处理；对辖区内消防单位日常监管、消防宣传、培训不到位，督促指导皇冠歌厅做好消防安全工作不力，对皇冠歌厅存在的消防安全隐患未认真检查并责令整改。

（2）长垣县公安消防大队贯彻执行消防法律法规不力，对蒲东派出所消防安全工作指导不到位。对皇冠歌厅内部装修工程验收把关不严，消防安全监督检查不认真，对皇冠歌厅没有消防安全检查合格证长期违法经营问题未依法作出处理，未督促皇冠歌厅及时消除安全隐患；内部消防档案管理混乱，皇冠歌厅消防档案缺失，消防监督检查记录不规范、不完善。

（3）长垣县公安局贯彻执行消防法律法规不力，落实上级政府和有关部门消防安全隐患整治工作不到位，督促指导长垣县公安消防大队、蒲东派出所消防安全工作不力。

3. 长垣县文化广电旅游局履行审批、监管职责不到位

未严格审核皇冠歌厅消防批准文件，违规发放娱乐经营许可证；对皇冠歌厅前期无娱乐经营许可证违规经营问题、超出经营许可证核定包间数经营问题监管不力；日常管理混乱，皇冠歌厅娱乐经营许可审批档案缺失，相关监督检查记录不完善；落实长垣县政府火灾防控工作不到位，在 2014 年 12 月牵头开展娱乐场所消防安全检查中，未发现皇冠歌厅存在消防通道不畅、消防设施不能使用、没有消防安全应急预案等消防安全隐患。

4. 长垣县工商行政管理局办理工商注册登记审核把关不严

未严格审核皇冠歌厅提供的消防批准文件，违规为长垣县皇冠歌厅办理了个人独资企业工商注册登记。

5. 蒲东办事处落实消防安全监管职责不到位

检查指导辖区开展消防工作不力，未及时督促皇冠歌厅明确消防管理人员；明确部门职责措施不力，未与办事处各职能部门签订目标责任书；消防委员会办公室和安监所消防安全知识宣传教育不够，巡查排查不力，未对歌厅等消防重点单位进行检查。

6. 长垣县人民政府贯彻落实消防安全法律法规不到位

贯彻落实消防安全法律法规和国务院、省政府消防安全工作部署不力；督促政府部门落实消防安全责任制不到位，对蒲东办事处及公安消防、文化等部门履行监管职责不力等问题失察。

（三）工作对策

1. 严格落实企业主体责任，加强重点单位消防安全管理

歌舞厅、夜总会、洗浴中心、商场市场、餐饮娱乐、宾馆饭店等人员密集场所和消防重点单位，要严格遵守国家法律法规，认真贯彻执行《安全生产法》、《消防法》，严格按照国家标准、行业标准配置消防设施、器材，定期组织检验、维修，确保完好有效；要保障疏散通道、安全出口畅通，保证防火防烟分区符合消防技术标准；要严格落实消防安全主体责任，加强消防安全知识培训，建立健全消防机构和消防安全制度，严格执行消防安全操作规程和消防安全管理制度。

2. 严格落实部门监管职责，严格许可审核审批

各省辖市、直管县（市），特别是长垣县政府及各有关部门，要按照"管行业必须管安全"的要求，认真履行职责，把好审核审批关和日常监督关。公安消防部门要深入推进消防安全重点单位"户籍化"管理，依法对人员密集场所消防设计进行审核、备案，依法开展监督检查。文化、工商、建设、规划、卫生等部门要结合本部门实际，贯彻落实消防法律、法规、规章规定的各项措施，开展消防宣传教育，有针对性地进行消防安全自查和治理，依法督促所属单位对火灾隐患进行整改。

3. 严格落实政府领导责任，加大属地监管力度

各级政府特别是长垣县政府及其蒲东办事处，要深刻吸取事故教训，建立健全"党政同责、一岗双责、齐抓共管"的安全管理责任体系，牢固树立安全生产红线意识。要理顺消防安全监管体制，建立健全消防工作机构和工作机制，定期组织有关部门开展消防安全检查，督促整改消防隐患；要定期召开联席会议，研究协调解决重大消防安全问题，经常性地对本级政府有关部门和下级政府履行消防安全职责情况进行监督检查，依法督促其履行消防安全职责。同时长垣县政府要根据《城市消防站建设标准》，增建消防站，加强乡镇专职消防队站建设。

4. 加强消防安全宣传教育，提高全民消防安全意识和自防自救能力

长垣县县委、县政府及其有关部门要进一步改进消防安全教育培训方式方法，结合企业和社会单位消防安全"四个能力"建设，强化消防安全管理人员和重点岗位的消防安全培训，提高消除火灾隐患能力，提高从业人员扑救火灾和组织疏散逃生基本技能。要充分发挥皇冠歌厅"12·15"重大火灾事故教育警示作用，有针对性地宣传消防法规和消防知识，积极营造政府主导、行业监管、单位负责、全民参与的消防安全宣传环境，提高全民消防安全意识。

5. 强化危化品管理，严厉打击非法违法生产销售易燃易爆日化品行为

公安消防、工商、质监等部门要加强空气清新剂、杀虫剂、香水、花露水、指甲油、

驱蚊水、啫喱水、彩带喷剂等含有易燃易爆成分的日常生活用品危险性宣传，教育人们增强防范意识，掌握正确的使用方法。要加强公共娱乐场所监管，严格遵照安全规定限量存放，远离火源、热源，明确专人管理。质监部门要抓好产品的源头管控，严厉打击违法生产具有易燃易爆危险性的日化品和其他危化品的行为；工商部门要严格产品流通领域监管，严厉打击非法、违法销售具有易燃易爆危险性的日化品和其他危化品的行为；公安机关、交通、邮政部门应加强对具有易燃易爆危险性的日化品和其他危化品运输监管，严厉打击将此类产品按普通货物进行运输的违法行为。

6. 加强危险品网购管控，完善电子商务监管体系

建议政府及其相关部门通过技术、标准、政策等措施，加强网络购物及物流公司的规划和审批，推进网络和物流规模化、专业化、信息化建设；公安、交通、工商、金融、质监、环保、卫生、网监、媒体、物流等行业和部门，既要发挥行业优势，又要加强沟通协调，建立跨行业监管协作机制，对危险品加工、包装、仓储、运输、销售等进行全过程跟踪和管理，做到信息融合、产业联动、源头控制、安全规范。

13.3　天津港"8·12"瑞海公司危险品仓库特别重大火灾爆炸事故

2015 年 8 月 12 日，位于天津市滨海新区天津港的瑞海国际物流有限公司（以下简称瑞海公司）危险品仓库发生特别重大火灾爆炸事故。

调查认定，天津港"8·12"瑞海公司危险品仓库火灾爆炸事故是一起特别重大生产安全责任事故。

一、事故基本情况

（一）事故发生的时间和地点

2015 年 8 月 12 日 22 时 51 分 46 秒，位于天津市滨海新区吉运二道 95 号的瑞海公司危险品仓库（北纬 39°02′22.98″，东经 117°44′11.64″）运抵区（"待申报装船出口货物运抵区"的简称，属于海关监管场所，用金属栅栏与外界隔离。由经营企业申请设立，海关批准，主要用于出口集装箱货物的运抵和报关监管）最先起火，23 时 34 分 06 秒发生第一次爆炸，23 时 34 分 37 秒发生第二次更剧烈的爆炸。事故现场形成 6 处大火点及数十个小火点，8 月 14 日 16 时 40 分，现场明火被扑灭。

（二）事故现场情况

事故现场按受损程度，分为事故中心区、爆炸冲击波波及区。事故中心区为此次事故中受损最严重区域，该区域东至跃进路、西至海滨高速、南至顺安仓储有限公司、北至吉运三道，面积约为 54 万 m²。两次爆炸分别形成一个直径 15m、深 1.1m 的月牙形小爆坑和一个直径 97m、深 2.7m 的圆形大爆坑。以大爆坑为爆炸中心，150m 范围内的建筑被摧毁，东侧的瑞海公司综合楼和南侧的中联建通公司办公楼只剩下钢筋混凝土框架；堆场内大量普通集装箱和罐式集装箱被掀翻、解体、炸飞，形成由南至北的 3 座巨大堆垛，一个罐式集装箱被抛进中联建通公司办公楼 4 层房间内，多个集装箱被抛到该建筑楼顶；参与救援的消防车、警车和位于爆炸中心南侧的吉运一道和北侧吉运三道附近的顺安仓储有限公司、安邦国际贸易有限公司储存的 7641 辆商品汽车和现场灭火的 30 辆消防车在事故中全部损毁，邻近中心区的贵龙实业、新东物流、港湾物流被爆炸冲击波

波及，区分为严重受损区、中度受损区。严重受损区是指建筑结构、外墙、吊顶受损的区域，受损建筑部分主体承重构件（柱、梁、楼板）的钢筋外露，失去承重能力，不再满足安全使用条件。中度受损区是指建筑幕墙及门、窗受损的区域，受损建筑局部幕墙及部分门、窗变形、破裂。

严重受损区在不同方向距爆炸中心最远距离为：东 3km（亚实履带天津有限公司），西 3.6km（联通公司办公楼），南 2.5km（天津振华国际货运有限公司），北 2.8km（天津丰田通商钢业公司）。中度受损区在不同方向距爆炸中心最远距离为：东 3.42km（国际物流验放中心二场），西 5.4km（中国检验检疫集团办公楼），南 5km（天津港物流大厦），北 5.4km（天津海运职业学院）。受地形地貌、建筑位置和结构等因素影响，同等距离范围内的建筑受损程度并不一致。

爆炸冲击波波及区以外的部分建筑，虽没有受到爆炸冲击波直接作用，但由于爆炸产生地面震动，造成建筑物接近地面部位的门、窗玻璃受损，东侧最远达 8.5km（东疆港宾馆），西侧最远达 8.3km（正德里居民楼），南侧最远达 8km（和丽苑居民小区），北侧最远达 13.3km（海滨大道永定新河收费站）。

（三）人员伤亡和财产损失情况

事故造成 165 人遇难（参与救援处置的公安现役消防人员 24 人、天津港消防人员 75 人、公安民警 11 人，事故企业、周边企业员工和周边居民 55 人），8 人失踪（天津港消防人员 5 人，周边企业员工、天津港消防人员家属 3 人），798 人受伤住院治疗（伤情重及较重的伤员 58 人、轻伤员 740 人）；304 幢建筑物（其中办公楼宇、厂房及仓库等单位建筑 73 幢，居民 1 类住宅 91 幢、2 类住宅 129 幢、居民公寓 11 幢）、12428 辆商品汽车、7533 个集装箱受损。

（四）环境污染情况

通过分析事发时瑞海公司储存的 111 种危险货物的化学组分，确定至少有 129 种化学物质发生爆炸燃烧或泄漏扩散，其中，氢氧化钠、硝酸钾、硝酸铵、氰化钠、金属镁和硫化钠这 6 种物质的重量占到总重量的 50%。同时，爆炸还引燃了周边建筑物以及大量汽车、焦炭等普通货物。本次事故残留的化学品与产生的二次污染物逾百种，对局部区域的大气环境、水环境和土壤环境造成了不同程度的污染。

1. 大气环境污染情况。事故发生 3h 后，环保部门开始在事故中心区外距爆炸中心 3～5km 范围内开展大气环境监测。8 月 20 日以后，在事故中心区外距爆炸中心 0.25～3km 范围内增设了流动监测点。经现场检测与专家研判确定，本次事故关注的大气环境特征污染物为氰化氢、硫化氢、氨气和三氯甲烷、甲苯等挥发性有机物。

监测分析表明，本次事故对事故中心区大气环境造成较严重的污染。事故发生后至 9 月 12 日之前，事故中心区检出的二氧化硫、氰化氢、硫化氢、氨气超过《工作场所有害因素职业接触限值》GBZ 2—2007 中规定的标准值 1～4 倍；9 月 12 日以后，检出的特征污染物达到相关标准要求。

事故中心区外检出的污染物主要包括氰化氢、硫化氢、氨气、三氯甲烷、苯、甲苯等，污染物浓度超过《大气污染物综合排放标准》GB 16297—1996 和《天津市恶臭污染物排放标准》DB 12/059—95 等规定的标准值 0.5～4 倍，最远的污染物超标点出现在距爆炸中心 5km 处。8 月 25 日以后，大气中的特征污染物稳定达标，9 月 4 日以后达到事故发生前环境背景值水平。

采用大气扩散轨迹模型、气象场模型与烟团扩散数值模型叠加的空气质量模型模拟表明，事故发生后，在事故中心区上空约500m处形成污染烟团，烟团在爆炸动力与浮力抬升效应以及西南和正西主导风向的作用下向渤海方向漂移，13~18h后逐步消散。这一模拟结果与卫星云图显示的污染烟团在时间和空间上的变化吻合。对天津主城区和可能受事故污染烟团影响的地区（北京、河北唐山、辽宁葫芦岛、山东滨州等区域）事故发生后3天内6项大气常规污染物（二氧化硫、二氧化氮、一氧化碳、臭氧、PM10、PM2.5）的监测数据进行分析，并模拟了事故发生后18h内污染烟团扩散对上述区域近地面大气环境的影响，均显示污染烟团基本未对上述区域的大气环境造成影响。

本次事故对事故中心区外近地面大气环境污染较快消散的主要原因是：事故发生地位于渤海湾天津市东疆港东岸线的西南侧，与海岸线直线距离仅6.1km；在事故发生后污染烟团扩散的24h内，91.2%的时间为西南和正西风向，在以后的9天内，71.3%的时间为西南和正西风向。事故发生地的地理位置和当时的气象条件有利于污染物快速飘散。

2. 水环境污染情况。本次事故主要对距爆炸中心周边约2.3km范围内的水体（东侧北段起吉运东路、中段起北港东三路、南段起北港路南段，西至海滨高速；南起京门大道、北港路、新港六号路一线，北至东排明渠北段）造成污染，主要污染物为氰化物。事故现场两个爆坑内的积水严重污染；散落的化学品和爆炸产生的二次污染物随消防用水、洗消水和雨水形成的地表径流汇至地表积水区，大部分进入周边地下管网，对相关水体形成污染；爆炸溅落的化学品造成部分明渠河段和毗邻小区内积水坑存水污染。8月17日对爆坑积水的检测结果表明，呈强碱性，氰化物浓度高达421毫克/升。

天津市及有关部门对受污染水体采取了有效的控制和处置措施，经处理达标后通过天津港北港池排入渤海湾。

由于海水容量大，事故处置过程中采取的措施得当，并从严执行排放标准，本次事故对天津渤海湾海洋环境基本未造成影响。在临近事故现场的天津港北港池海域、天津东疆港区外海、北塘口海域约30km范围内开展的海洋环境应急监测结果显示，海水中氰化物平均浓度为0.00086毫克/升，远低于海水水质Ⅰ类标准值0.005毫克/升。此外，与历史同期监测数据相比，挥发酚、有机碳、多环芳烃等污染物浓度未见异常，浮游生物的种类、密度与生物量未见变化。

3. 土壤环境污染情况。本次事故对事故中心区土壤造成污染，部分点位氰化物和砷浓度分别超过《场地土壤环境风险评价筛选值》DB 11/T 798—2011中公园与绿地筛选值的0.01~31.0倍和0.05~23.5倍，检出苯酚、多环芳烃、二甲基亚砜、氯甲基硫氰酸酯等。事故对事故中心区外土壤环境影响较小，事故发生一周后，有部分点位检出氰化物。一个月后，未再检出氰化物和挥发性、半挥发性有机物，虽检出重金属，但未超过《场地土壤环境风险评价筛选值》中公园与绿地的筛选值；下风向东北区域检测结果表明，二噁英类毒性当量低于美国环保局推荐的居住用地二噁英类致癌风险筛选值，苯并［a］芘浓度低于《场地土壤环境风险评价筛选值》中公园与绿地的筛选值。

4. 特征污染物的环境影响。事故造成320.6t氰化钠未得到回收。经测算，约39%在水体中得到有效处置或降解，58%在爆炸中分解或在大气、土壤环境中气化、氧化分解、降解。事故发生后，现场喷洒大量双氧水等氧化剂，极大地促进了氰化钠的快速氧化分解。但是，截至 10 月 31 日，事故中心区土壤中仍残留约 3% 不同形态的氰化钠，以及少量不易降解、具有生物蓄积性和慢性毒性的化学品与二次污染物。

5. 事故对人的健康影响。本次事故未见因环境污染导致的人员中毒与死亡的情况，住院病例中虽有 17 人出现因吸入粉尘和污染物引起的吸入性肺炎症状，但无实质损伤，预后良好；距爆炸中心周边约 3km 范围外的人群，短时间暴露于大气环境污染造成不可逆或严重健康影响的风险极低；未采取完善防护措施进入事故中心区的暴露人群健康可能会受到影响。

6. 需要开展中长期环境风险评估。由于事故残留的化学品与产生的污染物复杂多样，需要继续开展事故中心区环境调查与区域环境风险评估，制定、实施不同区域、不同环境介质的风险管控目标，以及相应的污染防控与环境修复方案和措施。同时，开展长期环境健康风险调查与研究，重点对事故中心区工作人员与住院人员开展健康体检和疾病筛查，监测、判断本次事故对人群健康的潜在风险与损害。

二、事故直接原因

（一）最初起火部位认定

通过调查询问事发当晚现场作业员工、调取分析位于瑞海公司北侧的环发讯通公司的监控视频、提取对比现场痕迹物证、分析集装箱毁坏和位移特征，认定事故最初起火部位为瑞海公司危险品仓库运抵区南侧集装箱区的中部。

（二）起火原因分析认定

1. 排除人为破坏因素、雷击因素和来自集装箱外部引火源。公安部派员指导天津市公安机关对全市重点人员和各种矛盾的情况以及瑞海公司员工、外协单位人员情况进行了全面排查，对事发时在现场的所有人员逐人定时定位，结合事故现场勘查和相关视频资料分析等工作，可以排除恐怖犯罪、刑事犯罪等人为破坏因素。

现场勘验表明，起火部位无电气设备，电缆为直埋敷设且完好，附近的灯塔、视频监控设施在起火时还正常工作，可以排除电气线路及设备因素引发火灾的可能。

同时，运抵区为物理隔离的封闭区域，起火当天气象资料显示无雷电天气，监控视频及证人证言证实起火时运抵区内无车辆作业，可以排除遗留火种、雷击、车辆起火等外部因素。

2. 筛查最初着火物质。事故调查组通过调取天津海关 H2010 通关管理系统数据等，查明事发当日瑞海公司危险品仓库运抵区储存的危险货物包括第 2、3、4、5、6、8 类及无危险性分类数据的物质，共 72 种。对上述物质采用理化性质分析、实验验证、视频比对、现场物证分析等方法，逐类逐种进行了筛查：第 2 类气体 2 种，均为不燃气体；第 3 类易燃液体 10 种，均无自燃或自热特性，且其中着火可能性最高的一甲基三氯硅烷燃烧时火焰较小，与监控视频中猛烈燃烧的特征不符；第 5 类氧化性物质 5 种，均无自燃或自热特性；第 6 类毒性物质 12 种、第 8 类腐蚀性物质 8 种、无危险性分类数据物质 27 种，均无自燃或自热特性；第 4 类易燃固体、易于自燃的物质、遇水放出易燃气体的物质 8 种，除硝化棉外，均不自燃或自热。实验表明，在硝化棉燃烧过程中伴有固体颗粒燃烧物飘落，同时产生大量气体，形成向上的热浮力。经与事故现场监控视频比对，事故最初的燃烧火焰特征与硝化棉的燃烧火焰特征相吻合。同时查明，事发当天运抵区内共有硝化棉及硝基漆片 32.97t。因此，认定最初着火物质为硝化棉。

3. 认定起火原因。硝化棉（C12H16N4O18）为白色或微黄色棉絮状物，易燃且具有爆炸性，化学稳定性较差，常温下能缓慢分解并放热，超过 40℃时会加速分解，放出的热量如不能及时散失，会造成硝化棉温升加剧，达到 180℃时能发生自燃。硝化棉通常加乙醇或水作湿润剂，一旦湿润剂散失，极易引发火灾。

实验表明，去除湿润剂的干硝化棉在 40℃时发生放热反应，达到 174℃时发生剧烈失控反应及质量损失，自燃并释放大量热量。如果在绝热条件下进行实验，去除湿润剂的硝化棉在 35℃时即发生放热反应，达到 150℃时即发生剧烈的分解燃烧。

经对向瑞海公司供应硝化棉的河北三木纤维素有限公司、衡水新东方化工有限公司调查，企业采取的工艺为：先制成硝化棉水棉（含水 30%）作为半成品库存，再根据客户的需要，将湿润剂改为乙醇，制成硝化棉酒棉，之后采用人工包装的方式，将硝化棉装入塑料袋内，塑料袋不采用热塑封口，用包装绳扎口后装入纸筒内。据瑞海公司员工反映，在装卸作业中存在野蛮操作问题，在硝化棉装箱过程中曾出现包装破损、硝化棉散落的情况。

对样品硝化棉酒棉湿润剂挥发性进行的分析测试表明：如果包装密封性不好，在一定温度下湿润剂会挥发散失，且随着温度升高而加快；如果包装破损，在 50℃下 2h 乙醇湿润剂会全部挥发散失。

事发当天最高气温达 36℃，实验证实，在气温为 35℃时集装箱内温度可达 65℃以上。

以上几种因素耦合作用引起硝化棉湿润剂散失，出现局部干燥，在高温环境作用下，加速分解反应，产生大量热量，由于集装箱散热条件差，致使热量不断积聚，硝化棉温度持续升高，达到其自燃温度，发生自燃。

（三）爆炸过程分析

集装箱内硝化棉局部自燃后，引起周围硝化棉燃烧，放出大量气体，箱内温度、压力升高，致使集装箱破损，大量硝化棉散落到箱外，形成大面积燃烧，其他集装箱（罐）内的精萘、硫化钠、糠醇、三氯氢硅、一甲基三氯硅烷、甲酸等多种危险化学品相继被引燃并介入燃烧，火焰蔓延到邻近的硝酸铵（在常温下稳定，但在高温、高压和有还原剂存在的情况下会发生爆炸；在 110℃开始分解，230℃以上时分解加速，400℃以上时剧烈分解、发生爆炸）集装箱。随着温度持续升高，硝酸铵分解速度不断加快，达到其爆炸温度（实验证明，硝化棉燃烧半小时后达到 1000℃以上，大大超过硝酸铵的分解温度）。23 时34 分 06 秒，发生了第一次爆炸。

距第一次爆炸点西北方向约 20m 处，有多个装有硝酸铵、硝酸钾、硝酸钙、甲醇钠、金属镁、金属钙、硅钙、硫化钠等氧化剂、易燃固体和腐蚀品的集装箱。受到南侧集装箱火焰蔓延作用以及第一次爆炸冲击波影响，23 时 34 分 37 秒发生了第二次更剧烈的爆炸。

据爆炸和地震专家分析，在大火持续燃烧和两次剧烈爆炸的作用下，现场危险化学品爆炸的次数可能是多次，但造成现实危害后果的主要是两次大的爆炸。经爆炸科学与技术国家重点实验室模拟计算得出，第一次爆炸的能量约为 15tTNT 当量，第二次爆炸的能量约为 430tTNT 当量。考虑期间还发生多次小规模的爆炸，确定本次事故中爆炸总能量约为 450tTNT 当量。

最终认定事故直接原因是：瑞海公司危险品仓库运抵区南侧集装箱内的硝化棉由于湿

润剂散失出现局部干燥，在高温（天气）等因素的作用下加速分解放热，积热自燃，引起相邻集装箱内的硝化棉和其他危险化学品长时间大面积燃烧，导致堆放于运抵区的硝酸铵等危险化学品发生爆炸。

三、事故应急救援处置情况

（一）爆炸前灭火救援处置情况

8月12日22时52分，天津市公安局110指挥中心接到瑞海公司火灾报警，立即转警给天津港公安局消防支队。与此同时，天津市公安消防总队119指挥中心也接到群众报警。接警后，天津港公安局消防支队立即调派与瑞海公司仅一路之隔的消防四大队紧急赶赴现场，天津市公安消防总队也快速调派开发区公安消防支队三大街中队赶赴增援。

22时56分，天津港公安局消防四大队首先到场，指挥员侦查发现瑞海公司运抵区南侧一垛集装箱火势猛烈，且通道被集装箱堵塞，消防车无法靠近灭火。指挥员向瑞海公司现场工作人员询问具体起火物质，但现场工作人员均不知情。随后，组织现场吊车清理被集装箱占用的消防通道，以便消防车靠近灭火，但未果。在这种情况下，为阻止火势蔓延，消防员利用水枪、车载炮冷却保护毗邻集装箱堆垛。后因现场火势猛烈、辐射热太高，指挥员命令所有消防车和人员立即撤出运抵区，在外围利用车载炮射水控制火势蔓延，根据现场情况，指挥员又向天津港公安局消防支队请求增援，天津港公安局消防支队立即调派五大队、一大队赶赴现场。

与此同时，天津市公安消防总队119指挥中心根据报警量激增的情况，立即增派开发区公安消防支队全勤指挥部及其所属特勤队、八大街中队，保税区公安消防支队天保大道中队，滨海新区公安消防支队响螺湾中队、新北路中队前往增援。期间，连续3次向天津港公安局消防支队119指挥中心询问灾情，并告知力量增援情况。至此，天津港公安局消防支队和天津市公安消防总队共向现场调派了3个大队、6个中队、36辆消防车、200人参与灭火救援。

23时08分，天津市开发区公安消防支队八大街中队到场，指挥员立即开展火情侦查，并组织在瑞海公司东门外侧建立供水线路，利用车载炮对集装箱进行泡沫覆盖保护。23时13分许，天津市开发区公安消防支队特勤中队、三大街中队等增援力量陆续到场，分别在跃进路、吉运二道建立供水线路，在运抵区外围利用车载炮对集装箱堆垛进行射水冷却和泡沫覆盖保护。同时，组织疏散瑞海公司和相邻企业在场工作人员以及附近群众100余人。

（二）爆炸后现场救援处置情况

这次事故涉及危险化学品种类多、数量大，现场散落大量氰化钠和多种易燃易爆危险化学品，不确定危险因素众多，加之现场道路全部阻断，有毒有害气体造成巨大威胁，救援处置工作面临巨大挑战。国务院工作组在郭声琨同志的带领下，不惧危险，靠前指挥，科学决策，始终坚持生命至上，千方百计搜救失踪人员，全面组织做好伤员救治、现场清理、环境监测、善后处置和调查处理等各项工作。一是认真贯彻落实党中央国务院决策部署，及时传达习近平总书记、李克强总理等中央领导同志重要指示批示精神，先后召开十余次会议，研究部署应对处置工作，协调解决困难和问题。二是协调调集防化部队、医疗卫生、环境监测等专业救援力量，及时组织制定工作方案，明确各方职责，建立紧密高效的合作机制，完善协同高效的指挥系统。三是深入现场了解实际情况，及时调整优化救援处置方案，全力搜救、核查现场遇险失联人员，千方百计救治受伤人员，科学有序进行现场清理，严密监测现场及周边环境，有效防范次生事故发生。四是统筹做好善后安抚和舆论引导工作，及时协调有关方面配合地方政府做好 3 万余名受影响群众安抚工作，开展社会舆论引导工作。五是科学严谨组织开展事故调查，本着实事求是的原则，深入细致开展现场勘验、调查取证、科学试验等工作，尽快查明事故原因，给党和人民一个负责任的交代。

天津市委、市政府迅速成立事故救援处置总指挥部，确定"确保安全、先易后难、分区推进、科学处置、注重实效"的原则，把全力搜救人员作为首要任务，以灭火、防爆、防化、防疫、防污染为重点，统筹组织协调解放军、武警、公安以及安监、卫生、环保、气象等相关部门力量，积极稳妥推进救援处置工作。共动员现场救援处置的人员达 1.6 万多人，动用装备、车辆 2000 多台，其中解放军 2207 人，339 台装备；武警部队 2368 人，181 台装备；公安消防部队 1728 人，195 部消防车；公安其他警种 2307 人；安全监管部门危险化学品处置专业人员 243 人；天津市和其他省区市防爆、防化、防疫、灭火、医疗、环保等方面专家 938 人，以及其他方面的救援力量和装备。公安部先后调集河北、北京、辽宁、山东、山西、江苏、湖北、上海 8 省市公安消防部队的化工抢险、核生化侦检等专业人员和特种设备参与救援处置。公安消防部队会同解放军（北京军区卫戍区防化团、解放军舟桥部队、预备役力量）、武警部队等组成多个搜救小组，反复侦检、深入搜救，针对现场存放的各类危险化学品的不同理化性质，利用泡沫、干沙、干粉进行分类防控灭火。

事故现场指挥部组织各方面力量，有力有序、科学有效推进现场清理工作。按照排查、检测、洗消、清运、登记、回炉等程序，科学慎重清理危险化学品，逐箱甄别确定危险化学品种类和数量，做到一品一策、安全处置，并对进出中心现场的人员、车辆进行全面洗消；对事故中心区的污水，第一时间采取"前堵后封、中间处理"的措施，在事故中心区周围构筑 1m 高围埝，封堵 4 处排海口、3 处地表水沟渠和 12 处雨污排水管道，把污水封闭在事故中心区内。同时，对事故中心区及周边大气、水、土壤、海洋环境实行 24h 不间断监测，采取针对性防范处置措施，防止环境污染扩大。9 月 13 日，现场处置清理任务全部完成，累计搜救出有生命迹象人员 17 人，搜寻出遇难者遗体 157 具，清运危险化学品 1176t、汽车 7641 辆、集装箱 13834 个、货物 14000t。

（三）医疗救治和善后处理情况

国家卫计委和天津市政府组织医疗专家，抽调 9000 多名医务人员，全力做好伤员救治工作，努力提高抢救成功率，降低死亡率和致残率。由国家级、市级专家组成 4 个专家救治组和 5 个专家巡视组，逐一摸排伤员伤情，共同制定诊疗方案；将伤员从最初的 45 所医院集中到 15 所三级综合医院和三甲专科医院，实行个性化救治；组建两支重症医学护理应急队，精心护理危重症伤员；抽调 59 名专家组建 7 支队伍，对所有伤员进行筛查，跟进康复治疗；实施出院伤员与基层医疗机构无缝衔接，按辖区属地管理原则，由社区医疗机构免费提供基本医疗；实施心理危机干预与医疗救治无缝衔接，做好伤员、牺牲遇难人员家属、救援人员等人群心理干预工作；同步做好卫生防疫工作，加强居民安置点疾病防控，安置点未发生传染病疫情。民政部将牺牲的消防员全部追认为烈士，就高标准进行抚恤；天津市政府在依法依规的前提下，给予遇难、失联人员家属和住院的伤残人员救助补偿；组织 1025 名机关干部和街道社区工作人员，组成 205 个服务工作组，对遇难、失联和重伤人员家属进行面对面接待安抚，倾听诉求，解决实际困难。

总的看，在党中央、国务院坚强领导下，国务院工作组团结带领各有关方面，勇挑重担、迎难而上、连续奋战，现场处置工作有力有序有效，没有发生次生事故灾害，没有发生新的人员伤亡，没有引发重大社会不稳定事件。爆炸发生前，天津港公安局消防支队及天津市公安消防总队初期响应和人员出动迅速，指挥员、战斗员及时采取措施冷却控制火势、疏散在场群众；爆炸发生后，面对复杂的危险化学品事故现场，天津市委、市政府快速反应、果断决策，迅速协调组织各方面力量科学施救、稳妥处置，全力做好人员搜救、伤员救治、隐患排查、环境监测、现场清理、善后安抚等工作。但是，事故救援处置过程中也存在不少问题：天津市政府应对如此严重复杂的危险化学品火灾爆炸事故思想准备、工作准备、能力准备明显不足；事故发生后在信息公开、舆论应对等方面不够及时有效，造成一些负面影响；消防力量对事故企业存储的危险化学品底数不清、情况不明，致使先期处置的一些措施针对性、有效性不强。

四、事故企业相关情况及主要问题

（一）企业基本情况

瑞海公司成立于 2012 年 11 月 28 日，为民营企业，事发前法定代表人、总经理为只峰，实际控制人为于学伟和董社轩，员工 72 人（含实习员工）。除董社轩外，该公司人员的亲属中无担任领导职务的公务人员。

（二）经营资质许可情况

2013 年 1 月 24 日，瑞海公司取得天津市交通运输和港口管理局发放的《港口经营许可证》，该证准予瑞海公司"在港区从事仓储业务经营"（危险货物经营除外），有效期至 2013 年 7 月 24 日。在此期间，该公司未开展普通货物经营。

2013 年 4 月 8 日，天津市交通运输和港口管理局批复同意瑞海公司关于"开展 8、9 类危险货物作业"的申请，有效期至 2013 年 7 月 24 日。5 月 18 日，瑞海公司首次开展 8、9 类危险货物经营和作业。7 月 11 日，天津市交通运输和港口管理局批复同意瑞海公司"从事 2、3、4、5、6 类危险货物装箱及运抵业务，暂不得从事储存及拆箱业务"，有效期至 2013 年 10 月 16 日。但是，瑞海公司在当年 6 月 4 日即开始 2、3、4、5、6 类危险货物经营和作业。两项批复到期后，天津市交通运输和港口管理局分别于 2013 年 7 月、10 月同意瑞海公司危险货物作业延期至 2014 年 1 月 11 日。到期后，瑞海公司未申请延期，但仍继续从事危险货物经营业务。

2013 年 5 月 7 日，天津海关批准瑞海公司设立运抵区，12 月 13 日批准瑞海公司运抵区面积由 3150m² 增加至 5838m²。

2014 年 1 月 12 日至 2014 年 4 月 15 日，瑞海公司无许可证、无批复从事危险货物仓储业务经营。

2014 年 4 月 16 日，天津市交通运输和港口管理局出具审批表，同意瑞海公司危险货物堆场自 2014 年 4 月 16 日至 10 月 16 日试运行。2014 年 5 月 4 日，天津市交通运输和港口管理局批复同意瑞海公司"在试运行期间从事港口仓储业务经营"，储存 2、3、4、5、6、8、9 类危险货物，有效期自 2014 年 4 月 16 日至 2014 年 10 月 16 日。到期后，瑞海公司未申请延期，但继续从事危险货物仓储业务经营。

2014 年 10 月 17 日至 2015 年 6 月 22 日，瑞海公司在无许可证、无批复的情况下，从事危险货物仓储业务经营。

2015 年 5 月 27 日，天津市交通运输委员会对瑞海公司危险货物堆场改造工程进行竣工验收，验收合格。

2015 年 6 月 23 日，瑞海公司取得了天津市交通运输委员会核发的《港口经营许可证》及《港口危险货物作业附证》。

至此，瑞海公司正式取得在港口从事危险货物仓储业务经营和作业的合法资质。

期间，瑞海公司先后办理过 4 次工商营业执照变更登记：

2013 年 1 月 24 日，经营范围由"仓储业务经营（危化品除外、港区内除外）"变更为"在港区内从事仓储业务经营（危化品除外）"。变更后，瑞海公司可在港区内从事危险化学品以外的普通货物仓储业务。

2014 年 5 月 8 日，经营范围由"在港区内从事仓储业务经营（危化品除外）"变更为"在港区内从事仓储业务经营（以津交港发〔2014〕59 号批复第二项批准内容为准，有效期 2014 年 10 月 16 日）"；由"装卸搬运（港区内除外）"变更为"装卸搬运"。变更后，瑞海公司可在港区内从事 2、3、4、5、6、8、9 类危险货物仓储业务以及装卸搬运业务。

2015 年 1 月 29 日，法定代表人由李亮变更为只峰，注册资本由 5000 万元增至 1 亿元。

2015 年 6 月 29 日，经营范围由"在港区内从事仓储业务经营（以津交港发〔2014〕59 号批复第二项批准内容为准，有效期限至 2014 年 10 月 16 日）"变更为"在港区内从事装卸、仓储业务经营〔以中华人民共和国港口经营许可证（津）港经证（ZC-543-03）号为准〕"。

（三）瑞海公司危险品仓库存放危险货物情况

瑞海公司危险品仓库东至跃进路，西至中联建通物流公司，南至吉运一道，北至吉运二道，占地面积 46226m²，其中运抵区面积 5838m²，设在堆场的西北侧。

经调查，事故发生前，瑞海公司危险品仓库内共储存危险货物 7 大类、111 种，共计 11383.79t，包括硝酸铵 800t，氰化钠 680.5t，硝化棉、硝化棉溶液及硝基漆片 229.37t。其中，运抵区内共储存危险货物 72 种、4840.42t，包括硝酸铵 800t，氰化钠 360t，硝化棉、硝化棉溶液及硝基漆片 48.17t。

（四）存在的主要问题

瑞海公司违法违规经营和储存危险货物，安全管理极其混乱，未履行安全生产主体责任，致使大量安全隐患长期存在。

1. 严重违反天津市城市总体规划和滨海新区控制性详细规划，未批先建、边建边经营危险货物堆场。2013 年 3 月 16 日，瑞海公司违反《城乡规划法》第 9 条、第 40 条、《安全生产法》第 25 条、《港口法》第 15 条、《环境影响评价法》第 25 条、《消防法》第 11 条、《建设工程质量管理条例》（国务院令第 279 号）第 11 条、《国务院关于投资体制改革的决定》（国发〔2004〕20 号）第 2 条第 3 项、《港口危险货物安全管理规定》（交通运输部令 2012 年第 9 号）第 5 条等法律法规的有关规定，违反《天津市城市总体规划》和 2009 年 10 月《滨海新区西片区、北塘分区等区域控制性详细规划》（津滨管字〔2009〕115 号）和 2010 年 4 月《滨海新区北片区、核心区、南片区控制性详细规划》（津滨政函

〔2010〕26 号）关于事发区域为现代物流和普通仓库区域的有关规定，在未取得立项备案、规划许可、消防设计审核、安全评价审批、环境影响评价审批、施工许可等必需的手续的情况下，在现代物流和普通仓储区域违法违规自行开工建设危险货物堆场改造项目，并于当年 8 月底完工。8 月中旬，当堆场改造项目即将完工时，瑞海公司才向有关部门申请立项备案、规划许可等手续。2013 年 8 月 13 日，天津市发改委才对这一堆场改造工程予以立项。而且，该公司自 2013 年 5 月 18 日起就开展了危险货物经营和作业，属于边建设边经营。

2. 无证违法经营。按照有关法律法规，在港区内从事危险货物仓储业务经营的企业，必须同时取得《港口经营许可证》和《港口危险货物作业附证》，但瑞海公司在 2015 年 6 月 23 日取得上述两证前实际从事危险货物仓储业务经营的两年多时间里，除 2013 年 4 月 8 日至 2014 年 1 月 11 日、2014 年 4 月 16 日至 10 月 16 日期间依天津市交通运输和港口管理局的相关批复经营外，2014 年 1 月 12 日至 4 月 15 日、2014 年 10 月 17 日至 2015 年 6 月 22 日共 11 个月的时间里既没有批复，也没有许可证，违法从事港口危险货物仓储经营业务。

3. 以不正当手段获得经营危险货物批复。瑞海公司实际控制人于学伟在港口危险货物物流企业从业多年，很清楚在港口经营危险货物物流企业需要行政许可，但正规的行政许可程序需要经过多个部门审批，费时较长。为了达到让企业快速运营、尽快赢利的目的，于学伟通过送钱、送购物卡（券）和出资邀请打高尔夫、请客吃饭等不正当手段，拉拢原天津市交通运输和港口管理局副局长李志刚和天津市交通运输委员会港口管理处处长冯刚，要求在行政审批过程中给瑞海公司提供便利。李志刚滥用职权，违规给瑞海公司先后五次出具相关批复，而这种批复除瑞海公司外从未对其他企业用过。同时，瑞海公司另一实际控制人董社轩也利用其父亲曾任天津港公安局局长的关系，在港口审批、监管方面打通关节，对瑞海公司得以无证违法经营也起了很大作用。

4. 违规存放硝酸铵。瑞海公司违反《集装箱港口装卸作业安全规程》GB 11602—2007 第 4.4 条和《危险货物集装箱港口作业安全规程》JT 397—2007 第 5.3.1 条的规定，在运抵区多次违规存放硝酸铵，事发当日在运抵区违规存放硝酸铵高达 800t。

5. 严重超负荷经营、超量存储。瑞海公司 2015 年月周转货物约 6 万吨，是批准月周转量的 14 倍多。多种危险货物严重超超量储存，事发时硝酸钾存储量 1342.8t，超设计最大存储量 53.7 倍；硫化钠存储量 484t，超设计最大存储量 19.4 倍；氰化钠存储量 680.5t，超设计最大储存量 42.5 倍。

6. 违规混存、超高堆码危险货物。瑞海公司违反《港口危险货物安全管理规定》（交通运输部令 2012 年第 9 号）第 35 条第 2 款和《危险货物集装箱港口作业安全规程》JT 397—2007 第 5.3.4 条的规定以及《集装箱港口装卸作业安全规程》GB 11602—2007 第 8.3 条的规定，不仅将不同类别的危险货物混存，间距严重不足，而且违规超高堆码现象普遍，4 层甚至 5 层的集装箱堆垛大量存在。

7. 违规开展拆箱、搬运、装卸等作业。瑞海公司违反《危险货物集装箱港口作业安全规程》JT 397—2007 第 6.1.4 条，在拆装易燃易爆危险货物集装箱时，没有安排专人现场监护，使用普通非防爆叉车；对委托外包的运输、装卸作业安全管理严重缺失，在硝化棉等易燃易爆危险货物的装箱、搬运过程中存在用叉车倾倒货桶、装卸工滚桶码放等野蛮装卸行为。

8. 未按要求进行重大危险源登记备案。瑞海公司没有按照《危险化学品安全管理条例》（国务院令第 591 号）第 25 条第 2 款、《港口危险货物安全管理规定》（交通运输部令2012 年第 9 号）第 36 条第 2 款、第 38 条和《港口危险货物重大危险源监督管理办法》（交水发〔2013〕274 号）第 2 条第 1 款、第 11 条第 1 款等有关规定，对本单位的港口危险货物存储场所进行重大危险源辨识评估，也没有将重大危险源向天津市交通运输部门进行登记备案。

9. 安全生产教育培训严重缺失。瑞海公司违反《危险化学品安全管理条例》（国务院令第 591 号）第 44 条和《港口危险货物安全管理规定》（交通运输部令 2012 年第 9 号）第 17 条第 3 款的有关规定，部分装卸管理人员没有取得港口相关部门颁发的从业资格证书，无证上岗。该公司部分叉车司机没有取得危险货物岸上作业资格证书，没有经过相关危险货物作业安全知识培训，对危险品防护知识的了解仅限于现场不准吸烟、车辆要带防火帽等，对各类危险物质的隔离要求、防静电要求、事故应急处置方法等均不了解。

10. 未按规定制定应急预案并组织演练。瑞海公司未按《机关、团体、企业、事业单位消防安全管理规定》（公安部令第 61 号）第 40 条的规定，针对理化性质各异、处置方法不同的危险货物制定针对性的应急处置预案，组织员工进行应急演练；未履行与周边企业的安全告知书和安全互保协议。事故发生后，没有立即通知周边企业采取安全撤离等应对措施，使得周边企业的员工不能第一时间疏散，导致人员伤亡情况加重。

五、有关地方政府及部门和中介机构存在的主要问题

（一）天津市交通运输委员会（原天津市交通运输和港口管理局）滥用职权，违法违规实施行政许可和项目审批；玩忽职守，日常监管严重缺失。

1. 违法违规审批许可。违反《港口法》第 24 条、《港口经营管理规定》（交通运输部令 2009 年第 13 号）第 12 条第 1 款、《港口危险货物安全管理规定》（交通运输部令 2009 年第 9 号）第 18 条第 4 项和第 19 条第 2 款的规定，在明知瑞海公司未取得安全评价审批、环境影响评价审批、安全设施专项验收等法定审批许可手续，不具备港口危险货物作业条件的情况下，以批复形式违法批准瑞海公司从事港口危险货物经营；违反《关于做好〈港口经营管理规定〉实施工作的通知》（交水发〔2010〕46 号）第 2 条第 5 项的规定，于 2014 年 5 月 4 日以批复的形式批准瑞海公司港口危险货物经营试运营资质，没有同时核发《港口经营许可证》和《港口危险货物作业附证》，且试运营时间提前至同年 4 月 16 日；在瑞海公司 2014 年 10 月 17 日至 2015 年 6 月 22 日试运营资质到期、处于无证违法经营状态的情况下，违反《港口法》第 22 条第 1 款和《港口危险货物安全管理规定》第 20 条第 2 款的规定，以换证方式代替新证审批，于 2015 年 6 月 23 日向瑞海公司颁发《港口经营许可证》和《港口危险货物作业附证》；对给瑞海公司核发《港口经营许可证》、《港口危险货物作业附证》和给予瑞海公司危险货物经营资质批复的信息，未按照《港口法》第 22 条第 2 款、《政府信息公开条例》（国务院令第 492 号）第 9 条第 1 项和《港口经营管理规定》第 12 条第 1 款的规定向社会公开。

2. 违法违规审查项目。明知瑞海公司危险货物堆场改造项目未批先建，没有按照《港口法》第 46 条、《危险化学品安全管理条例》第 76 条第 2 款、《港口危险货物安全管理规定》第 52 条的规定，对瑞海公司的违法违规行为进行查处，未及时制止并督促整改；

对中滨海盛安全评价公司、天津市化工设计院等机构出具的不符合法律法规、标准且与实际不符的安全评价报告、安全设施设计专篇、初步设计以及天津水运安全评审中心组织的评审结果，没有严格依据有关法律法规和技术标准进行审查把关，致使瑞海公司未批先建和违反有关法律法规及技术标准的危险货物堆场改造项目得以验收通过。

3. 日常监管严重缺失。没有严格履行监管职责，没有依据《港口法》第 48 条第 1 款第 1 项、《港口经营管理规定》第 36 条第 1 款第 1 项、《港口危险货物安全管理规定》第 54 条的规定对瑞海公司无证经营危险货物的行为予以查处；没有严格依照《危险化学品安全管理条例》第 25 条第 2 款、《港口危险货物安全管理规定》第 36 条第 2 款规定落实港口重大危险源管理制度，建立重大危险源管理台账，督促瑞海公司按照有关规定进行重大危险源备案；疏于安全监督检查，未按照《港口危险货物安全管理规定》第 48 条第 1 款规定实施监督检查，没有发现瑞海公司违反《港口危险货物安全管理规定》第 35 条第 2 款和《危险货物集装箱港口作业安全规程》JT 397—2007 第 5.3.4 条以及《集装箱港口装卸作业安全规程》GB 11602—2007 第 8.3 条的规定，超高码放、超量存放危险货物集装箱，以及危险货物集装箱间距不足、货品混放等问题，尤其没有发现瑞海公司违反国家标准《集装箱港口装卸作业安全规程》GB 11602—2007 第 4.4 条和行业标准《危险货物集装箱港口作业安全规程》JT 397—2007 第 5.3.1 条有关爆炸品和硝酸铵类危险货物集装箱应直装直取、不准在港内存放的规定，在港区堆场内存放大量硝酸铵类货物的问题，未及时查处和督促整改，导致事故损失和影响扩大。

（二）天津港（集团）有限公司在履行监督管理职责方面玩忽职守，个别部门和单位弄虚作假、违规审批，对港区危险品仓库监管缺失。天津港（集团）有限公司未履行港区安全生产管理职责，未统筹协调港区企业的危险货物安全管理工作；对天津港公安局及其消防支队防火工作督促指导不力；违反天津市城市总体规划和滨海新区控制性详细规划，对其下属的天津港建设公司帮助瑞海公司骗取规划许可、集团规划建设部规划许可初审把关不严格，对质量监督站违规办理工程质量监督手续问题失察；港区内长期违反直装直取规定堆存硝酸铵类货物，导致事故危害扩大。天津港建设公司弄虚作假，将瑞海公司规划许可申请材料中拟建项目"危品库"修改为"仓库"，却保留申请材料所附平面图中"危品库"标注，帮助瑞海公司以欺骗手段取得规划许可。天津港（集团）有限公司规划建设部违反《天津市规划建设项目审批业务管理指导手册》的规定，发现瑞海公司危险货物堆场改造项目规划设计方案、规划许可申报表与所附平面图在拟建项目这一关键信息上表述不一致（规划许可证中建设项目为"仓库一"、"仓库二"，许可证所附平面图中却标注为"危品库一"、"危品库二"）时，仍出具同意的初审意见。天津港建设工程质量安全监督站对瑞海公司未进行施工招标投标且未取得施工许可建设危险货物堆场的行为，没有予以制止；违反原建设部《建设工程质量监督机构监督工作指南》（建建质〔2000〕38 号）第 1 条的规定，违法进行建设工程质量安全监督。天津港公安局对所属消防支队疏于防火监督检查、未按规定对港区危险品仓库实施监管失察失管；对港区危险货物储存底数不清，未按规定实施消防监督检查；未对辖区内危险品仓库的火灾预防工作进行专题研究部署。天津港公安局消防支队在瑞海公司未提供建设工程规划许可的情况下，违反《建设工程消防监督管理规定》（公安部令第 119 号）第 15 条第 2 款的规定，错误地依据天津市规划局文件，出具消防设计审核意见书，进行消防设计验收时未查验消防设计审核意见书中提及的危品库一（甲类）有关防爆措施情况；未按规定实施日常消防监督检查，虽多次到瑞海公司，但从未进入危险货物堆场中的海关监管区，也未发现并纠正集装箱阻塞消防通道问题。

（三）天津海关系统违法违规审批许可，玩忽职守，未按规定开展日常监管。

1. 违法违规审批许可。在审批瑞海公司设立海关监管场所和变更监管场所面积申请时，没有根据《海关实施行政许可法办法》（海关总署令第117号）第28条第1、2款和《海关监管场所管理办法》（海关总署令第171号）第7条第1款第1项第2项、第11条规定，审查瑞海公司的工商营业执照的经营范围，未发现瑞海公司超出工商营业执照经营范围申请从事危险货物经营业务的问题；违反《海关监管场所管理办法》第9条第1款规定，在未作出批准设立海关监管场所决定之前已经进行了单项验收；违反《海关监管场所管理办法》第9条第2款规定，在未颁发《注册登记证书》的情况下，违规提前给瑞海公司开通发送运抵报告权限，允许其提前经营危险货物。

2. 未按规定开展日常监管。没有根据《海关实施行政许可法办法》第57条第1款第4项的规定，及时查处瑞海公司在无证期间违法从事危险货物报关申报业务的行为，未撤销其海关监管场所注册登记；对瑞海公司违规发送危险货物运抵报告的行为，未按照天津海关2011年第6号公告第3条第3款规定，责令瑞海公司自查整顿，继续在系统或业务流程上接受瑞海公司运抵报告传输，放纵其违法违规经营；未对瑞海公司违反《海关监管场所管理办法》第17条第2款堆放危险货物的行为进行纠正；未执行《海关行业标准管理办法（试行）》（海关总署令第140号）第5条第2款的规定，没有监督检查和制止瑞海公司海关监管场所内存放大量应直装直取的危险货物及危险货物堆场作业和货场堆码、间隔存放不符合国家强制性标准《集装箱港口装卸作业安全规程》GB 11602—2007第4.4条、第8.3条及《危险货物集装箱港口作业安全规程》JT 397—2007第5.3.1条的行为。

（四）天津市安全监管部门玩忽职守，未按规定对瑞海公司开展日常监督管理和执法检查，也未对安全评价机构进行日常监管。

天津市安全监管局未认真履行危险化学品综合监管职责，未指导协调督促相关部门共同开展港区危险化学品监管工作；未按职责对安全评价机构中滨海盛安全评价公司监督管理。

滨海新区安全监管局未认真履行危险化学品综合监管和属地监管职责、未按规定对下属第一分局和派出机构安监站进行督促检查；组织开展专项整治行动和安全生产检查工作不力，对瑞海公司长期违法储存危险化学品的安全隐患失察。

滨海新区安全监管局第一分局未对瑞海公司进行安全生产检查，明知该公司从事危险化学品存储业务，仍作为一般工贸行业生产经营单位进行监管。

天津港集装箱物流园区安全生产监督检查站作为天津市滨海新区安监局的派出机构，日常检查发现瑞海公司从事危险化学品存储业务后，未查验瑞海公司危险化学品经营资质和相关证照，也未对危险化学品作业现场进行安全检查。

（五）天津市规划和国土资源管理部门玩忽职守，在行政许可中存在多处违法违规行为。

天津市规划局对滨海新区规划和国土资源管理局建设项目规划许可工作中存在的违法违规问题失察；对滨海新区规划和国土资源管理局违反《行政许可法》第24条规定委托

天津港（集团）有限公司对港区内建设项目进行规划许可初审的行为未予制止；未纠正滨海新区违反天津市城市总体规划问题；未纠正滨海新区控制性详细规划中按照工业用地标准将仓储用地容积率由上限控制调整为下限控制的问题。

滨海新区规划和国土资源管理局严重违反天津市总体规划和滨海新区控制性详细规划，违反《天津市规划建设项目审批业务管理指导手册》的规定，在给瑞海公司危险品堆场改造项目发放的建设项目规划许可证和所附平面图中对建设项目关键信息表述不一致，导致瑞海公司在非危险品物流用地中早已建成的危险品仓库最终取得规划许可并通过规划竣工验收；违反《行政许可法》第24条的规定，违法委托天津港（集团）有限公司对港区内建设项目进行规划许可初审；未按照住房和城乡建设部《建设用地容积率管理办法》（建规〔2012〕22号）第9条的规定，违反程序调整瑞海公司危险货物堆场改造项目所在地块的规划条件，按照工业用地标准将滨海新区控制性详细规划中仓储用地容积率由上限控制调整为下限控制。

在审批瑞海公司危险货物堆场改造项目规划许可时，未按照《危险化学品经营企业开业条件和技术要求》GB 18265－2000第6.1.1条的规定对危险品仓库与周边居民区、交通干线的安全距离进行审查；未按照天津市规划局、滨海新区规划和国土资源管理局对外公布的相关工作规范要求进行现场踏勘，未发现瑞海公司危险货物堆场改造项目在申请规划许可时已经建成并投入运营的问题。

对《城乡规划法》第64条和《天津市规划局关于加强天津市城乡规划监督检查工作的通知》（规监字〔2012〕454号）规定的日常区域巡查职责落实不到位，未发现瑞海公司危险品堆场改造项目未批先建的问题。

（六）天津市市场和质量监督部门对瑞海公司日常监管缺失。

天津市市场和质量监督管理委员会未按照《特种设备安全法》第57条第1款和《特种设备安全监察条例》（国务院令第549号）第4条的规定，对天津港区内特种设备使用单位进行监督检查，致使天津港区内作业的特种设备长期未按规定在特种设备安全监督管理部门登记并接受日常监管。未按职责对滨海新区市场和质量监督管理局工作指导检查，对其存在的问题失察。

滨海新区市场和质量监督管理局未按照《特种设备安全法》第57条第1款和《特种设备安全监察条例》（国务院令第549号）第4条的规定，对瑞海公司进行特种设备的安全监督检查，未及时发现并依法处理瑞海公司使用的部分叉车和集装箱正面吊未依法办理使用登记，特种设备及其操作人员、管理人员处于管理空白状态，存在无证上岗的问题。未严格履行本部门"三定方案"中的"市场主体的登记注册工作并监督管理，承担依法查处取缔无照经营的责任"的职责，未严格执行《公司登记管理条例》（国务院令第451号）第20条第2款第8项、《公司法》第10条的规定，在瑞海公司工商登记注册时未发现登记住所不具备企业开展经营活动的条件和住所证明材料无日期等不符合法定要求的问题；对瑞海公司的日常监管缺失，未及时发现并处理瑞海公司异地无照经营的违法行为。

（七）天津海事部门培训考核不规范，玩忽职守，未按规定对危险货物集装箱现场开箱检查进行日常监管。

天津海事局在组织"船载危险货物申报员"和"集装箱装箱现场检查员"培训考核工作中，存在培训签到表代签、考核试卷无评分标准、判分随意的问题。未按规定对所属北疆海事局和东疆海事局工作督促指导，对相关人员开箱检查瑞海公司船载危险货物集装箱工作不规范等问题失察。

北疆海事局、东疆海事局未按规定对瑞海公司船载危险货物集装箱开箱检查，存在现场检查记录表中执法文书号、箱号等要件记录不全、一张表填写多个集装箱检查结果等问题。

（八）天津市公安部门未认真贯彻落实有关法律法规，未按规定开展消防监督指导检查。

天津市公安局未认真贯彻落实国家消防法律法规，未对天津港公安消防工作实施业务监督指导。

天津市公安局消防局未认真贯彻国家消防法律法规，未正确执行《铁路、交通、民航系统消防监督职责范围协调会议纪要》[（89）公消发字第292号]第6条规定，未对天津港公安局消防支队的消防安全工作进行业务指导。

天津市滨海新区公安局没有按照《消防法》和《天津市消防条例》规定落实属地管辖，未研究落实《铁路、交通、民航系统消防监督职责范围协调会议纪要》[（89）公消发字第292号]第6条规定，未对天津港公安局的消防安全工作进行业务指导。

（九）天津市滨海新区环境保护局未按规定审核项目，未按职责开展环境保护日常执法监管。

对天津市环境工程评估中心未依据《建设项目环境影响技术评估导则》（HJ 616－2011）第4条、第5.1.2条、第6.14条的规定进行现场考察、未核实环境影响报告书中的公众参与意见以及环境影响报告书是否全面落实专家评审意见等情况进行审查，即审批通过瑞海公司危险货物堆场改造项目环境影响报告书。未严格执行《环境保护法》第36条、《环境影响评价法》第31条的规定，疏于日常环境保护执法监管，未发现并处罚瑞海公司未申请环境影响评价即开工建设的问题。

（十）天津市滨海新区行政审批局未严格执行项目竣工验收规定。

未严格执行《建设项目竣工环境保护验收管理办法》（国家环境保护总局令第13号）第15条第3款、第16条第2项、第17条第1款的规定，在设计单位、施工单位、环境保护验收监测报告编制单位未参与的情况下，对瑞海公司危险货物堆场改造项目组织竣工环境保护验收，并在事故应急池容量批建不符的情况下，通过验收。

（十一）天津市委、天津市人民政府和滨海新区党委、政府未全面贯彻落实有关法律法规，对有关部门和单位安全生产工作存在的问题失察失管。

天津市委、天津市人民政府未全面认真贯彻落实安全生产责任制以及党的安全生产方针政策和国家安全生产、港口管理、公安消防等法规政策，对天津港危险化学品安全管理统筹协调不到位，对天津港（集团）有限公司履行政府管理职能的问题负有责任，对天津市交通运输委员会等部门和滨海新区党委、政府安全生产工作督促指导不力，对有关部门、单位违反天津市城市总体规划行为失察失管，对城市规划执行、交通运输、公安消防、安全生产工作等方面存在的问题失察失管。

滨海新区党委、政府未认真贯彻落实国家安全生产、规划、交通等法规政策，未认真组织开展天津港港口危险化学品安全隐患排查治理工作，对滨海新区规划和国土资源管理局等所属部门违反市、区域规划行为失察失管，对城市规划执行、安全生产工作等方面存在的问题失察失管。

（十二）交通运输部未认真开展港口危险货物安全管理督促检查，对天津交通运输系统工作指导不到位。

交通运输部未依照法定职责认真组织开展港口危险货物安全管理督促检查，对天津市交通运输委员会港口管理工作和天津港公安局消防工作指导不到位。

（十三）海关总署未认真组织落实海关监管场所规章制度，督促指导天津海关工作不到位。

海关总署组织实施海关监管场所规章制度不到位，对天津海关监管场所审批及日常监管工作的指导和督促检查不到位。

（十四）中介及技术服务机构弄虚作假，违法违规进行安全审查、评价和验收等。

天津中滨海盛科技发展有限公司与天津中滨海盛卫生安全评价监测有限公司作为同一法人单位，违反《安全评价机构监督管理规定》（国家安全生产监督管理总局令第22号）第21条第3款、第23条第4项的规定，同时承接瑞海公司的安全预评价和安全验收评价，且安全预评价报告和安全验收评价报告弄虚作假，故意隐瞒不符合安全条件的关键问题，出具了"基本符合国家有关法律法规和标准规范要求"的结论。

天津水运安全评审中心在对瑞海公司危险货物堆场改造项目安全条件、安全设施设计专篇、安全设施验收审查活动中，审核把关不严，致使不具备安全生产条件的瑞海公司堆场改造项目通过审查。特别是在安全设施验收审查环节中，采取打招呼、更换专家等手段，干预专家审查工作。

天津市化工设计院在瑞海公司危险货物堆场改造项目设计中，违反天津市城市总体规划和滨海新区控制性详细规划，违反《建设工程勘察设计管理条例》（国务院令第293号）第25条第1款的规定，在瑞海公司没有提供项目批准文件和规划许可文件的情况下，违规提供施工设计图文件；违反《集装箱港口装卸作业安全规程》GB 11602—2007第4.4条和《危险货物集装箱港口作业安全规程》JT 397—2007第5.3.1条以及《危险化学品安全管理条例》第24条的规定，在《安全设施设计专篇》和总平面图中，错误设计在重箱区露天堆放第五类氧化物质硝酸铵和第六类毒性物质氰化钠。火灾爆炸事故发生后，该院组织有关人员违规修改原设计图纸。

天津市交通建筑设计院管理制度不完善，审核审查程序不严，违规向天津港建设公司出借规划编制资质。

天津市环境工程评估中心在评估瑞海公司危险货物堆场改造项目的环境影响评价报告过程中，未按照《建设项目环境影响技术评估导则》（HJ 616—2011）第4条、第5.1.2条、第6.14条的规定进行现场考察，未发现瑞海公司危险货物堆场改造项目未批先建问题；未对环境影响评价报告中的公众参与意见进行核实，未发现瑞海公司提供虚假公众参与意见问题；未认真审核环境影响评价报告书，未发现环境影响评价报告没有全面采纳专家评审会合理意见问题。

天津博维永诚科技有限公司在对瑞海公司危险货物堆场改造项目放线测量、墨线复核、竣工测量过程中，违反《天津市城乡规划条例》第45条和第56条第2款、《天津市建设工程规划许可证后管理规定》（规法字〔2011〕302号）第13条、《天津市建筑工程规划测量成果编制标准》（规监字〔2012〕423号）第2.3.2条和第2.3.3条、《关于取消规划验线审批事项调整规划放线流程有关问题的通知》（规业字〔2010〕109号）的相关规定，在瑞海公司未取得堆场改造规划许可的情况下进行放线测量；在墨线复核中弄虚作假，未去现场实测，竣工验收后采用倒推数据的方式补作墨线复核实测报告。

此外，事故调查组对事故现场存放的硝化棉的生产和运输企业进行了调查取证，查明了河北衡水新东方化工有限公司、河北三木纤维素有限公司、河北新河县汇通货运有限公司和天津大川国际货运代理有限公司以及涉及的衡水市工商、交通运管，衡水市新区公安，新河县工商、交通运管、安全监管，天津市西青区交通运管等部门存在的主要问题。有关问题移交河北省政府和天津市政府进行处理，并要求将处理结果报事故调查组。

六、对事故有关责任人员和责任单位的处理意见

根据事故原因调查和事故责任认定，依据有关法律法规和党纪政纪规定，对事故有关责任人员和责任单位提出处理意见：

公安机关对24名相关企业人员依法立案侦查并采取刑事强制措施。

检察机关对25名行政监察对象依法立案侦查并采取刑事强制措施。

事故调查组另对123名责任人员提出了处理意见。建议对74名责任人员给予党纪政纪处分；对其他48名责任人员，建议由天津市纪委及相关部门予以诫勉谈话或批评教育；1名责任人员在事故调查处理期间病故，建议不再给予其处分。

事故调查组建议对事故企业和有关中介及技术服务机构等5家单位分别给予行政处罚。

事故调查组建议对天津市委、市政府通报批评，并责成天津市委、市政府向党中央、国务院作出深刻检查；建议责成交通运输部向国务院作出深刻检查。

七、事故主要教训

（一）事故企业严重违法违规经营。瑞海公司无视安全生产主体责任，置国家法律法规、标准于不顾，只顾经济利益、不顾生命安全，不择手段变更及扩展经营范围，长期违法违规经营危险货物，安全管理混乱，安全责任不落实，安全教育培训流于形式，企业负责人、管理人员及操作工、装卸工都不知道运抵区储存的危险货物种类、数量及理化性质，冒险蛮干问题十分突出，特别是违规大量储存硝酸铵等易爆危险品，直接造成此次特别重大火灾爆炸事故的发生。

（二）有关地方政府安全发展意识不强。瑞海公司长时间违法违规经营，有关政府部门在瑞海公司经营问题上一再违法违规审批、监管失职，最终导致天津港"8·12"事故的发生，造成严重的生命财产损失和恶劣的社会影响。事故的发生，暴露出天津市及滨海新区政府贯彻国家安全生产法律法规和有关决策部署不到位，对安全生产工作重视不足、摆位不够，对安全生产领导责任落实不力、抓得不实，存在着"重发展、轻安全"的问题，致使重大安全隐患以及政府部门职责失守的问题未能被及时发现、及时整改。

（三）有关地方和部门违反法定城市规划。天津市政府和滨海新区政府严格执行城市规划法规意识不强，对违反规划的行为失察。天津市规划、国土资源管理部门和天津港（集团）有限公司严重不负责任、玩忽职守，违法通过瑞海公司危险品仓库和易燃易爆堆场的行政审批，致使瑞海公司与周边居民住宅小区、天津港公安局消防支队办公楼等重要公共建筑物以及高速公路和轻轨车站等交通设施的距离均不满足标准规定的安全距离要求，导致事故伤亡和财产损失扩大。

（四）有关职能部门有法不依、执法不严，有的人员甚至贪赃枉法。天津市涉及瑞海公司行政许可审批的交通运输等部门，没有严格执行国家和地方的法律法规、工作规定，没有严格履行职责，甚至与企业相互串通，以批复的形式代替许可，行政许可形同虚设。一些职能部门的负责人和工作人员在人情、关系和利益诱惑面前，存在失职渎职、玩忽职守以及权钱交易、暗箱操作的腐败行为，为瑞海公司规避法定的审批、监管出主意，呼应配合，致使该公司长期违法违规经营。天津市交通运输委员会没有履行法律赋予的监管职责，没有落实"管行业必须管安全"的要求，对瑞海公司的日常监管严重缺失；天津市环保部门把关不严，违规审批瑞海公司危险品仓库；天津港公安局消防支队平时对辖区疏于检查，对瑞海公司储存的危险货物情况不熟悉、不掌握，没有针对不同性质的危险货物制定相应的消防灭火预案、准备相应的灭火救援装备和物资；海关等部门对港口危险货物尤其是瑞海公司的监管不到位；安全监管部门没有对瑞海公司进行监督检查；天津港物流园区安监站政企不分且未认真履行监管职责，对"眼皮底下"的瑞海公司严重违法行为未发现、未制止。上述有关部门不依法履行职责，致使相关法律法规形同虚设。

（五）港口管理体制不顺、安全管理不到位。天津港已移交天津市管理，但是天津港公安局及消防支队仍以交通运输部公安局管理为主。同时，天津市交通运输委员会、天津市建设管理委员会、滨海新区规划和国土资源管理局违法将多项行政职能委托天津港集团公司行使，客观上造成交通运输部、天津市政府以及天津港集团公司对港区管理职责交叉、责任不明，天津港集团公司政企不分，安全监管工作同企业经营形成内在关系，难以发挥应有的监管作用。另外，港口海关监管区（运抵区）安全监管职责不明，致使瑞海公司违法违规行为长期得不到有效纠正。

（六）危险化学品安全监管体制不顺、机制不完善。目前，危险化学品生产、储存、使用、经营、运输和进出口等环节涉及部门多，地区之间、部门之间的相关行政审批、资质管理、行政处罚等未形成完整的监管"链条"。同时，全国缺乏统一的危险化学品信息管理平台，部门之间没有做到互联互通，信息不能共享，不能实时掌握危险化学品的去向和情况，难以实现对危险化学品全时段、全流程、全覆盖的安全监管。

（七）危险化学品安全管理法律法规标准不健全。国家缺乏统一的危险化学品安全管理、环境风险防控的专门法律；《危险化学品安全管理条例》对危险化学品流通、使用等环节要求不明确、不具体，特别是针对物流企业危险化学品安全管理的规定空白点更多；现行有关法规对危险化学品安全管理违法行为处罚偏轻，单位和个人违法成本很低，不足以起到惩戒和震慑作用。与欧美发达国家和部分发展中国家相比，我国危险化学品缺乏完备的准入、安全管理、风险评价制度。危险货物大多涉及危险化学品，危险化学品安全管理涉及监管环节多、部门多、法规标准多，各管理部门立法出发点不同，对危险化学品安全要求不一致，造成当前危险化学品安全监管乏力以及企业安全管理要求模糊不清、标准不一、无所适从的现状。

（八）危险化学品事故应急处置能力不足。瑞海公司没有开展风险评估和危险源辨识评估工作，应急预案流于形式，应急处置力量、装备严重缺乏，不具备初起火灾的扑救能力。天津港公安局消防支队没有针对不同性质的危险化学品准备相应的预案、灭火救援装备和物资，消防队员缺乏专业训练演练，危险化学品事故处置能力不强；天津市公安消防部队也缺乏处置重大危险化学品事故的预案以及相应的装备；天津市政府在应急处置中的信息发布工作一度安排不周、应对不妥。从全国范围来看，专业危险化学品应急救援队伍和装备不足，无法满足处置种类众多、危险特性各异的危险化学品事故的需要。

八、事故防范措施和建议

（一）把安全生产工作摆在更加突出的位置。各级党委和政府要牢固树立科学发展、安全发展理念，坚决守住"发展决不能以牺牲人的生命为代价"的红线，进一步加强领导、落实责任、明确要求，建立健全与现代化大生产和社会主义市场经济体制相适应的安全监管体系，大力推进"党政同责、一岗双责、失职追责"的安全生产责任体系的建立健全与落实，积极推动安全生产的文化建设、法治建设、制度建设、机制建设、技术建设和力量建设，对安全生产特别是对公共安全存在潜在危害的危险品的生产、经营、储存、使用等环节实行严格规范的监管，切实加强源头治理，大力解决突出问题，努力提高我国安全生产工作的整体水平。

（二）推动生产经营单位切实落实安全生产主体责任。充分运用市场机制，建立完善生产经营单位强制保险和"黑名单"制度，将企业的违法违规信息与项目核准、用地审批、证券融资、银行贷款挂钩，促进企业提高安全生产的自觉性，建立"安全自查、隐患自除、责任自负"的企业自我管理机制，并通过调整税收、保险费用、信用等级等经济措施，引导经营单位自觉加大安全投入，加强安全措施，淘汰落后的生产工艺、设备，培养高素质高技能的产业工人队伍。严格落实属地政府和行业主管部门的安全监管责任，深化企业安全生产标准化创建活动，推动企业建立完善风险管控、隐患排查机制，实行重大危险源信息向社会公布制度，并自觉接受社会舆论监督。

（三）进一步理顺港口安全管理体制。认真落实港口政企分离要求，明确港口行政管理职能机构和编制，进一步强化交通、海关、公安、质检等部门安全监管职责，加强信息共享和部门联动配合；按照深化司法体制改革的要求，将港口公安、消防以及其他相关行政监管职能交由地方政府主管部门承担。在港口设置危险货物仓储物流功能区，根据危险货物的性质分类储存，严格限定危险货物周转总量。进一步明确港区海关运抵区安全监管职责，加强对港区海关运抵区安全监督，严防失控漏管。其他领域存在的类似问题，尤其是行政区、功能区行业管理职责不明的问题，都应抓紧解决。

（四）着力提高危险化学品安全监管法治化水平。针对当前危险化学品生产经营活动快速发展及其对公共安全带来的诸多重大问题，要将相关立法、修法工作置于优先地位，切实增强相关法律法规的权威性、统一性、系统性、有效性。建议立法机关在已有相关条例的基础上，抓紧制定、修订危险化学品管理、安全生产应急管理、民用爆炸物品安全管理、危险货物安全管理等相关法律、行政法规；以法律的形式明确硝化棉等危险化学品的物流、包装、运输等安全管理要求，建立易燃易爆、剧毒危险化学品专营制度，限定生产规模，严禁个人经营硝酸铵、氰化钠等易爆、剧毒物。国务院及相关部门抓紧制定配套规章标准，进一步完善国家强制性标准的制定程序和原则，提高标准的科学性、合理性、适用性和统一性。同时，进一步加强法律法规和国家强制性标准执行的监督检查和宣传培训工作，确保法律法规标准的有效执行。

（五）建立健全危险化学品安全监管体制机制。建议国务院明确一个部门及系统承担对危险化学品安全工作的综合监管职能，并进一步明确、细化其他相关部门的职责，消除监管盲区。强化现行危险化学品安全生产监管部际联席会议制度，增补海关总署为成员单位，建立更有力的统筹协调机制，推动落实部门监管职责。全面加强涉及危险化学品的危险货物安全管理，强化口岸港政、海事、海关、商检等检验机构的联合监督、统一查验机制，综合保障外贸进出口危险货物的安全、便捷、高效运行。

（六）建立全国统一的危险化学品监管信息平台。利用大数据、物联网等信息技术手段，对危险化学品生产、经营、运输、储存、使用、废弃处置进行全过程、全链条的信息化管理，实现危险化学品来源可循、去向可溯、状态可控，实现企业、监管部门、公安消防部队及专业应急救援队伍之间信息共享。升级改造面向全国的化学品安全公共咨询服务电话，为社会公众、各单位和各级政府提供化学品安全咨询以及应急处置技术支持服务。

（七）科学规划合理布局，严格安全准入条件。修订《城乡规划法》，建立城乡总体规划、控制性详细规划编制的安全评价制度，提高城市本质安全水平；进一步细化编制、调整总体规划、控制性详细规划的规范和要求，切实提高总体规划、控制性详细规划的稳定性、科学性和执行刚性。建立完善高危行业建设项目安全与环境风险评估制度，推行环境影响评价、安全生产评价、职业卫生评价与消防安全评价联合评审制度，提高产业规划与城市安全的协调性。对涉及危险化学品的建设项目，实施住建、规划、发改、国土、工信、公安消防、环保、卫生、安监等部门联合审批制度，严把安全许可审批关，严格落实规划区域功能。科学规划危险化学品区域，严格控制与人口密集区、公共建筑物、交通干线和饮用水源地等环境敏感点之间的距离。

（八）加强生产安全事故应急处置能力建设。合理布局、大力加强生产安全事故应急救援力量建设，推动高危行业企业建立专兼职应急救援队伍，整合共享全国应急救援资源，提高应急协调指挥的信息化水平。危险化学品集中区的地方政府，可依托公安消防部队组建专业队伍，加强特殊装备器材的研发与配备，强化应急处置技战术训练演练，满足复杂危险化学品事故应急处置需要。各级政府要切实汲取天津港"8·12"事故的教训，对应急处置危险化学品事故的预案开展一次检查清理，该修订的修订，该细化的细化，该补充的补充，进一步明确处置、指挥的程序、战术以及舆论引导、善后维稳等工作要求，切实提高应急处置能力，最大限度减少应急处置中的人员伤亡。采取多种形式和渠道，向群众大力普及危险化学品应急处置知识和技能，提高自救互救能力。

（九）严格安全评价、环境影响评价等中介机构的监管。相关行业部门要加强相关中介机构的资质审查审批、日常监管，提高准入门槛，严格规范其从事安全评价、环境影响评价、工程设计、施工管理、工程质量监理等行为。切断中介服务利益关联，杜绝"红顶中介"现象，审批部门所属事业单位、主管的社会组织及其所办的企业，不得开展与本部门行政审批相关的中介服务。相关部门每年要对相关中介机构开展专项检查，对发现的问题严肃处理。建立"黑名单"制度和举报制度，完善中介机构信用体系和考核评价机制。

（十）集中开展危险化学品安全专项整治行动。在全国范围内对涉及危险化学品生产、储存、经营、使用等的单位、场所普遍开展一次彻底的摸底清查，切实掌握危险化学品经营单位重大危险源和安全隐患情况，对发现掌握的重大危险源和安全隐患情况，分地区逐一登记并明确整治的责任单位和时限；对严重威胁人民群众生命安全的问题，采取改造、搬迁、停产、停用等措施坚决整改；对违反规划未批先建、批小建大、擅自扩大许可经营范围等违法行为，坚决依法纠正，从严从重查处。

本书参考国家相关建设工程技术规范

《建筑设计防火规范》GB 50016—2014、《火力发电厂与变电站设计防火规范》GB 50229—2006、《洁净厂房设计规范》GB 50073—2013、《冷库设计规范》GB 50072—2010、《烟草建筑设计规范》DBJ 53—13—2004、《建筑内部装修设计防火规范》GB 50222—95、《粮食平房仓设计规范》GB 50320—2001、《粮食钢板筒仓设计规范》GB 50322—2011、《烟花爆竹工程设计安全规范》GB 50161—2009、《飞机库设计防火规范》GB 50284—2008；《火灾自动报警系统设计规范》GB 50116—2013；《火灾自动报警系统施工及验收规范》GB 50166—2007、《商店建筑设计规范》JGJ 48—2014；《汽车库、修车库、停车场设计防火规范》GB 50067—2014；《铁路工程设计防火规范》TB 10063—2007；《铁路隧道设计规范》TB 10003—2005；《输油管道工程设计规范》GB 50253—2014；《体育建筑设计规范》JGJ 31—2003；《养老设施建筑设计规范》GB 50867—2013；《防火卷帘、防火门、防火窗施工及验收规范》GB 50877—2014；《自动喷水灭火系统设计规范》GB 50084—2001（2005 年版）；《自动喷水灭火系统施工及验收规范》；《消防给水及消火栓系统技术规范》GB 50974—2014；《石油化工企业设计防火规范》GB 50160—2008；《图书馆建筑设计规范》JGJ 38—2015；《气体灭火系统设计规范》GB 50370—2005；《气体灭火系统施工及验收规范》GB 50263—2007；《气体灭火系统施工及验收规范》GB 50263—2007；《办公建筑设计规范》JGJ 67—2006；《剧场建筑设计规范》JGJ 57—2016；《展览建筑设计规范》JGJ 218—2010；《爆炸危险环境电力装置设计规范》GB 50058—2014；《危险货物分类和品名编号》GB 6944—2012；《危险货物品名表》GB 12268—2012；《化学品分类和危险性公示　通则》GB 13690—2009；《危险化学品目录 2015 版》、《石油库设计规范》GB 50074—2014《托儿所、幼儿园建筑设计规范》JGJ 39—2016；《剧场建筑设计规范》JGJ 57—2016《中小学校设计规范》GB 50099—2011；《电影院建筑设计规范》JGJ 58—2008。

参 考 文 献

1. 王学谦，刘万臣主编. 建筑防火设计手册. 北京：中国建筑工业出版社，1998
2. 中华人民共和国公安部消防局主编. 中国消防手册. 上海：上海科学技术出版社
3. 中华人民共和国公安部消防局主编. 易燃易爆化学物品安全操作与管理. 北京：新华出版社，1999
4. 杨守生主编. 工业消防技术与设计·北京：中国建筑工业出版社，2008
5. 王信友主编. 民用建筑消防产品应用图解. 昆明：云南科技出版社，2010